国家科学技术学术著作出版基金资助出版

智能电网基本理念与关键技术

Basic Ideas and Key Technologies of the Smart Grid

余贻鑫 等 著

科 学 出 版 社

北 京

内 容 简 介

智能电网将像互联网那样改变人们的生活和工作方式，并激励类似的变革。厘清智能电网的基本理念，对于科学有效地实施智能电网至关重要，这是第一篇的主要内容，包括环境压力与能源转型，分布式电源，互联电力系统中高比例风能和太阳能的开发与消纳模式，智能电网原动力的电网视角，智能电网的构想，智能分布式体系和群集理念，智能电网的效益、挑战和研发机遇，以及智能电网架构模型、标准与监管路径等。第二篇重点介绍智能电网的关键技术，包括灵活的配电网络拓扑，集成的能量与通信基础设施，高级量测体系（AMI），大数据和AMI数据分析方法，用户门户与用户能量管理系统，高级配电管理与高级配电自动化，配电快速仿真与建模，态势感知，高级输电运行，多元化储能，电动汽车与绿色建筑等，其主要目的是帮助读者深入理解第一篇的内容。

本书可供电力系统广大工程科技人员、学校师生、政府部门相关人员和公众阅读和参考。

图书在版编目（CIP）数据

智能电网基本理念与关键技术＝Basic Ideas and Key Technologies of the Smart Grid / 余贻鑫等著. —北京：科学出版社，2019.5

ISBN 978-7-03-060955-7

Ⅰ. ①智… Ⅱ. ①余… Ⅲ. ①智能控制-电网-基本知识 Ⅳ. ①TM76

中国版本图书馆CIP数据核字（2019）第059204号

责任编辑：范运年　王楠楠 / 责任校对：彭　涛
责任印制：吴兆东 / 封面设计：蓝正设计

科学出版社 出版
北京东黄城根北街16号
邮政编码：100717
http://www.sciencep.com
北京建宏印刷有限公司印刷
科学出版社发行　各地新华书店经销
*
2019年5月第　一　版　开本：720×1000 1/16
2025年8月第六次印刷　印张：21 1/4　插页：2
字数：420 000

定价：168.00元

（如有印装质量问题，我社负责调换）

前　言

厘清智能电网的基本理念对于科学有效地实施智能电网至关重要，第一篇把它作为基本任务详加阐述。第二篇介绍智能电网的关键技术，旨在帮助读者深入理解第一篇的内容。这是因为，在技术飞速发展的今天，理念可持续的时间相对长得多。本书的前言部分将概括作者到目前为止对智能电网基本理念的理解。

建设美丽中国需要高比例可再生的风能和太阳能发电

生态文明和社会可持续发展要求人类社会关注并实施清洁替代和电能替代，以应对气候变化和环境保护的需要，有效缓解化石能源资源紧缺和能源需求日益增长的矛盾。未来的能源构成将由现在的以化石能源为主、可再生能源为辅转变为以可再生能源为主、化石能源为辅，即未来必然发展高比例可再生能源发电。在 2050 年建成青山绿水的美丽中国的构想中，可再生能源需要占总能源的 65%以上，而其中风能和太阳能需要占总能源的 47%以上。我国现有的风能和太阳能资源完全可以满足这一高比例可再生能源发电的发展要求——无论西部地区还是东部地区。但是风力发电和太阳能光伏发电与传统的化石能源发电全然不同，它们是间歇的、多变的和不确定的，不能单独运行，需要采用功率补偿或平滑措施，其中包括公共电网的吸纳、需求响应、分布式储能和小型燃油燃气发电等。为此需要一个功能合理的现代电网来集成高比例的太阳能和风能，并提高能源脱碳、转化与利用过程的效率。调峰能力是制约我国电力系统接纳高比例可再生能源发电的最根本因素，能源领域正在积极探索可用于配合可再生能源发电的调峰措施，可归纳为以下几大类：灵活电源、需求响应、与其他区域的电力交换、储能、综合能源系统等，其中灵活电源是重中之重。

可再生能源应用的主流形式是分布式的，它在配电和发电领域中的影响具有颠覆性

对于可再生能源的应用，采用在负荷中心地区广泛地发展分布式的风能和太阳能光伏发电系统的就地开发与消纳模式，还是采用在远离负荷中心地区建设大规模的风电和光伏基地并将其电能外送到负荷中心的远距离输送模式，会直接影响高比例可再生能源愿景的顺利实现。较为一致的观点是“解决风能和太阳能发电不确定性问题的最好方式是就地(终端)开发与消纳”。20 世纪 20～50 年代提出并延续至今的互联电力系统(interconnected power system)具有互联、开放、对等(能量自治单元之间的对等互联)和共享(以分散式的局部最优实现全局能量管理的调度优化)的特性，这些特性与后来提出的互联网的基本特性是一致的。从互联电力系统的规范出发，考虑可再生能源电量比例、系统运行约束和可用调节容量，对风能和太阳能光伏发电的应用模式所进行的分析表明，在以燃煤火电为主要调节容量(我国现时如此)的情况下，只有采用就地开发与消纳模式才能实现集成高比例的风能和太阳能光伏发电的目标。在该模式下，通过采取多种改善措施，风电和光伏发电的比例可以达到60%以上。同时从全社会成本(包括系统投资成本、燃料成本、环境成本、辅助服务成本、可靠性成本和网损成本)角度看，即使在可再生能源品质较差的区域，就地开发与消纳模式下的单位可再生能源供电成本已经明显低于大规模远距离输送模式下的单位可再生能源供电成本，而且随着可靠性价值的提升和太阳能与风能发电成本的下降，这一趋势会日益明显。目前国际上正在密切关注在哪个时间点太阳能光伏组件加电池储能系统能达到与电网平价(grid parity)。

分布式电源(DER)涵盖与配电系统相互连接的发电和/或电能存储系统，包括安装在用户端“电表后面”的设备。分布式电源采用广泛的发电和存储技术，如可再生能源、热电联产(CHP)、固定电池储能和带有双向转换器的电动汽车等。分布式电源可用于本地发电/存储，可以参与容量调节和辅助服务市场，也可以汇集成虚拟发电厂。由智能逆变器等互连设备实现的可与电网互动的高级分布式电源功能正在越来越多地被用来确保电能质量和电网稳定性，同时满足配电系统的安全要求。高级分布式电源功能还能够实现新的电网架构，其中包含“微网”——当电力中断时，可以与电网分离，并可与电网合作运行以形成更具适应性的韧性(resilience)电力系统。

除了分布式的发电和储能，鼓励用户参与需求响应(DR)和基于协议的负荷控制也是实现电力供需平衡的有效方法。需求响应的定义是：在正常耗电模式下，用户用电功率能够随着电价的变化而变化，或者当电力零售市场电价过高或系统可靠性受到损害时，能够促使用户减少用电。生态文明意识的提升，使电力公司积极寻求不同于传统的方式来满足供需平衡。居民负荷、商业负荷和高耗能产业中均含有较大比例的可平移负荷，它们可以与电网友好合作，支持削峰填谷与事故情况下的减负荷，帮助系统实现近乎瞬时的功率平衡。

现代交通在能源消费结构中占比很高，仅次于电力，对其实现电能替代和电能高效利用，可以有效缓解化石能源资源紧缺的局面。到2050年实现美丽中国的目标要求电动汽车比例达到80%以上，其电能的总消费量和总存储量都十分巨大，其可在用电低谷(电价便宜)时充电，并在白天最需要电(电价贵)的时候将电输回电网，所以电动汽车也将成为需求响应的重要部分，应该且可以与大规模发展的分布式可再生能源发电协同发展。

供电侧与需求侧的不确定性共同构成了未来电网运行所面临的最大挑战。大量分布式可再生能源和用户侧能量管理系统的接入加剧了电力系统终端(如配电网、微网、工厂、建筑和家庭)的供需不确定性。解决该问题的关键在于实现不确定性的就地(终端)解决，未来电网必须将责任分摊到终端。

大量的分布式电源接入电网后，由于其多直接接入各级配电网(尤其是110kV及其以下电压等级的配电网)，配电网自上而下都成了线路潮流可能双向流动的电力交换系统。然而，现时的配电网络是按单向潮流设计的，不具备有效集成大量分布式电源的技术潜能，即现有电网难以接纳高比例的分布式可再生能源。因此，“如何处理数以百万计的广泛分布的分布式电源和应对可再生风能和太阳能发电的间歇性、多变性和不确定性，同时确保电网的安全性、可靠性和人身与设备安全，并激励市场”就成了未来电网需要解决的问题。这一任务将由智能电网来完成。

从电网的角度看，智能电网的原动力至少包含下述四个方面：提高系统(以抵御事故扰动为目的)的安全稳定运行水平，降低大规模停电的风险和增强灾难性事件后快速恢复供电的能力；分布式电源的大量接入和充分利用；高级市场化和需求侧管理；数字化社会对电网的供电可靠性、电能质量和能源效率(EE)的高要求。

“分布式电源+智能电网”更加关注本地控制和减少对外依赖，是“颠覆性”的改变，其对日常生活、社会和经济发展存在潜在的巨大影响。

智能电网的本质特征和总体设想

智能电网最本质的特点是，电力和信息的双向流动性，并可由此建立起一个高度自动化和广泛分布的能量交换网络；把分布式计算和通信的优势引入电网，达到信息实时交换和设备层次上近乎瞬时的供需平衡。

智能电网的总体设想是智能化、高效、包容、激励、机遇、重视质量、抗灾能力(韧性)强和环保等，而不是单纯的智能化。

智能电网将加强电力交换系统的方方面面，包括发电、输电、配电和消费等。

(1)提供大范围的态势感知，有助于缓解电网的阻塞和瓶颈，缩小乃至防止大停电。

(2)为电网运行人员提供更好“颗粒度”的系统可观性，使他们能够优化潮流控制和资产管理，并使电网具有事故后快速恢复的能力，即自愈能力。

(3)集成和使用大量分布式发电，特别是可再生能源发电。

(4)使电力公司通过双向的可见性，倡导、鼓励和支持消费者参与电力市场和需求响应，支持不断增长的电动汽车的使用。

(5)为消费者提供机会，使他们能以前所未有的热情积极参与能源消费选择。

(6)解决赛博[①](网络)安全问题。

微处理器大规模应用之前创建的集中规划和控制的电力基础设施在很大程度上限制了电网的灵活性，失去了效率，致使电网在安全性、可靠性和韧性等几个关键方面承担着风险。由于未来电网将接入数量巨大的分布式电源，并且其出力难以精确预测，传统的集中控制模式更加难以适用。所以，智能电网，特别是智能配电网，将是分布式智能的基础设施。配电网络的拓扑应该是灵活的、可重构的；进而，电所及之处均有可靠的双向通信，从底层的传感器和智能代理开始，能源网和信息通信网将高度融合。

高级量测体系(AMI)完善了电力通信的最后一公里，为电力公司提供了前所未有的系统范围的量测和可观性，其实施能够帮助电力公司获取史无前例的超大数量的数据。这些数据除电费计量外还可用于评估设备运行状况、优化资产利用、延长设备寿命、优化运维费用、改进电网规划、识别电能质量问题、探测及减少窃电行为等众多方面。使用柔性交直流输配电装置和智能电力电子装置的高级配电自动化(ADA)将创造未来的智能配电网。ADA 是革命，而不只是传统配电自动化的扩展。在全球范围内的智能电网实施方案中，AMI 和 ADA 是公认的重要的基础性功能模块。

一个称作“智能”的电网，在配电网中使用的信息技术会和在输电网运行时使用的信息技术一样多。实质上，任何智能电网的命脉都是用来驱动应用的数据和信息，而这些应用又反过来促使开发新的和改进的运营策略成为可能。电力系统任一领域，包括电力用户、电力市场、服务提供商、运行、发电、输电和配电，所收集到的数据都可能与其他领域的改善相关。所以以适时的方式与那些需要使用或有权了解数据的参与者实时共享数据，是智能电网的基本要素。

设想中的智能电网(smart grid)将像互联网那样改变人们的生活和工作方式，并激励类似的变革。但是由于智能电网本身的复杂性，其涉及广泛的利益相关者，需要漫长的过渡、持续的研发和多种技术的长期共存。短期内可以着眼于实现一个较为智能的电网(smarter grid)，利用已有的或即将配置的技术使目前的电网更有效，在提供优质电力的同时，还可以创造较大的社会效益(如改善环境)。

智能电网的相关技术可以分为 3 类，即智能电网技术、智能电网可带动的技术和为智能电网创建平台的技术，内容非常广泛。智能电网将应用工业界最好的技术和理念以加速其实现，如开放式的体系结构、互联网协议、即插即用技术、共同的技术标准、非专用化和互操作性等。事实上，有些技术已经在电网中得到

---

① Cyber 在本书中译为“赛博”，如“Cyber Security”，译为“赛博安全”，而未译为“网络安全”。这样在谈论智能电网时，遇到“Cyber Security of power network”，就可翻译为“电力网络的赛博安全”，而不是“电力网络的网络安全”。本书也不把 cyber 译为“信息”，这是为了防止混淆“Cyber Security”和“Information Security”这两个密切联系又存在区别的概念。

应用，但只有在体现智能电网的双向数字通信能力和即插即用能力的时候，其潜能才会充分“喷发”出来。

为了激励智能电网方面的创新，亟须建立一个成熟的、健康的和集成的电力市场，其中包括：实施分时或实时电价，使电能作为商品的市场价值得到合理的体现；制定鼓励分布式电源卖电回电网的政策，如分布式清洁能源的上网电价政策等；制定保证智能电网投资成本回收的政策等。

群集理念和智能分布式体系

小概率事件所造成的损失可能非常巨大，单纯的 N–1 和 N–2 安全性校验[①]是不足的，人们需要改变思考系统问题时一些传统的观念。智能电网会成为更鲁棒的自治和自适应的基础设施，能够对恐怖袭击、军事威胁、元件故障、自然灾害等扰动做出自愈的响应，从而大大提高电网的安全性、韧性和供电可靠性。从这个角度看，与公共电网无缝连接的智能微网是完美的。大量技术的、成本的和社会的因素正汇集在一起，使得微网几乎必然会成为电力基础设施中最大的变革。微网可以看作电力公司对互联用户作用的扩展，在此互联的过程中存在创造很不同的未来配电系统的机会。

Rifkin 所提倡的能源互联网构想是，让数以百万计的用户在家庭、办公室或者工厂自行利用可再生能源发电，并能够彼此共享所发出的电能；电动汽车与本地储能设备将会得到广泛的应用。互联网技术的加入将把电网转变为一种能源可以互相共享的互联网。

为了抓住未来的机遇，已有学者提出如下的设想：未来的配电网、微网、建筑单元(大楼、工厂和住宅等)与输电系统的差异将逐步消失，将具有本地发电和双向电力潮流的特点，都将配有能量管理系统(EMS)，并按照“群集”理念实现各自近实时的功率平衡，即输电系统(互联电力系统)是若干个控制区(区域性输电网)互联起来的群集(clusters)，每个控制区是一个群(cluster)；一个区域输电网群包含许多配电网群集。每个配电网群又包含许多微网、工厂和家庭群集。一个微网群可能包含多个智慧家庭群集。每个群集的运行过程中，通过调度确定各群间的功率交换计划，每一个“群”必须维持其内部净功率的平衡并履行与外部功率交换的职责，以维持整个群集近实时的功率平衡。和控制区相似，每个群都有：①发电和/或负荷；②智能控制和通信。群的基本功能也包括如下三个方面：①进行发电/负荷调度(dispatch)，以维持净功率平衡；②当地的反馈控制，用于平滑波动；③通过削减发电/负荷来缓解故障。

第三次工业革命期望建立的能源互联网(智能电网)中，可再生能源的分布式特性(集成高比例分布式可再生能源)需要的是协作，而不是集中或分级的命令和

① N–x 安全性校验是指系统中有任意 x 个元件同时发生故障情况下的安全性校验。

控制机制。协作行为将导致所产生的利益被更加分散地共享。通力合作、追求共同利益是实现经济可持续发展的最佳途径。群集共同工作可以确保最大化和最高效地利用可再生能源。追求共同利益是经济可持续发展的最佳路径。

智能电网的效益、挑战和研发机遇

实施智能电网发展战略不仅使用户能够获得高安全性、高可靠性、高质量、高效率和价格合理的电力供应，还能提高国家的能源安全水平，改善环境，推动可持续发展，同时激励市场不断创新，从而提高国家的国际经济竞争力。实施智能电网的关键目的是利用各种技术、资源和市场机制以提高社会经济效益。智能电网的预期效益是明显的，这些效益包括：供电的安全性、韧性、可靠性和电能质量提高方面的收益；电力设备、人身和赛博安全方面的收益；能源使用效率收益；环境保护和可持续发展的收益以及直接经济(容量、燃料和运维成本)效益。而从广义层面来看，由于技术涉猎广泛，智能电网的一个关键目标是催生新的技术和商业模式，实现产业革命，以确保子孙后代繁荣昌盛。网络领袖思科预言，智能电网拥有比互联网大得多的市场空间。

智能电网是不断发展的，需要进行持续的研究以预测不断变化的需求，评估相应的收益和成本。在实施智能电网时，需要时刻考虑所做的工作是否适用于市场？是否可激励用户参与？是否可实现资产优化？是否能够获得高效运行？电力公司和监管机构应该持续地向消费者证明：智能电网的效益最终会超过其投入的成本。因此，在智能电网实施中，必须坚持“创新驱动发展”的战略，需要获得大量的知识产权，降低成本并提高效益。

智能电网面临的挑战是极其广泛的，涉及许多技术、体制和社会问题，电网变迁的过程必将改变整个行业的业务模型。智能电网不仅涉及广泛的利益相关者，而且其组织、研发和实施均很复杂，需要人们转变传统的电网理念。智能电网发展的各个阶段，从基础科学和工程技术的研究到开发、示范和运行都会出现障碍。指出其中关键性的障碍，可以帮助明确如何才能最大限度地发挥其潜能，从而尽可能地为国家提供广泛的社会和经济效益。当然，与这些挑战并存的是前所未有的研发机遇。

互操作性和赛博安全标准是实现智能电网效益以及管理整体成本的关键要素——支持标准的基础设施才能实现效益。标准的缺乏，将使各种智能电网技术在应用中缺乏安全保障，令其投资存在风险，并可能阻碍其广阔的应用及未来的技术创新，并且难以形成竞争的市场环境。

智能电网的实施需要强化监管。监管路径是从能源政策的一般目标三角形开始的，该三角形所显示的是能源供应系统变革的三种重要原动力，这些原动力是智能电网发展的主要影响因素，可据此设计实施智能电网的路线图。为了实现这些计划，需要在政府主导下，定义智能电网的角色和责任，定义未来的能源(包括可再生能源)供应和智能电网的长期发展目标，开放市场和明确信息共享。

最后要说的是，能源转型规模十分巨大，需要很长的时间，往往会持续几十年。智能电网的实施将支持和伴随整个能源转型的过程。

本书是在余贻鑫院士主持下大家共同努力的结果。其中，余贻鑫院士主笔了第一篇和第二篇第 1 章、第 6 章和第 7 章，秦超副教授全面协助；杨挺教授和刘艳丽副教授联合撰写了第二篇第 2 章，栾文鹏教授撰写了第二篇第 3 章，秦超副教授撰写了第二篇第 4 章，刘艳丽副教授和周越博士联合撰写了第二篇第 5 章，刘艳丽副教授撰写了第二篇第 8 章，曾沅副教授撰写了第二篇第 9～第 11 章，孙冰博士参与了第一篇的第 1 章和第 3 章的部分工作，并为本书提供了算例和附录 B。刘艳丽副教授和秦超副教授负责了全书图形加工的组织工作。此外，课题组的马世乾和杨添剀也为本书做出了贡献。

本书期望为读者提供一本关于智能电网基本理念和关键技术的、较为严谨而又简明扼要的书籍。但鉴于作者学识所限，并且随着智能电网的发展，其理念和技术都在不断升华，所以不足之处在所难免，希望能够得到广大读者的指正。

作　者

2018 年 8 月 5 日

目　　录

第一篇　智能电网的基本理念

第 1 章　智能电网的原动力——环境压力与能源转型

实施智能电网发展战略不仅能使用户获得高安全性、高可靠性、高质量、高效率和价格合理的电力供应，还能提高国家的能源安全，改善环境，推动可持续发展，同时能够激励市场不断创新，从而提高国家的国际经济竞争力。简而言之，提高供电安全性、生态文明和经济竞争力是智能电网的 3 个原动力，如图 1.1 所示。

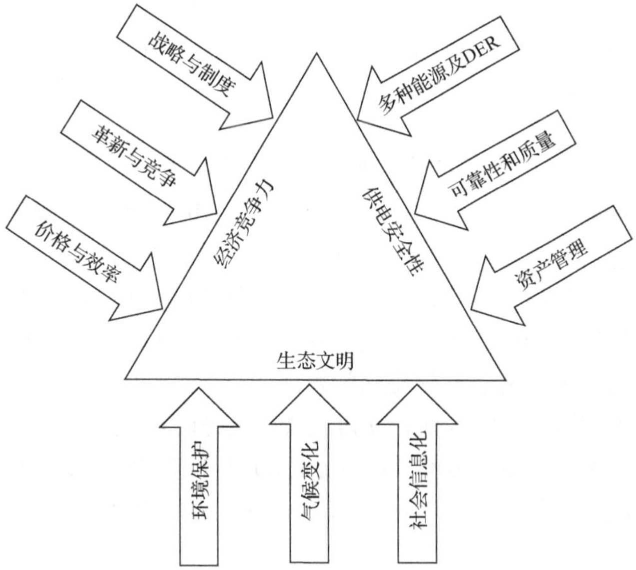

图 1.1　智能电网原动力三角

第 1～4 章将分别从环境压力与能源转型、接纳高比例分布式电源、电网的运行需求和资产管理的视角对智能电网的原动力进行阐释。

1.1　气候和环境问题——应对气候变化和环境保护刻不容缓

20 世纪以来，随着世界经济的发展、不可再生的化石能源的大量消耗，全球气温上升，气候变化异常，局部环境污染加剧，给人类社会可持续发展带来了严峻挑战。

1. 全球变暖形势严峻，气候变化已不再是一个遥远的威胁

温室气体的继续排放将导致全球进一步变暖，将让气候系统所有组成部分发生持久性的变化，增加给人类和生态系统造成严重、普遍和不可逆转影响的可能性。

联合国政府间气候变化专门委员会于2014年11月2日发布报告，归纳了800多名科研人员13个月的研究结果，其核心结论是，气候变化已不再是一个遥远的、未来的威胁，而是已经可以在世界各地感受到的威胁。报告警告说，人类正在改变地球的气候体系。气候和海洋都在变暖，雪原和冰帽在融化。全球变暖导致目前更加频繁地出现极端高温、暴雨、海洋酸化和海平面的升高，二氧化碳、甲烷和氧化亚氮三种主要的温室气体目前已达到80万年以来的最高浓度。报告指出，在1880～2012年，地表的平均温度上升了0.85℃，而在1901～2010年，全球的海平面共升高了19cm。

2. 必须把燃烧更多化石燃料的排放总量限制在1万亿吨二氧化碳左右

联合国政府间气候变化专门委员会表示，各国政府要想实现他们自己表述的限制地球温度上升的目标，即温度上升不超过工业化前水平的2℃，就必须把燃烧更多化石燃料的排放总量限制在1万亿吨二氧化碳左右，在2010～2050年，全球碳排放量应该减少40%～70%，到2100年前要下降到“接近零”。报告还说，只有通过国际合作才能解决气候变化问题。

以欧洲联盟(简称欧盟)为例，欧盟在《坎昆协议》里提出，到2020年欧盟的排放水平要比1990年减少20%，但事实上2014年就已经达到了这个水平。中国计划2030年左右二氧化碳排放达到峰值且将努力早日达峰。

3. 《巴黎协定》

《联合国气候变化框架公约》第21次缔约方大会暨《京都议定书》第11次缔约方大会(简称第21届联合国气候变化大会)于2015年11月30日至12月11日在法国巴黎举行。参加会议的《联合国气候变化框架公约》近200个缔约方一致同意通过《巴黎协定》，为2020年后全球应对气候变化行动做出安排。《巴黎协定》指出，各方将加强对气候变化威胁的全球应对，把全球平均气温较工业化前水平升高控制在2℃之内，并为把升温控制在1.5℃之内而努力。全球将尽快实现温室气体排放达峰，21世纪下半叶实现温室气体净零排放。根据《巴黎协定》，各方将以“自主贡献”的方式参与全球应对气候变化行动。

《巴黎协定》的基本原则是“共同但有区别责任”，即各方将依据历史责任、发展阶段、能力和国情，做出“自主贡献”。发达国家将继续带头减排，并加强对

发展中国家的资金、技术和能力建设支持，帮助后者减缓和适应气候变化。《巴黎协定》这个安排是合作的条款，为将来的碳市场、碳交易、跨国合作奠定了一个国际法基础。中国为此次会议的成功做出了重要贡献。

4. 中国面临双重约束

发达国家治理雾霾是先提出的，其中，二氧化硫、氮氧化物这些局部的污染物是先治理的，然后才提出了二氧化碳的问题。但中国今天面临的情况就不一样了，同时提出了要限制两种不同污染物的任务，既要治理雾霾，治理酸雨、酸沉降，又要求同时把二氧化碳排放量减下来，面临双重的约束，这种路径在历史上是没有的。所以中国要创新，要走新的路，不能再走发达国家先治雾霾再治温室气体的路，因为时代已经不允许这样做了。这在技术战略、技术路线、资金、基础设施的问题上，包括能源的基础设施，如发电、交通的基础设施，可能要全盘地有一个全新的安排、全新的考虑。所以，治雾霾和削减温室气体的问题，一方面是政治意愿，另一方面是人类良知或美好的愿望，但是落到实处时是要谋略、要社会经济分析、要政策、要体制、要技术，所有这些一样也不能少。

5. 电网在低碳化中的作用

在碳排放中，电力和交通运输是两个排放最大的部门，且在终端能源中电能的占比肯定还会明显提升，所以为了实现《巴黎协定》，电的低碳化是绝对需要的。电网在由资源到可用的能源的转换链中扮演了核心角色，这种转换链驱动了经济的发展。可持续发展大大依赖于一种适合的电网来对其进行支撑。功能合理的电网将有能力对能源脱碳、提高效率和清洁运输系统做出巨大贡献。

(1) 能源脱碳。未来能源资源将从化石燃料逐渐转换为可再生能源，如风能、太阳能，或许还包括核能，来减少排放到大气中的碳。核能发电是一种已建立且经常有争议的技术，其整合至电网中起着占用基荷的作用。未来电网必须在这种方式下运行——更大程度地接纳和利用间歇、多变和不确定的可再生能源。

(2) 提高效率。电力有助于将能源的使用与国内生产总值(GDP)和人口增长脱钩，有助于降低碳密度(单位 GDP 的碳排放量)。未来利用高级计算机、通信以及互联网技术的智能电网将可以在发电、输配电以及用电的各个环节显著提高效率。末端能量管理更加智能化使得能源的利用更加有效。

(3) 清洁运输系统。目前交通运输领域的碳排放约占全球碳排放的 1/4。基于未来的低碳电网，电动汽车将有助于社会的交通运输进入清洁和可持续的阶段。

1.2 可再生能源发电

1. 能源储量

全球化石能源资源虽然储量大，但随着工业革命以来数百年的大规模开发利用，正面临资源枯竭、污染排放严重等现实问题。文献[1]分析，按照 2014 年世界平均开采强度，全球煤炭、石油和天然气分别大约可开采 113 年、53 年和 55 年；中国化石能源资源以煤炭为主，石油、天然气等资源相对匮乏，化石能源剩余探明可采储量总计约 896 亿 t 标准煤，其中煤炭占 91.2%、石油占 3.9%、天然气占 4.9%，以 2014 年为基准，它们的储采比大约分别为 31 年、12 年和 28 年[1]（储采比是指剩余探明储量与当年开采量的比例，即按当年生产水平尚可开采的年数）。或许具体数据会有不同，也许会乐观一些，但是化石能源资源逐步枯竭、开发难度日益增加的大趋势是肯定的，何况这些资源除作为能源之外还有其他广阔的应用前景。

然而，全球可再生能源资源不仅总量丰富，而且低碳环保、可以再生，未来开发潜力巨大。可再生能源主要包括风能、太阳能、水能、生物质能、海洋能、地热能等。全球水能资源超过 100 亿 kW，陆地风能资源超过 1 万亿 kW，太阳能资源超过 100 万亿 kW，远远超过人类社会全部能源需求，风能、太阳能等新能源的大规模开发利用成为世界主要国家的共同选择。

2. 可再生能源利用现状

能源供应成本是影响能源发展的重要经济因素，目前化石能源与可再生能源供应成本总体呈现出“一升一降”的趋势，如煤炭成本由于开采难度的增加而不断增加，进而由于化石能源资源本身的稀缺性及化石能源利用对环境造成的影响，一些国家和地区已经或即将征收资源税、碳税、污染税，化石能源资源供应价格进一步上涨。化石能源和可再生能源价格“一升一降”也决定了可再生能源是未来能源发展的方向，具有广阔的发展前景。

基于能源安全和可持续发展的考虑，世界上许多国家已把发展可再生能源技术提升到国家战略的高度，投入大量的资金，以期夺取技术制高点。

可再生能源发电是可再生能源的主要开发利用方式。21 世纪可再生能源政策网络发布的《2016 年全球可再生能源现状报告》指出，目前可再生能源在全球许多国家都确立了具有竞争力的主流能源地位。该报告通过容量、生产及投资等数据，按类别分析了 2015 年可再生能源发展现状和各国可再生能源政策。

该报告显示，可再生能源装机量在 2015 年创下新纪录。新增可再生能源发电装机容量约为 147GW，为历年最高。同时，现代可再生能源热容量保持增长态势，可再生能源在交通领域的应用也在扩大。分布式可再生能源的快速进步正在缩短能源富有群体和能源短缺群体之间的差距。图 1.2 和图 1.3 分别展示了该报告所公布的可再生能源占全球能源消费的比例和可再生能源占全球发电量的比例。

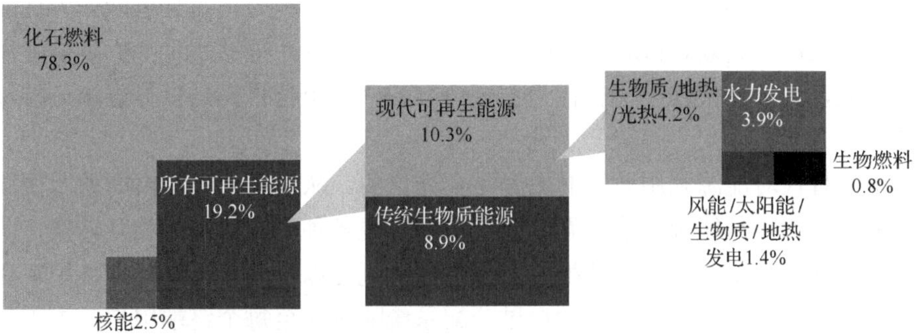

图 1.2　截至 2014 年末可再生能源占全球能源消费比例

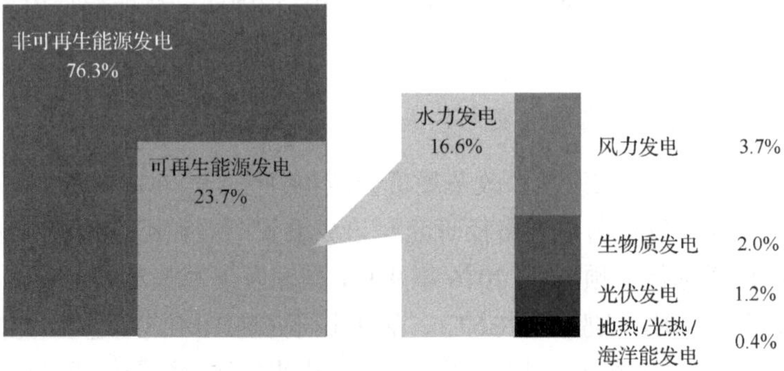

图 1.3　截至 2015 年末可再生能源发电占全球发电量比例

注：原报告中指出，由于经过四舍五入，各项比例不可进行内部叠加

3. 发展高比例的可再生能源发电

从满足人类发展需求角度看，随着人口增长和城镇化、工业化的快速发展，未来全球能源需求还将保持较快增长。如上所述，可知：①全球可再生能源资源极其丰富，通过实现可再生能源替代化石能源，能够从源头上有效化解化石能源资源紧缺矛盾，满足日益增长的能源需求；②从保护生态环境角度看，化石燃料燃烧所产生的二氧化碳所占比例最大，为了防止大气中二氧化碳浓度超过 450×10^{-6} (0.045%) 的警戒值，未来全球能源再也不能走高能耗、高碳排放的发展道路，必须将经济发展与二氧化碳排放脱钩。如果 2050 年全球水能、风能、太阳能等可再生能源占一次能源消费比例提高至 80%，届时化石燃料燃烧产生的二氧化碳排放

量将降至120亿t以下，地球温室气体浓度将得到有效控制。

可再生能源逐步替代化石能源已经在世界范围内达成共识，这意味着未来的能源构成将由现在的以化石能源为主、可再生能源为辅转变为以可再生能源为主、化石能源为辅，未来必然走向高比例可再生能源发展之路。

绝大部分可再生能源只有转化为电能才能够高效利用，而且电能作为优质、清洁(零排放)、高效(可以达到90%以上)的二次能源，能够满足绝大多数能源需求，实施以清洁替代和电能替代为主要内容的“两个替代”是世界能源可持续发展的重要方向。

电能替代对能源利用效率的提升是全方位的。从使用上看，电能使用便捷，可以精密控制。从能源转换上看，电能可以实现各种形式能源的相互转换，所有一次能源都能转换成电能。从配置上看，电能既可以就地开发、就地使用，也可以大规模生产、远距离输送，并通过分配系统瞬时送至每个终端用户。中国的数据表明，电能的经济效率是石油的3.2倍、煤炭的17.3倍。发达国家经验表明电能占终端能源消费比例每提高1%，能源强度(EI，是国内一次能源使用总量与GDP之比)下降3.7%[1]。

4. 我国未来的电力需求及发电构成

2015年4月，国家发展和改革委员会能源研究所发布研究成果《中国2050高比例可再生能源发展情景暨路径研究》，该成果依倒逼和可行的机制对我国未来的能源资源构成进行了预测[2]。2016年9月，国家发展和改革委员会能源研究所、美国劳伦斯伯克利国家实验室(LBNL)、落基山研究院(RMI)以及美国能源基金会联合发布研究成果《重塑能源：中国》[3]，对我国未来的能源资源构成进行了预测。其中，《重塑能源：中国》在采用比较保守方法的前提下预计：2050年我国电力占整个终端能源消费的比例将提高到41%以上，2050年总发电量约为10.8万亿kW·h(基于能源利用效率大幅度提升的假设)；到2050年，煤电在我国电能构成中的占比将降低至12.4%；可再生能源发电比例将达到68%以上，非化石能源发电量比例达到82%，其中风电和太阳能发电的比例达到47.3%以上(风电为24.7%，太阳能发电为22.6%)，如图1.4所示。根据以上预测数据，可把风电和太阳能发电占比达到50%以上称为高比例的风电和太阳能发电，为了接纳这样高比例的风电和太阳能发电，需要具有充足的可调发电容量，使用储能和需求响应技术等手段对其间歇性、多变性和不确定性进行管理。

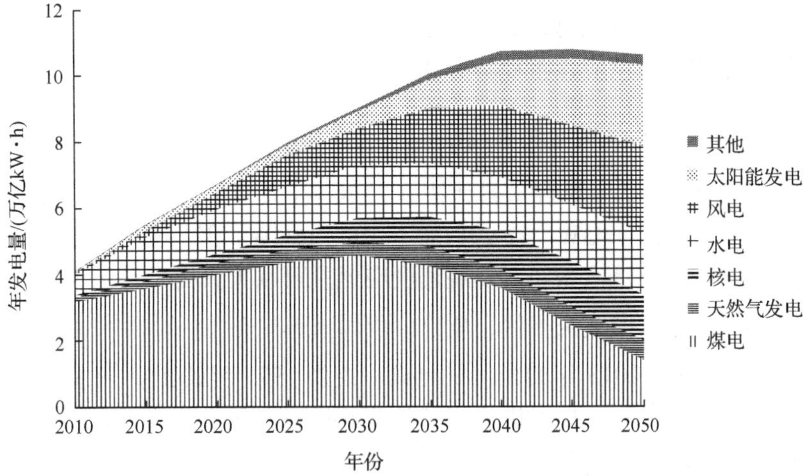

图 1.4 高比例可再生能源发电量[3]

5. 中国风力发电发展与并网情况

依据中国气象局 2014 年 5 月编印出版的《全国风能资源详查和评价报告》，我国陆地 50m、70m、100m 高度层年均风功率密度达 300W/m^2 以上的风能资源技术可开发量分别为 20 亿 kW、26 亿 kW 和 34 亿 kW，70m 高度层年平均风功率密度达到 200W/m^2 以上的风能资源技术可开发量为 36 亿 kW。在水深不超过 50m 的近海海域，风电实际可装机容量约为 5 亿 kW。总体上，我国风能资源技术可开发量可满足国家大规模开发风电的需要。在中国风能和太阳能资源年景公报中，此数据呈逐年递增趋势。

根据中国气象局开展的第四次全国风能资源详查和评价工作的结果，我国陆上风能主要在华北、西北、东北和沿海岸线地带。我国已经计划建设 10 个千万千瓦(10GW)级风电基地，它们分别位于：甘肃酒泉、新疆哈密、河北、吉林、蒙东、蒙西、江苏沿海、山东、黑龙江和山西。2015 年中国风电新增装机容量 30.5GW，累计装机容量达 145.1GW(1.45 亿 kW)，超越欧盟总量 141.6GW，已成为全球风电规模最大的国家。与此同时，我国海上风能品质非常好，绝大部分地区的风能密度超过 200W/m^2，且海上风机的年满发小时数有望达到 3000h 以上(陆上风机一般为 2000h 左右)，适合大规模开采。

电网是大规模风电基地的新能源输送和优化配置的平台。预期到 2020(2030、2050)年并网风电的累计容量将达到 2.0(4.0、10.0)亿 kW。总体来看，中国风电主要接入 110～330kV 电压等级电网，与区域主网相联。“三北”地区风电场以大规模集中接入为主，电力输送方向与火电的主要输送方向趋同。华东、华中、南方区域主要接入 110kV 及以下等级电网，接入相对分散。

虽然风电可以经过汇总以后集中远距离大功率送入电网，但因为风能在地理上是广泛分布的，所以应该重视其分布式利用。

6. 中国太阳能光伏发电发展前景

2015 年，全球光伏装机容量累计达到 227GW，其中中国太阳能光伏发电(PV)累计装机容量达到约 43GW，较 2014 年增加约 15GW。但是总体来说，目前太阳能光伏利用的份额还是太少，其发展速度应该且可以大大提升。

1) 光伏发电可以成为主要的、廉价的能源来源

如图 1.5 所示，2013 年的光伏发电成本约为 1977 年的 1%[2]，而且仍有较大的降低空间。这是因为：技术进步使得晶体硅价格快速下降(从 400 美元/kg 下降到现在的 20 美元/kg)，同时光伏组件的光电转换效率也在快速提升。同时，基于材料科学研究方面取得的创新成果，诞生了新一代的太阳能光伏发电电池，如薄膜电池、有机电池和量子点电池，此类成果可保证太阳能在未来能够以更低的成本和更高的效率提供更多的能源；嵌入式电力电子设备使得光伏组件中的功率优化模块可以进一步提高整体的功率输出和系统效率。在国际上，2016 年 3 美分/(kW·h)的风电和 5 美分/(kW·h)的光伏电力已成为常态。

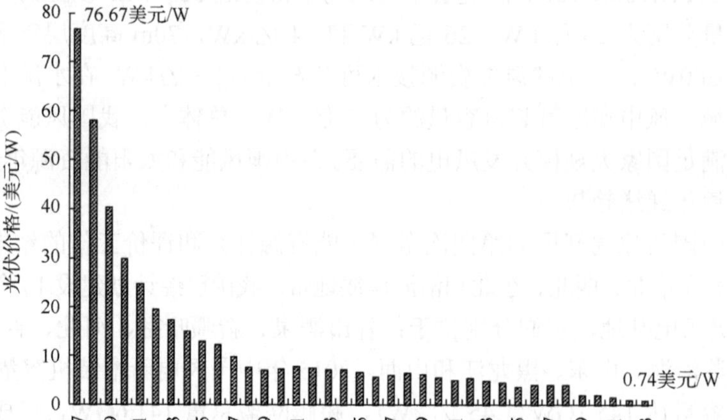

图 1.5　光伏价格演变的历史

2) 中国的太阳能发电资源非常丰富，无论东部还是西部

我国地域广阔，太阳能资源总量巨大。陆地水平面平均太阳辐照度约为 175W/m^2，高于全球平均水平，太阳总辐射资源“丰富区”及“很丰富区”以上占全国陆地面积的 96.3%，绝大部分地区适合利用太阳能[4]。我国陆地表面每年接受的太阳

辐射能约为 5×10^{19}kJ，折合约为 1.4×10^{16}kW·h。

2015 年我国的全社会用电量为 5.55×10^{12}kW·h，2050 年的电能总需求按 10.8×10^{12}[3]～15×10^{12}kW·h[2]计，则对于仅利用太阳能光伏发电来满足全社会电能需求的情景，可有如下估计。

如果利用优质太阳能资源发电，太阳能年平均总辐射量保守取 1700kW·h/m²，光电转换效率保守取 16%(规模生产的常规晶体硅电池效率为 18%～20%)，系统效率取 65%，则只需要约 3.1 万 km² 即可产生 2015 年的全社会总用电量；即使不考虑技术进步使得光电效率提高，只需(6.0～8.4)万 km² 也可产生 2050 年的全社会总用电量，分别约占我国国土面积的 0.32%和 0.63%～0.88%。

如果利用东部较差的太阳能资源发电，太阳能年平均总辐射量保守取 1200kW·h/m²，光电转换效率保守取 16%，系统效率取 65%，则只需要约 4.4 万 km² 即可产生 2015 年的全社会总用电量；即使不考虑技术进步使得光电效率提高，只需(8.5～11.8)万 km² 也可产生 2050 年的全社会总用电量，分别约占我国国土面积的 0.46%和 0.89%～1.23%。

综上所述，从电量角度出发，仅太阳能光伏发电一项就能够远远满足我国远景的总用电需求，无论在西部地区还是东部地区。事实上在 2050 年远景规划中，风电和光电只是可再生能源发电的一部分，两者之和仅占总电能的 47%～63%，因此，我国的太阳能资源完全可以满足高比例可再生能源发电的发展要求。

3)发展太阳能的土地和空间资源

对于分布式光伏而言，可利用的土地和建筑屋顶或墙面也是重要资源条件。我国拥有世界最大量的建筑，太阳能与建筑结合及一体化，可以充分利用建筑以及太阳能资源，降低成本，具有规模发展的广阔前景。依据国土资源部、国家统计局等于 2017 年 4 月发布的《第一次全国地理国情普查公报》：全国房屋建筑(区)占地面积为 15.31 万 km²，中东部地区为 10.12 万 km²。中国 12%的国土面积为不能用于耕作的沙漠和滩涂，总面积为 128 万 km²，其中戈壁面积为 57 万 km²，有充足的土地资源发展太阳能发电。此外，农田和鱼塘的上方空间也是可以利用的，如农光互补、渔光互补等。与此同时，国际上已在探索利用路面铺设太阳能光伏，而我国现有人均城市道路的面积已达 15m²。

应该注意的是，我国处于大规模的快速城镇化进程中。一方面，这样大规模的城镇建设，是无法用当前西方发达国家的用能模式加以支撑的，必须大力开展全方位节能模式和节能技术创新，这就为分布式太阳能光伏的发展提供了难得的机遇；另一方面，其也为太阳能光伏发展提供了土地和空间资源。

7. 其他分布式可再生能源发展的潜力

除了风能与太阳能资源，还存在生物质能、地热能和潮汐能等多种形式的分布式可再生能源可供开发利用。

生物质能是世界上重要的新能源，技术成熟，应用广泛，在应对全球气候变化、缓解能源供需矛盾、保护生态环境等方面发挥着重要作用。截至 2015 年，全球生物质发电装机容量约 1 亿 kW，其中美国 1590 万 kW、巴西 1100 万 kW。生物质热电联产已成为欧洲，特别是北欧国家重要的供热方式。生活垃圾焚烧发电发展较快，其中日本垃圾焚烧发电处理量占生活垃圾无害化处理量的 70%以上。我国生物质资源丰富，能源化利用潜力大。全国可作为能源利用的农作物秸秆及农产品加工剩余物、林业剩余物和能源作物、生活垃圾与有机废弃物等生物质资源总量每年为 4.6 亿～10 亿 t 标准煤。截至 2015 年，生物质能年利用量约为 3500 万 t 标准煤，其中商品化的生物质能利用量约为 1800 万 t 标准煤，我国生物质发电总装机容量约为 1030 万 kW。生物质能产业具备显著的环境效益。预计 2020 年，生物质能合计可替代的化石能源总量约 5800 万 t，年减排二氧化碳约 1.5 亿 t，减少粉尘排放约 5200 万 t，减少二氧化硫排放约 140 万 t，减少氮氧化物排放约 44 万 t。需要指出的两点是：①生活垃圾与有机废弃物这样一些物质的利用，不仅使其变成了能量，还清洁了环境；②上述的生物质除作为能源资源使用，还可能成为其他领域的应用资源。

地热能是一种绿色低碳、可循环利用的可再生能源，具有储量大、分布广、清洁环保、稳定可靠等特点，是一种现实可行且具有竞争力的清洁能源。我国地热资源丰富，市场潜力巨大，发展前景广阔。在地热发电方面，高温干蒸汽发电技术最成熟，成本最低，高温湿蒸汽次之，中低温地热发电的技术成熟度和经济性有待提高。由于我国地热资源特征及其他热源发电需求，近年来全流发电在我国取得快速发展，干热岩发电系统还处于研发阶段。2014 年底，我国地热发电总装机容量为 27.28MW，排名世界第 18 位。预计 2020 年我国年地热能利用总量相当于替代化石能源 7000 万 t 标准煤，相应减排二氧化碳 1.7 亿 t，节能减排效果显著。

潮汐发电与普通水力发电原理类似，通过出水库，在涨潮时将海水储存在水库内，以势能的形式保存，然后，在落潮时放出海水，利用高、低潮位之间的落差，推动水轮机旋转，带动发电机发电。我国潮汐能资源丰富，拥有长达 18000 km 的大陆海岸线，北起鸭绿江口，南到北仑河口，加上 5000 多个岛屿的 14000 km 海岸线，共约 32000 km 的海岸线中蕴藏着丰富的潮汐能资源。据不完全统计，全国潮汐能蕴藏量为 1.9 亿 kW，其中可供开发的约 3850 万 kW，年发电量 870 亿 kW · h。

需要强调的是，太阳能与多种其他可再生能源的结合具有良好的互补性，可以提升能源密度，提高运行效率，可在一定程度上弥补单一可再生能源的间歇性、多变性和不确定性的缺陷。

1.3　能源转型的步伐和在中国的紧迫性

1. 电网平价

2014 年 3 月初美国能源部原部长朱棣文于芝加哥大学讲到：储能技术与太阳能技术相结合，在配电和发电领域的影响或可与当年互联网所造成的颠覆性冲击相媲美。随着光伏组件价格暴跌，并且储能电池的价格不断下降，在未来 5～10 年，居民极有可能实现 80%的电量自给自足，花 1 万～2 万美元就可实现离网储能附加太阳能系统的安装。这种系统可以向业主提供电力保障，包括预防意外停电；同时还可降低公用电力公司的基础设施建设成本，如输电网络的成本。

朱棣文关于“在此种状况下公用电力公司要持续运营应采用何种商业模式”的建议是，“公用电力公司可能像当年邮局遭遇联邦快递一样，遭遇自己的‘联邦快递’，最好的顾客，那些有能力支付账单的顾客(80%)被抢走”；“这一趋势无法避免，我们应该提出一个在这种状况下仍然可以盈利的业务模式”，以保持竞争力：要使公用电力公司能借到资金，以有能力购买系统，并与拥有光伏组件、储能和住宅屋顶租赁权的私营企业合作，以便为业主提供廉价电力。

“分布式光伏+储能”发展前景分析的参考示例如下。

根据工程调研，我国光伏系统的落地价格为 5～6 元/W，京津地区的分布式光伏系统(平铺装设)年发电量约 1000kW·h/(kW·a)，光伏系统寿命取 25 年，贴现率取 6%，运维比例取 1%，则光伏系统的发电成本约为 0.529 元/(kW·h)。随着材料技术的进步和产量的快速增长，太阳能光伏系统的总成本还将持续下降，如美国国家可再生能源实验室预测，到 2020 年光伏系统的投资成本将在 2017 年的基础上再降低 20%，2030 年将降低 50%，届时光伏系统的发电成本将降低到 0.423 元/(kW·h)和 0.265 元/(kW·h)。据统计，我国平均销售电价水平是 0.65 元/(kW·h)，其中居民电价 0.55 元/(kW·h)，农业电价 0.48 元/(kW·h)，大工业电价 0.64 元/(kW·h)，一般工商业电价 0.80 元/(kW·h)。由此可见，光伏发电成本已经低于居民、大工业和一般工商业电价，随着光伏发电成本的进一步下降，光伏发电成本将明显低于各类电价。

考虑到光伏发电具有间歇性、多变性和不确定性，如光伏系统夜晚出力为零，向负荷供电时需要增加储能设施。不妨采用锂电池储能设备，据调研，锂电池 2017 年的平均售价约为 1500 元/(kW·h)，循环次数为 4000～5000 次，寿命 10 年，贴现率取 6%，运维比例取 1%，充放电效率为 90%。由于锂电池的充放电效率为

90%，锂电池每充 1kW·h 电能，可在放电阶段向负荷供电 0.9kW·h，那么锂电池向负荷供应 0.9kW·h 电能的成本将包括两部分：①锂电池平摊到 1kW·h 电能的投资，约 0.486 元/(kW·h)；②充到锂电池中 1kW·h 电能的成本，不妨记为 $P_{1kW\cdot h}$(元)。因此，锂电池向负荷供电的成本为

$$\frac{0.486+1\times P_{1kW\cdot h}}{0.9kW\cdot h}\approx(0.540+1.11\times P_{1kW\cdot h})元/(kW\cdot h)$$

随着技术进步和锂电池产量的快速增长，据彭博新能源财经估计，锂电池的价格将持续快速下降，2025 年价格或将减半，因此锂电池供电成本将降为 $(0.270+1.11\times P_{1kW\cdot h})$ 元/(kW·h)。

通过“分布式光伏+储能”的方式供电，白天光伏设备向负荷供电并向储能充电，夜晚储能向负荷供电，来自电网的供电只是电力不够时的后备。在上述供电方式下，2017 年，白天用电成本为 0.529 元/(kW·h)，太阳下山后的用电成本 1.127 元/(kW·h)，假设光伏设备和储能设备各向负荷供应 50%的电量，则全天自发自用电量平均供电成本为 1/2×(0.529+1.127) 元/(kW·h)，即 0.828 元/(kW·h)；2025 年，白天的用电成本将降低到 0.344 元/(kW·h)(2020 年和 2030 年的中位数)，太阳下山后的用电成本约 0.652 元/(kW·h)，全天自发自用电量平均供电成本为 0.498 元/(kW·h)。对比我国目前居民、大工业和一般工商业的用电电价 0.55 元/(kW·h)、0.64 元/(kW·h)和 0.8 元/(kW·h)，从节省电费的角度，居民、大工业和一般工商业用户将有很强的意愿选择安装“分布式光伏+储能”设备。

图 1.6 为美国落基山研究所在其名为《电网客户流失经济学》中所给出的研究结果[5]，分析表明在所研究的地区 (Louisville, KY; Westchester, NY; San Antonio,

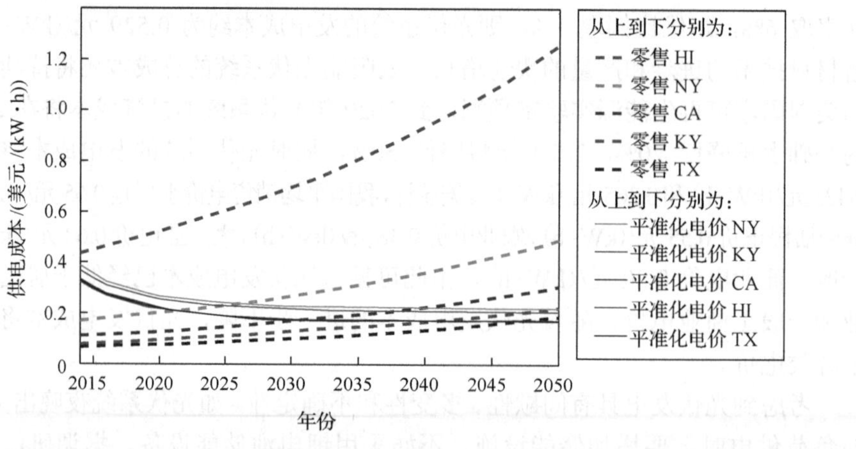

图 1.6　太阳能光伏组件加电池储能系统能达到与电网平价的时间点的预测(彩图见文后彩插)

资料来源：落基山研究所

TX；Los Angeles, CA；Honolulu, HI）中，一些区域已经达到了太阳能光伏组件加电池储能系统能与电网平价的时间点，许多地区该时间点即将来临，而且所有地区该时间点都处于集中式的发电厂和输电基础设施的计划经济寿命的30年之内。

需要指出的是，人们对于获得上述结论时所采用的分布式储能价格和性能的乐观预期是担心的。不过没有关系，因为朱棣文这里所说的仅是离网运行的太阳能加储能模式，分布式太阳能光伏可以直接接入智能电网，依靠电网的吸纳能力来补偿或平衡其发电功率的间歇性、多变性和不确定性。

需要顺便一提的是，目前美国电力公司在发展微网，微网的出现使得公用电力公司和电网边缘化支持者之间的对立出现了缓和的趋势。

国家发展和改革委员会能源研究所2011年在《中国光伏发电平价上网路线图》曾预期（表1.1）2015年中国部分地区可以实现用户侧太阳能光伏发电的平价上网，2020年中国大部分地区可以实现用户侧太阳能光伏发电的平价上网，2030年中国可以全部实现用户侧太阳能光伏发电的平价上网。然而现实情况是，太阳能光伏发电的成本（不计储能成本）已经是0.45元/(kW·h)乃至更低，成本降低的速度比预计的还要快。

表1.1　太阳能光伏发电成本预测[6]　（单位：元/(kW·h)）

年份	平均水平	先进水平
2015	1	0.8
2020	0.8	0.6

这里有如下两点需要说明。

（1）这里所说的“用户侧太阳能光伏发电的平价上网”与前面“太阳能光伏组件加电池储能系统能达到与电网平价”是不同的，其间的差别是后者计及了储能的成本。以下用“PV Grid Parity”表示太阳能光伏发电的平价上网。

（2）虽然一些国家或地区已经实现了PV Grid Parity，但是，电网平价本身不能保证市场的创建。为了培养光伏自我消费市场，监管的覆盖是十分必要的。这里的监管的覆盖并不意味着经济支持。为了促进电网平价自我消费市场的发展，政策制定者需要集中精力扫除行政障碍，通过创造或者完善调控机制来保障电网平价自我消费者可以向电网回馈多余电能并取得回报。

2. 能源转型的步伐

如前所述，朱棣文的预测是比较乐观的，下面将同时展示另一位能源历史学家丹尼尔·尤金的观点，目的是提醒人类充分认识能源转型的艰巨性。

丹尼尔·尤金认为，大型能源转换需要很长的时间——往往持续几十年，而不是几年，只是因为它们不被希望存在。他写道：蒸汽机发动了世界能源的第一次重大转型。人类开始转向煤炭，而不再像过去 40 万年那样依赖木材、农业残渣和废弃物等生物质，我们认为 19 世纪是煤炭时代，但正如著名的加拿大能源经济学家瓦茨拉夫所指出的，到 1840 年煤仅达到了世界能源供应的 5%，而且直到 1900 年还未达到 50%。现代石油工业始于 1859 年，但也是如此，石油花了一个多世纪才取代煤成为世界头号能源。最重要的历史教训是，能源资源的发展需要较长时间。而不重要的教训是，较老的能源很难离开，即使较新的能源已超越且已覆盖了较老的能源。在 20 世纪 60 年代，石油可能已经取代煤炭成为世界上最顶级的能源了，但自那时以来，全球煤炭消费量已翻了三倍。问题是，许多观察家在谈论能源转型话题时，常常忽视这种转型所要求的变化规模。

美国的埃克森美孚公司支持这一观点。他们声称，他们是太阳能研究的先驱，第一套可充电的锂离子电池就是 1970 年代在埃克森实验室(Exxon laboratory)开发出来的，该项技术现已扩展为电力消费电子产品和电动汽车。这两项开发都是埃克森美孚公司常规进行的先进研究的代表，旨在帮助解决双重挑战：满足世界能源需求，同时管理好能源使用的环境影响，包括气候变化。这种研究从改善目前利用石油和天然气的方式出发，来思考未来几十年将为世界提供动力的燃料和技术。

丹尼尔·尤金从历史经验角度展示了能源转型的缓慢历程。

中国的特殊情况是：一方面煤炭、石油和天然气的储量并不充裕；另一方面能源现在仍以煤炭为主，除了造成大量二氧化碳排放，还致使雾霾、酸雨和酸沉降严重，人们迫切希望尽快解决这些问题。所以我国政府现在是双管齐下：一方面强调大力发展可再生能源，积极推进能源转型的步伐；另一方面强调推进煤炭的清洁高效利用。

参考文献

[1] 刘振亚. 全球能源互联网[M]. 北京：中国电力出版社, 2015.

[2] 国家发展和改革委员会能源研究所，能源基金会. 中国 2050 高比例可再生能源发展情景暨路径研究[R]. 北京，2015.

[3] 国家发展和改革委员会能源研究所，美国劳伦斯伯克利国家实验室，落基山研究所，等. 重塑能源：中国[R]. 北京, 2016.

[4] 路甬祥. 大力发展分布式可再生能源应用和智能微网[J].中国科学院院刊, 2016,31(2):157-164.

[5] Rocky Mountain Institute. The economics of grid defection[EB/OL].[2014-09-21]. http://www.rmi.org/electricity_grid_defection.

[6] 中国可再生能源企业家俱乐部，北京大学教育基金会，国家发展和改革委员会能源研究所. 中国光伏发电平价上网线路图[R]. 北京, 2011.

第2章　分布式电源

分布式电源(DER)包括分布式发电(DG)和分布式储能。分布式发电技术一般是指能够降低成本、提高效率、减少排放、提高供电可靠性和韧性，且能够即插即用式接入系统的技术，如接入配电网的风力发电机、太阳能光伏板、微型水力发电装置、小型和微型燃气轮机(如热电联产(CHP)系统)，以及柴油发电机等发电装置，未来数万千瓦级别的微型核电也在视野当中。

“DER+智能电网”更加关注本地控制和减少对外依赖，是“颠覆性”的改变，其对日常生活、社会和经济存在巨大的潜在影响。

可调节容量是否充足是影响电力系统接纳可再生能源发电的最根本因素，能源领域正在积极探索可用于配合可再生能源发电的调峰和功率平滑措施，可归纳为以下几大类：灵活电源、需求响应、与其他区域的电力交换、储能、综合能源系统等，其中灵活电源是重中之重。

2.1　何谓DER

文献[1]把DER定义为涵盖与配电系统相互连接的发电和/或电气存储系统，包括安装在用户“电表之后”的设备。DER利用广泛的发电和存储技术，如可再生能源、热电联产、固定电池储能和带有双向转换器的电动汽车。DER可用于本地发电/存储，可以参与容量和辅助服务市场，和/或可以汇集成虚拟发电厂。由智能逆变器互连设备实现的先进的、与电网互动的DER功能正在越来越多地用来(并且在一些管辖区域中需要)确保电力质量和电网稳定性，同时满足配电系统的安全要求。高级DER功能还能够实现新的电网架构，其中包含“微网”，当电力中断时，可以与电网分离，并可与电网运行合作以形成更具适应性与韧性的电力系统。

其中，储能是直接或间接储存能量的方法。目前使用的最常见的大容量储能技术是抽水蓄能技术，新的储能技术(特别是分布式储能)将有利于提高整个电网(从发电到终端用户)的设备利用率和供电可靠性，增加可再生能源的利用，提供电力储存，以减少高峰期的需求，大幅度减少国家的碳足迹。

DER技术一般是指能够降低成本、提高效率、减少排放、提高供电可靠性、便于即插即用式系统接入的技术，如接入配电网的风力发电机、太阳能光伏板、微型水力发电装置、小型和微型燃气轮机(如热电联产系统)，以及柴油发电机等发电装置，未来数万千瓦级别的微型核电也在视野当中。DER 接入配电系统的安装和维护成本较低，这些设备所产生的电能一般供给当地或邻近地区，有时也能按确定的上网电价将过剩电量卖给电网；与传统的集中式大容量发电厂相比，DER 的投资分散到多个参与方，融资实际上可能更容易。DER 并没有严格的容量定义，如美国电力科学研究院(EPRI)2003 年发布的白皮书[2]中规定容量在 60MW 以下的分布式发电系统为 DER，而我国更偏向于把接入 20kV 及以下电压等级的分布式发电系统看作 DER，对于单个并网点的容量，有 6MW、50MW 等不同的说法。

DER 并不是近年才出现的新事物，据统计，美国截至 2003 年年底的 DER 总容量已高达 234GW，其中 81%是终端用户安装的中小型发电机(作为后备电源)，而美国 2003 年的电网总容量为 953GW，可见 DER 是不容忽视的一类电源。与传统 DER 不同的是，由于环境压力、技术突破等因素，近 10 年来分布式光伏和分布式风机的装机容量急速增长；太阳能和风能的储量非常丰富，具有天然的分布式属性，而且其分布式利用可减少电网投资、降低网损及提高公共电网的安全性和供电的可靠性，必须足够重视。电池等储能装置可以在非峰荷时段储存电能或购买电能，然后在峰荷时段出售或消耗电能，这种做法能够降低成本、提高可靠性、减少排放量和扩大能源选择。与此同时，通信和信息技术的飞速发展为用户与电网的互动准备好了技术和经济条件，用户可以通过需求响应支持电网运行，并从分时电价中获得利益，此时的用户相当于一个虚拟的 DER。其中，需求响应(DR)的定义是：在正常用电模式下，用户用电功率能够随着电价的变化而变化，或当电力零售市场电价过高或系统可靠性受到损害时，能够促使用户减少用电。并把终端用户依电价高/低而减少/增加其用电功率的特性称为用户具有弹性的负荷需求特性。

由于大量 DER 的接入，如何处理数以万计的广泛分布的 DER 与应对可再生的风能和太阳能发电的间歇性、多变性及不确定性，同时确保电网的安全性、可靠性和人身与设备安全并激励市场，就成了未来电网亟须解决的问题，相应的挑战将是巨大的。分布式的小型燃油燃气等可控发电设备、分布式储能和需求响应等能够支持具有间歇性、多变性和不确定性的 DER 入网或离网运行。同时，为实现 DER 的入网运行，智能电网是必不可少的，在分布式储能尚不能普遍应用的情况下尤其如此。如前所述，“高度自动化和广泛分布式”是智能电网的基本特点，显而易见，智能电网将把集中式的、由生产者控制的电网转变成具有大量 DER、能够与消费者更多互动的电网，转变电力系统的理念至关重要。对于 DER 需要给予特别的注意，可以说不谈分布式就谈不到智能电网。

2.2　DER 对电网的意义和挑战

1. DER 对电网的意义

DER 对电网的作用可概括如下。

(1) DER 节省了电网的建设费用、运维费用并降低了网络损耗，其中后两项费用是长期持续的，数量的累计十分可观。

国际分布式能源联盟(WADE)的统计数据表明，在美国和欧洲，电网的投资为 1380 美元/kW，高于发电厂的投资 890 美元/kW；全世界电网的传输损失平均为 9.6%，在高峰时段可达到 20%。相比于欧美国家，我国的电能输送距离更长，投资和网损会更高。因此，DER 就地直供可大大减少电网的投资、运维费用和网络损耗。

(2) DER 将对配电网运行起支持作用：提高接入用户的供电可靠性和电能质量，向配网运营商(DSO)提供辅助功能，如无功功率、有功供给、电压支持、降低网损和黑启动等。

目前，数字经济的比例在迅速增加，其对供电可靠性和电能质量提出了很高的要求，单位缺供电量的价值可达度电产值(度电产值为国民生产总值与全社会用电量的比值，2017 年我国该指标约为 13.1 元/(kW·h))的几十倍甚至几百倍。

根据国家能源局电力可靠性管理和工程质量监督中心发布的数据，2015 年全国城市用户平均供电可靠率为 99.953%，全国农村用户平均供电可靠率仅为 99.855%；而在即将到来的数字化社会里，对供电可靠性为 99.9999%(6 个 9)乃至 99.9999999%(9 个 9)的电能需求会占很大比例，单纯靠配电自动化实现 6 个 9 的高可靠供电非常不容易，只能在用户侧安装分布式发电或电储能装置。假如一个负荷节点存在两路供电电源，一路电源为传统的电网供电，所保证的可靠性是 $ASAI_1=0.9999$；另一路电源为本地的 DER，其单独供电的可靠性是 $ASAI_2=0.995$。由这两个电源同时供电时，该负荷点的供电可靠性由式(2.1)所决定：

$$ASAI = 1-(1-ASAI_1)(1-ASAI_2) \tag{2.1}$$

此时，$ASAI = 0.9999995$。未来数字化社会对供电可靠性的要求较高时(如 6 个 9)，单靠电网难以实现供电目标，此时 DER 会是很好的选择。

(3) DER 与使其可以充分利用的智能电网可以提高系统的安全性和韧性。

在美国《总统政策指令 21 号》中定义“韧性包括承受蓄意的攻击、偶然事故或自然发生的威胁或所造成条件的能力，以及从中恢复的能力”[3]。这里韧性所涉及的是出现概率很小但会造成巨大停电损失的事件。公共电网发生事故后，与公共电网无缝连接的微网可通过“孤岛化”运行维持(或部分维持)对本地负荷的供电，进而可以帮助与之连接的主网黑启动，从而提高电网的韧性。

(4)“DER+智能电网”更加关注本地控制和减少对外依赖，是“颠覆性”的改变，其对日常生活、社会和经济存在巨大的潜在影响。

这一点已经一再强调，如麦肯锡在影响未来(到 2025 年)的颠覆性技术报告中所推荐的全部 12 项技术中，至少 3 项与智能电网相关，包括物联网、储能技术和 DER。DER 在众多方面对国民经济存在潜在影响，包括：新能源技术、储能技术、(混合)电动汽车、通信技术、软件技术、自动化技术、高级传感器技术、电力电子技术、智能电器(电力的和家用的)等方面的市场。

2. DER 对电网的影响

大量的 DER 接入公共电网后，由于多数直接接入各级配电网(尤其是 110kV 及以下电压等级的配电网)，配电网自上而下都成了潮流可能双向流动的电力交换系统，然而，现时的配电网络是按单向潮流设计的，不具备有效集成大量 DER 的技术潜能。DER 对电网的影响可归纳如下。

(1) 配电系统将发生深刻变革：DER 使得配电系统的保护和自动化、电压控制、运行控制和网络重构、运行计划、电网规划都发生变化。

(2) 对财务管理有重大影响：计量更复杂；量测数据量巨大；自动读表(AMR)要求几秒内完成数据的清洗、产生和使用，并返回给电源的拥有者；定价更复杂；当功率就地产生时，电网负荷会瞬时降低。

(3) 需要建立全新的配电网方法学：DER 较难控制；难以确定功率是如何产生和在何处产生的；工程标准和思想需要改变；更多的带电作业；分叉末端可能不再是低电压端等。

3. 接纳高比例的分布式可再生能源发电的挑战

太阳能光伏发电和风力发电与传统的化石能源发电全然不同，它们具有图 2.1～图 2.3 所示的间歇性、多变性和不确定性。

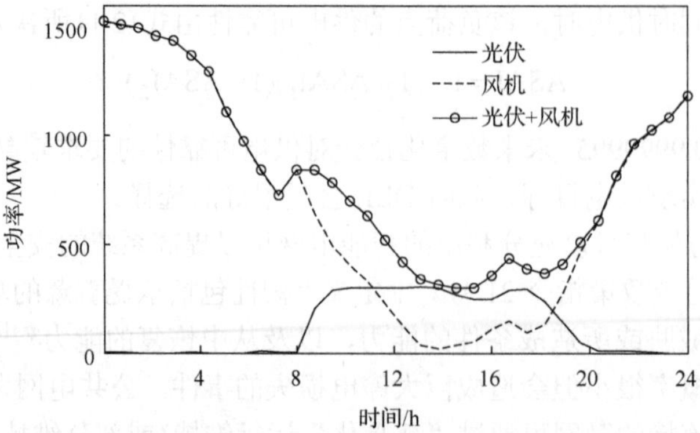

图 2.1　风能和太阳能的间歇性示意图

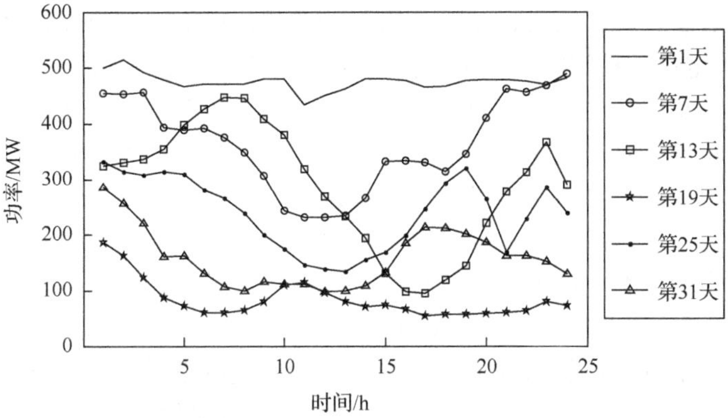

图 2.2　风能和太阳能的多变性示意图

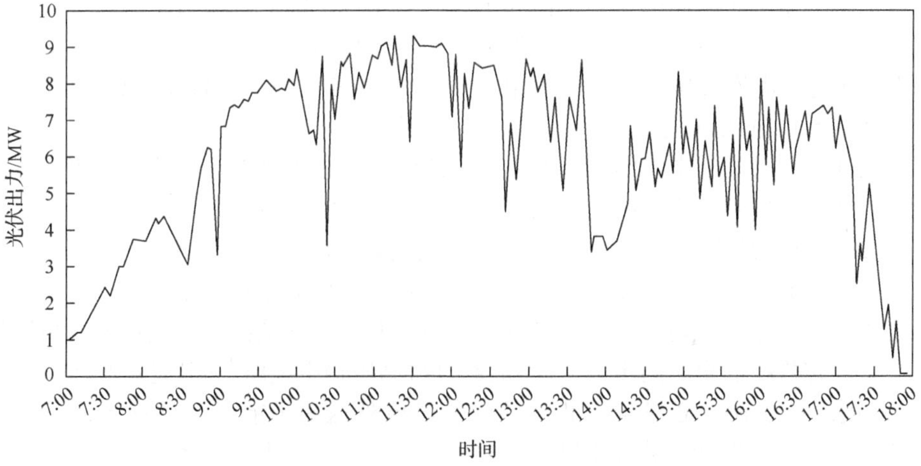

图 2.3　太阳能光伏发电出力不确定性示例

(1) 间歇性是指某种资源由于其自身属性而出现中断或者不可用的程度。光伏设备的输出功率取决于光伏阵列在具体时间和具体地点可接收到的光照强度，而光照强度不仅随昼夜交替和四季更替而循环变化，还受灰尘、云层、霜、雪等因素影响，所以光伏发电天然具有间歇性。风机的输出功率取决于风速、大气密度、风机参数等，如果风速低于风机的切入风速，风机不能发电；如果风速高于风机的切出风速，为了避免设备损坏，风机也不能发电，所以风机的输出功率存在间歇性。

(2) 多变性是指某种资源的输出量表现出非预期或者不可控的变化的程度。风能是所有具有多变性属性的可再生能源中最难预测的，电网调度部门根据日风速预测来确定未来 24h 的风机出力，风机的实际出力和预测出力往往存在较大的差距，德国 2015 年和 2016 年的平均预测误差为 8.8%。相对于风能，太阳能预测的关键因素是云量、霜、雪等，这些变量的预测要比风能预测容易得多。

(3) 不确定性是指根据有限的信息不能够准确地描述未来的系统输出。以光伏发电为例，天空中云的运动轨迹对地面光伏设备接收到的太阳辐射有直接影响，而云的运动轨迹具有不确定性，这必然使得光伏设备的出力也具有不确定性。

正是由于分布式可再生能源发电的间歇性、多变性和不确定性，使得电网在接纳这些可再生能源电力时，面临巨大的挑战。下面简要介绍分布式开发和集中式开发可再生能源发电时所面临的挑战。

(1) DER 接入配电网。此时的情况是：DER 的数量巨大，情况多种多样；DER 使得电网支路上潮流可能双向流动，而目前的配电网都是按照支路上潮流为单向向下流动来设计和运行的；太阳能和风力发电具有间歇性、多变性和不确定性，电气车辆的充电功率和电力用户的需求响应也是具有不确定性的，需要在这些条件下确保电功率近乎瞬时的供需平衡和电网的安全性，如需解决节点电压约束、线路电流约束、规模较小系统的频率约束乃至稳定性破坏等问题；电网面临多种新问题，如运行优化(如电压与无功优化)、网络重构和人身与设备安全(如故障隔离与快速恢复供电)等问题。

然而，现时的配电网络不具备应对上述情况的技术潜能。在分布式可再生能源发电接入配电网的渗透率较高的情况下，上述问题更为突出。

(2) 风电和光伏发电集中开发。为叙述方便，本段的表述以风电开发为例。风电集中开发时，大型风电场的风电功率汇总到风电场的集总母线后，存在以下两条出路：①经超高压输电线连接到骨干电网，并就地消纳；②首先接入其附近的一个有一定规模的交流同步电网，然后经过特高压输电线路(尤其是特高压直流线路)向遥远的负荷中心送电。我国的张北风电外送属于前者，该基地的风电经 500kV 超高压线路接入冀北电网，主要向京津唐地区送电。后者的典型例子是新疆哈密风电基地的风电与小比例的光伏电能以及风电基地附近的调峰火电打捆之后，通过天中特高压直流(UHVDC)输电工程，向华中电网送电，其直流落点在河南省的郑州。

后者的特别之处在于：为了确保系统安全稳定运行，需要依靠当地电网的调节能力，来补偿风电的间歇性、多变性和不确定性，以确保远距离大功率 UHVDC 输电线上的功率相对平稳，并保证在输电线故障时，可以维持风电场及其当地系统的稳定运行，又不至影响受端系统的安全性。这里当地电网的调节能力包括功率可调节的范围(可调节容量)和可调节的速度(机组爬坡速率)，当此电网中的电源是火电机组时(这是我国的现时情况)，通常称为风火打捆。需要说明的是，对于西部地区千万千瓦级的风电基地，当地电网原有机组的可用调节容量一般远小于风电基地的调峰需求，所以实际工程中会在风电基地附近配套新建大容量的火电厂。风火打捆中的火电机组为了配合风机出力，其自身出力将不断变化，致使其热效率降低、寿命缩短，所以对火电厂应提供经济补偿。

2.3 节的分析将阐明风火打捆所代表的这种开发模式为什么不能实现高比例可再生能源发电情景，而且从全社会成本的角度证明，与在负荷中心分布式地开发风电和光伏发电相比，这种开发模式的经济优势也已经或即将失去。

4. 标准先行

DER 的并网会产生两方面的问题：一是对并网系统本身的结构和性能的影响；二是 DER 并网后对电力系统运行、控制、保护等方面产生的影响。DER 技术的发展和 DER 在电网中渗透率的不断增加使得对这些影响的规范变得更为必要，DER 并网标准的制定和修订工作也变得尤为重要。

1) 国内外的 DER 并网标准

DER 并网需要标准先行。IEEE 1547 系列标准最早出版于 2003 年，它就分布式发电并网技术方面提出了严格的要求，目的是减少这些电源对电网产生的负面影响，需要说明的是，IEEE 1547 标准一直在修订完善①，截至 2015 年，IEEE 1547 系列标准如图 2.4 所示[4,5]。在 IEEE 1547 等国际标准之外，各个国家也颁布了自

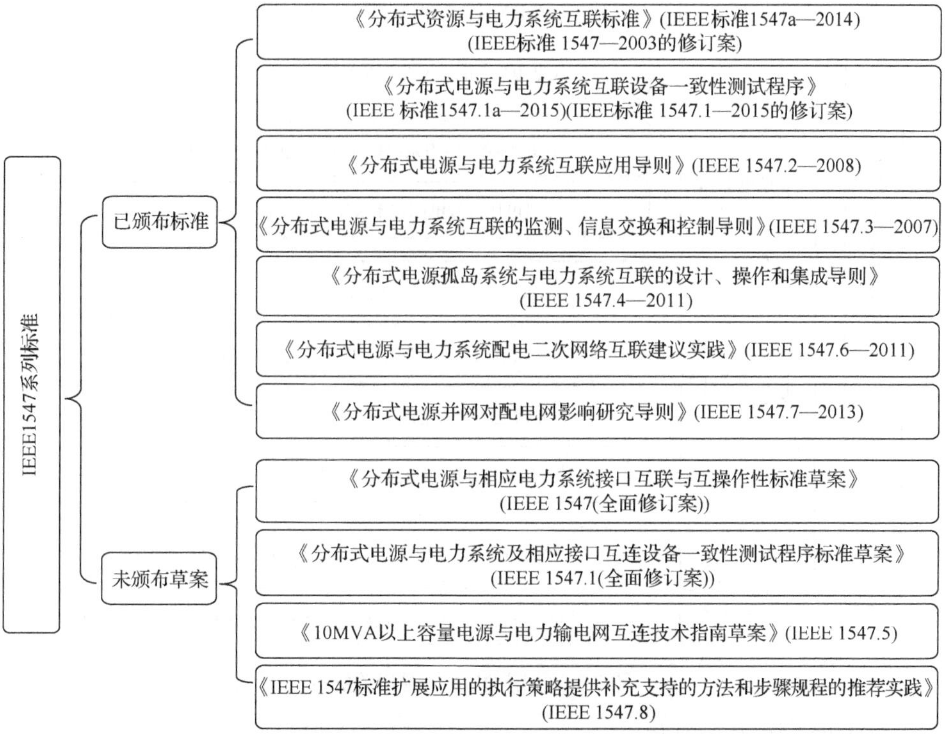

图 2.4　IEEE 1547 系列标准

① 网址为 http: //grouper.ieee.org/groups/scc21/1547/1547-index.html。

己的标准，如美国联邦能源管理委员会(FERC)于2006年颁布了相关的规定，其中强制规定拥有输电资产的所有电力公司必须采用兼容小型发电机(20MW以下)的标准连接协议，在一定程度上解决了一些并网许可问题。这些规定将促使更多用户安装和使用分布式发电。

中国近几年也在大力加速标准的建设，DER的并网标准可分为国家标准、行业标准、地方标准和企业标准四级。从DER技术类型分类，可以分为总体类、风电类、光伏类和储能类等，包括了总体要求、电能质量、功率控制、电压与频率响应、并网与同步、安全与保护、计量、监控与通信、检测等内容。图2.5给出了我国部分DER并网的相关标准。

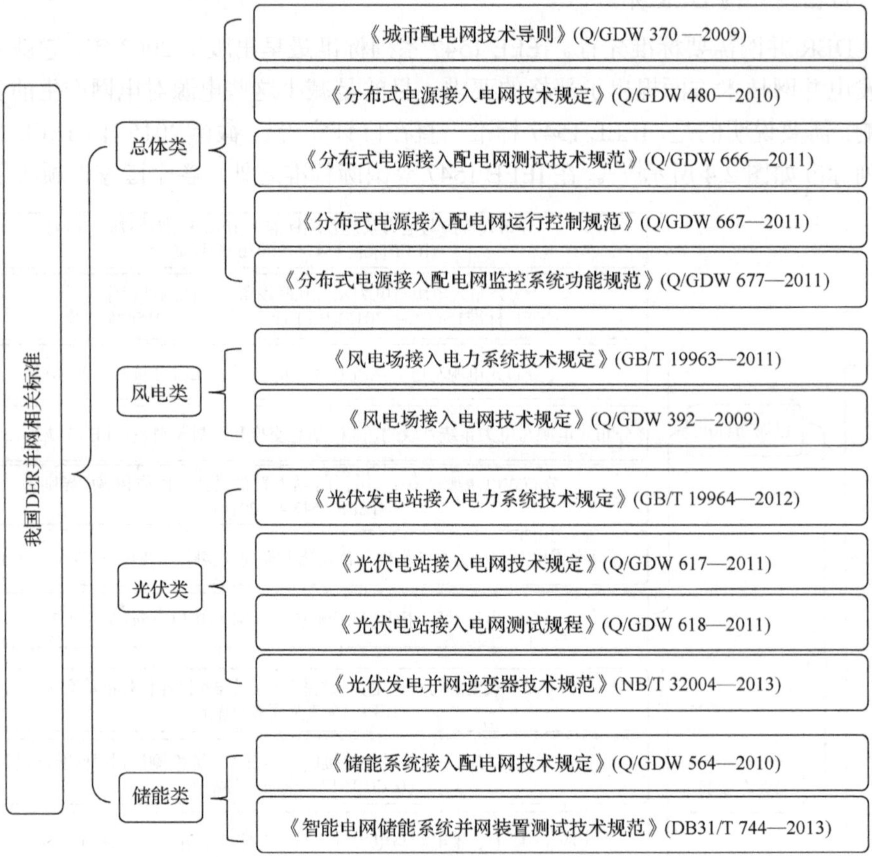

图2.5　我国DER并网相关标准

2) DER并网标准举例

DER的接入会对电网的电压和频率水平产生影响，当电网出现异常状态时，DER也会依据保护装置对电网的电压和频率运行水平做出响应，如当区域电力系统电压过高或过低时，并网的 DER 需要在表 2.1 中规定的时间内切除。

表 2.1 系统异常时的电压响应

标准编号	并网点电压与额定电压的比值/%	切除时间/s	可调切除时间上限/s
IEEE 1547a—2014	$U<45$	0.16	0.16
	$45\leqslant U<60$	1.00	11.00
	$60\leqslant U<88$	2.00	21.00
	$110<U<120$	1.00	13.00
	$U\geqslant 120$	0.16	0.16
Q/GDW 480—2010 Q/GDW 617—2011	$U<50$	0.20（光伏 0.10）	—
	$50\leqslant U<85$	2.00	—
	$110\leqslant U<135$	2.00	—
	$U\geqslant 135$	0.20（光伏 0.05）	—

低电压穿越能力是指电力系统在发生故障或者受到扰动导致 DER 并网点的电压跌落时，DER 能在一定的电压范围和时间间隔中不脱离电网继续运行的能力。若 DER 不具备低电压穿越能力，则在电网发生故障或扰动导致电压跌落时，DER 可能发生连锁反应，导致 DER 大规模脱网，给电网安全稳定运行带来极大风险，因此，增加 DER 低电压穿越能力很有必要。例如，德国的《BDEW 中压并网指南》明确提出了 DER 必须具备低电压穿越能力，我国的风电和光伏并网标准中，也都提出了对低电压穿越的要求，如图 2.6 所示，当电压值落在图中所示的

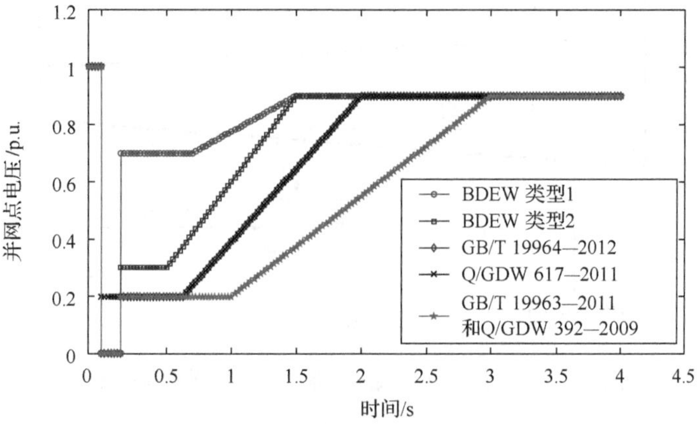

图 2.6 低电压穿越要求(彩图见文后彩插)

类型 1 是指同步电机类型 DER，类型 2 是指异步电机和换流器类型 DER

边界线上方时，DER 禁止从电网中断开，而落在边界线下方时，并不要求 DER 必须与电网连接。

2.3 电网中的可用调节容量

风力发电和太阳能光伏发电与传统的化石能源发电全然不同，它们是间歇的、多变的和不确定的。为了保证供电质量(如频率和电压)，不允许它们向负荷单独供电，必须在其他类型的可调节机组或者储能的配合下供电，此外，还可以充分发挥需求响应的作用。

1. 燃气发电机组和能源梯级高效利用

分布式可再生能源系统便于实现冷、热、电等多种能源的互补作用，满足用户的多种能源需求，提高能源利用效率。如图 2.7 所示，以实现燃气、供电、供热、制冷、友好排放优化配置的微型燃气轮机为例，通过能源梯级高效利用，其能源利用效率大于 80%，而大型超超临界的火电机组的热效率仅约 45%，大型天然气发电也仅约 55%；此外，优化配置的微型燃气轮机的二氧化碳排放量为 0.24kg/(kW·h)，也低于超超临界燃煤火电机组的 0.8kg/(kW·h)和大型天然气发电的 0.36kg/(kW·h)。三种机组的性能参数比较详见表 2.2。

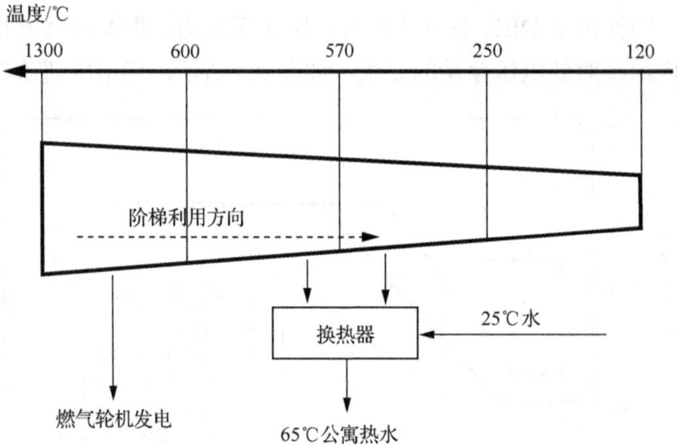

图 2.7　燃气、供电、供热、制冷、友好排放优化配置

表 2.2　三种机组的性能参数比较

比较项目	超超临界燃煤火电机组	大型天然气发电	优化配置的微型燃气轮机
能源利用率/%	45	55	>80
CO_2 排放量/(kg/(kW·h))	0.8	0.36	0.24

图 2.8 所示为挪威特伦霍姆地区开发建立的一套以小型燃气轮机为核心的，结合余热锅炉、热泵等技术对区域进行多联产的供能系统，它能提升热效率和缓解用能高峰。在美国等发达国家局限于楼宇型或用户型的分布式冷热电联供能源系统(DES/CCHP)，绝大部分是小型、微型的，并且能够有很大的经济效益。

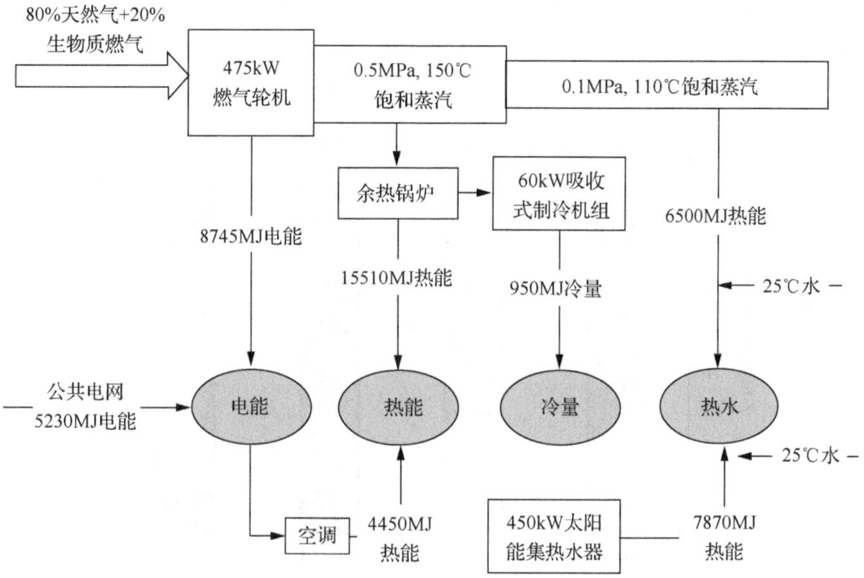

图 2.8　新能源技术的利用——产能余热利用

然而，在我国当前的天然气和设备价格下，燃气发电的成本高于电网的电价，只能作为调峰容量使用，有人已经建议开发以百兆瓦级天然气(或未来以太阳能热发电，乃至核电)为基础的区域型 DES/CCHP，可以协同电网调峰，并通过峰荷高电价和能源梯级高效利用而获得多赢。这种 DES/CCHP 也是 DER，接入高压(35～110kV)和中压(6～20kV)配电网。

应该注意的是，电力公司的用户中出现了越来越多的备用电源。卡内基梅隆电力工业中心的报告表明，美国现在大约有 1200 万台备用发电机，具有 200GW 的发电能力，同时正以每年 5GW 的速率增长。就长期而言，整合这些资源并有效利用可以节约大量成本。DER 可用来缓解峰荷时段的用电情况，在紧急情况下可为电网提供支援并降低电力公司的供电成本。

2. 可用调节容量

一般认为可调节容量是否充足是影响电力系统接纳可再生能源发电的最根本因素，能源领域正在积极探索可用于配合可再生能源发电的调峰和功率平滑措施，可归纳为以下几大类：灵活电源、需求响应、与其他区域的电力交换、储能、综合能源系统等，其中灵活电源是重中之重。实际上，灵活电源并没有严格定义，欧美国家一般认为抽水蓄能电站、坝后式水电站、燃油燃气机组是灵活电源，而燃煤机组并不是理想的灵活电源。图 2.9 对几个可再生能源大国的灵活电源比例进行了统计和对比，可见在可再生能源发电发展较好的欧美国家，灵活电源的比例都很高，而中国的灵活电源比例却很低，仅为德国的 1/4，西班牙的 1/6，美国的 1/9。

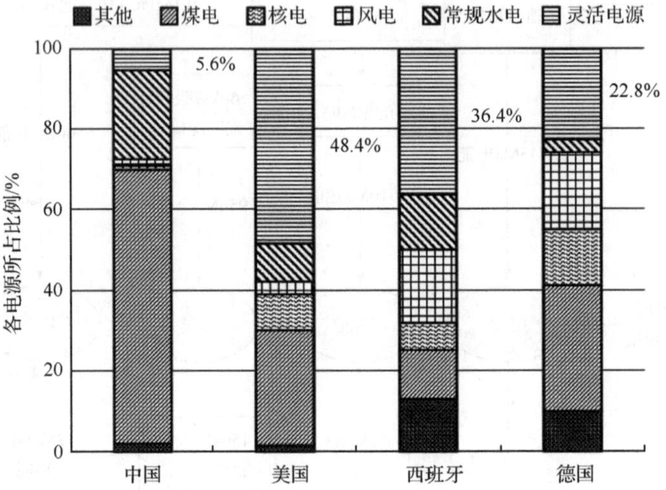

图 2.9　2010 年各国电源结构对比

工程热力学将水蒸气的临界状态点的参数定义为：压力 22.129MPa，温度 374.15℃。当水蒸气参数值大于临界状态点的压力和温度值时，称为超临界参数。超临界机组的典型参数为主蒸汽压力为 24.1MPa，主蒸汽/再热蒸汽温度为 538℃/566℃；超超临界机组在超临界机组参数的基础上进一步提高蒸汽初参数，国际上通常把主蒸汽压力为 25～31MPa、主蒸汽温度为 580～610℃的机组定义为 600℃等级的超超临界机组，我国对超超临界机组的定义为主蒸汽压力高于 27MPa 或主蒸汽温度大于 580℃的机组。根据兰金循环原理，蒸汽的压力和温度越高，热力循环效率越高，进而越可以降低供电煤耗和减少污染物排放。表 2.3 是不同参数燃煤发电机组的热效率和供电煤耗比较[6]。

表 2.3　不同参数燃煤发电机组的热效率和供电煤耗

机组类型	蒸汽压力/MPa	蒸汽温度/℃	热效率/%	供电煤耗 /(g/(kW·h))
亚临界	16.7	538/538	38	324
超临界	24.1	538/566	41	300
超超临界	25～31	600/600	45	280

根据我国富煤贫油少气的实际情况，目前可配合风电和光伏发电调峰的可调节机组主要是燃煤火电，实际工程中的新建调峰火电厂多选用超临界和超超临界机组，如甘肃酒泉地区的常乐电厂。需要说明的是，火电厂的核心是锅炉系统，受锅炉系统的运行约束，火电机组存在如下几个关键的参数：最小有功出力、爬坡速率、最小连续运行时间、最小连续停机时间、冷/热启动时间。也就是说，火电机组(也包括其他类型的机组)并不能任意改变其有功出力，有功出力的大小受前一时段的运行状态影响。正是由于机组不能随意改变其有功出力，电力系统在实际运行过程中，必须开展日前机组组合模拟，提前 24h 确定系统中各台机组在未来 24h 内每个时段的启停状态和大致出力水平。

一方面，据了解，我国超临界和超超临界机组的有功出力调节范围比发达国家小，只能限定在 50%～100%的额定功率范围内，即可用调节容量小。另一方面，相比于螺旋管圈式直流锅炉允许变负荷速率为每分钟(5%～8%)锅炉最大连续运行负荷(BMCR/min)，超超临界锅炉内置式启动分离器的壁厚会增加，限制了锅炉负荷的变化速率，变负荷速率一般为 2%(BMCR/min)，即调节速度比较低(尤其是相对于抽水蓄能、燃油燃气机组)。此外，超超临界机组一般采用滑压控制，如图 2.10 所示，当机组有功出力水平降低时，机组将逐渐从超超临界降到超临界再降到亚临界，发电煤耗将随着锅炉温度和压力的降低而增加，即发电的经济性会降低。因此，我国发展高比例可再生能源发电的难度要比欧美国家的难度大得多。

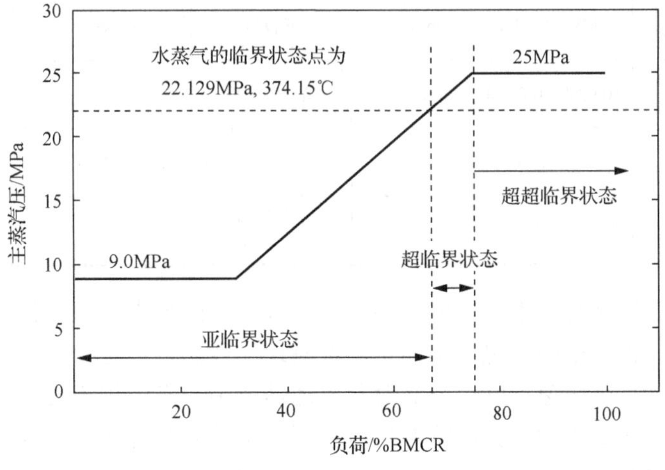

图 2.10　超超临界机组的滑压控制

3. 储能

储能在应对可再生能源发电的间歇性、多变性和不确定性中是一种理想的功率与能量补偿方式。

电能可以转换为化学能、势能、动能、电磁能等形态来存储，到目前为止，已经开发有多种形式的储能系统，按照其具体方式可分为物理、电磁、电化学和相变储能四大类型。物理储能包括抽水蓄能、飞轮储能和压缩空气储能；电磁储能包括超导、超级电容和高能密度电容储能；电化学储能包括铅酸、镍氢、镍镉、锂离子、钠硫和液流等电池储能；相变储能包括冰蓄冷储能等。其中，适合于大规模储能的有液流储能、钠硫储能、抽水蓄能和压缩空气储能等技术，各类储能技术的研究和应用现状如表 2.4 所示[7]。

表 2.4　各类储能技术的研究及应用现状

项目	储能类型	典型功率	典型能量	优势	劣势	应用方向
物理储能	飞轮储能	5kW～1.5MW	15s～15min	大容量	低能量密度	调峰，频率控制，电能质量调节
	抽水蓄能	100～2000MW	4～10h	大功率，大容量，低成本	场地要求特殊	日负荷调节，频率控制和系统备用
	压缩空气	100～300MW	6～20h	大功率，大容量	场地要求特殊	调峰，系统备用电源
电磁储能	超导储能	10kW～1MW	5s～5min	大容量	低能量密度，高成本	UPS，电能质量调节，电网稳定性
	超级电容	1～100MW	1s～1min	长寿命，高效率	低能量密度	电能质量调节，输电稳定性
电化学储能	铅酸电池	1kW～50MW	1min～3h	低投资	寿命短	电能质量调节，可靠性，UPS
	钠硫电池	100kW～100MW	min～h 级	高能量密度	运维复杂，高成本	调峰，备用电源，电能质量调节
	液流电池	5kW～100MW	1～20h	大容量，长寿命	低能量密度	电能质量，可靠性，备用电源
	锂离子电池	100kW～10MW	min～h 级	高能量密度，污染小	造价高	调峰，备用电源

虽然抽水蓄能是技术最成熟、经济性最好的储能技术，但是其对建设位置有很高的要求；各类型的蓄电池储能虽然价格还比较高，但是安装灵活，随着技术的发展，成本有望快速下降。下面对蓄电池储能中具有大规模应用前景的钒液流电池储能进行简要介绍，其独特的优点包括：①功率和容量大，且额定功率和额定容量是独立的，功率大小取决于电极面积，容量大小取决于电解液容量；②转换效率高，可达到 70%～80%；③充放电期间只发生液相反应，不发生普通电池复杂的固相变化，因此电化学极化程度低；④寿命长，日本北海道一个风电场的 4MW 钒电池项目，已经充放电 27 万多次，至今仍然运转正常，远高于铅酸电池的 1000 多次；⑤响应速度快，钒电池可在瞬间启动，运行过程中充放电状态切换

只需要 0.02s，响应速度为 1ms；⑥支持频繁大电流充放电，深度充放电对电池寿命影响不大；⑦自放电率低，可以长期保存；⑧安全可靠，无潜在的爆炸或者着火危险，即使将正负极电解液混合也无危险；⑨运维成本低，除离子膜外其他材料价格便宜；⑩电解液可以循环使用，运行过程中不产生有害气体，对环境无污染。

参 考 文 献

[1] NIST(US). NIST framework and roadmap for smart grid interoperability standards, release 3.0[EB/OL]. [2014-09-01]. http://dx.doi.org/10.6028/NIST.SP.1108r3.

[2] EPRI. Power delivery system and electricity markets of the future, 1009102[R]. Palo Alto, CA: EPRI, 2003.

[3] Ton D T, Wang W T P. A more resilient grid: The us department of energy joins with stakenholders in an R&D plan [J]. IEEE Power & Energy Magazine, 2015, 13(3): 26-34.

[4] http://grouper.ieee. org/groups/sccz1/1547/1547.indx.html.

[5] 陶维青, 李嘉茜, 丁明,等. 分布式电源并网标准发展与对比[J]. 电气工程学报, 2016, 11(4): 1-8.

[6] 张晓鲁, 杨仲明, 王建录. 超超临界燃煤发电技术[M]. 北京: 中国电力出版社, 2014.

[7] 李宏仲. 智能电网中蓄电池储能技术及其价值评估[M]. 北京: 机械工业出版社, 2012.

第3章　互联电力系统中高比例风能和太阳能的开发与消纳模式

为了实现我国在第21届联合国气候变化大会上的承诺：中国CO_2排放在2030年左右达到峰值，单位GDP的CO_2排放比2005年下降60%～65%，必须进行能源转型，大力开发可再生能源，尤其是实现高比例风能和太阳能发电(W&PVP)。国家发展和改革委员会能源研究所、美国劳伦斯伯克利国家实验室、落基山研究所等机构依倒逼和可行的原则，对中国未来的电能结构做出了预测[1,2]，其中2050年风能和太阳能发电之和占总电量的比例将接近50%(可称为高比例)。假设2050年全国电量消费为10万亿～12万亿kW·h/a，其中25%由光伏发电提供(另25%由风电提供)，即2050年的光伏电量需求约2.5万亿～3万亿kW·h/a。如果利用东部地区的太阳能资源，太阳能年平均总辐射量取1200kW·h/(a·m^2)，光伏板的光电转换效率取18%，光伏发电系统的效率取60%，则全国共约需铺设1.93万～2.31万km^{2}的光伏板，约占全国总土地面积的0.20%～0.24%。与此同时，依据我国国土资源部、国家统计局等于2017年4月所发布的《第一次全国地理国情普查公报》：仅我国东部地区和中部地区现有房屋铺盖面积就已达10万km^2，该值远大于上述所需的1.93万～2.31万km^2，可见为实现光伏发电的目标在资源和场所上都是可行的，而且经济上也开始具有竞争力。

在W&PVP的开发与消纳模式上，不同于欧美等国家广泛地投建分布式风机和分布式光伏的做法，我国目前主要采用了在远离负荷中心地区建设大规模的风电和光伏基地并将其电能远距离外送到负荷中心的模式。然而据了解，目前由西北地区风电和太阳能光伏基地外送到中东部负荷中心的电能中，风能和太阳能发电电量所占比例远小于打捆电量中的燃煤火电。此外，在风电和光伏电量渗透率较低的情况下，我国的W&PVP已经出现了高弃风弃光率等问题。因此，是采用在负荷中心地区广泛发展分布式的W&PVP系统的就地开发与消纳模式，还是采用在远离负荷中心地区建设大规模的风电和光伏基地，并将其电能远距离外送到负荷中心的模式，选择不同的模式将会直接影响高比例可再生能源情景的顺利实现。

本章将首先简明地介绍互联电力系统的基本特征，并将其与互联网的基本特征做对比分析；然后从互联电力系统的规范出发，从不同开发与消纳模式下可再生能源电量比例、系统运行和可用调节容量这三个角度进行定性分析和简明阐释；最后通过仿真算例表明，为集成高比例W&PVP应该采用就地开发与消纳模式，因为与大规模远距离输送模式相比不仅其单位电能的全社会成本是绝对划算的，而且可实现高比例 W&PVP 的集成。

3.1　互联电力系统理念

早期电力系统的发展模式是统一电力系统。建立结构合理的大型电力系统不仅便于电能生产与消费的集中管理、统一调度和分配，减少总装机容量，节省动力设施投资，提高系统运行的安全性和稳定性，而且有利于地区能源资源的合理开发利用，从而更大限度地满足地区国民经济日益增长的用电需要。

然而，传统的集中控制模式处理数百甚至数千个监测点和控制点的信息尚可，当独立系统的规模进一步扩大时，集中控制模式就难以适应了，于是 20 世纪 20～50 年代互联电力系统[4]模式应运而生。互联电力系统是由若干独立电力系统(称为控制区，又称功率平衡区)通过联络线或其他设备连接起来的系统，并建立了互联的“标准”：控制区有义务维持其对外事先约定的计划(on schedule)功率，同时吸收它自己的负荷变化，即使在该控制区内存在大量干扰时，也需达到此标准。控制区如何运作以完成该目标是其自己的事。历史上的统一电力系统实际上是单控制区系统。

电力系统互联运行的两个主要目的是：①供电的连续性；②电力生产的经济性。在正常运行期间共享发电，即为了通过利用负荷的不同时性和可用的低成本容量降低运行成本与推迟厂站新增容量的投资，而安排相邻电力公司之间进行功率交换，在系统大修时也可通过计划停运实现错峰。每个参与者(控制区)在分享互联运行好处的同时，被期望分担同等的责任，这涉及按照上述互联规范所建立的系统管制内的所有合作参与者，以达到平滑的、睦邻的和互惠的运行。

在正常情况下，解决多区域互联发电控制问题有如下三个步骤。

(1)满足全系统需求，即要达到全系统的发电功率实时地与全系统负荷需求相匹配。确定何时总需求已经得到满足的准则是系统频率保持在额定频率(在可接受的波动水平内)不变。

(2)互联系统内的各区域适当地分摊全系统的发电(分配到各区域)。其目标是把发生在互联系统范围内的负荷变化指定给各个区域。其准则是一个区域的总发电将按该区域的总负荷变化的方式改变(每个区域吸收它自己的负荷变化)。该区域的总发电与总负荷可能不相等，不过对于这个区域与系统的其余部分之间占主流的交换模式(计划功率)而言，只差一个固定值。

(3)在每个区域内可供选择的电源之间，从经济优化的角度或以市场竞价的方式，安排该区域内各个电源的发电功率。

在紧急情况下，互联电力系统内共享旋转备用容量，从而为连续供电做出贡献。北美电网中约有 140 个控制区，一个控制区在地理区域上是唯一的运行实体。各控制区的调度中心装有先进成熟的监控系统，并实行全年 24h 值班。为了协调更大区域内的电网运行，北美电力可靠性委员会(NERC)有 10 个区域理事会(组织)和 18 个可靠性协调组织(员)，负责进行大区内的电网可靠性分析，并且实时协调一个或多个控制区在紧急情况下的电网运行[5]。我国的每个省网也可以看成一个控制区。

控制区可能是历史上原本独立的电力系统，也可能是按地理、行政或市场而划分的。每个控制区有自己的责任(包括供电的连续性、经济性和节能环保任务)、权利和利益。从一个角度考虑，由于电力对社会的影响重大，各地区乃至单个用户无不希望自己把握住自己的供电命脉，每一个控制区都期望是吸收它自己的负荷改变而调整自己的发电，从而维持个体净功率平衡，同时按调度计划完成与相邻控制区的功率交换任务；从另一个角度考虑，控制区之间的分工将使得所产生的利益更好地共享，控制区之间的协作可以确保能源利用效率的最大化和最大限度地利用可再生能源。以上就是近百年来控制区和互联电力系统理念取得成功的缘由。随着系统规模和复杂性的增加、监控难度的增加，为确保系统的安全运行，控制区的总数呈递增趋势。

控制区和互联电力系统的上述特征与后来的互联网是一致的，即同时具有互联(协作)、开放、对等(能量自治单元之间的对等互联)和共享(以分散式的局部最优实现全局能量管理的调度优化)的特征。事实上，第三次工业革命带来的能源互联网中可再生能源的分布式特性需要的也是协作而不是集中或分级的命令和控制机制[6]。协作行为将能够更加分散地共享所产生的利益。控制区作为群集(详见 6.3 节)的成员，它们之间通过互联来共同工作以确保最大程度和最高效地利用可再生能源。追求共同利益是经济可持续发展的最佳路径。每个控制区需要通过调度维持个体净功率平衡，以分担维持系统瞬时功率平衡的责任。与公共电网无缝连接的微网的构思实际是群集思想向中低压配电网的一种延伸，每个微网当中都装有能量管理系统，按照类似控制区的模式运行。

互联电力系统这一术语表示完全的互联。它包含在网络中相互联的全部电源和负荷，当上下文意思清楚时，使用系统一词，而不再加互联这一修饰。

区域这个术语，表示的是互联电力系统的一部分，它只吸收它自己的负荷变化。它可能是响应于它自己负荷变化的单个的公司；也可能是一个公司的一部分，其运行响应于(只在公司网络的一个给定部分内发生的)负荷变化；也可能是整个联营体(pool)集团，其任务是吸收它们集体边界内任何地方发生的负荷变化。

在单区域系统(single area system)中，其内的负荷改变被这个系统整体所吸收，与改变发生点在系统中的位置无关。在该系统的任何部分所发生的负荷变化，可能由该系统内任何其他地方所吸收，吸收负荷变化的具体任务依据那个特定时间占主流的分配惯例而定。单区域系统中没有任何一部分期望调节自己的发电来吸收自己的负荷变化，因此系统中所有线路的功率均不用按计划安排。单区域系统和单区域互联(single area interconnection)是同义语。

多区域互联系统是由大量的运行区域组成的系统，其中每一个区域都期望为吸收自己的负荷变化而调整自己的发电。区域间联络线上的潮流是按计划安排和维持的。多区域系统(multiple area system)和多区域互联(multiple area interconnection)是同义语。

3.2　W&PVP 的两种开发与消纳模式

我国 W&PVP 存在两种开发与消纳模式：①在西部风光资源较好地区建设风电和光伏基地，大规模开发风电和光伏发电，然后通过跨区域的远距离输电线路输送到中东部负荷中心，可称为大规模远距离输送模式，其典型例子如风火打捆外送；②在中东部负荷中心开发风电和光伏发电，并就地消纳，可称为就地开发与消纳模式。

中国西部，如新疆、甘肃、青海等地区，已经建成或正在建设多个千万千瓦级的风电和光伏发电基地，由于风光基地附近的电力负荷有限，当地负荷不能消纳全部的风电和光伏发电电量，多余的电能需要通过长距离(大于 2000km)的特高压(如±800kV 直流)输电线路输送到中东部负荷中心，该模式属于大规模远距离输送模式。就地开发与消纳模式一般指分布式风电和光伏发电设备广泛、分散地接入当地电网，所以也可称为分布式，但是该模式并不排斥风机和光伏设备集中建设，只要风电和光伏发电电能就地开发与消纳即可，如位于中国河北省北部的张北风电基地，该基地的风电注入冀北 500kV 电网，主要向京津唐地区送电，不存在远距离输送过程。本书的就地开发与消纳模式不排斥风电和光伏发电基地。

1. 有关大规模远距离输送模式的几个事实

为了对前述两种模式进行比较，下面提供一些关于大规模远距离输送模式的基础背景知识。在大规模远距离输送模式中，远距离输电线路把中国西部风光资源较好地区富余的可再生能源电能输送到中东部负荷中心，因此，可以把西部产生电能的系统称为送端系统，把中东部接纳电能的系统称为受端系统。

1) 大规模远距离输送模式中的 UHVDC 系统

根据直流输电的特点，提出第 1 个事实。

事实 1　与特高压交流(UHVAC)输电方案相比，输送距离达到 2000km 时，特高压直流(UHVDC)输电方案的经济性更好，更适合点对点的输送方案。

因此，在后面的叙述中，大规模远距离输送模式将由送端系统、受端系统和 UHVDC 系统三部分构成，其拓扑结构如图 3.1 所示。

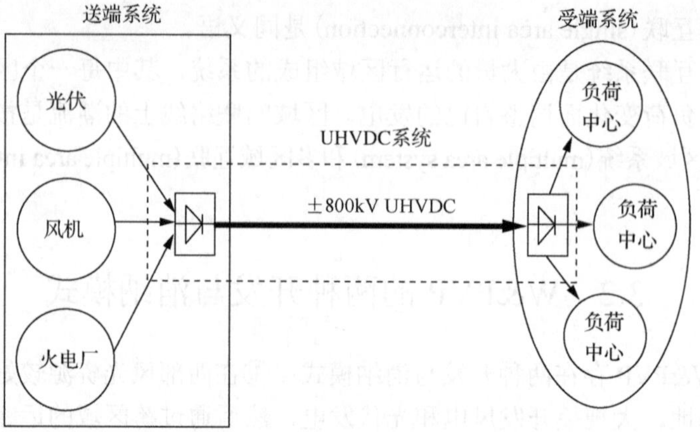

图 3.1　大规模远距离输送模式示意图

在中国，大规模远距离输送模式的送端系统和受端系统位于相距较远的不同省网，按照 3.1 节中所介绍的互联电力系统规范，送端系统和受端系统属于不同的控制区，所以提出以下事实。

事实 2　UHVDC 输电线路必须输送计划功率，该计划功率每天应该维持在为数不多的几个功率水平上①。

2) 大规模远距离输送模式中的送端系统

风电和光伏发电具有间歇性、多变性和不确定性，为满足计划功率的外送要求(事实 2)，送端系统必须具备可用调节容量。结合我国的能源资源状况和哈密等风电基地的实际建设情况，有如下事实。

事实 3　近期内，大规模远距离输送模式的送端系统(如西部风电和光伏基地附近)的可用调节容量主要是燃煤火电，如超临界(60 万 kW)和超超临界机组(100 万 kW)。

送端系统内风电(或/和光伏发电)与配套燃煤火电机组的装机容量比例一般称为打捆比例，该比例明显大于打捆电量中风电和光伏发电电量的占比。然而，目前还没有精确评估最佳打捆比例的简单方法，有的文献建议风火打捆合理比例一般为 1∶1.5～1∶2.2，文献[3]通过对具体示例优化所得结果为 1∶1.76。

3) 大规模远距离输送模式中的受端系统

对一个确定的受端系统而言，为了保证系统安全运行，其能够接纳的 UHVDC 系统的注入功率是有一定上限的。把 UHVDC 系统容量与受端系统峰值负荷的比值称作容量比例，用符号 r_{ca} 表示。目前还不存在精确评估 r_{ca} 上限值的简单方法，不过可通过以下两个实际系统的调查数据，对 r_{ca} 有一个初步的认识。

① 变化频繁会造成控制区内部机组启停优化的困难。

(1) ±800kV 天中 UHVDC 输电工程的额定容量是 800 万 kW，华中电网（2014 年峰值负荷为 15050 万 kW）可以消纳该注入功率，但是河南电网（2014 年峰值负荷超过 5143 万 kW）单独消纳该功率时，存在大规模切负荷和失稳的风险。

(2) 中国南方电网公司“西电东送”经“八条交流 九条直流”工程把西南地区富余的电能送至广东电网，据知，2016 年广东受“西电”最大电力约为 3298 万 kW，而广东电网 2016 年的最大负荷高达 10007 万 kW，成为接受外送电比例最大的电网。

可见，根据以上调研数据，河南电网的 r_{ca} 不超过 1∶7；即使参考广东电网接受外来水电的情况，r_{ca} 也不会超过 1∶3。

2. 两种模式的比较

下面从可再生能源电量比例、系统运行和可用调节容量三个角度，分析大规模远距离输送模式不能实现高比例可再生能源发电的原因。

1) 可再生能源电量比例

文献[7]对天中 UHVDC 系统及送端系统的电源如下的参数进了推荐。

(1) UHVDC 线路额定容量为 800 万 kW，年最大利用小时数 7000h。

(2) 风电外送容量为 800 万 kW，年满发小时数为 2100 h。

(3) 光伏发电外送容量为 125 万 kW，年满发小时数为 1800h。

(4) 配合燃煤火电机组容量为 700 万 kW，年满发小时数为 5300h。

需要指出的是，上述方案是目前已有研究中非常乐观的规划方案。根据以上方案中的装机容量和各类机组的年满发小时数，送端系统的打捆电能中，风电和光伏发电所占比例约为 34%。

依前述，r_{ca} 不妨取较乐观的数值 r_{ca}=1∶3，则受端系统的峰值负荷为 2400 万 kW，最大负荷利用小时数取 5383h，那么 UHVDC 系统每年向受端系统注入的电量占受端系统年总用电量的比例约为 43%。因此，可估算大规模远距离输送模式可实现的最大可再生能源电量比例（风电和光伏发电电量占受端系统年用电量的比例）为 34%×43%≈15%。

根据以上乐观的规划方案，采用大规模远距离输送模式时：①风电和光伏发电所占打捆电能的比例仅为 34%左右，这意味着仅就送端系统而言，每发出 1kW·h 的可再生能源电能需要发出约 2kW·h 燃煤火电，这与能源革命的初衷相悖；②最大可再生能源电量渗透率仅 15%，这与 2050 年达到 50%的目标[1,2]相差甚远。因此，可做如下推断。

推断 1　仅靠大规模远距离输送模式，不能实现高比例可再生能源发电的远景目标。

2) 系统运行角度

通过就地开发与消纳模式实现高比例可再生能源发电情景时将存在如下调度安排。

(1) 目前电力系统的电源结构如图 3.2 (a) 所示，最下方的长条是基底负荷，风电和光伏发电在基底负荷的基础上优先调度，剩余的负荷需求则由系统中可灵活调节的机组提供。它们的调度优先级如图 3.2 (b) 所示，依次对应首先安排的功率、其次安排的功率和最后安排的功率。在风电和光伏发电电量比例较低的情况下，系统中的电源可以满足调峰要求，文献[8]估计这种运行方式至多能够实现 25%的可再生能源电量渗透率。

(2) 随着风机和光伏装机容量的增加，可再生能源电量渗透率将超过 25%，如果各类电源的调度优先级保持 (1) 中的顺序不变，则电量构成情况将如图 3.2 (c) 所示。注意图 3.2 (c) 中的实线框，此时功率为幅值很大的负功率，这意味着在一天的某些时段，仅承担基底负荷的电源和风电与光伏发电之和，已经超过负荷需求。此时可以通过储能、地区间调配、需求响应等方法解决该问题，文献[8]估计可再生能源电量渗透率超过 50%时，以上措施也将失效。

(3) 针对可再生能源电量渗透率超过 25%的情况，改变各类电源的调度优先级，优先安排风电和光伏发电，然后安排原本承担基底负荷的机组，最后安排各类可灵活调度的机组，它们依次对应图 3.2 (f) 内的首先安排的功率、其次安排的功率和最后安排的功率。此时设定可灵活调度的机组不允许出现图 3.2 (c) 中幅值很大的负功率，则会发生图 3.2 (f) 中实线框所示的状况：在大风或阳光灿烂的时段，部分风电和光伏功率插进了原来的基底负荷区域，此时核电、燃煤火电等机组需要减少出力或暂时关闭。然而，燃煤火电机组的调节受爬坡速率、最小出力限制、最大调节次数等安全性约束限制，而核电机组一般不参与调峰，所以这也不是理想的解决方案。

(4) 为了实现可再生能源电量的高比例，这里考虑优先调度风电和光伏发电，然后利用其他所有可灵活调度的机组来填补电能需求和发电之间的缺额，它们依次对应图 3.2 (e) 内的首先安排的功率和其次安排的功率。需要明确指出的是，在图 3.2 (e) 中不安排原本只承担基底负荷的核电和燃煤火电等机组，这样明显增加了系统的调峰能力和运行的灵活性，但是必须考虑可灵活调度电源的最小出力，如图 3.2 (d) 和图 3.2 (e) 内其次安排的功率中黑色所表示的恒定功率，实际上图 3.2 (a)～图 3.2 (c) 和图 3.2 (f) 中也包含着这种功率，只是未明确标出。

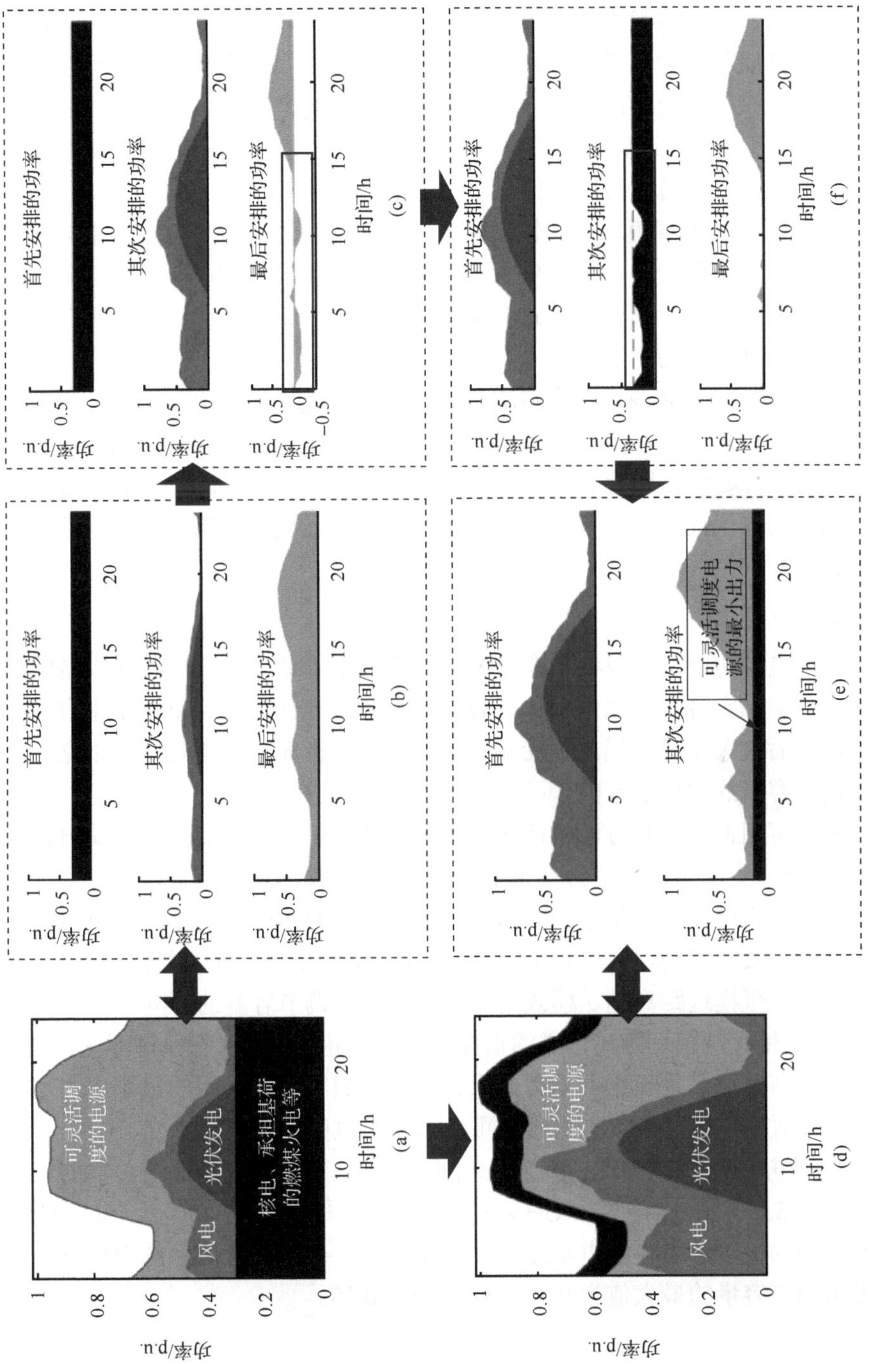

图 3.2　高比例可再生能源情景下的供需平衡示意图(彩图见文后彩插)

(a)、(d)与(b)、(c)、(e)和(f)的纵坐标是相对应的

由上述分析可知，通过就地开发与消纳模式来实现高比例可再生能源发电时，必须优先安排可再生能源发电，其他机组都用于填补可再生能源电能与电力需求之间的缺额；基底负荷中，那些不够灵活、不能够根据负荷变化而快速调节的燃煤火电厂，在未来的电力供应系统中应该被淘汰。因此，可做如下推断。

推断 2　为了通过就地开发与消纳模式来发展高比例 W&PVP，系统中必须明显降低原来提供基底负荷电源的比例。

由事实 2 可知，大规模远距离输送模式向受端电网注入近乎恒定的电功率，这种功率在受端系统只能承担基底负荷，再结合推断 2，可做出如下的推断。

推断 3　大规模远距离输送模式会明显削弱受端系统集成就地开发与消纳模式高比例 W&PVP 的能力。

由推断 1 可知，大规模远距离输送模式不能实现高比例可再生能源发电；由图 3.2(e)可知，就地开发与消纳模式具有实现高比例可再生能源发电的潜力；由推断 3 可知，大规模远距离输送模式的发展会明显削弱受端系统集成高比例 W&PVP 的能力。因此，为了实现高比例可再生能源发电，应当聚焦于就地开发与消纳模式。

3) 可用调节容量

关于灵活电源的类型与现状已在 2.3 节中进行了介绍，灵活电源所具备的可调节容量占机组额定容量的比例很大。我国目前可依靠的调节容量主要来自燃煤火电，因此，后续关于两种模式对受端系统可调容量影响的讨论是基于以燃煤火电为主要调节容量的假设展开的。

为了阐述可用调节容量方面的问题，采用如下示例：在系统的年峰荷日，最小(低谷)负荷(以受端系统峰荷为基值的)标幺值为 0.56，调节容量由燃煤火电机组提供，且燃煤火电机组的最小出力为机组额定容量的 50%。为了满足机组运行约束和系统功率实时平衡，要求开启机组的最小出力小于或等于系统的低谷负荷。下面分析采用大规模远距离输送模式对受端系统可用调节容量的影响。

(1) 在未采用大规模远距离输送的情况下，若机组的启停状态保持不变，为保证在日最小负荷时段满足机组的运行约束，所有开启状态的机组的最小出力不能超过 0.56，此时系统中燃煤火电机组的可用调节容量的最大值为 0.56。

(2) 采用大规模远距离输送模式后，r_{ca} 取 1∶3，UHVDC 线路所传输的计划功率曲线如图 3.3 所示[3]，可见由 UHVDC 送入受端系统的最小功率为 0.21，因此所有开启状态的机组的最小出力不能超过 $0.56 - 0.21=0.35$，此时系统中燃煤火电机组的可用调节容量的最大值为 $0.35/0.5 - 0.35 = 0.35$。

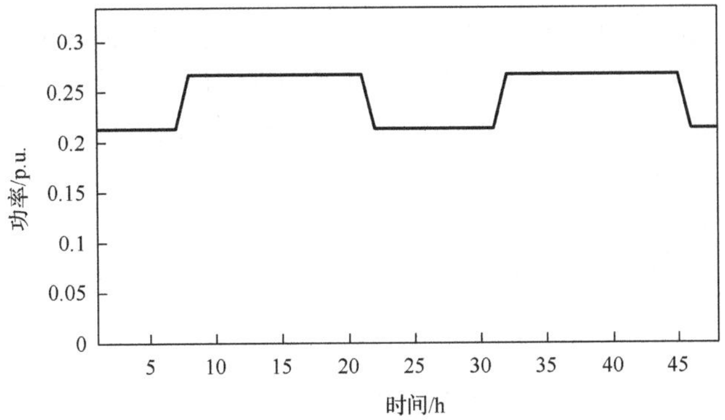

图 3.3　UHVDC 线路的计划功率曲线

由以上分析可知，UHVDC 线路注入的打捆功率使得受端系统的可用调节容量明显减少，即受端系统中可供平滑风机和光伏功率波动的可用调节容量将明显减少，同时，受端系统等效负荷曲线(原始负荷曲线减去 UHVDC 线路的注入功率)的峰谷差率大幅度增加，这将使得受端系统能够继续接纳的风电和光伏发电电能明显降低。但“机组的启停状态保持不变”的条件是苛刻的，这样做只是为了简明地阐述大规模远距离输送对受端系统调节容量的消减作用。事实上，因为受端系统可有多台火电机组参与提供可调容量，当依照附录 B 所提供的机组启停约束数据进行精细的机组启停优化时，这种消减作用会小些，现提供如下仿真算例。

把仅采用就地开发与消纳模式时受端系统可集成的最大风电和光伏发电电量记为 E_1；把仅采用大规模远距离输送模式时受端系统可集成的最大风电和光伏发电电量记为 E_2；把采用大规模远距离输送模式后，受端系统还可以继续集成的就地开发与消纳模式的最大风电和光伏发电电量记为 ΔE，则受端系统风电和光伏发电电量总和为 $E_3=E_2+\Delta E$；把受端系统的年总用电量记为 E_4。文献[3]在对大规模远距离输送模式有利的一系列假设下，对 E_1/E_4、E_2/E_4、$\Delta E/E_4$ 和 E_3/E_4 进行了仿真评估，主要的评估参数如下：①就地开发与消纳模式采用北京地区的风速和光照数据，大规模远距离输送模式采用酒泉的风速和敦煌的光照数据；②受端系统通过超临界和超超临界机组调峰，两种机组的数量相等，装机充裕度(燃煤火电机组装机容量/受端系统峰值负荷)取 1.28；③负荷采用 IEEE RTS(reliablity test system，可靠性测试算例)系统中 8760h 时序负荷曲线；④弃风弃光率(指电量比例)不超过 10%。评估结果如表 3.1 所示。

表 3.1　各场景下风电和光伏发电电量比例(渗透率)的评估结果

项目	E_1/E_4	E_2/E_4	$\Delta E/E_4$	E_3/E_4
数值/%	28.07	11.52	13.76	25.28

由表 3.1 可知，采用大规模远距离输送模式后，受端系统可开发的风能和光伏发电量比例将由 E_1/E_4=28.07%减少至 $\Delta E/E_4$=13.76%，即使计及经 UHVDC 线

路输送到受端系统的风能和太阳能电能 E_2 之后，受端系统集成的总风能和太阳能电能 E_3 也还小于 E_1。这一特性表明风能和太阳能大规模远距离输送对不利于受端系统集成高比例的可再生能源发电，且远距离输送到受端的风光火打捆电量中风电和光伏所占比重越小此作用越明显。

前面对两种开发与消纳模式进行了 3 个角度的定性分析和简明阐释，实际上它们均是基于由目前的火电机组提供调节容量的现实条件和互联电力系统规范①做出的。

3. 两种开发与消纳模式全社会成本对比示例

现构建如下算例，以对两种开发与消纳模式的全社会成本及其构成提供一些概念性的比较。全社会成本包括系统投资成本、燃料成本、环境成本、辅助服务成本、可靠性成本和线损成本(图 3.4)，以上各项成本的计算方法可参考文献[3]。

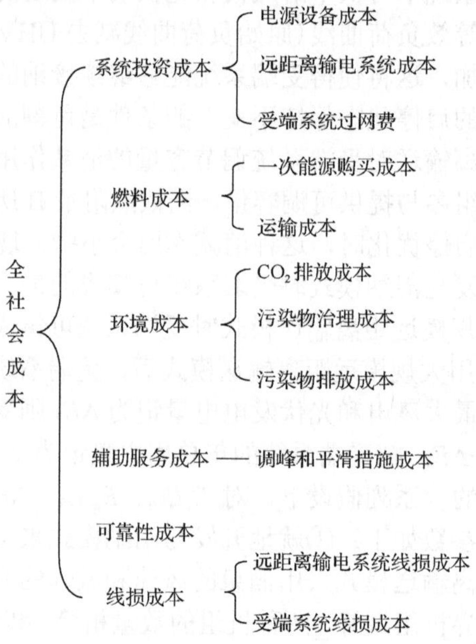

图 3.4　全社会成本的构成

①(1)可再生能源电量比例角度的分析中，天中 UHVDC 线路的年利用小时数高达 7000h，而且送端系统配套大量的燃煤火电，即意味着 UHVDC 线路作为两个控制区之间的联络线路，线路上必定是在输送计划功率。

(2)系统运行角度的分析中，在对推断 3 进行推理时，最关键的依据就是大规模远距离输送模式向受端电网注入近乎恒定的电功率(事实 2)，即联络线路上的功率需维持少数几个近乎恒定的计划功率。

(3)可用调节容量的分析中，受端系统可用调节容量减小、峰谷差率增大，其核心原因是联络线路上的功率需维持分段恒定的计划功率，致使大规模远距离输送模式的输送功率只能作为受端系统的基底负荷，如图 3.3 所示。

由此可见，深刻理解互联电力系统的核心理念(3.1 节)，对制定高比例 W&PVP 的开发与消纳战略极其重要。

1) 问题描述

我国中东部负荷中心地区现有一个电力系统，系统峰值负荷预计为 3766 万 kW，全社会用电量为 2027 亿 kW·h，扣除 7%的线损后，终端用户年用电量预期为 1884 亿 kW·h，系统已装火电机组 4800 万 kW(此时装机容量充裕度约为 1.27)，即 30 台超超临界机组和 30 台超临界机组，现拟将预期电量的 1/4 由新增电源供应，新增电源尽可能采用可再生能源(风电和光伏发电，其装机容量比暂取 1∶1)。现有如下两种方案。

方案 1　采用在西北风光资源较好地区开发大规模的风光火打捆发电，并远距离输送至上述位于中东部地区的电力系统的模式：通过±800kV、2000km 的 UHVDC 线路输送 640 万 kW 恒值功率，送端系统的电源构成为风光装机容量均为 407 万 kW，以及配套火电 960 万 kW(6 台超临界和 6 台超超临界机组)，风机年满发小时数为 2133h、光伏年满发小时数为 1490h。

方案 2　采用在现有电力系统中扩建风电和光伏的就地开发与消纳模式，风光装机容量均为 2102 万 kW，风机年满发小时数为 1500h，光伏年满发小时数为 1000h。

构建两种方案的基本原则如下。

(1) 就地开发与消纳模式向受端负荷供应的风光电量与大规模远距离输送模式向受端负荷供应的打捆电量相等。

(2) 在大规模远距离输送模式中，风光功率需要通过打捆火电来平滑，可取风光电量∶火电电量=1∶3；打捆电量：受端系统总用电量＝1∶4。

(3) 受端系统的火电机组可调范围为额定容量的 50%～100%，所以就地装设风机和光伏后不需要新增可调容量。

由于火电机组启停时间和速度具有约束，需要通过机组组合的运行仿真来确定满足上述 3 条基本原则的可行方案。在仿真中风电、光伏和受端负荷均采用典型的 8760h 预测曲线。仿真结果数据示于表 3.2 和表 3.3。

表 3.2　方案 1 的相关数据

送端系统的打捆电源装机容量/万 kW			送端发电量/(亿 kW·h)			向受端负荷供电/(亿 kW·h)			受端电能中风光电量渗透率/%	弃风弃光比例/%	单位电能供电成本/(元/(kW·h))
风机	光伏	火电	打捆电量	火电	风光电量	火电	风光	合计			
407	407	960	561	418	143	351	120	471	6.4	3.2	0.985

表 3.3　方案 2 的相关数据

打捆电源/万 kW			风光机组发电量/(亿 kW·h)	向受端负荷供电/(亿 kW·h)	受端电能中风光电量渗透率/%	弃风弃光比例/%	单位电能供电成本/(元/(kW·h))
风机	光伏	火电					
2102	2102	无新增	502	479	24.8	4.5	0.598

注：对比表 3.5 可知，此处所采用模式的渗透率在极限范围之内。

由表 3.2 和表 3.3 可知，方案 1 中，送端系统的风光电量∶送端系统的火电电量≈1∶3，当打捆电量∶受端系统总电量＝4∶16 时，全社会总成本为 463.90 亿元，单位电能供电成本为 0.985 元/(kW·h)；方案 2 中，风光电量∶火电电量≈1∶3，全社会总成本为 286.50 亿元，单位电能供电成本为 0.598 元/(kW·h)。

2) 全社会成本构成比较

针对表 3.2 和表 3.3 所述方案，全社会成本评估结果[①]如图 3.5 和图 3.6 所示。其中需要单独说明的是，对于方案 1，调峰和平滑措施成本是指受端系统的火电机组

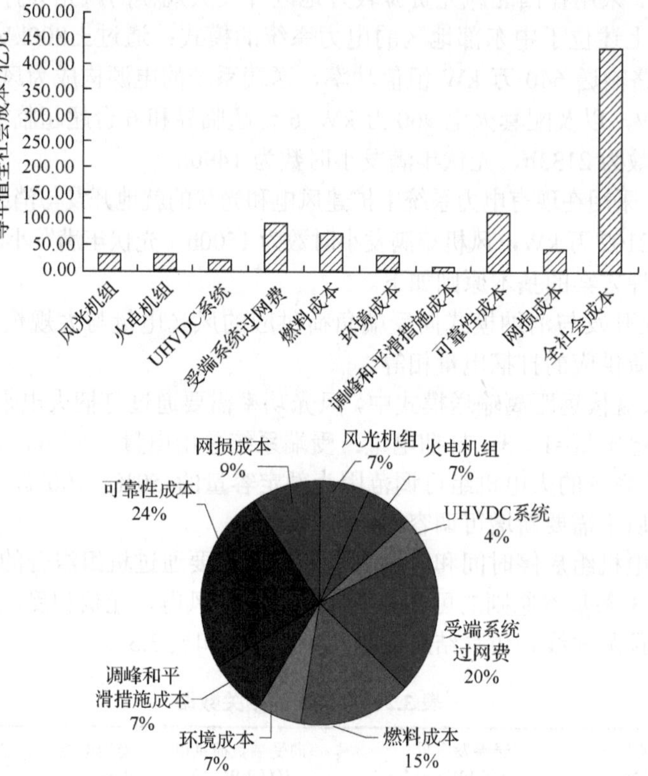

图 3.5　方案 1 的全社会成本

① 全社会成本评估中所采用的参数如附录 B 所示，方案比较中所选用的核心数据如下。

(1) 方案 1 中风机系统和光伏系统的成本分别为 4.8 元/kW·h 和 5 元/kW·h，方案 2 中风机系统和光伏系统的成本分别为 5 元/kW·h 和 5.5 元/kW·h。

(2) 在电能到达终端负荷之前，大规模远距离输送模式的风光火打捆电量流经受端系统所有电压等级（500V～380kV）的输电、变电和配电设备，而就地开发与消纳模式中的风电和光伏发电电量可能接入不同电压等级的电网中，单位电能的过网费将明显低于前者。

(3) 这里计及了受端系统与送端系统煤炭价格的差异。

(4) 大规模远距离输送模式的线损包括两部分，其一是 UHVDC 系统的线损，取 9.6%，其二是受端系统的线损，取 7%。

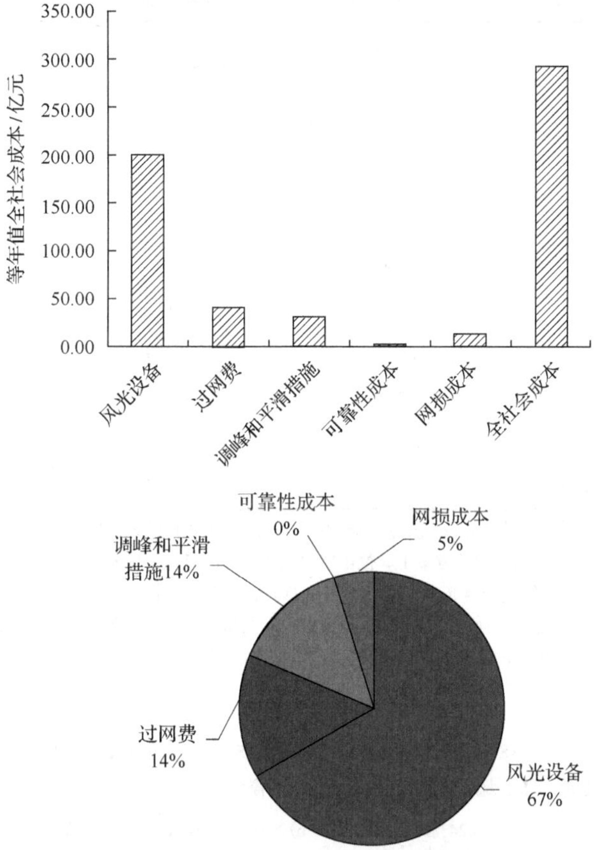

图 3.6　方案 2 的全社会成本

运行状况变差所产生的发电成本增加量，产生该增加量的原因是受端系统因接纳外来 640 万 kW 的恒值打捆功率，致使受端系统的净负荷曲线(原负荷曲线减去打捆功率)峰谷差率增大；对于方案 2，调峰和平滑措施成本是指因配合受端系统新增风光设备所发出的波动性功率，致使受端系统的火电机组运行状况变差所产生的发电成本增加量。

由以上评估结果可知，方案 1 的单位电能全社会成本约为方案 2 单位电能全社会成本的 1.65 倍。方案 1 中所利用的风光资源明显优于方案 2 中的风光资源，为何方案 2 的供电成本反而低于方案 1？为了解释以上问题，这里给出了两种方案全社会成本每个构成项对应的单位电能成本，如表 3.4 所示。

表 3.4　与方案 2 相比方案 1 的单位电能供电成本增量构成（单位：元/(kW·h)）

全社会成本组成项	方案 1	方案 2	方案 1-方案 2
风光机组投资	0.065	0.412	–0.347
火电机组投资	0.064	0	0.064
UHVDC 系统投资	0.040	0	0.040
受端系统过网费	0.195	0.089	0.106
燃料成本	0.150	0	0.150
环境成本	0.065	0	0.065
调峰和平滑措施成本①	0.074	0.089	–0.015
可靠性成本②	0.240	0.000	0.240
网损成本	0.093	0.028	0.065
单位电能全社会成本	0.985	0.617	0.368

注：①方案 1 的备用容量成本已包含在受端系统的燃料成本中，所以此处不再单独列出，具体解释可参考文献[3]。

②由图 3.5 和图 3.6 可以发现致使方案 1 单位电能供电成本高的最主要因素是可靠性成本，下面对可靠性成本做个说明。现假设：送端系统输送风光火打捆电力到 UHVDC 整流站的供电可靠性 $ASAI_1$ 和原受端系统的供电可靠性 $ASAI_3$ 均为 0.9999，受端(与原有电源并联的)分布式风电和光伏发电聚合的可靠性 $ASAI_4$=0.999。而据实际工程调研，±800kV、2000km 的 UHVDC 系统的供电可靠性(1–强迫不可用概率)约为 $ASAI_2$=0.9978。则方案 1 的负荷损失概率为

$$1-\mathrm{ASAI}_{方案1}=1-\mathrm{ASAI}_1\times\mathrm{ASAI}_2\times\mathrm{ASAI}_3=1-99.76\%=0.24\%$$

对于风光火打捆电量，每年因潜在的停电事故而导致的停电损失为

$$C_{方案1}=0.24\%\times471(亿\ \mathrm{kW\cdot h})\times100(元/(\mathrm{kW\cdot h}))=113\ 亿元$$

由式(2.1)可知，方案 2 的负荷损失概率为

$$1-\mathrm{ASAI}_{方案2}=(1-\mathrm{ASAI}_3)(1-\mathrm{ASAI}_4)=(1-0.9999)(1-0.999)=0.0000001$$

其相应的潜在缺供电量导致的停电损失为

$$C_{方案2}=0.0000001\times469(亿\ \mathrm{kW\cdot h})\times100(元/(\mathrm{kW\cdot h}))=0.0047\ 亿元$$

于是可得到因采用±800kV 的 UHVDC 系统向受端系统送电，所造成的两种方案单位电能可靠性成本差异为

$$\Delta C_{单位电量}\approx(113-0)/470=0.24(元/(\mathrm{kW\cdot h}))$$

需要强调的是，据美国劳伦斯伯克利国家实验室 2009 年的统计数据[9]，单位缺供电量所导致停电损失的基准值是 100 美元/(kW·h)，我国把单位缺供电量所导致的停电损失取为 100 元/(kW·h)，应属于相对保守的，因为数字化社会对电能可靠性的要求会越来越高，单位缺供电量所导致的停电损失也会越来越高。况且在上述比对中，还未计及方案 2 在安全性和韧性(resilience)方面的优势。

根据表 3.4 可以发现如下事实。

(1) 方案 1 的可靠性成本、线损成本、受端系统过网费之和远高于方案 2 的对应成本，两者之差为 0.411 元/(kW·h)。由于这 3 项成本的存在，大规模远距离输送模式试图通过利用西北地区较好的风光资源来降低供电成本的依据已难成立。

(2)方案 2 是在利用受端系统已有火电机组的可用调节容量的基础上投建风光发电设备的，因为没有可用调节容量的花费似乎占了便宜，对此可做如下解释：①现实中，我国中东部负荷中心地区的电力系统已经建成，且存在与本示例系统比例相当的可用调节容量，确实不需要为新建风光机组增加可用调节容量；②方案 1 中火电机组投资对应的单位电能成本增量仅为 0.064 元/(kW·h)，而方案 1 的单位电能全社会成本要比方案 2 高 0.368 元/(kW·h)，这说明方案 2 是否计及可用调节容量的花费，并不影响本节的结论。

(3)相比于方案 1，方案 2 中的新增电源为 100%可再生能源，由于不存在燃料成本和环境成本，单位电能成本的减少量高达 0.15+0.065 = 0.215 元/(kW·h)，随着化石燃料的日渐枯竭和环境成本的逐步提高(如 CO_2 排放成本将快速提高)，方案 2 的这项优势还将更大。

4. 就地开发与消纳模式实现高比例 W&PVP 的仿真示例[3]

通过本章的前述分析已经表明，在以火电机组为系统可用调节容量的现实条件下，风电和/或光伏的就地开发与消纳模式同大规模远距离输送模式相比，前者向受端提供单位电能的全社会成本明显小于后者，而且可集成更高比例的 W&PVP。进而考虑到：①完全依靠火电机组作为系统的可用调节容量，在系统中需要保留很大比例的煤电，这与我们保护气候和环境的初衷相悖；②实现集成高比例分布式可再生风能和太阳能的目标在能源资源方面和安装场所方面都是可行的。所以我们需要探讨一下，为通过就地开发与消纳模式集成高比例风能和太阳能，还有哪些可行的可用调节容量。已尝试以下措施：①改造燃煤火电机组，在保持适当热效率的前提下，使得燃煤火电机组的最小出力降低到额定容量的 20%；②用燃气机组代替部分燃煤火电机组；③增加一定容量的储能，对每天的负荷需求进行削峰填谷；④调动需求侧响应资源。评估结果如表 3.5 所示。

通过表 3.5 中的评估结果可以发现如下几方面。

(1)采取多种改善措施后，可以实现 2050 年集成高比例风能和太阳能发电的目标(50%以上)。

表 3.5　采取改善措施后的评估结果

(A)改造燃煤火电机组，机组最小出力降低至额定容量的 20%	
弃风弃光率/%	9.52
最大可再生能源电量渗透率/%	36.58
风机和光伏总装机容量/万 kW	870+870

续表

(B)20 台燃气机组替代 8 台超超临界机组	
弃风弃光率/%	9.72
最大可再生能源电量渗透率/%	34.40
风机和光伏总装机容量/万 kW	820+820
(C)安装 1500 万 kW·h 的蓄电池，SOC 取值范围为 0.1～0.9	
弃风弃光率/%	9.10
最大可再生能源电量渗透率/%	40.15
风机和光伏总装机容量/万 kW	950+950
(D)调动需求侧响应资源，把每天总用电量的 8%从峰荷时段转移到低谷时段	
弃风弃光率/%	9.33
最大可再生能源电量渗透率/%	39.63
风机和光伏总装机容量/万 kW	940+940
(E)同时采用以上 4 种措施	
弃风弃光率/%	9.53
最大可再生能源电量渗透率/%	54.77
风机和光伏总装机容量/万 kW	1300+1300

注：①措施(A)系统中装有 8×100 万 kW 超超临界和 8×60 万 kW 超临界机组，并假设均参加调峰，措施(B)、(C)、(D)是在此基础上的追加措施；②负荷峰值为 1000 万 kW；③这里模拟 8760h 的风光曲线和负荷曲线，实现机组启停优化；④弃风弃光率不超过 10%。

(2)仅通过燃煤火电机组改造(表 3.5 中措施(A))，就能够将可再生能源电量渗透率提高到 35%以上。

(3)采用燃气取代燃煤机组时(表 3.5 中措施(B))，由于燃气机组启停比煤电机组灵活得多，对调峰和平滑功率波动更加有效，但如表 3.5 所示，此时的最大可再生能源电量渗透率仅为 34.4%，其原因是燃气发电的成本较高，系统在机组组合优化时优先选择燃煤机组，而燃气机组的灵活性未得到充分的利用。

此外，表 3.5 中的评估结果是在风机和光伏装机容量为 1∶1 的条件下得到的，研究表明这一比例还是比较合理的选择。

5. 结论

(1)20 世纪 20～50 年代提出并延续至今的互联电力系统具有开放、协作、对等(能量自治单元之间的对等互联)和共享的特性，这些特性与后来的互联网是一致的。与公共电网无缝连接的微网的构思实际上是这一思想向配电网的延伸。

(2) 从互联电力系统的规范出发，从可再生能源电量比例、系统运行和可用调节容量 3 个角度，对 W&PVP 的大规模远距离输送模式和就地开发与消纳模式所进行的定性分析表明，在以燃煤火电为主要调节容量(现时如此)的情况下，大规模远距离输送模式不利于受端系统集成高比例的 W&PVP。

(3) 具体的仿真示例表明：①大规模远距离输送模式的单位电能全社会成本目前明显地高于就地开发与消纳模式的单位电能全社会供电成本，即使负荷中心处在可再生能源品质比较差的区域依然如此，而且这种差距还会与日俱增；②在采用就地开发与消纳模式的情况下，采取多种改善措施后，风电和光伏发电比例可以达到 50%以上，具有实现 2050 年高比例 W&PVP 目标的潜能。

参 考 文 献

[1] 国家发展和改革委员会能源研究所. 中国 2050 高比例可再生能源发展情景暨路径研究[R]. 北京，2015.

[2] 国家发展和改革委员会能源研究所, 美国劳伦斯伯克利国家实验室, 落基山研究所, 等. 重塑能源: 中国[R]. 北京, 2016.

[3] Sun B, Yu Y X, Qin C. Should China focus on the distributed development of wind and solar photovoltaic power generation? A comparative study [J]. Applied Energy, 2017, 185: 421-439.

[4] Cohn N. Control of Generation and Power Flow on Interconnected Systems [M]. New York: John Wiley & Sons, 1966.

[5] 丁道齐. 复杂公共电网安全性分析[M]. 北京：中国电力出版社, 2010.

[6] Wu F F, Varaiya P P, Hui R S Y. Smart grids with intelligent periphery: An architecture for the energy Internet [J]. engineering, 2015, 1 (4) : 436-446.

[7] 刘振亚, 张启平, 董存,等. 通过特高压直流实现大型能源基地风、光、火电力大规模高效率安全外送研究[J]. 中国电机工程学报, 2014, 16 (16) : 2513-2522.

[8] 国际环保组织绿色和平. 江苏有“可能”——高比例可再生能源并网路线图[R]. 北京, 2015.

[9] Lacommare K H, Eto J K. Cost of power interruptions to electricity consumers in the United States (U.S.) (LBNL-58164) [R]. Ernest Orlando Lawrence Berkeley National Laboratory, 2006.

第 4 章　智能电网原动力的电网视角

认清智能电网的原动力，对于科学地实施智能电网技术至关重要。

此次智能电网的原动力要比 20 世纪 70～80 年代电网的第一次智能化强劲得多，其终极目的是建立一个可持续发展的经济体，以确保后代繁荣昌盛。智能电网的范围向配电和用电侧的延伸，将保证高的投入产出比。电气车辆和绿色建筑可能成为智能电网最具冲击性的应用。

从电网的角度看，智能电网的原动力可概括成整合分布式可再生能源，提高电网的安全性[1]、稳定性和韧性，电力市场化和需求侧管理，电网的各种约束日益严格 4 个方面。其中，有关分布式可再生能源发电的问题已在第 2 章进行了详细论述，本章重点围绕后面 3 个问题展开。

4.1　电力系统电气行为简述

本节从电力系统电气行为角度简述电网智能化问题。人类期待在不久的将来，电网将完完全全地转变，在发电侧将引进可再生能源发电，在需求侧将引进电气车辆和需求响应。在很大程度上，这是出于对环境以及能源安全的考虑。与此同时，许多国家已经看到，对新生意和新经济来说这是开发先进技术的大好机会。为了搞清楚电力系统的电气行为，一种较为方便的做法是把它设想为一个三元组 (S,N,L)，其中 S 是一组源和穴，N 是连接 S 的网络，而 L 是为了运行 S 和 N 以及规划它们增长的一组战略。从前的电网中，源大多是大而集中的同步发电机，穴大多是具有高斯（正态）随机能量需求的分散的负荷。

网络有两个部分——跨越相当长距离并输送巨大电力的输电系统和局部送电的配电系统。输电系统通过联络线相互联系，从而使得各区域电力系统间能够相互交换电力，分担储备，并在必要时相互支持。

因为在电力系统中储能的设施很少，所以必须做到如下两方面。

(1) 一个区域电力系统的净发电功率（发电功率加上跨过联络线流入该区的电功率）必须紧紧地跟踪它的电力总负荷，从而把系统的频率维持在额定频率附近。

(2) 维持设备层次上近乎瞬时的供需平衡，以保证设备（如同步发电机和异步电动机）与系统之间和与局部地区（如子系统）之间的稳定性。

但是，当具有间歇性、多变性与不确定性的可再生能源发电在电网中的比例

(又称渗透率)增加时，S 中源的性质就发生了变化。为了补偿这一变化，最理想的是使用储能设施和备用的燃气机组来平衡。兆瓦级的先进的高技术储能系统，如电池、飞轮等正在发展中，但是它们还很贵。所以提倡如暂时关闭热水器或空调以及可短时段停电的高耗能产业(如炼铝、海水淡化和制氢)这样的需求响应，以便达到零排放的负荷平衡，此时 S 中的穴(负荷)的性质也发生了变化，而且电气车辆和需求响应使负荷更随机。为了维持带有随机发电和随机用电的瞬时供需平衡，必须对网络 N 和战略 L 做出革命性的变革，即建设更智能的电网，它必须能够灵活地包容各种形式的能源。

4.2　提高电网的安全稳定性和韧性

智能电网应能降低大规模连锁停电的风险，解决大规模可再生能源发电上网后的安全稳定问题，最大程度地提高电力传输效率，同时为抵御自然灾害和恶意攻击的破坏而提高韧性。

近年来世界上大面积连锁停电事故频繁发生，损失巨大。以 2003 年 8 月 14 日美国东北部大停电为例，该次大停电给这个区域所造成的直接经济损失约为 50 亿美元，5000 万人受影响，充分暴露了基于资源大范围全局优化理念而发展起来的大型互联交流同步电网的脆弱性。这样的系统中小概率事件会造成巨大的停电损失。

现在一般的观点是，提高系统的全局可视化程度和预警能力(态势感知能力①)，和使用较好的、智能的和快速的控制实现自愈，是增强电网的安全性②和避免事故扰动引起系统崩溃的关键。进而考虑到电网对自然灾害与恶意(有选择性的)攻击是脆弱的(对后者尤为脆弱)和损失巨大的，未来的配电网络拓扑结构必须灵活，成为更具韧性的——自治的和自适应的基础设施，能够通过自愈的响应减小停电范围和快速恢复供电。

---

① 广域态势感知：用于近乎实时的情况下，对互联的和跨越辽阔地理区域的电力系统元件和性能的监测和显示。态势感知的目标是理解并最终优化电力网络元件的管理、行为和性能，以及预测、阻止或应对扰动出现前的问题(详见第二篇第 8 章)。

② 一个电力系统的安全性(security)是指在它的设备不过负荷，而且在它的网络上的变量不偏离允许范围的条件下，满足其负荷的能力。安全性监控和安全性分析是电力系统计算机辅助安全调度的一部分。按照 Dy Liacco 提出的安全性构想，电力系统被看作在两组约束下运行的：负荷约束和运行约束，其中，负荷约束的要求是所有负荷都必须被满足；运行约束则给出了网络运行参数的上下限。同时，在该构想中把系统状态想象为三种：正常状态、紧急状态和恢复状态。正常状态指负荷约束和运行约束均被满足的状态；紧急状态指运行约束有重大破坏的状态；恢复状态指负荷约束被破坏的状态。安全性是相对于一族称为下一个预想事故集合的随机事件而定义的，它是一个可能发生扰动的集合，如果一个系统处于正常状态，并且没有一个预想事故会使它转移到紧急状态，则称这个系统是安全的。上述安全性测度是确定性的，用 0-1 变量描述不安全与安全，相比之下，概率的安全性指标更为科学，自然也更为复杂[1]。为了区别 security 和 safety，本书把后者视为人身与设备安全。

4.3 电力市场化和需求侧管理

生态文明意识的提升，使电力公司积极寻求以不同于传统的方式来满足供需平衡。除了分布式的发电和储能，鼓励用户实现需求响应和节能也被认为是有效的方法。

居民负荷、商业用户和工业用户的负荷均含有可平移负荷，它们可以与电网友好合作，支持削峰填谷与事故情况下的减负荷。

电动汽车可以在用电低谷(电价便宜)时充电，并在白天最需要电(电价贵)的时候将它输回电网，所以也将成为需求响应的重要部分。

市场是经济/竞争的保证，削峰填谷、可再生能源利用和电动汽车的发展呼唤高级的电力市场化。

1. 削峰填谷问题

由于现时还没有经济有效的大容量存储电能的手段，电的产生和消费必须随时保持平衡。而电力负荷是随时间而变化的，例如，在炎热夏天的下午，当无数商业和住宅的空调开到最大时，用电需求会大幅增高，以致到达全年负荷功率最大值(称为全年的峰荷)。为满足供需平衡，电力设施必须根据全年的峰荷来规划和建造。同时为了应对电网偶然事件和电力负荷的不确定性，电力系统必须随时保持一定的发电容量裕度(又称旋转备用，一般为 10%～13%)，以确保可靠性和峰荷需求，这也增加了发电成本和对发电容量的需求。

2. 资产利用率现实

由于系统每年处于峰荷附近的时间很短，所以电力资产利用率低下。依据文献[2]，美国电网资产的利用系数约为 55%，而发电资产利用率也不高。如图 4.1 所示，其中占整个电网总资产 75%的配电网资产的利用率更低，年平均载荷率仅

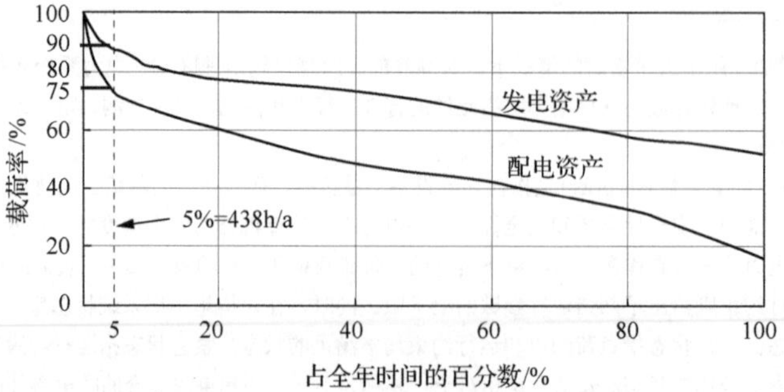

图 4.1　美国发电和配电资产利用率

来源：美国能源部报告[2]

约为 44%，即一年内只有少数时间资产是被充分使用的(一年中只有 5%的时间，即约 438h，其载荷率超过 75%)，浪费了大量的固定资产投入，不符合可持续发展的要求。负荷曲线峰谷差大在造成发电、输电和配电的资产利用率低的同时，降低了发电效率，增加了网损。

如图 4.2 所示，我国目前 10kV 配电资产利用率比美国还低。多数城市 10kV 配电线路和变压器的年平均载荷率低于 30%；基于在电网出现一个主要元件故障后还可保证安全的考虑，峰荷时的线路载荷率全部在 50%以下。与此同时，我国目前的发电资产利用率也是很低的，许多火电机组的年平均利用小时不足 4000h。

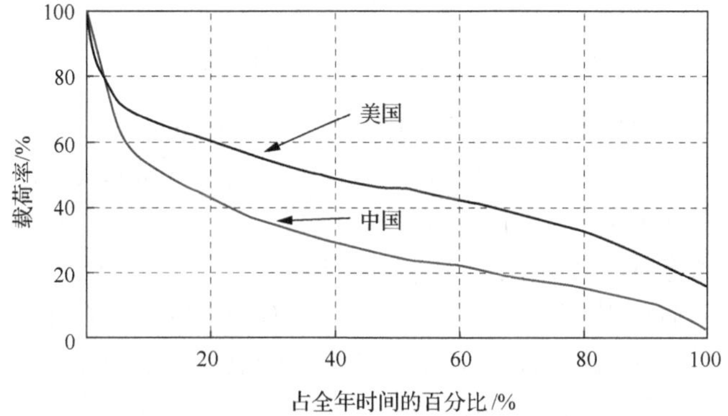

图 4.2　我国某城市 10kV 配网 2008 年资产利用率[3]

注：和美国配电资产利用率的比较

3. 削峰填谷的手段和潜力

解决上述问题的办法之一是缩小负荷曲线峰谷差。削峰填谷不仅可以显著地提高资产利用率，减少对系统发电和输配电总容量的需求，同时负荷曲线的趋平也会带来发电效率的提高和网损的降低。

幸运的是，现实系统中存在着大量能与电网友好合作的负荷，如空调、电冰箱、洗衣机、烘干机和热水器等，它们在电力负荷高峰(电价高的)时段可以暂停使用，而适当平移到供电不紧张(电价低)的时段再使用，帮助电网实现电力负荷曲线的削峰和填谷。如图 4.3 所示，在美国典型峰荷日的峰荷时刻，居民用电功率占峰荷的 30%，而其中的 2/3，即占峰荷 20%的居民用电功率属于可与电网友好合作的负荷，其值超过占峰荷 13%的旋转备用容量。如果能够提供相应的技术支撑，通过电力公司与终端用户的互动(需求响应或用电管理)，则可实现电力负荷曲线的削峰填谷。

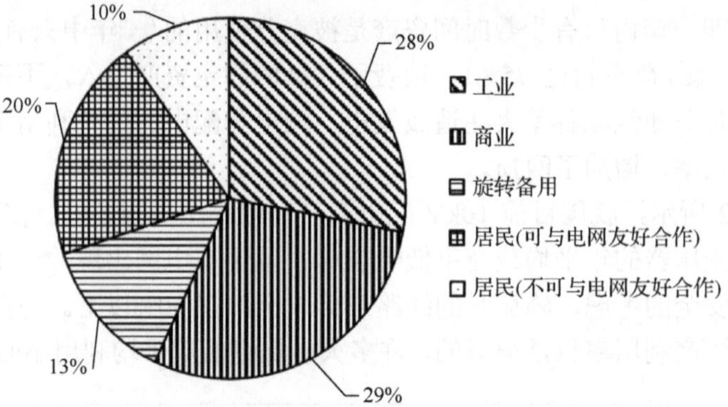

图 4.3　美国典型峰荷日的负荷与备用构成

调查发现，我国城市典型峰荷日的峰谷差率均在 0.3 以上，部分城市超过 0.5 甚至达到 0.63。在年典型峰荷日，我国城市中居民用电功率大多占峰荷的 15%～20%，其中约有 1/2 是可以与电网友好合作的可平移负荷。应该注意到，如果能削减 6%～8%的峰荷，其所节约的电力资产额也是十分巨大的。

与此同时，商业用户和工业用户负荷也具有与电网友好合作，实现削峰填谷的潜力。我国目前的高耗能企业，如电解铝、制氢和海水淡化等，在电力高峰时段可以暂停用电，等到低谷用电时间再使用廉价电力来改善企业的效益，在这方面我国已有很成功的经验。国家发展改革委员会、国家能源局印发的《能源生产和消费革命战略(2016—2030)》指出我国将围绕能源革命战略目标，实施 13 项重大战略行动，其中关于电力需求侧管理行动明确提出："充分发挥电力需求侧管理在供给侧结构性改革中的作用，开展工业领域电力需求侧管理专项行动，并在交通、建筑、商业领域推广示范。制定工业领域电力需求侧管理指南，形成一批示范企业和园区。建设电力需求侧管理平台。支持技术创新及产业化应用，形成工业领域电力需求侧管理推荐产品和技术目录。建设产业联盟及相关中介组织，加快培育电能服务产业。实施电力需求侧管理评价，推动形成科学、有序、安全、节约的现代用能管理体系。组织万家工业企业参与专项行动，到 2020 年，工业企业单位增加值电耗平均下降 10%以上。"

实现这一任务的工具是基于智能电表数据的高级量测体系(AMI)(见第二篇第 3 章)。

4. 需求侧用户与电网之间的友好合作的其他效益

通过电力公司与终端用户的互动，激励电力用户做出需求响应，其作用除了上述削峰填谷所带来的效益，还有类似于分布式发电的作用，使电力公司可以以不同于传统的方式来满足设备层次上近乎瞬时的供需平衡；在必要时也可取代旋转备用，支持系统的安全运行。

例 1 图 4.4 表明在紧急情况下，电器感受频率偏移而自动切合，可使系统频率得到明显改善，此时不需要任何通信。

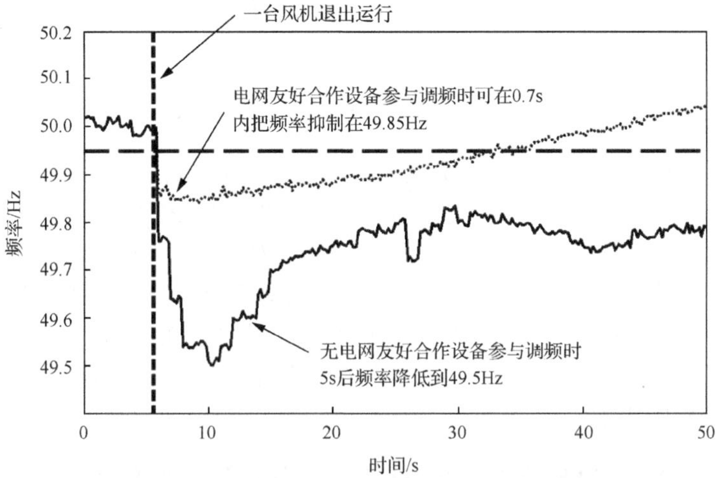

图 4.4 电网友好合作设备参与调频的示例

例 2 美国得克萨斯州曾经历了风力发电突然的、未预料到的急剧下降：在 3h 内有功出力下降 130 万 kW。此时一个需求响应程序被紧急启动，使大型工业和商业用户在 10min 内恢复了大部分失去的供电，起到了对此类间歇性电源波动的缓冲作用。电力公司进行这种紧急控制的前提条件是电力公司与用户之间必须预先签有协议。

5. 削峰填谷呼唤用电侧电力市场化

要调动电力用户与电网友好互动的积极性，需要开发高级的用电侧电力市场，实行分时或实时电价，使消费者不仅可以从中获利，而且仍感到舒适和方便。市场需为用户提供多种选择，并指导用户优化能量的使用以达到节能的目的。

4.4 电网的各种约束(提高可靠性、提高电能质量、节能降损和环保)日益严格

近 20 年，通信和信息技术得到了长足的发展，数字化技术及其应用在各行各业日益普及。美国在 20 世纪 80 年代，其内嵌芯片的计算机化的系统、装置和设备，以及自动化生产线上的敏感电子设备的电气负载还很有限。而到了 90 年代，这部分用电就大约占到了总负荷的 10%，而且近年来有快速上升的趋势。它对电

网的供电可靠性①和电能质量提出了很高的要求。目前的电网不仅满足不了数字化社会的这些需要，而且它在数字化技术的自身应用方面也相对落后，特别是在配电网方面，尽管通信技术和信息技术的进步已经使得对配电网络进行实时监控和资产管理变得日益经济可行。

1. 数字化社会对电能质量和供电可靠性提出了严格要求

在美国，每年不可靠的电力所造成的损失超过 1000 亿美元，相当于用户每花 1 美元买电，同时还得支付 50 美分的停电损失[4-6]。EPRI 开展了负荷对电网可靠性需求的预测，结果表明(表 4.1)未来 20～30 年内对供电可靠性要求为 99.9999999%的负荷比例将会上升到 10%，对供电可靠性要求为 99.9999%的负荷将会上升到 60%(可靠性为 99.9999%相当于每年用户停电的时间为 0.53min)。所以 Oracle 公司的能源部主任在 2004 年强调，驱使人们研究智能电网的，不是电能的成本，而是电能不合格的成本。

表 4.1　EPRI 对未来 20～30 年用户对供电可靠性需求的预测[10]

对可靠性的要求	目前占总用户比例	未来 20～30 年占总用户比例
99.9999%	8%～10%	60%
99.9999999%	0.6%	10%

美国劳伦斯伯克利国家实验室提供的美国 2006 年可靠性价值的数据表明，每度电的可靠性价值为：低情景 28 美元/(kW·h)，基准情景 100 美元/(kW·h)，高情景 171 美元/(kW·h)。可见在数字化社会中，停电损失(可靠性价值)会很高，远高于度电产值。

近几年我国已经把 99.99%(用户年停电时间少于 52.6min)作为城市中心地区的供电可靠性指标，但是我国目前采用的供电可靠性指标只适用于受短时间停电影响不大的传统负荷，随着产业结构的调整和产业的升级，特别是智能制造业的发展，我国会有日益增多的数字化企业对供电可靠性和电能质量提出更高的要求。

2. 我国配电网在供电可靠性上难以满足数字经济的要求，亟待改善

众所周知，用户电能质量问题多起源于配电网。而事实上，配电网也是限制用户供电可靠性提高的瓶颈。国内城市供电可靠率调查结果表明，除香港外，2011 年

---

① 可靠性(reliability)：系统或组件在指定的时间内在规定的条件下执行其所需功能的能力。它通常用故障的概率或可用性来度量。然而，可维护性也是可靠性工程的重要组成部分。智能电网的可靠性中除电力系统设备和电力公司的可靠性之外，还包括信息技术的可靠性。在电力系统的术语中，可靠性又可分为安全性(security)和可用性(availability)。本篇中所提到的都是电力系统的安全性和可靠性，后者的测度包括供电可靠率、用户平均停电时间、用户平均停电次数、系统停电等值小时数。“智能电网赛博安全指南”(Smart Grid Cyber Security) (NISTIR 762)[7]中规定了与赛博安全以及其他重要的安全相关的附加条款(见第 9 章)。

全国城市 10kV(6kV、20kV)供电系统用户平均停电时间为 7.01h，其中平均故障停电时间为 1.86h/户，平均预安排停电时间为 5.15h/户；农村用户年均停电时间在部分地区甚至高达十几个乃至几十个小时。而同期美国城乡用户的年均停电时间约为 140min，欧洲发达国家为 40～70min，在新加坡、日本则不到 10min。

美国的统计表明，80%～90%的终端用户停电原因可以追溯到配电系统，其中大多数是由设备失灵导致的，如变压器故障或配电设备的物理损坏(树枝落到架空线路上)。输电线路的问题仅占停电原因的 10%～20%，但其中包括了规模最大与损失最多的事故。

图 4.5 以广州城网为例，展示了各种因素对可靠性指标的影响程度。

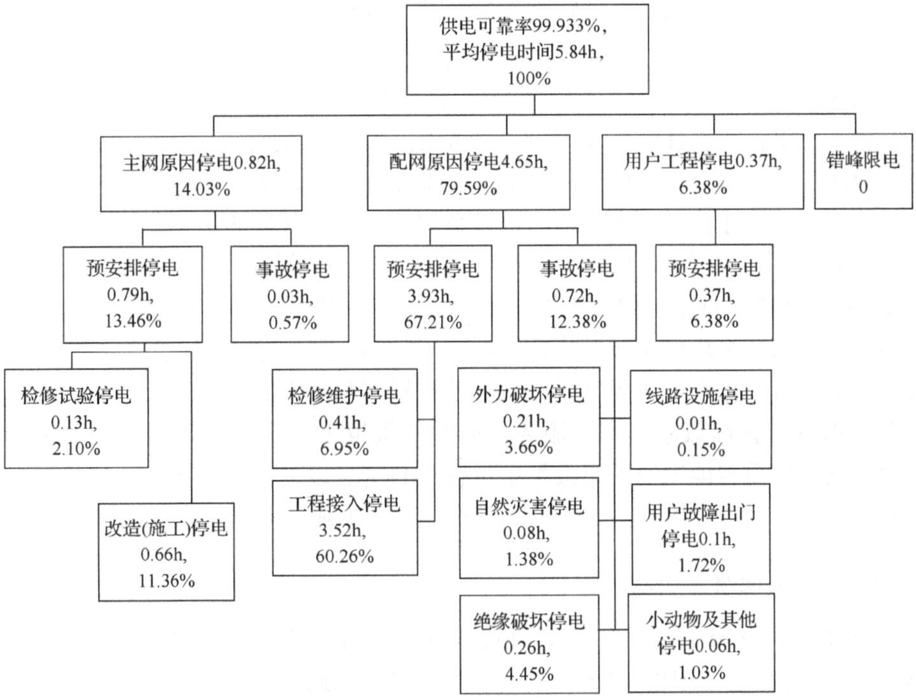

图 4.5　供电可靠性的影响因素分析

通过对广州等多个城市供电可靠性指标影响因素的分析[3]，可以得到以下事实。

(1) 从停电电压等级看，配电网原因引起的停电占主要份额。

(2) 在多数城市中，预安排停电对供电可靠性的影响非常大。

(3) 在故障引起停电时，故障的查找、定位、隔离、修复以及恢复供电环节缺少自动化手段支持，导致故障停电恢复时间长、供电可靠性低。

(4) 由于配电网预安排停电中，转移非影响段用户供电的操作时间较长，对供电可靠性影响较大。

由如上事实可知，我国配电网在供电可靠性上难以满足数字经济的要求，亟待改善。

由事实(3)和(4)可知，停电时间长是由缺乏自动化手段、网络拓扑欠灵活以及管理水平低造成的。

值得注意的是，如前面所述，国内多数城市配电网的主设备在大部分时间都处于低负荷运行状态，这表明我国10kV配电网运行具有较大的裕量，裕量大本应可靠性高，但是这里可靠性降低了，这是一个非常值得深思的问题。

3. 配电自动化对供电可靠性的作用

很难确定智能电网的哪个特性能够增强或降低可靠性指标，然而，如输电与配电自动化这样的特性，其目的就在于提高输配电网的可靠性。

东京的配电自动化是个很好的例子。到2000年，东京电力公司已在中压配电网实施了配电自动化(DA)，它还不是智能电网的高级配电自动化(ADA)[8]，在重负荷地区形成了六分割三联络的灵活的网架拓扑结构，实现了全部开关的自动控制，从而可以快速协调多条馈线间的负荷转移，并将故障的影响范围限制在一个小区间里，使得在确保N–1(即1个元件失效后)安全性的情况下线路最大负荷率可达85%，且快速恢复供电的用户数大幅度增加，平均用户断电时间大幅度减少(仅为2～5min)，系统平均停电频率指标(SAIFI)为0.05次。其投资/收益为0.77。实践表明，配电自动化不仅对提高供电可靠性和资产利用率的贡献很大，而且其在提高管理水平、管理效率和用户服务方面的效果也十分明显。目前东京正在开发ADA。它要实现智能电网的高级配电运行(ADO)，以便应对在接纳分布式可再生电源上所面临的巨大挑战，并推动新的产品、新的服务和新的市场的开发。

4. 我国电能质量问题

2007年，欧盟做过一个调查，欧洲25个国家因电能质量造成的经济损失一年为1500亿欧元。根据欧盟单位产值电能质量成本均值及由国家发展和改革委员会授权和国际铜业协会牵头执行的上海市电能质量经济性调查计算，2010年中国因电能质量问题造成的工业经济损失高达1200亿美元。

目前对于电能质量问题，国内普遍关注的还是谐波问题，而国外普遍关注的是电压暂降、电压短时中断等问题。

应重点解决配电网中存在的严重电能质量的问题，开展大型城市城区、高新技术开发区、金融、医院、港口、化工等区域和具有行业特点的电能质量污染源定位问题研究，以及敏感性负荷供电措施研究。

综上所述，应把目前的电网加以转换，使其成为能够适应上述要求的电气系统，即智能的电网。

4.5　电网的第二次智能化

电网的第一次智能化发生在 20 世纪 70 年代，在输电系统的(数以千计的)变电站中安装了远程终端单元(RTU)，每 2～10s 收集一次实时数据，并把它送到装有能量管理系统的控制中心，控制中心里的计算机使用复杂的软件对系统中的发电机和输电线进行实时的监视、分析和控制。对输电来说，这个电网是相当智能的，只是电力消费者完全看不见它，不了解它。当时通信与信息技术成本较高，难以推广到配用电系统。然而，目前通信与信息技术的成本已大幅下降，为其向配电和用电领域推广应用准备好了条件。与此同时，如前所述，环境压力与能源转型，以及数字化社会对电网可靠性、韧性、电能质量和节能降损的要求日益严格，成了电网第二次智能化的原动力。毋庸置疑的是，由于环境压力与能源转型这一原动力的出现，电网第二次智能化的强劲程度远高于电网的第一次智能化。而且很明显，其重点发展领域在配用电侧，以便能集成高比例的分布式可再生能源和加强生产者与用户的互动。为此，本节将对配用电侧智能化范围进行通俗的介绍。

1. 未来的家庭

未来的家庭将会有电动汽车(EV)、分布式电源(可再生能源和储能)和需求响应的能力。更多的电器将是能控的或智能的。

如图 4.6 所示，在未来的家庭中，智能电表将作为控制界面，并变成家庭或建筑物的能量管理系统。如图 4.7 所示，未来家庭内的各类用电设备将通过户内

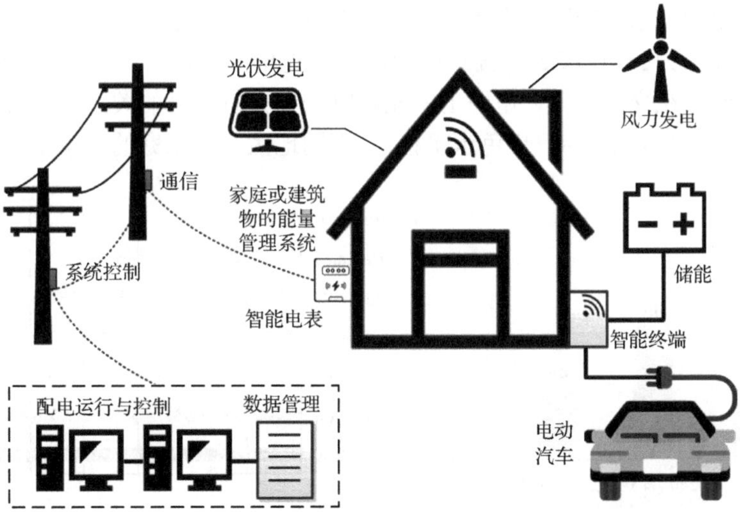

图 4.6　未来的家庭

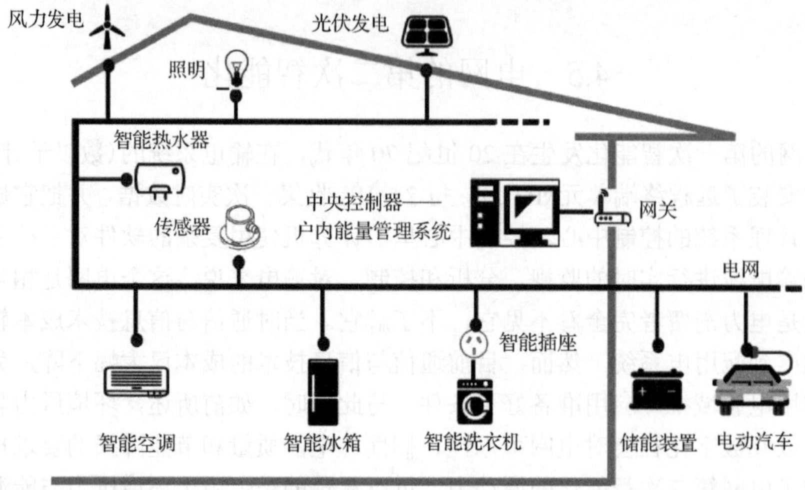

图 4.7　户内网和户内能量管理系统示意图

注：黑色线条为电路，灰色线条为房屋轮廓。

网接入户内能量管理系统。智能电表通过通信通道连接到电力公司控制中心的量测数据管理系统。这部分——智能电表、户内的和连到电力公司的通信，以及电力公司的量测数据管理系统称为 AMI。

其中，智能电表是第一步。智能电表已成为一个传感器，其量测的数据可以实时地(如以 15min 或 1h 为周期)在仪表板上显示和与电力公司通信，为电力用户提供能量诊断、反馈和控制。

插电式混合动力汽车和电动汽车的发展，一方面会使电力负荷猛增，另一方面在增加电力需求的同时，会伴随着电气低碳化和智能电网的发展。图 4.8 为太平洋燃气和电力公司(PG&E)提供的电动汽车充电的负荷情况。图 4.8(a)表示插电式电动汽车在交流 240V 电网上的充电时长和充电电流的关系，图 4.8(b)表示插电式电动汽车充电功率(黑色水平柱)与不同地区一户家庭的夏季平均峰荷功率

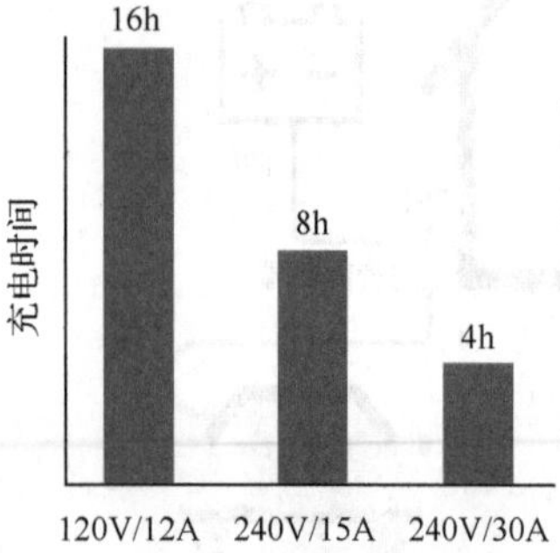

(a) 充电时间和充电电流的关系

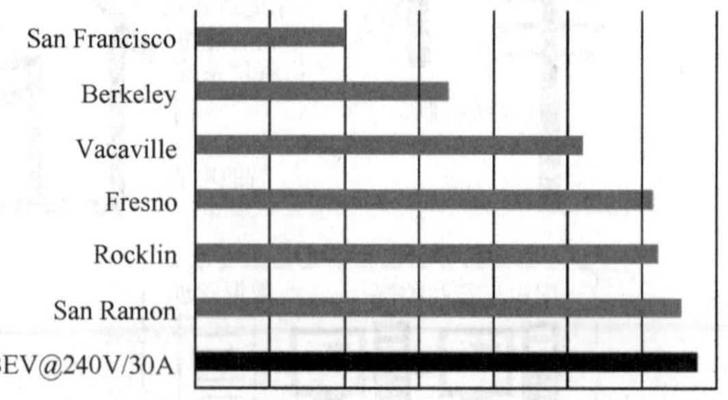

(b) 充电功率与不同地区一户家庭的夏季平均峰荷功率对比

图 4.8　电动汽车充电将引起负荷显著增加

(灰色水平柱)的比较。可见，一辆家用电动汽车的充电时间为 4h，其充电功率约为 6.7kW，比美国加利福尼亚州一个居民用户夏季的平均峰荷还要高，于是产生了如下的问题。

(1) 负荷大增，配电网需要与之相适应。

(2) 如何使其成为真正绿色的。当为电动汽车充电的电网中煤电占大比例时，电动汽车的电能源就是黑色的，而且由于储能装置的使用降低了能量使用的效率，电动汽车对气候和环境的影响会加剧。所以为了使电动汽车成为真正绿色的，必须大力提高可再生的绿色能源在电网中的比例。如图 4.9 所示，居民通过屋顶太阳能光伏发电和电动汽车充放电减少对电网电量的吸纳。

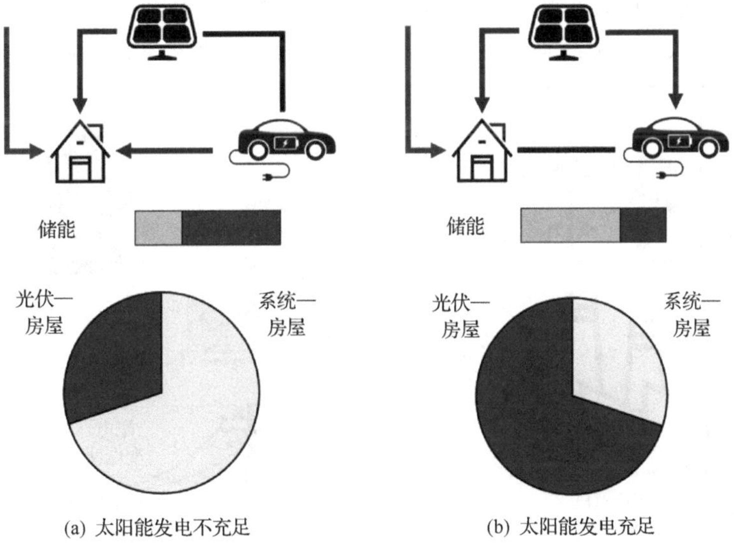

图 4.9　既定光伏条件下居室用电(饼图中浅色为电网供电，深色为光伏供电)和电动汽车储能(水平柱中深色为已储存能量)的不同分配模式

(3) 需要智能电网为其提供科学使用的平台(市场与技术支持)。当电动汽车连接到电网时，对电网来说它不再仅是一个负荷，它同时成为电网中的储能装置。电动汽车蓄电池在用电低谷(电价便宜)时充电，并在白天最需要电(电价贵)的时候将它输回电网①。

电网应采用实时定价体系和双向计量技术来支持插电式混合动力汽车和电动汽车的发展。采用实时定价体系后，用户在非峰荷时段进行充电时的成本会降低。双向计量技术将使用户能在非峰荷时段购买电能，并在峰荷时段以较高价格将未用的存储电能出售给电力公司。采用这两项技术能够提升用户关于电动汽车和混

① 这种方式对汽车储能设备寿命的影响是个受关注的问题。

合动力电动汽车技术的投资回报率(ROI)并加速技术的市场渗透。然而与电池充、放电循环性能相关的技术挑战需要进一步的调研。

电气车辆和绿色建筑可能成为智能电网最具冲击性的应用(killer applications)，犹如E-mail的成功应用，使得人们很快接受互联网的各种功能。

2. 未来的配电系统

图4.10表明了未来中压配电系统的设施构成，它由中压配电网和通信网组成，其中配电网始端与输电网连接，受端除向大工业用户、商业用户和居民用户供电外，还接有风电和光伏发电，所以其上的功率流可能是双向的。为了灵活地供电，在配电网上使用了以智能万用变压器(IUT)为代表的电力电子装置。图4.10中用无线通信网(天线、无线通信塔)表达了通信网络，它是可靠的双向通信网络。

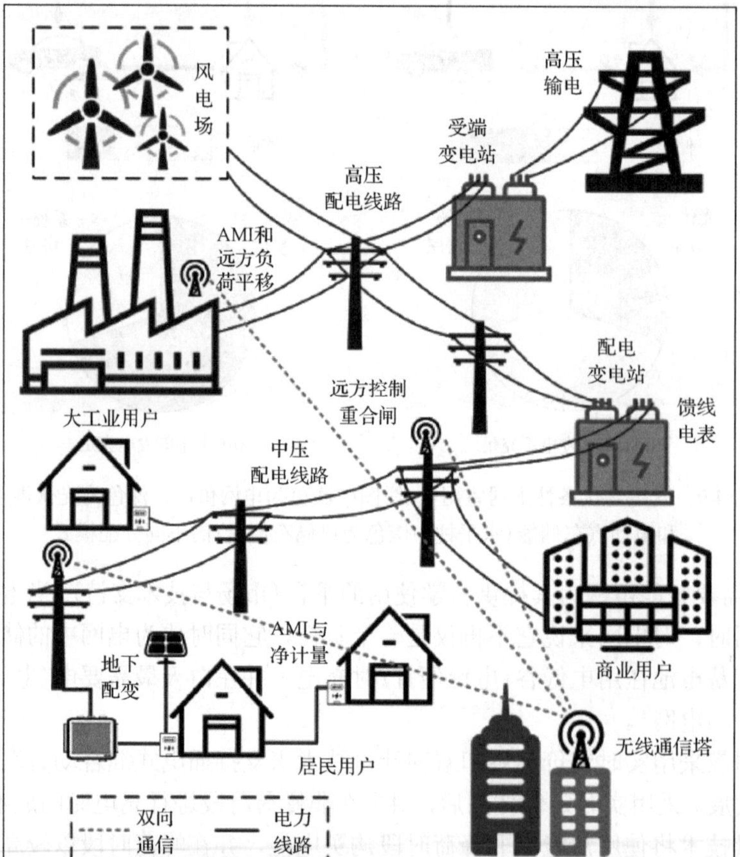

图4.10 未来的中压配电系统

未来的配电系统将装设 AMI。它的实施将使电网的“最后一公里”通信畅通。一旦通信系统建设起来了，电力公司基于这个通信系统就可以自动地实现许多功能，如电压调节、损耗最小化、馈线重构等。

ADA 将创造未来的智能配电网。ADA 是革命，而不只是传统配电自动化的扩展。因为传统配电系统是被设计成单功能的——把电力输送到末端用户，而 ADA 将把传统的系统转变成多功能的功率交换系统，其功能包括以下几方面。

(1)可控设备和功能的自动化。

(2)集成分布式发电，包括微网。

(3)在合适的地方，配电系统变成结合电力电子装置的多功能系统。

(4)信息技术(通信和控制设施)。

(5)分布式计算与快速仿真技术。

(6)ADA 使用户可选择新的服务。

(7)在预期配电系统中，EPRI 已经设想并开始积极地推进电力电子的智能万用变压器并把它看作智能配电网的基石(corner stone)，其可看作智能电网中的能源路由器。

参 考 文 献

[1] 余贻鑫, 陈礼义. 电力系统安全性与稳定性[M]. 北京: 科学出版社, 1988: 3-4.

[2] DOE US. Grid 2030: A national vision for electricity's second 100 years[R]. US DOE Report, 2003.

[3] Yu Y X, Zeng Y, Liu H, et al. Challenges and R&D opportunities of smart distribution grids in China[J]. Science China Technology Sciences, 2014, 57(8): 1588-1593.

[4] EPRI. Power delivery system and electricity markets of the future. 1009102. 2003.

[5] 余贻鑫, 秦超. 智能电网基本理念阐释[J]. 中国科学: 信息科学, 2014, 44: 694-701.

[6] Galvin Electricity Initiative. The U.S. electricity enterprise[R]. Past, present, and prospects. Galvin Electricity Initiative, 2005.

[7] NIST. Publication search[EB/OL]. [2018-09-20]. http://csrc.nist.gov/publications/PubsNISTIRs.html#NIST-IR-7628.

[8] Koizumi S, Okumura M, Yanase T. Application and development of distribution automation system in TEPCO[C]. IEEE Power Engineering Society General Meeting, New York, 2005.

第5章　智能电网的构想

关于智能电网的定义和术语虽然各有不同，但是21世纪先进电网的所有观念都包括将多种数字计算、通信技术与服务和功率传输基础设施相结合[1]。双向能量流、双向通信和控制能力将带来一系列的新功能和应用①。相应地，关于先进电网或智能电网的构想的阐释也是大同小异的，或是采取了不同视角，这些阐释是互补的。本章将从不同视角阐释智能电网的构想，其中包括：主要特征、与目前电网的功能比较、近远期目标、运行技术组成、组成要素的分层描述和相关技术等。重点在于建立基本理念，而非具体技术。

5.1　智能电网的总体设想

1. 智能电网的主要特征

为了使本篇第1～4章中提到的对智能电网的各种需要得以满足，智能电网需要具有如下特征[2]。

(1)智能化。具有可预测和遥感系统运行状态越限的能力和网络自动重构，即“自愈”(self-healing)的能力，以防止或减轻潜在的停电；在系统需要做出人为无法实现的快速反应时，能根据电力公司、消费者和监管的要求，自主地工作。

(2)高效。少增加乃至不增加基础设施就能满足日益增长的消费需求，并且降低网损。

(3)包容。能够容易和透明地接受任何种类的能量，包括太阳能和风能；能够集成各种各样已经得到市场证明和可以接入电网的优良技术，如体积小、重量轻、成本低、功率大、可靠和寿命长的储能技术(其对体积小和重量轻这两条要求不像电动汽车的要求那样高)。

(4)激励。使消费者与电力公司之间能够实时地沟通，从而使消费者可以根据个人喜好(如出于电价和/或环境考虑)定制其电能消费。

(5)机遇。具有随时随地利用即插即用创新的能力，从而创造新的机遇和市场。

(6)重视质量。能够提供数字化经济所需要的可靠性和电能质量(如极小化电压的凹陷、尖峰、谐波、干扰和电力中断)。

(7)韧性。自愈、更为分散，并采用了安全协议，使系统具有承受蓄意的攻击、

---

① 其中一种叙述是：智能电网最本质的特点是，电力和信息的双向流动性，并由此建立起一个高度自动化和广泛分布的能量交换网络；把分布式计算和通信的优势引入电网，实现信息实时交换和设备层次上近乎瞬时的供需平衡。

偶然事故或自然发生的威胁的能力，以及从中恢复的能力。

(8)环保。减少污染气体的排放和减缓全球气候变化，提供可大幅度改善环境的切实有效的途径。

2. 智能电网与目前电网功能的比较

表5.1给出了智能电网与目前电网功能的比较。

表5.1　智能电网与目前电网功能的比较

特征	目前电网	智能电网
使用户能够积极参与电网的优化运行	用户无信息，不能参与系统的优化运行	消费者拥有信息，并可介入和积极参与系统的优化运行——需求响应和分布式能源
容纳全部发电和储能选择	中央发电占优，对分布式发电接入电网有许多障碍	有高渗透率的、即插即用的分布式可再生能源(发电和储能)
使新产品、新服务和新市场成为可能	有限的趸售市场，未很好地集成——用户只有有限的机会	建立成熟的、很好集成的趸售电力市场，为消费者扩大新的电力市场
为数字经济提供电能质量	关注停运，但对电能质量问题响应很慢	保证电能质量，有各种各样的质量/价格方案可供选择——问题可快速解决
优化资产利用和高效运行	很少把运行数据与资产管理结合起来——竖井式的业务进程	极大地扩展了电网参数的采集——重视防止和最小化对消费者的影响
预测并对系统干扰做出响应(自愈)	为防止设备损毁而做出响应，扰动发生时只关注保护资产	自动检测所存在的问题并做出响应——聚焦于防止和最小化对消费者的影响
袭击和自然灾害发生后迅速恢复运行	面对恐怖的恶意行为和自然灾害时很脆弱	对袭击和自然灾害能复原，具有快速恢复能力(可再生能力)

从如上所述的总体构想可知，智能电网将从一个集中式的、生产者控制的网络，转变成有高渗透率的分布式可再生能源的和与更多的消费者互动的网络。

3. 智能电网的近远期目标(智能电网建设的长期性)

智能电网的愿景在智能化及诱人的前景方面是极不寻常的。它将像互联网那样改变人们的生活和工作方式，并激励类似的变革。但要实现智能电网，由于其本身的复杂性和涉及的广泛利益相关者，需要漫长的过渡、持续的研发和多种技术的长期共存。

短期内可以着眼于实现一个较为智能的电网。它利用已有的或不久的将来就可配置的技术，使目前的电网更有效；在提供优质电力的同时，也提供相当大的社会效益，如较小的环境影响等。

5.2　智能电网的主要运行技术组成

目前设想中的智能电网主要运行技术包括[3,4]AMI、ADO、高级输电运行(ATO)和高级资产管理(AAM)四大部分。各部分的技术组成见图5.1，用不同的灰度来

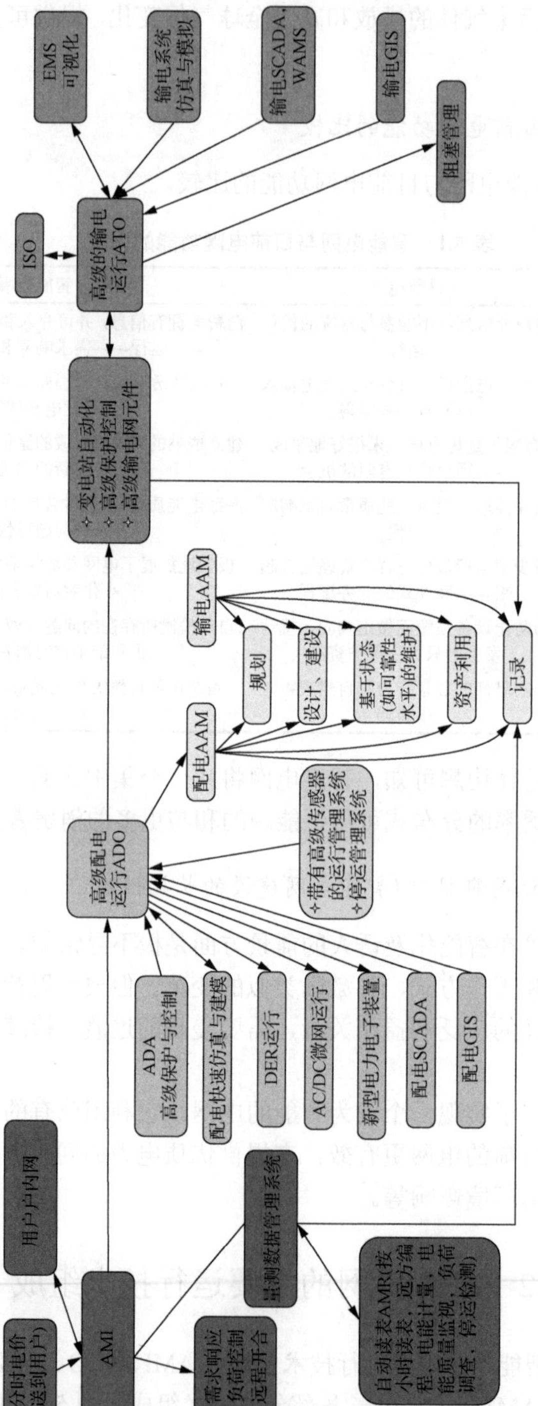

图5.1　智能电网的运行技术组成

区分，其中，AMI的主要功能是授权用户，使系统与负荷建立起联系，使用户能够支持电网的运行；ADO可以使电网实现自愈功能；ATO强调阻塞管理，并降低大规模停运的风险；AAM与AMI、ADO和ATO的集成将大大改进电网的运行及资产使用效率。下面对这几部分的内容进行简要叙述。

1. AMI

AMI是用来量测、采集、存储、分析和运用消费者用电信息的完整的系统，是一种以开放式的标准集成消费者信息的方法。生态文明要求寻求新的途径来鼓励用户高效地用电和在峰荷期间降低电能消耗，而AMI为用户创造了较好的理解和管理用电的机会，使那些有合作愿望的用户变成需求响应的积极提供者。

AMI是许多技术和应用集成在一起的解决方案，如图5.1所示，其技术组成和功能主要包括以下几方面。

(1)智能电表，可以定时或即时取得用户带有时标的分时段的(如15min、1h等)或实时(或准实时)的多种计量值，如用电量、用电功率、电压、电流和其他信息；事实上已成为电网的传感器。

(2)通信网络，采取固定的双向通信网络，能把表计信息(包括故障报警和装置干扰报警)近于实时地从电表传到数据中心，是全部高级应用的基础。

(3)量测数据管理系统MDMS，这是一个带有分析工具的数据库，通过与AMI自动数据采集系统的配合使用，处理和储存电表的计量值。

(4)用户户内网(HAN)。通过网关或用户门户把智能电表和用户户内可控的电器或装置(如可编程的温控器)连接起来，使得用户能根据电力公司的需要，积极提供需求响应或参与电力市场。

(5)提供用户服务(如分时或实时电价等)。

(6)远程接通或断开。

AMI的实施将为电网铺设最后一段双向通信线路，从而建立起一个可实现未来智能电网的遍及系统的通信网络和信息系统体系。基于该体系，AMI可为电力公司提供系统范围的量测和可观性，并进一步支持ADO、ATO和AAM。同时，通过双向通信，AMI将电力公司和用户紧密相连，这既可以使用户直接参与实时电力市场，又促进了电力公司与用户的配合互动[①]。若辅以灵活的定价策略，则可以激励用户主动地根据电力市场情况参与需求响应。电表的双向计量功能也能够

① AMI把反映电力市场的近实时的电价信号，中继到终端用户“智能家居”设备的控制器；接收到这些电价信号的设备将基于消费者事先所做的设置，相应地决定如何使用电能。这种交互在后台进行，只需最低限度的人为干预，但是能够明显节省原本会消耗掉的电能。若实施灵活的电能定价策略，则可以激励消费者主动地参与实时电力市场，提供需求响应。应该强调的是，具有环保意识的消费者数目将会与日俱增，AMI将使这些消费者能够通过智能电网的信息和工具，减轻他们对于环境的损害。负荷管理系统在中国已应用多年，它只是解决电源功率不足的问题，而不能为配电网应对本地的各种约束提供资源；但智能电网中的AMI与之不同，其通过市场活动激励和引导电力用户参与电力负荷的调节。

使用户拥有的分布式电源比较容易地与电网相连，同时也为系统的运行与资产管理提供可靠的依据和支持。图 5.2 表示了 AMI 可支持的一些功能，应该注意开发以获取最大的效益。为了充分挖掘 AMI 的价值，需要开放电力零售市场或制定灵活的定价计费机制。

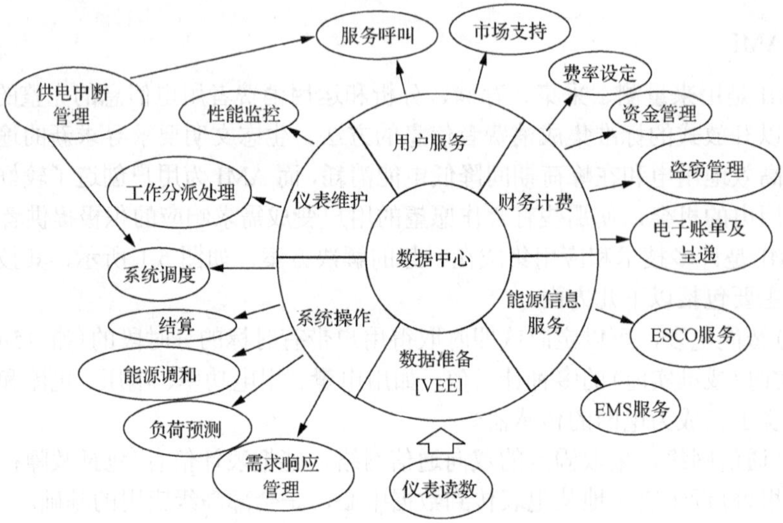

图 5.2　AMI 可以支持的功能

2. ADO

如图 5.1 所示，ADO 的工程组成主要包括如下几方面。

(1) ADA。

(2) 高级保护与控制。

(3) 配电快速仿真与建模。

(4) 新型电力电子装置。

(5) DER 运行。

(6) AC/DC 微网运行。

(7) 配电数据采集与监控系统(SCADA)。

(8) 配电地理信息系统(GIS)。

(9) (带有高级传感器的)运行管理系统。

(10) 停运管理系统。

ADO 主要的功能是使系统可自愈。为了实现自愈，配电网应具有灵活的可重构的网络拓扑和实时监视、分析系统目前状态的能力。后者既包括识别故障早期征兆的预测能力，也包括对已经发生的扰动做出响应的能力。而在系统中安放大量的监视传感器并把它们连接到一个安全的通信网上，是做出快速预测和响应的关键。

3. ATO

ATO 强调阻塞管理和降低大规模停运的风险，ATO 与 AMI、ADO 和 AAM 的密切配合可实现输电系统的(运行和资产管理)优化。

输电网是电网的骨干，ATO 在智能电网中的重要性毋庸置疑，其技术组成和功能如下。

(1)变电站自动化。

(2)输电 GIS。

(3)相量测单元/广域量测系统。

(4)高速信息处理。

(5)高级保护与控制。

(6)输电快速仿真与建模。

(7)可视化工具与态势感知。

(8)高级输电网络元件，如电力电子(灵活交流输电、固态开关等)、先进的导体和超导装置。

(9)先进的区域电网运行，如提高系统安全性，适应市场化和改善电力规划及设计的规范与标准(特别注意电网的模型的改进，如集中式的发电模型以及受配电网络和有源电力用户影响的负荷模型)。

4. AAM

AMI、ADO 和 ATO 与 AAM 的集成将大大改进电网的运行和效率。

实现 AAM 需要在系统中装设大量可以提供系统参数和设备(资产)健康状况的高级传感器，并把所收集到的实时信息与如下过程集成。

(1)优化资产使用的运行。

(2)输、配电网规划。

(3)基于状态(如可靠性水平)的维修。

(4)工程设计与建造。

(5)顾客服务。

(6)工作与资源管理。

(7)建模与仿真。

5. 智能电网实施顺序是有价值的

如前所述，智能电网的 4 个部分之间是密切相关的，表现在如下几方面。

(1)AMI 与用户建立通信联系，使用户能够访问电力市场和提供带时标的系统信息，使系统实现广泛的可视化。

(2)ADO 使用 AMI 的通信收集配电信息，改善配电网运行。

(3)ATO 使用 ADO 信息改善输电系统运行和管理输电阻塞，基于 AMI 使用户能够访问市场。

(4) AAM 使用 AMI、ADO 和 ATO 的信息与控制，改善运行效率和资产使用。

可见顺序是有价值的，如图 5.3 和图 5.4 所示。先实施 AMI 可带来最好的效益，而且技术难度不大，因此，北美把 AMI 视为实现智能电网的第一步。在图 5.4 中，效益/成本最高段发生在 ADO/AAM 实施的阶段，但 AMI 的实施是其前提。经验表明投资通常可在 5～10 年内回收。

值得一提的是，由于 AMI 可在负荷响应和节能减排方面取得巨大效益，美国许多政府机构已颁布立法条例来推动 AMI 的技术实施。中国已装置数亿块智能电表，开始取得部分效益，然而仅当建成 AMI 之后，才能开发(如图 5.2 所示)更多效益。

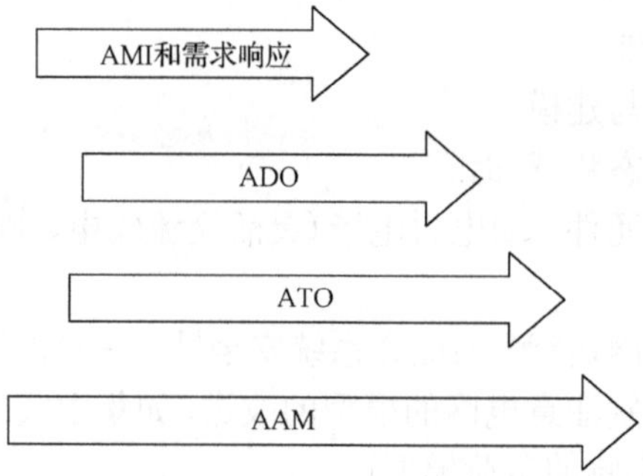

图 5.3　智能电网实施的顺序

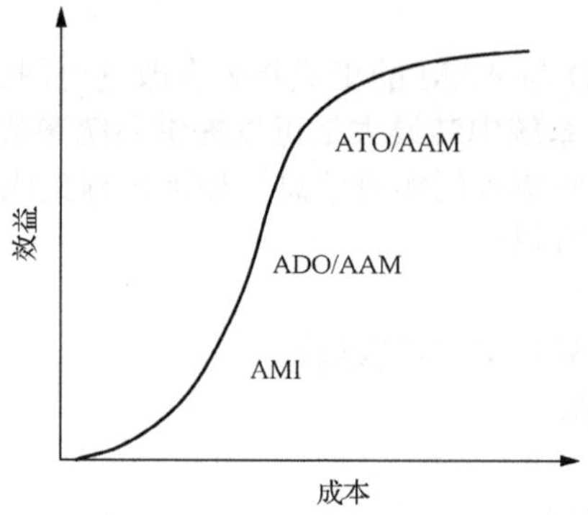

图 5.4　实现智能电网的效益成本曲线

资源来源：美国国家能源技术实验室

5.3　智能电网组成要素的分层描述

如图 5.5 所示，智能电网由物理电力层(输电和配电)、数据传输与控制层(通信和控制)和应用层(应用和服务)组成。

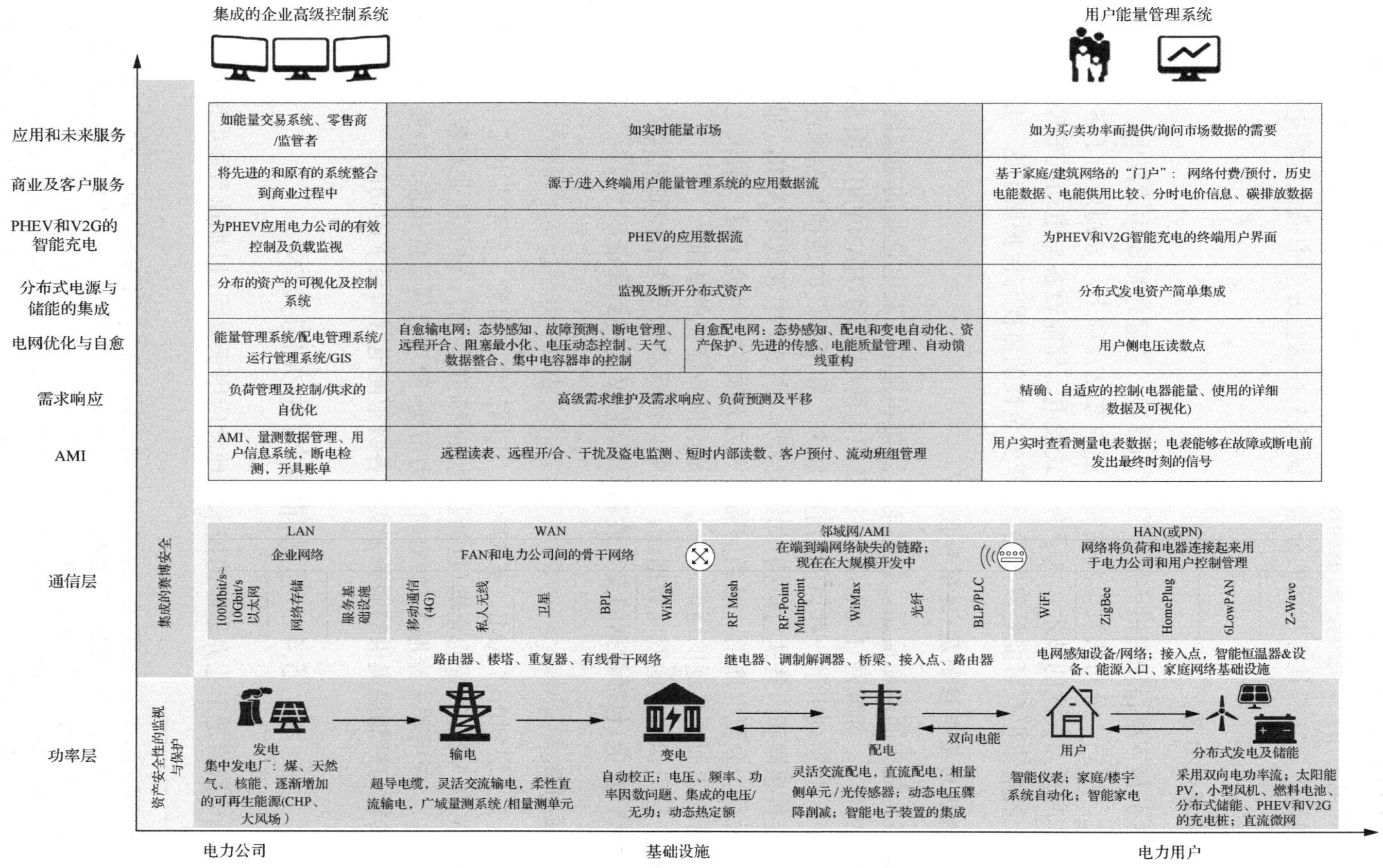

图 5.5　智能电网组成要素的分层描述

图 5.5 横坐标显示的是所处场所，如从左至右为电力公司、基础设施(输电网、配电网)和电力用户。输电、配电和用电是电网的传统分级。在本节的智能电网组成要素描述中，它们具有相同的分层。图 5.5 在这些分层中描述智能电网的各种要素。

1. *物理电力层*

图 5.5 最下层是物理电力层，又称功率层。该层包括集中式发电、输电、变电、配电、用户、分布式发电及储能，图中在这几项下，分别列出了各种电力资产和一些应重点关注的技术。由于分布式发电、储能设备与电动汽车等的接入，配电网上的潮流也有可能是双向的。资产安全性的监视与保护属于这一层的任务。

2. *数据传输与控制层(通信和控制)*

图 5.5 的中间是通信层，包括电力公司和集中式发电企业的局域网(LAN)、广域网(WAN)、邻域网(FAN)/AMI 以及户内网/驻地网(HAN/PN)。图 5.5 在这几种网络下，分别列出了一些可能的通信媒介，和所涉及的通信与控制设备，其中包括智能传感器和一些执行机构(如继电器)。图 5.5 中邻域网/AMI，即通常习惯说的“最后一公里”通信，是当前需要大力开发的，补充了这一缺失之后，电网才可具有自上而下贯通的通信链路，这是电网智能化的基础①。

通信层里传输着的双向数据流，是来自传感器和发送给控制机构的。集成的赛博(网络)安全(包括数据的安全性和隐私性)必须得到保证。

3. *应用层*

图 5.5 上层列出的 AMI、需求响应、电网优化与自愈、分布式电源与储能的集成、PHEV 和 V2G 的智能充电(包括监视与控制的执行)，以及商业及客户服务(如数据服务)、应用和未来服务(如实时电力市场)等项目属于应用层，主要功能是利用数据传输与控制层提供的服务来实现各级智能电网所要求的功能。

5.4 与智能电网相关的技术

智能电网将把工业界最好的技术和理念应用于电网，以加速智能电网的实现，

① 关于分层还会有略为不同的分法，如在图 6.6 中，将把通信层与功率层的设备共同作为赛博物理系统的智能电网的设备层。通信层上所传输的数据，在集成的企业高级控制系统和用户能量管理系统中进行各种仿真计算和分析，进而从事为智能电网提供监视与控制决策的工作，归属于服务层。图 6.6 中的应用层对应于图 5.5 上层中间的大部分内容，各种仿真计算和分析相关的系统除外(划归服务层)，它们仍对应于 AMI、需求响应、电网优化与自愈、分布式电源与储能的集成、插电式混合动力汽车(PHEV)和 V2G 等的运行(包括监视与控制的执行)，以及商务和客户服务(如数据服务)、未来的应用和服务(如实时电力市场)这些智能电网功能。

如开放式的体系结构、互联网协议、即插即用、共同的技术标准、非专用化和互操作性等。事实上，其中有些已经在电网中应用了。但是仅当辅以体现智能电网的双向数字通信和即插即用能力的时候，其潜能才会喷发出来。智能电网的相关技术将催生新的技术和商业模式，实现产业革命。

事实上，与智能电网相关的技术非常广泛。可以分为 3 类，即智能电网技术、智能电网可带动的技术和为智能电网创建平台的技术。

1) 智能电网技术

关于智能电网技术内容构想，在不同文献中会有不同，但它们是互补的。

例如，5.2 节和 5.3 节已涉及许多智能电网技术，其中包括广域监测系统、信息和通信技术(ICT)的集成、可再生的和分布式的发电的集成、输电的扩展应用(如灵活交直流输电技术)、高级配电网管理、AMI、电动车辆充电基础设施、用户侧系统等。

文献[2]则归纳为：智能电网将加强电力交换系统的方方面面，包括发电、输电、配电和消费等，具体如下。

(1) 提供大范围的态势感知，该项工作有助于缓解电网的阻塞和瓶颈，缩小乃至防止大停电。

(2) 为电网运行人员提供更好“粒度”的系统可观性，使他们能够优化潮流控制和资产管理，并使电网具有自愈和事故后快速恢复的能力。

(3) 大量集成和使用分布式发电，特别是可再生清洁能源发电。

(4) 使电力公司可通过双向的可见性，倡导、鼓励、支持消费者参与电力市场和提供需求响应。

(5) 为消费者提供机会，使他们能以前所未有的程度积极参与能源选择。

文献[5]所引用的智能电网技术包括如下几方面。

(1) 通过增加数字信息和控制技术的使用来提高电网的可靠性、安全性和效率。

(2) 保障充分赛博安全的电网运营和资源的动态优化。

(3) 部署和集成分布式能源和发电，包括可再生能源。

(4) 开发并结合需求响应、需求侧资源和能源效率资源。

(5) 部署用于计量的智能技术、有关电网运行和状态的通信，以及配电自动化。

(6) 集成智能家电和消费类设备。

(7) 先进的电力储存和削峰技术的部署和整合，包括 PEV 和 PHEV 以及热存储空调。

(8) 向消费者提供及时的信息和控制选项。

(9) 制定与电网连接的电器和设备的通信及互操作性标准，包括为电网提供服务的基础设施。

(10) 识别和降低采用智能电网技术、实践和服务的不合理或不必要的障碍。

其中，文献[5]进一步强调了赛博安全和互操作性标准等内容。智能电网是个非常复杂的赛博物理系统，确保其安全是国家层面需要关注的问题①。而为了确保在智能电网技术方面投入的资金具有成本效益，智能电网需要建立互操作性标准和协议。关于这两个概念将在本篇第 7 章予以简要介绍。同时第二篇将进一步介绍前述的智能电网技术的基本要义，以帮助读者理解本章所叙述的理念。

应该注意，智能电网是一个不断发展的目标，需要进行持续的研究，以预测不断变化的需求，评估不断变化的收益和成本，以确定哪些技术是需要优先发展的。

2) 智能电网可带动的技术

需要澄清的是，风力发电机组、插电式的电动汽车和光伏发电等设备不是智能电网技术的组成部分。智能电网技术所包含的是那些能够集成、与之接口和智能化控制这些设备的技术。智能电网的最终成功取决于这些设备和技术是否能够有效地吸引和激励广大的消费者。

智能电网作为一个平台，可推动和促进创新，使许多新技术可行，为它们的发展提供机会，并形成产业规模。举例来说，智能电网可使人们：①广泛地使用 PEV 和 PHEV；②实现大规模能量存储；③一天 24h 使用太阳能；④无缝地集成像风能这样的可再生能源；⑤用户能够选择自己的电源和用电模式；⑥促进节能楼宇的开发。

但这些技术本身不属于智能电网的范畴，而是智能电网可带动和促进的技术。

3) 为智能电网创建平台的技术

美国能源部所列出的将推动智能电网的 5 个基础性技术如下。

(1) 集成的通信。其基于安全和开放式的通信体系结构，为系统中每个节点都提供可靠的双向通信，以便实现对电网中每一个成员的实时信息交换和控制，并确保赛博安全和信息的保密性、完整性和可用性。

(2) 传感和测量技术。其用以支持系统优化运行，资产管理和更快速、更准确的系统响应，如远程监测、分时电价和需求侧管理等。

(3) 高级的组件。其中包括储能技术、电力电子技术、应用超导技术和诊断技术等方面的最新研究成果。

---

① 赛博物理系统(CPS)将从计算机的通信、控制和命令与物理设备相结合的混合系统的角度来看智能电网，以提高性能、可靠性、韧性以及用户和生产者的态势感知。历史上电力部门关注的重点是可以提高电力系统可靠性的电力设备，而对通信和信息技术(IT)设备的关注较少。然而，通信和 IT 部门对电力系统的可靠性正在变得越来越重要，因此科研人员正在积极开发智能电网的赛博安全标准，并就如何实施进行研究。

(4)先进的控制方法。其可以使快速诊断和各种事件的精确解决成为可能。

(5)完善的接口和决策支持。其用以增强人类决策，使电网运行和管理人员对系统的内在问题具有清晰的了解。

参 考 文 献

[1] NIST(US). NIST framework and roadmap for smart grid interoperability standards, release 3.0[EB/OL]. [2014-09-01] http://dx.doi.org/10.6028/NIST.SP.1108r3.

[2] U.S. Department of Energy，Office of Electricity Delivery and Energy Reliability. The smart grid: An introduction [EB/OL]. [2009- 11-03]. http://www.oe. energy.gov/1165.htm.

[3] U. S. Department of Energy, National Energy Technology Laboratory. Modern grid initiative：A vision for modern grid[EB/OL]. [2008-10-10]. http:// www.netl.doe.gov/moderngrid/ docs.

[4] 余贻鑫, 栾文鹏. 智能电网述评[J]. 中国电机工程学报, 2009, 29(34): 1-8.

[5] Gongress of United States. Energy independence and security act of 2007[EB/OL]. [2007-08-10]. http://www. gpo.gov/fdsys/pkg/PLAW-110publ 140/html/PLAW-110publ140.htm.

第 6 章　智能分布式体系和群集理念

未来的配电系统、微网、大楼、工厂和住宅都类似于目前的输电系统，具有本地发电和双向电力潮流的特点，都配有能量管理系统，它们之间的差异正在消失。寻求它们之间的共性是建立未来统一运营模式的关键，为此，已归纳出了“群集”的概念。运行过程中，一个群必须维持其内部净功率平衡，并履行与外部功率交换的职责。群集的理念在开放、协作、对等和共享这个四个基本特征方面与互联网是一致的。

6.1　智能配电网的智能分布式体系结构

微处理器岁月之前创建的集中规划和控制的电力基础设施，在很大程度上限制了电网的灵活性，失去了效率，致使电网在安全性、可靠性和韧性等几个关键方面承担着风险。同时，由于未来电网中将接入数量巨大的分布式电源，并且其出力难以预测，传统的集中控制模式更加难以适用。所以智能电网特别是智能配电网将是分布式智能的基础设施。

以智能配电网为例[1]，如图 6.1 所示，它被分成许多片(cell)。正常运行条件下，两片之间的交换功率可以根据制订好的计划进行调度。每片中有许多由片内通信连接起来的智能网络代理(INA，如继电保护、分布式电源等)，这些代理能够收集和交流系统信息，可以对局部控制做出自主决策(如继电保护和局部电压调节)，也可以通过片中的配电快速仿真与建模(DFSM)①协调做出决策(如电压调节、无功优化、网络重构等)②；同时各片之间也有通信联系，可以在各片间协调做出决策，也可由装有 DFSM 系统的配电运营中心协调各片的决策；进而输电调度中心和由该输电网供电的配电运营中心之间也有通信联系，装有输电快速仿真与建模(TFSM)系统的输电调度中心，根据区域电力系统的要求协调决策，实现跨地理边界和组织边界的智能控制，从而增强整个系统的自愈能力、韧性和效率等智能电网功能。

---

① 本书中提到的 DFSM，本质上就是配电能量管理系统，这样称呼是为了突出其强大的系统仿真与建模的功能。

② 传统继电保护和自动装置配合处理故障的方式属于分布式智能，具有处理速度快、只利用本地信息而不依赖通信网的优点，但是由于配电网开关多、供电半径短、运行方式多变，配电网继电保护配合困难，单独依靠继电保护很难实现故障精细隔离与健全区域优化恢复，此时需要通过片中的 DFSM 协调做出决策。

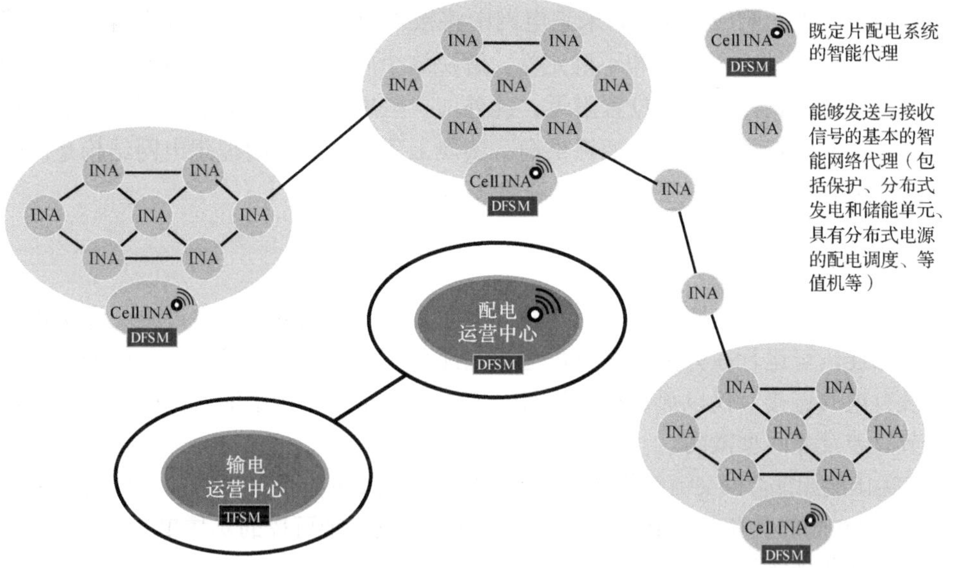

图 6.1　分布式智能基础设施(信息与通信联系)

智能电网分布自治的理念能够帮助防范灾难和提高韧性。“韧性”包括承受蓄意攻击、偶然事故或自然发生的威胁或事件和从中恢复的能力。图 6.1 中的每个片可以是一个微网或智能配电网，这样的分布式智能基础设施能够对前述扰动做出自愈的响应，在紧急状态下它能分片实现自适应孤岛运行，并在其后能够快速恢复全系统的正常运行，从而提高系统韧性，将电力系统的停电损失减到最小。

智能配电网的结构与控制策略必须能支持高比例的分布式电源接入，同时将终端用户控制和总体配电系统控制综合考虑。终端用户系统除拥有可与电网友好合作的可平移负荷之外，还有分布式发电和储能、电力调节设备、无功补偿设备和能量管理系统。所有这些设备和负荷也都装有 INA，它们的控制必须和配电系统控制综合考虑，以达到系统性能的最优和期望的安全性与电能质量，这一任务是由 DFSM 确定的。

6.2　微　　网

目前国际上一种较为普遍的意见是：为了把电力系统连锁停电的威胁减到最小，要求对思考系统的方法、系统的结构和许多正在进行中的模拟复杂交互网络的研究做出重大改变。2007 年年初我国南方大规模冰雪灾害的经验也表明，电网的智能自适应孤岛化运行应该是个较好的选择。所以，未来的电网会是更具韧性的、自治的和自适应的基础设施，能够对人为袭击、自然灾害、事故停运和其他一些扰动做出自愈的响应。同时，未来电网中将接入数量巨大的分布式电源，并且其出力具有间歇性、多变性和不确定性，解决这个问题的关键在于将不确定性的管理设施就近布置在其根源位置附近。此外，一些用户也希望能够掌握自己的能量命运，而不依赖于单一的能源提供商。实现上述这些目标的理想电网结构是微网(microgrid)及其与电力公司电网的无缝集成。

1. 微网的定义

微网，也即微电网，可分为两种：一种是并网型微网，它通过唯一连接点与主网相连，可运行在并网模式也可运行在孤岛模式；另一种是离网型微网，与主网没有电气连接，仅以孤岛模式运行。鉴于本书重点讨论智能电网的基本理念，本节只涉及并网型微网。

美国能源部微网交流组织(U.S. DOE MEG)把微网定义为带有明确定义了电气边界①的互联的负荷与分布式发电群，对主网它是一个可控的实体单元，能并网运行，也能孤岛运行。

微网有许多定义，但所有定义都包括被连成一个系统(图 6.2)的大量负荷、发电和储能以及智能控制与通信设施，同时能在并网和离网两种模式下运行。微网和分布式发电的关键区别在于它有能力进行孤岛协调控制，而且它包含多个电源。

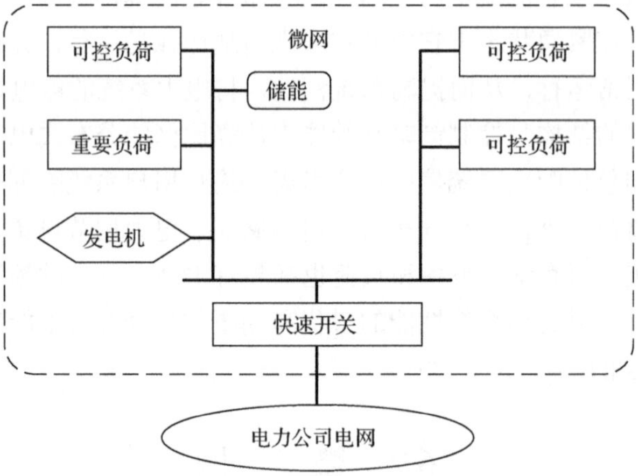

图 6.2 微网的性质

① “带有明确定义了的电气边界”并不意味边界一成不变，在第二篇第 6 章会论及为了实现配电系统智能化，可以通过高级配电管理系统(ADMS)的应用定义一些具有充足发电、储能和负荷控制的群，进而能够按命令形成可行的微网。

微网通过一个快速开关无缝地连接到当地电力公司电网(简称主网)，可以并联运行，需要时也可以孤岛运行，以保障微网中重要负荷的可靠性。一旦扰动过去，微网能够再连接到主网，而不中断对重要负荷的供电。当微网脱离主网时，一些不重要的负荷可以甩掉，除非微网中的发电和储能足以满足全部负荷需求。这就要求微网具有可快速动作的需求响应能力或有储能。

微网可布置在电表的用户侧，也可能足够大，大到包含电力公司的一片电网(或电力公司规模的微网)。

图 6.3 所示为一个直流微网，通过一台 10.5kV/380V 中压配电变压器与主网连接。各种各样的分布式电源(风电机组、太阳能光伏发电板、燃料电池和储能装置)接于直流母线上。由于大量负荷是使用直流电的，多数分布式电源输出的也是直流电，所以直流(DC)微网具有一定的优越性。

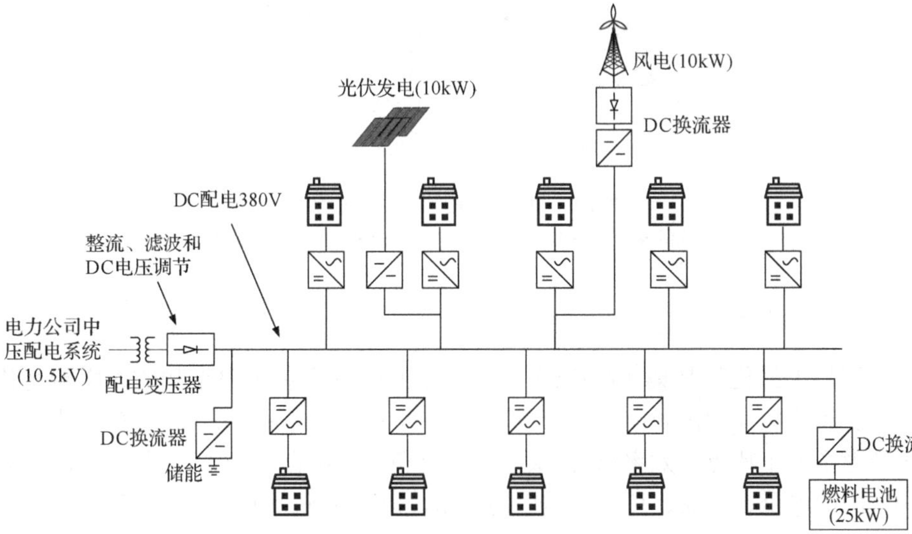

图 6.3　直流微网

图 6.4 所示为丹麦 Cell 控制试点工程(Danish Cell Controller Project，http://www.spirae.com/news/danish-cell-controller-final-public-report)。它是一种典型的电力公司规模的微网，通过一台高压配电变压器与 150kV 高压电网连接，其目标为：当系统发生严重故障处于不可挽回的紧急状态(如即将出现电压失稳)时，Cell 单元主动与 150kV 高压电网解列，由联网运行转为可控的孤岛运行。

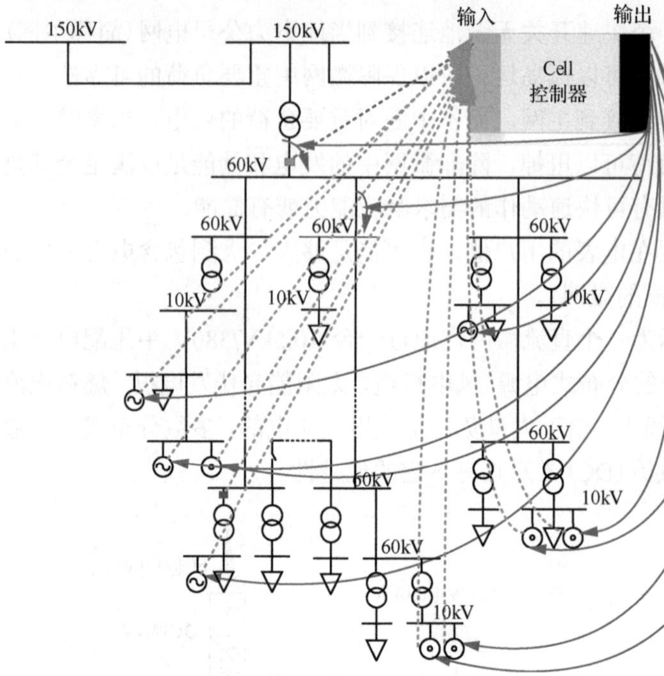

图 6.4　丹麦 Cell 控制试点工程

注：虚线表示输入控制器的信号，实线表示控制器输出的信号

2. 微网的作用

微网最大的优势是集成高比例的分布式电源(如即将大量增加的太阳能光伏发电、更积极主动的需求响应、日益增加的 PEV 和能量存储装置)。微网为电力系统新增了三个特点：效率(它把供电、供热和制冷结合起来了)，与终端用户需求相匹配的安全、优质、可靠和实用的特质，以及呈现为电力系统的可控实体。

1) 正常运行时的作用

它可以帮助平衡局部负荷与发电，作为全系统的一部分，适当设计的微网可有较好的平均容量系数和电能质量。

由于可以采用热电联产(CHP)技术、冷热电三联供(CCHP)技术以及楼宇冷热电联产(BCHP) 系统，微网具有以下明显优势。

(1) 能源综合利用效率可高达 85%～90%。

(2) 可以把冬夏两季的空调用电从对主网的电力需求中扣除，从而起到非常好的调峰作用。

(3) 可以利用天然气等清洁能源，污染排放低。

(4) 系统占地少，可减少兴建和改善输配电线路的投资。

(5)机组启停快。

(6)维修方便，可靠性高，设备运行可靠率可高达 99.5%。

在微网中可使用任何类型的发电，基于逆变器的发电可为快速控制电压和频率提供灵活性，此时所需添加的设备最少。同时，使用本地电压和频率的分布式控制系统，也为系统运行提供了所需要的灵活性。当微网脱离开主网孤岛运行时，这点特别重要，它使得微网能够响应于维持自身的电压与频率。

微网在局部需求响应和辅助服务领域中有益处。通过负荷和发电的动态控制，微网可响应于增加或减少其内部负荷以及变更与外部系统间交换的功率，并提供所需要的电压与无功支持。这就要求在主网电力公司和微网服务公司这两者的需求之间做出平衡，而且紧密耦合的控制系统、公共通信、赛博安全、监管的改变和商务协议是必不可少的。

此外，为了从主网断开后再连接，微网必须具有同步化的快速控制能力。

2)提高可靠性

如本篇 2.2 节所述，当微网与公共电网互联时，它能提供比公共电网单独供电时更高的可靠性。如果热电联产系统运行可靠率为 99.5%，它作为当地电源与电网并联向用户供电时，用户停电时间可减少到仅由电网供电时的 1/200。

3)增强韧性：提供比公共电网单独供电时更高的韧性

电力系统韧性聚焦于对极端高影响、低概率冲击的防御、吸收和快速恢复。

在灾难来临时，由于其内在发电和局部负荷服务及管理能力的多样性，微网可提供一些解决方案，帮助电网恢复。

在大的灾难期间，一些联络线丢失，电网解列成相互分离的微网，在与微网所储备燃料量成正比的时间间隔内，电力孤岛可以维持完整。在许多情况下，这些电力孤岛可以按照基本的紧急供电来设计，以便在极端条件下能够较好地服务公众。

基于与电力公司耦合的自动控制系统，微网可由电力公司调用，甚至是在黑启动的情况下也能帮助配电网逐片地恢复。需要指出的是，微网的黑启动能力是受发电的类型、燃料以及储能单元的容量限制的。

正是基于微网的上述作用，可以说它与公共电网的无缝集成是完美的。目前，微网的发展有如下两种路径，这两种都是向着它与公共电网的无缝集成方向演变的。

(1)由孤立微网开始的变迁。图 6.5 展示了一种孤立微网的发展历程。它表明美国国防部的微网设施正在与公共电网更紧密地集成，集成程度与技术复杂程度均在提升[2]。

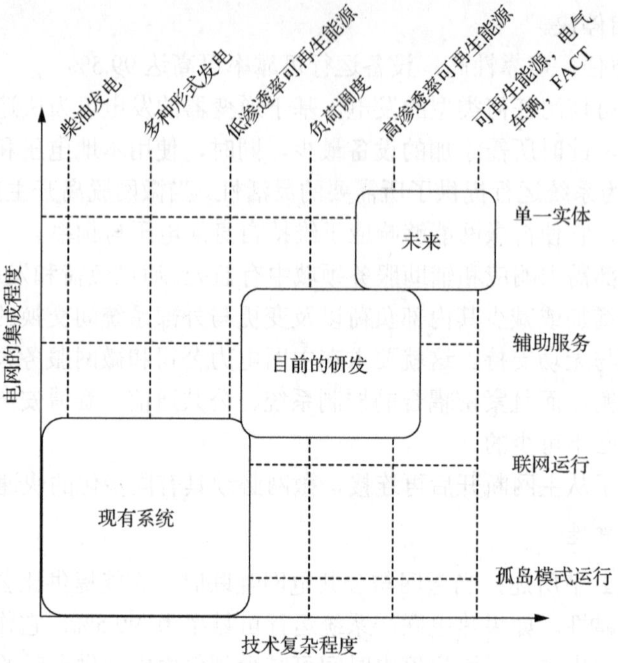

图 6.5　一种孤立微网的发展历程

(2) 在原有配电网基础上发展微网。零能变电站的概念就属于这种演变方式，在这一概念下，电力公司试图设计与建设有充足发电和储能连接于其上的配电变电站，并实现下述两个目标：①在一年之内，变电站与主网间交换的净能量为 0。②通过提升变电站所连接的发电和储能，并结合需求侧管理和配电自动化，使其具有形成可脱离主网而孤岛运行的微网的能力。在大范围停电的事件中，这种类型的变电站能够保持对大部分用户的供电。

2016 年 11 月底，《国家发改委国家能源局关于规范开展增量配电业务改革试点的通知》确定了第一批 105 个增量配电试点项目，为开发微网提供了机会。

3. 微网与公共电网集成运行的模式

分布式的发展会使得电网的管理复杂化且难度增加，一些电力公司的代表也对分布式可能带来的混乱表示警惕，因为确保可靠性是电力公司的主要使命。

微网主要是中低压电网，它采用了高压互联(输)电网控制区的理念，即每一个微网都期望为吸收它自己的负荷变化而调整自己的发电，从而维持个体净功率变化的平衡，同时按调度计划完成与相邻的微网或其所接入的主网间的功率交换任务，以分担维持系统瞬时功率平衡运行的责任。由于微网内含有大量的分布式电源，特别是风电和太阳能光伏发电，它们是间歇的、多变的和不确定的，微网要维持个体净功率变化的平衡，和保持与系统联络线上的功率为一个相对稳定的调度计划值。可把微网看作带有可调度的特定负荷和发电特征的单个系统，能够按调度计划向互联的主网提供一条能控的负荷和发电曲线，有助于提高公共电网的安全性和对用户供电的可靠性。所以，微网被一些专家称为“模范市民”。不过需要说明的是，由于在公共电网中作为可调节容量的火电机组的启停时间较长，而微网中燃气机组的启停速度快得多，所以与公共电网相比，微网更容易维持个体(微网内)净功率变化的平衡，保持与公共电网联络线上的功率为一个相对稳定的计划值。

微网可以为其内的参与者提供一个彼此交互和(当这样做经济时)访问较大区域电力市场的机会。当有一个较大的互联电网可以依靠时，这种微网内的优化能力表明，一些有关微网如何与较大系统交互，以及如何公平地分配激励和成本给参与者的管理规则是必需的。事实上，每一个既定的微网都存在不同水平的聚合、控制和优化，而它们会高度依赖于为管理微网而建立的规则。这些规则将控制特定的微网和较大互联电网之间的交互，以及微网之间的交互，从而改善微网运行的经济性和实现微网参与者利益的最大化。微网可以看作电力公司对互联用户作用的扩展，在此互联的过程中有机会为未来创造一个非常不同的配电系统。

4. 微网的前景

大量技术、成本和社会因素正汇集在一起，使得微网几乎肯定会成为电力基础设施中最大的变革。原因可归纳如下。

(1)可再生能源对互联电网的高渗透率期望驱动着对分布式电源更多的控制，成了发展微网的一个重要原动力。

(2)太阳能光伏板、变流器和储能设备的成本持续下降。

(3)微网为智能能源网的发展提供了契机，通过热能的梯级利用和多能源网络的综合优化，可显著提升其整体效益。

(4)在有较恶劣天气的区域和用户密度低的区域中，有关电网可靠性的满意度不够。

(5)日益频繁的暴风雨(雪)提升了一些地区对为多天停运负荷提供后备供电的需要——特别是对公共安全、健康和福利至关重要的负荷。

(6)经众多试验项目，微网设计及其与公共电网互联的复杂性正被弄清楚。

(7)政府鼓励和支持微网的开发。

(8)对趸售市场(wholesale market)的零售访问(retail access)能够改善微网运行的经济性。

(9)分布式发电的成本正在降低，在一些国家和地区已可与电网供电进行竞争。

(10) 微网在人身与设备安全、供电安全性和经济性方面的潜能使其可在国家重要部门得到推广应用。

早期，韧性是配备微网的唯一原因，因为成本太高，不可能比电网便宜。近几年，光伏发电和储能价格的下降、先进的并网逆变器的出现以及光伏渗透率增加对电网冲击增强，使得微网更具成本效益和吸引力。

正是基于上述原因，美国电力公司都在发展微网，在许多州，使用光伏或天然气 CCHP 已可以产生出比从电网买电更便宜的电能。然而技术成本足够低并不足以宣告微网的时代已经到来。挑战在于商业化，不是所有的价值都可以直接货币化的，如可靠性的价值现在就还未能变成货币。

事实上，微网的出现使得公用事业公司和电网边缘化支持者之间的对立出现了缓和的趋势。

6.3 智能电网群集的理念

未来电网必须能够实现能源互联网这样的构想，即让数以百万计的用户在家中、办公室或者工厂自行利用可再生能源发电，并能够彼此共享所发出的电能。电动汽车与本地储能设备将会得到广泛的应用。互联网技术的加入把电网转变为一种能源可以互相共享的互联网。为了抓住未来的机遇，文献[3]的作者提出了未来具有智能外围的智能电网(a smart grid with intelligent periphery for the future, Smart GRIP 或 GRIP)的理念，或者称为智能 GRIP。本书认为它就是被 Rifkin 称为第三次工业革命的能源互联网。智能 GRIP 架构中的构建模块被称为群集(clusters)，它以 TFSM 管理的输电网为核心，外围包括配电网、微网、智能楼宇和智能住宅等①，是一种层级结构。GRIP 的这种层级结构使得电力系统从现在到未来的无缝转变成为可能，并且具备即插即用的互操作性。

本章将通过如下四个部分对群集的概念予以介绍。

1. 群集概念出现的背景及其支撑要素

未来电网将具备与目前既有电网完全不同的特点。从电网运营的角度来看，与既有电网相比，未来电网存在如下四大基本不同点。

(1) 电力负荷将变为可控的。终端用电设备的能量管理系统(包括居民用户的热水器、空调设备和智能家电等设备)和楼宇能量管理系统的需求响应共同实现了

① 在 6.2 节讲到了微网具有的互联电力系统中控制区的特性，而在 GRIP 构想中则强调了输电网全部外围(配电网、微网、工厂、楼宇和住宅)未来的共性发展模式，其核心概念群集(clusters)仍然对应于互联电力系统中控制区的概念，也即运行过程中，群集中每一个群必须对其自身的发电和用电进行内部管理，以维持其个体净功率平衡，并结合考虑各自外部功率交换的职责。

电力负荷的可控化。电池和其他储能系统以及 V2G 系统进一步推动了主动可控负荷的实现。

(2)发电和负荷需求均为不确定性的。风能和太阳能发电的功率输出取决于风速和太阳辐射，致使这两种能源具有间歇性、多变性和不确定性的特点。终端用能管理、储能管理和 V2G 技术将进一步扩大负荷需求变化的不确定性。

(3)海量能源和智能元件分布在电网中。将存在数量巨大的分布式电源，包括可再生能源和住宅、楼宇与工厂内的储能等。智能电表和 AMI 将提高电网的智能性。在物联网时代，电网的一系列新组件(如智能电器、终端用能管理、电动汽车和 V2G)都将融入智能元件，具备通信能力。

(4)配电网将类似于现在的输电网——楼宇和住宅也如此。分布式电源将遍布配电网，电力将不再从变电站向下单向流动，而是按照分布式电源发电确定的方向流动。在双向电力潮流下，必须采用目前输电系统的运行和管理方式来控制配电网。这同样适用于智能住宅和智能楼宇，这些设施将拥有自己的就地发电和控制设施。

现有的运营模式下，在电网内不断新增的各类组件，如分布式可再生能源以及需求侧管理系统等，已构成了一个日益凸显的难题。目前系统运营商已开始为分布式可再生能源发电的不确定出力和需求侧无法预测的反应而忧虑不已。这一趋势才刚刚开始。传统的集中控制模式可处理数百甚至数千个监测和控制点，而连接住宅、楼宇和工厂的能源互联网则可能要处理数以百万计的监测和控制点。根据现有的运营模式，智能电网内新老实体之间的管理、信息和技术关系只能用“新兴结构性混乱”来形容。我国有句成语叫“削足适履”，其恰当地形容了目前用于解决问题的方法。电网正在经历前所未有的变革。只有彻底改变运营模式才能实现根本性的转变。

针对这些根本性的变化，文献[3]提出了 GRIP 和群集概念，用以指导未来电网的发展。这一概念的建立依赖于下列三个要素。

(1)增强输电网外围设施的能力(授权外围)。发电和负荷需求中的不确定性共同构成了未来电网运行方面的最大挑战。大量分布式可再生能源和终端用户能量管理系统的使用，将极大地增加输电网外围设施(配电网、微网、工厂、楼宇和住宅)供需的不确定性。解决这个问题的关键在于将不确定性的管理设施就近布置在其根源位置附近，即外围。在协作时代，必须增强未来输电网外围设施的能力，以分担电网运行的责任。

(2)概括共性(共性提取)。未来的配电系统以及楼宇、工厂和住宅都类似于目前的输电系统(或微网)，具有本地发电和双向电力潮流的特点。输电网和配电网、微网、楼宇、工厂、住宅之间的差异正在消失。寻求它们之间的共性是建立未来统一运营模式的关键。

(3)层级结构。传统电网向智能电网的转变并非一朝一夕就可实现的。在对未来的智能电网进行结构设计时，必须考虑现存电网及其演变。现存电力系统还将继续存在一段时间。根据当地采用新技术的速度，不同电网将以不同的速度升级。有必要建立起适用于无缝过渡和实现即插即用互操作性的层级结构。

2. 群和群集的定义

配备有智能电表的能够控制屋顶光伏发电、当地蓄电池储能、需求侧和V2G管理系统以及智能家电能力的未来智能住宅，与由能量管理系统操作的电网并无不同。同样地，配电网和微网都将装有智能及可控的发电设施与负荷。它们将是所建议的未来智能电网架构的建筑块或构成单元，均可称为群集。每个群中都设有：①发电和/或负荷；②控制和通信智能设施。群是对电力系统运行基本要素的主观概括，群的内部功能可封装于良好定义了的接口之后，将在本节“群集的基本功能”部分对此概念进行阐述。如本篇2.3节所述的每个控制区(区域性输电网)是一个群，互联电力系统是由若干个控制区互联起来的群集。群是相互连接的，并具有分级的架构(图6.6)。一个区域性输电网(简称输电网)内包含多个配电网群集，每个配电网群又包含微网、楼宇、工厂和住宅群集。一个微网群可包含多个智能住宅群集。

在第三次工业革命带来的能源互联网中，可再生能源的分布式特性需要的是协作，而不是集中或分级的命令和控制机制。协作行为将导致所产生的利益被更加分散地共享。群集共同工作以确保最大和最高效地利用可再生能源。通力合作、追求共同利益是实现经济可持续发展的最佳途径。各群必须按要求执行其所属群集的计划安排，并维持其作为个体的净功率平衡，从而分担维持整个群集瞬时功率平衡的运行任务(详见本节“群集的基本功能”部分)。

3. 群集的结构

图6.6阐明了GRIP架构的框架，群集是分级构建的。一个核心的输电网群内包含多个变电站(连同由其供电的配电网)、微网，或许还有工厂，其中每个变电站(连同由其供电的配电网)、微网以及工厂本身也是个群。一个变电站和由其供电的配电网组成的群位于一个大的核心群内，同时包含若干个微网、楼宇和住宅的较小群集。位于变电站群内部的微网群可包含若干个由智能住宅和楼宇组成的群集。各群均配备有能量管理系统，具有访问智能电网实时数据(信息)的智能，以便分析群的状态和采取必要的措施(如计算)，并实现运行决策(如控制)。所有群集都具有相同的基本功能，且均借助于“应用”(applications)实现其功能。文献[3]建议从一个基本的三层架构起步。底部为设备层，是对用于实现计算机网络和物理系统之间连接的设备的抽象概括，智能传感器和执行机构都属于这一层。

底层之上为服务层，主要功能是利用各种设备执行特定服务，例如，通信服务可发送从传感器收集到的数据，一个计算服务可作用于数据以提取信息，而另一个计算服务可执行分析任务，帮助决策①。顶部为应用层，主要功能是利用第二层提供的服务实现群要求的功能。这些功能包括发电计划安排和负荷管理，将在本节“群集的基本功能”部分中进行详细说明。必须进一步制定每层及各层之间的连接协议和标准，才能实现即插即用的互操作性。GRIP 的各项协议和标准应与国家现行协议和标准保持一致，如智能电网结构模型、IEC 和 IEEE 标准等。

由于组成和要求不同，不同类型的群集应用的复杂程度各不相同。即使对于相同类型的群集(如智能住宅)，也可根据主人对于家庭管理要求程度的不同采用不同的应用程序，只要遵循相关协议和标准即可。

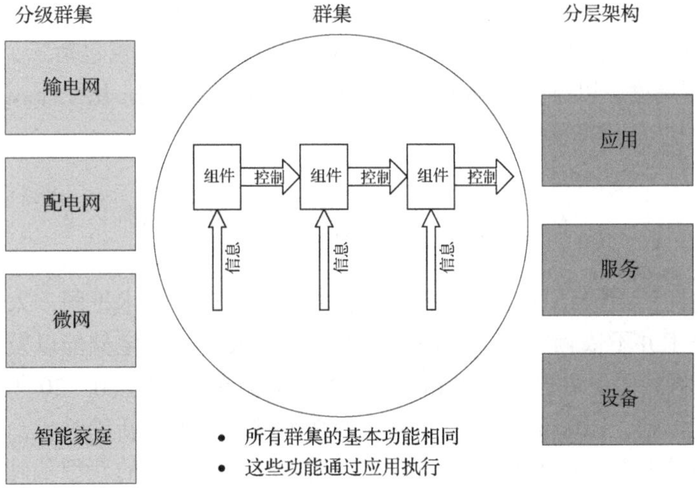

图 6.6　具有智能外围的智能 GRIP 的分级群集框架

4. 群集的基本功能

群集的基本功能是根据电力系统互联运行的基本要素进行抽象概括得出的。在本篇 2.3 节已经介绍过 20 世纪 20～50 年代开始并沿用至今的互联电力系统运行范式。其中最基本的概念是控制区。控制区必须承担起维持其外部交换安排的责任，即使在控制区内出现大扰动，仍然要履行上述责任。至于该控制区如何履行其自身责任则是其分内之事。用现代术语来说，控制区必须遵循互联范围之内接口的定义，并封装其内部功能。控制区是互联电力系统的基本单位，必须保持其瞬时净功率平衡，包括交易安排。可通过下列三个步骤实现此目的：①计划安

① 在图 5.5 中包含着这里所涉及的全部元素，并且图 5.5 的脚注中已说明了这里的分层方法。

排(scheduling)和调度(dispatching)发电来维持净功率平衡；②通过原动机调速器实现频率控制，通过同步发电机内的励磁调节器实现电压控制，以平滑不平衡波动；③在发生紧急情况发电容量不足以满足负荷需求时切负荷。

智能电网内的全部群集被定义为能够智能管理自身发电和负荷的电力系统。外围设施群集必须协同工作，并被授权为整个系统运行做贡献。它们必须在维持整个系统的瞬时功率平衡方面履行其各自的职责。群集需要外部调度、机组启停和维持它们的交换计划。这意味着每个群需要计划它的电力购买和销售，以及自己的发电和用电，并通知提交给其上级的群。运行过程中，一个群必须维持其内部净功率平衡，并履行外部功率交换的职责。例如，一个智能住宅群的计划功率交换可为同一天内不同小时的用电量。该住宅群必须在用电之前，将其用电计划通知提交给其所属的配电网群，并严格执行该计划。功率交换可发生于电力市场内，并且可能进行顺序调度。和控制区相似，群的基本功能也包括三个步骤：①进行发电/负荷调度，以维持净功率平衡；②当地的反馈控制，用于平滑波动；③通过削减发电机/负荷来缓解故障。

6.4 能源互联网与智能电网

未来电网的组成结构完全不同于传统电网。与传统技术不同，太阳能光伏和电池储能技术并不依赖于规模经济。分布式光伏发电、住宅储能以及电动汽车技术的发展，将共同促进自主发电和消费的增长，会在未来的 10～20 年内从根本上改变电网的结构。Rifkin 表示：人类社会必须进入一个崭新的时代，在这个时代里，可再生能源和互联网技术相辅相成，建立起一套强大的新型基础设施，这称为第三次工业革命。在这一愿景下，数以亿计的人能够利用可再生能源在家里、办公室和工厂内自行生产其所需的绿色能源，并通过能源互联网与其他人共享，和现在在线生成和共享信息一样。通过充分利用各种储能技术，可将能源存储在每栋楼宇和整个基础设施内。此外，交通运输车辆将全部采用电动汽车和燃料电池车。为实现上述愿景，需要利用互联网技术将电网转换成能源共享的互联网络。当数以百万计的普通民众生产和共享能源时，传统的从上到下的金字塔形社会结构将彻底被边到边的横向社会结构所取代。横向社会结构将共享的范围从信息共享扩大到能源共享，乃至于利益和责任共享——引领世界进入一个合作时代，将在新的世纪里，对如何协调安排人类生活(经济、政治、社会)造成深刻的影响[3]。Rifkin 所提倡的能源互联网与本书所述的智能电网是一致的。事实上，20 世纪前半叶所提出的互联电力系统在开放、协作、对等和共享这个四个基本特征方面与 1969 年在美国军方开始的互联网是一致的。应该说智能电网是在互联电力系统的基础上，吸纳了互联网的成功经验和技术而形成的，其核心是将互联电力系统的群集理念由输电网下放到配电网、微网、工厂和住宅中。

目前，人类还未严格限定能源互联网一词的使用和含义，对于其技术内涵的理解更是各有不同。由于电力与燃气、热力系统耦合日渐紧密，未来将形成以电力系统为核心的综合能源系统(或多能源系统)，如图 6.7 所示。其中电制气(P2G)技术将风光的电功率通过电解水转变为氢气，直接注入甲烷管道(不能超过管道内甲烷总量的 5%)、为氢驱动车辆注氢和合成甲烷(SNG)，共同解决电能过剩及碳排放过高等问题。

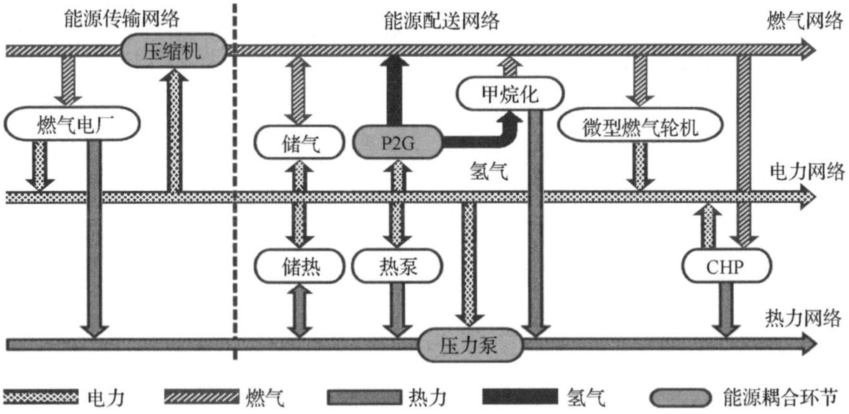

图 6.7　综合能源系统示意图

综合能源系统期望在整体能源管理方面的创新能够进一步提高能源利用的整体效率和接纳高比例的可再生能源，实现社会可持续发展和国家能源安全。从技术经济、社会因素、难易程度等多个方面进行综合考虑，能源互联网最可能的实现路径应当是

终端能源系统⇒区域综合能源系统⇒全域综合能源系统

其中，终端能源系统类似于微网，其涉及的范围小，适用于学校、工厂、建筑等环节，不同能源系统归属于同一单位，需处理的问题主要是技术问题，利益纠纷少，易于实现，而且已有众多前期研究和示范工程，为了健康的发展终端能源系统，需要进一步强化标准建设。区域综合能源系统涉及范围较大，适合城市园区、城镇、企业辖区等，未来可推广至整个城市，涉及不同部门和环节间的协调；现在已有一些前期研究和示范应用，未来推广应用需要政策支持。全域综合能源系统涉及范围巨大，适合未来大到社会、中到城市、小到社区家庭的能源供用方式，涉及面广，影响深远，需要国家政策的大力和持续支持，可作为未来发展方向，目前应做好发展构架规划论证工作。

鉴于电是其他能源生产、传输必需的能源，很多能源需要转化为电来利用，且智能电网与综合能源系统的终极目标是一致的，智能电网将是综合能源系统的核心，并为综合能源系统的发展提供契机。对未来的综合能源系统，本章所述的智能分布式体系和群集理念同样适用。

参 考 文 献

[1] EPRI. Technical and system requirements of advanced distribution automation. [R]. Palo Alto: EPRI, 2004.

[2] Olken M. The future of microgrids: Coming to a neighborhood near you[J]. IEEE Power & Energy Magazine, 2013, 11 (4) : 4-6.

[3] Wu F F, Varaiya P P, Hui R S Y. Smart grids with intelligent periphery: An architecture for the energy internet [J]. Engineering, 2015, 1 (4) : 436-446.

第 7 章　智能电网的效益、挑战和研发机遇

智能电网是不断发展的，所以需要进行持续的研究以预测不断变化的需求，评估不断变化的收益和成本。在实施智能电网时，需要时刻考虑所做的工作是否适用于市场？是否可激励用户参与？是否可实现资产优化？是否能够获得高效运行？电力公司和监管机构应该持续地向消费者证明：智能电网的效益最终会超过其成本。

智能电网的预期效益是明显的，这些效益包括：供电的安全性、可靠性、韧性和电能质量提高方面的收益；电力设备、人身和赛博安全(CS)方面的收益；资产利用率和能源效率收益；环境保护和可持续发展的收益以及直接经济(容量、燃料和运维成本)效益。同时，智能电网能够提高国家的能源安全和国际经济竞争力。由于技术涉猎广泛，智能电网的一个关键目标是要像互联网一样催生新的技术和商业模式，实现产业革命——“引领新能源产业的国家将引领 21 世纪的经济”。

用于考察智能电网的指标可分为两类：描述实现智能电网时所需特性的构建指标和描述实现智能电网后所得效益的价值指标。为了克服实施智能电网的盲动性，需要特别注意其价值指标。但价值指标总是滞后的，因此需要以构建指标做引导。

实施智能电网所面临的挑战是巨大的。在智能电网发展的各个阶段，从基础科学和工程技术的研究直到开发、示范和运行都会出现障碍。指出其中关键性的障碍，可以帮助明确如何才能最大限度地发挥其潜能，从而为国家提供广泛的社会和经济效益。

7.1　智能电网预期的效益

1. 直接效益

智能电网的直接效益是明显的，而且对电网和消费者双方都有利。可以归结如下。

(1) 提高供电的可靠性、韧性和电能质量：①提高供电可靠性和电能质量；②为抵御自然灾害和人为的攻击与破坏而提高韧性；③接纳分布式电源；④实现对插电式电动汽车和新能源储存选择的过渡。

(2) 提高电力设备、人身和赛博安全：①智能电网持续地进行自我监测，及时找出可能危及可靠性以及人身与设备安全的态势，实现预防性检修、控制与运行

自动化，对系统故障具有自愈功能，从而为系统设施及其运行提供充分的安全保障，改善电网的安全性；②从赛博物理系统(基于计算机的通信、控制和命令与物理设备相结合的混合系统)的角度来看待和实施智能电网，可以提高安全性、可靠性、韧性以及用户和生产者的态势感知。

(3)提高资产利用率：①优化设备利用率，推迟满足峰值负荷的发电容量的建设；②提高现有电网的输送容量和削减运行费用(如通过智能潮流提高效率)①。

(4)提高能源效率。通过引导终端用户与电力公司互动进行需求侧管理，从而降低峰荷需求，减少峰荷时期对低效率电源(如燃气轮机发电)的需求而降低化石燃料(如石油)的消耗②。

(5)环境保护和可持续发展的收益。智能电网是应对气候变化挑战的重要工具。电力公司采用智能电网后，由于如下方面可减少温室气体和污染气体的排放：①具有环保意识的消费者数目将与日俱增，智能电网将使这些消费者能够通过智能电网的信息和工具，近实时地减轻对于环境的影响；②促进和扩大了可再生能源的部署；③提高了能源效率和减少了新的建设项目；④鼓励和支持了电动车辆的推广使用。

(6)对消费者有利③。智能电网通过向消费者提供有关其能源使用情况的有效和及时的信息，和新的产品、服务与市场供消费者选择，使其不仅具有足够的积极性与电网友好合作，又能方便高效地与电网交互(包括用户的分布式发电的调度和需求响应)，最终结果将是节省了所有人的钱并使人们仍感到舒适方便。

---

① 智能电网的关键是利用各种技术、资源和市场机制以提高效率。根据美国能源部的报告[1]：智能电网的功能将舒缓阻塞和提高资产的利用率，在其实现后，估计通过美国现有的能源走廊可多送 50%～300%的电力。布拉特集团(The Brattle Group)估计，为适应人口的增长和数字经济中用电大户——数字组件数目指数的增加，在 2010～2030 年美国需要投资约 1.5 万亿美元支付电力基础设施建设。而智能电网具有成为最经济实惠的建设方案的潜质，不仅建设花费少，同时还可节省更多的能量。

② 按照美国财政部的一项测算[2]，如果当今电网的运行效率能提高 5%，则所节约的能源相当于减少 5300 万辆汽车的燃油消耗与温室气体排放。

③ 2011 年 6 月，白宫办公厅发布了美国国家科学与技术委员会(NSTC)编写的题为《面向 21 世纪电网的政策框架：确保未来能源安全》的报告。这份报告概述了如下 4 个总体目标：优化经济激励措施，促进智能电网技术的发展和应用；着重关注标准和互操作性，激发进一步创新；向消费者提供更丰富的信息，帮助用户节约能源，保护个人隐私，减少开支；提升网络的安全性能和电网的故障恢复能力。政府将为这 4 个目标继续努力，以保证所有的美国人都能受益于国家在电力基础设施上的投资。

美国的另一份调查表明，在智能电网所能带来的潜在效益中，消费者把如下三项视为“最佳效益”：检测电网停电事故；减少停电和电压骤降事故；集成可再生能源。

调查也表明，多数美国用户愿意接受预期可提高家庭效益的智能电网技术。四分之三的受调查者表示，如果他们获得新的技术解决方案，可能会改变其能源使用方式以节省费用。同样比例的受调查者表示他们希望电力公司能够帮助他们减少能源消耗。例如，家庭消费者希望：当他们离开房间时灯会自动关闭；温控器自动调整，当没有人在家时可以进入节电模式；得到耗电最多的设备的相关信息；获得可以节约能源和减少支出的建议。

2. 智能电网将通过激励新产品、新技术和新市场拉动国家经济

由于技术涉猎广泛，智能电网的一个关键目标是像互联网一样催生新的技术和商业模式，实现产业革命。网络领袖思科预言，智能电网拥有比互联网大得多的市场空间。

通过加快把众多的智能设备和各种可行的创新技术引入电能的生产、分配、存储和应用当中，智能电网可为新能源技术、通信技术、软件技术、自动化技术、储能技术、高级传感器技术、电力电子技术、智能电器等提供巨大的商机。全世界都在投资智能电网。事实上，智能电网也将是世界上规模最大的物联网，而物联网技术是21世纪最具颠覆性的技术之一。

这里的智能设备是指基于计算机或微处理器的所有设备，包括控制器、远程终端单元和智能电子设备(IED)。它既包括电网的电力设备，如开关、电容器或断路器，又包括在家庭、楼宇和工业设施中的电力设备。这里所说的创新技术的一个很好的例子是 PHEV。它的推广应用将大量减少石油消耗。在节省成本、改善环境的同时，由于它可在每天的非高峰负荷时间充电，而在每天的用电高峰期对电网提供支持，其可起到对电力负荷曲线削峰填谷的作用。但是，如果没有集成的通信基础设施和相应的电能价格信号，处理这类负荷会非常困难，不仅效率低下，甚至会加剧峰荷问题。因此，需要开发智能充电器，其将根据电力市场信息，帮助管理好接于电网上的这类设备，同时避免电力基础设施出现意外损坏。

3. 保证国家的能源安全和可持续发展

2013年，我国汽车保有量超过一亿三千七百万辆，石油的消耗总量达到5.2亿t，其中3.1亿t是进口的[3]。2014年，我国石油进口量超越美国，成为全球最大的石油进口国。我国对“不稳定地区”尤其是中东地区的石油依赖持续增加，这使得我国在能源安全方面存在隐患[4]。电动汽车的推广应用可减少我国对进口石油的依赖。从长远的眼光来看，电网与国家交通系统的结合将极大地节约能源，可大幅度减少国家净石油进口、二氧化碳排放和废气污染物排放。①

① 文献[7]指出，从长远的眼光来看，电网与国家交通系统的结合将极大地节约能源，并获取其他重大收益，其中包括：国家净石油进口减少一半；美国二氧化碳排放降低25%；废气污染物排放降低40%～90%。

尽管实现向智能电网的过渡还需要很多年，但是在向智能电网迈进的过程中可以获取显著的收益。EPRI预计，到2030年，智能电网实施促成的——从配电电压控制到更大范围的间歇性可再生能源的集成，再到电动交通工具的使用——每年可减少全国二氧化碳排放量0.6亿～2.11亿t[8]。

可以预见，智能电网带来的机会很多，且回报可观。在《美国需求侧响应潜在效益评估报告》中，美国联邦能源管理委员会(FERC)估计全国电力峰值的削减量可达20%——足以抵消对数以百计的备用电厂的需求[1]。

7.2　智能电网的成本效益分析举例

EPRI 在 2004 年对其后 20 年在美国实施智能电网的成本所做的初步估算（以 2002 年美元的价值计）[5]是：未来（智能）输配电网需附加的投资为 1650 亿美元（其中输电占 380 亿美元，配电和用户参与占 1270 亿美元），而效益为 6380 亿～8020 亿美元，效益与成本比（投资回收率）为 4～5。2011 年，EPRI 又公布了一份新的关于智能电网的成本与效益的报告[6]。该报告基于在 2030 年前持续稳定地开发智能电网技术的假设，提出在美国实现完全功能的智能电网的花费为 3380 亿～4760 亿美元，其效益会在 12940 亿～20280 亿美元，效益与成本比为 2.8～6.0。图 7.1 展示了该报告所列出的智能电网的成本划分，表 7.1 为智能电网效益的组成。

此外，美国智能电网消费者协作组织在 2013 年 10 月的报告（http://smartgridcc.org/sgccs-smart-grid-environmental-and-economic-benefits-report）中也综述了智能电网效益和成本的研究结果。报告的详细分析包括对每位客户每年直接和间接经济效益的估计，以及对每个客户每年二氧化碳当量减少量的估计。根据报告中概述的假设，智能电网的效益与成本比为 1.5（参考案例）～2.6（理想情况）。结论是智能电网投资可能会提供超过成本的经济效益和智能电网投资可显著降低环境影响。

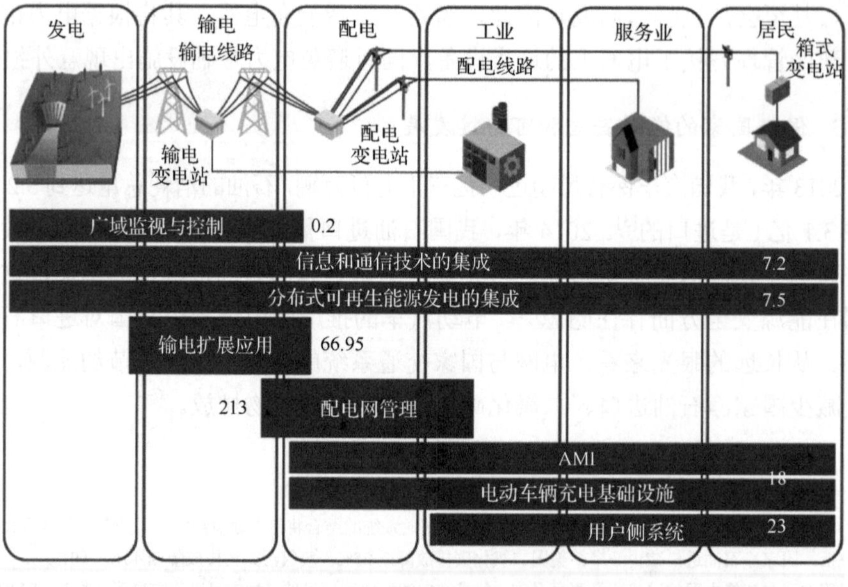

图 7.1　智能电网成本（低值）的划分（单位：10 亿美元）

表 7.1　智能电网效益的组成

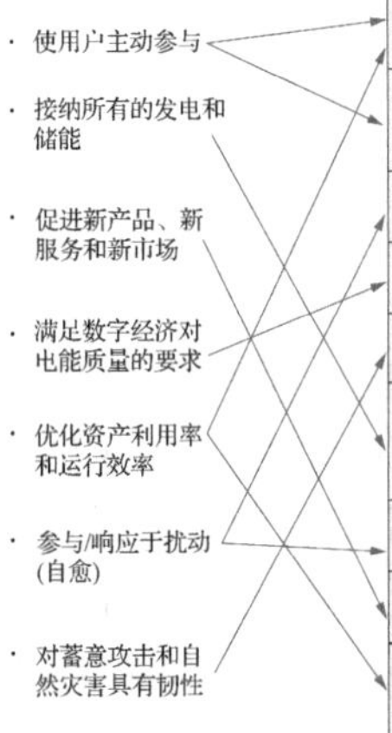

输配电(改善/效益)	属性	用户(改善/效益)
运维成本，资产的容量成本，输配电损耗，	电能成本(净输配电能服务的生命周期成本)	终端用户能源效率，容量成本，终端用户基础设施的运维成本，终端用户基础设施的控制/管理和使用
增加潮流，新的基础设施，需求响应负荷	容量	改善功率因数，通过规模经济和系统优化降低终端用户设施成本，扩展增长的机会
增强安全性可实现快速恢复的自愈电网	安全性	增强安全性和维持商业与日常生活功能的能力
改善电能质量，增强设备运行窗	质量	改善电能质量，增强设备运行窗
降低停电的频率和持续时间	可靠性&可用性	增强安全性，自愈电网实现故障快速恢复，包括可用性
EMF管理，降低六氟化硫的排放，降低清洁成本，降低电厂排放	环境	改善审美的价值，降低EMF，工业生态
为电力职工提供更为安全的工作环境	人身安全	为基层电力工作者提供更为安全的工作环境
增加电力相关服务的价值	生活质量	舒适，便捷，可用
依靠电网基础设施的有效运行增加产出，真实GDP	生产力	改善用户生产力，真实GDP

属性	净现值(2010年)十亿美元	
	低	高
降低成本	330	475
容量	299	393
安全性	152	152
质量	42	86
可靠性	281	444
环境	102	390
人身安全	13	13
生活质量	74	74
生产力	1	1
总和	1294	2028

注：EPRI 所收到的基金大多来自输电和配电公司，可以认为他们的估计偏小；因为智能电网是高成本的，很可能它将以一种进化的方式开发，只有那些能被认为是正当的功能才会加以实施，如已经看到，用户侧的智能电网投资似乎更有效；EPRI 的估计很大程度上是基于他们自己开发的 T&D 设备的成本的，但愿新的参与者将带来创新和竞争，最终降低 T&D 设备的成本。事实上，德国的经验已经表明，小企业的介入，会使智能电网的创新大幅度增加。

7.3　智能电网的评价指标

为了评价所实施的智能电网究竟达到了什么水平是需要有评价指标的，其指标如下。

(1) 可靠性：①停运间隔与频率；②瞬时停运。

(2) 电能质量：①电压下陷次数；②谐波含量。

(3) 安全性：①分布式发电量占总发电量的比例；②能量市场中电力用户的参与程度。

(4) 韧性：①灾害过程中的负荷损失(或对重要负荷供电的保证程度)；②灾害后的系统恢复时间(系统恢复的快速性)。

(5) 经济性：①分区的能量电价的峰值和均值；②输电阻塞成本；③停电和电能质量扰动的成本；④交换能量的总成本。

(6) 效率：①系统电气损失；②峰荷对均荷的比值；③输电线路的阻塞间隔。

(7) 环境友好：①可再生能源发电量占总发电量的比例；②每千瓦时电能所产生的排放物。

(8) 人身安全：工人和公众的伤亡。

事实上，用于考察的指标可分为两类：描述实现智能电网时所需特性的构建指标和描述实现智能电网后所得利益的价值指标，前面描述的评价智能电网水平的指标属于后者。构建指标通常会引导智能电网最终提供的价值，而价值指标通常滞后地反映实施智能电网带来的收益。描述智能电网实施情况时，两种指标都很重要。为了克服实施智能电网的盲动性，需要特别注意其价值指标。但价值指标总是滞后的，因此需要以构建指标为引导。美国能源部分别于 2009 年和 2012 年发布了题为 Smart Grid System Report 的报告，在两份报告的附录中详细介绍了智能电网的指标，其中 2009 年的报告提出了 20 项指标，2012 年的报告在此基础上增加了 1 项指标，并对 2009 年发布的部分指标的进展情况进行了修正。美国西北太平洋国家实验室(PNNL)于 2014 年发布了题为 Smart Grid Status and Metrics Report 的报告，分析了美国能源部报告所提出的智能电网指标的最新情况。

附录 C 将简要介绍美国能源部提出的智能电网指标，包括以下几方面。

指标#1：由实时定价、峰荷定价和分时定价系统服务的用户与总负荷的比例。

指标#2：实时系统运行时的数据共享。

指标#3：标准的分布式电源连接政策。

指标#4：智能电网投资回收的监管。

指标#5：负荷参与情况。

指标#6：微网供电的负荷。

指标#7：分布式发电和储能设备并网情况。

指标#8：电动汽车和插电式混合动力汽车的市场渗透率。

指标#9：电网响应的、非发电的需求侧设备情况。

指标#10：输电与配电可靠性。

指标#11：输电与配电自动化。

指标#12：高级量测体系。

指标#13：广域量测系统。

指标#14：容量系数。

指标#15：发电、输电、配电效率。

指标#16：动态线路定容(容量评估)。

指标#17：客户对电能质量问题的投诉。

指标#18：赛博安全。

指标#19：开放式结构/标准。

指标#20：智能电网创业公司中的风险投资。

指标#21：可再生能源的并网情况。

7.4　实现智能电网所面临的挑战

智能电网是要深刻改变发电、输电、配电和用电的，为此需要研发和整合全新的技术、基础设施和计算机系统。而这些技术的整合需要无缝的互操作性、双向通信以及对许多形式的数据进行交换、分析和做出反应的能力。在某些情况下，这些系统还需要对不可预见的条件做出响应，以及人机间的安全互动。这使得在发展智能配电网的过程中，不可避免地会面临如下关键的挑战性问题。

1. 基础设施

由于更多的分布式电源渗透在配电系统的基础设施中，智能配电网需要新的、灵活的、可重构的网络拓扑结构，新的保护方案，新的电压控制和新的仪表，但是还存在如下问题。

(1) 目前关于未来电网的典型网络拓扑结构的构想还不够清晰。

(2) 电网测量设施(智能电表、相量量测单元等)的安装范围不断扩大，它们将如何支持电网的规划和运行仍不确定，其功用还需大力挖掘。

(3) 采用基于新技术的基础设施，可能遇到经费、风险和运行人员知识不足等问题。

需要补充说明的是：为了进一步提高电网的灵活性，需要电力电子技术的新进展，包括以下两方面。

(1) 电力电子式的智能万用变压器可能是构建智能配电网(互联网形式的配电网)的基石，但至今尚未在工程实际中推广应用。

(2) 为了接纳大规模的可再生能源发电和提高电力大系统的安全性与灵活性，应期待经济可靠的高压大容量的交直流灵活输电技术，这同样依赖经济可靠和低功耗的新型电力电子器件与技术。

2. 通信的标准和协议

虽然研究人员正在开发一些通信标准，但是对于DER，通信和互联标准的缺陷是明显的。标准化的缺乏会抑制各个运行单元(发电、输电、配电和电力消费者)之间的数据交换，阻碍系统的完全优化，降低系统效率。需要补充说明的是：①在同时使用带有不同通信能力的新的和遗留下来的技术的情况下，标准化变得更棘手；②DER、负荷和电力公司之间缺乏适当的通信是妨碍大规模整合DER的一个主要因素。

3. 互操作性标准

互操作性标准使电力系统所有元件之间的协调成为可能，而这些标准是需要由国家主持和开放式地建立的，任务十分艰巨。虽然各国为开发这些标准已经做出了巨大努力，如 NIST，但在一些领域，如 DER 和储能，虽然有标准但很有限。在缺乏协调功能的情况下，DER 与系统的互联只能以局部和自治的方式运行。

4. 赛博安全

数据的安全和隐私保护以及信息访问(如数据访问权利)或存取的不确定性都会阻碍一些智能电网解决方案的采用。为了涵盖电网外部系统(如综合能源系统、智能交通等)，智能电网信息技术的范围必将扩大，这在产生有益数据的同时，将造成新的安全问题。良好的基础设施必须确保数据安全、电网安全和智能电网技术的进步。

5. 运行和规划模型

(1) 缺乏评估未来智能电网性能的模型和仿真工具。理想的模型应能综合考虑计算机网络基础设施、市场乃至国家政策的影响，并可以考虑与物理装置的互联。

(2) 缺乏改进调度决策的高保真的预测分析能力，如在线超实时的“what-if”分析。鉴于大量接入电网的分布式电源具有不确定性，在高保真预测分析中对不确定性的计及，需要采用概率模型和随机化的方法。

(3) 缺乏动态电价下负荷预测的概率模拟方法，这会阻碍与“需求-居民电价”弹性相关的模拟、分析和评估。

(4) 运行人员不能基于由动态数据所造成的正在变化的条件来调整决策逻辑和对新增加的电源选择做出快速响应。

(5) 在 DER 高渗透率情况下，系统的优化运行也是个重大的挑战问题，需要创建适合协调配电网决策的先进的控制系统结构(如分层分布式的电压控制系统结构)，它应该是可扩展的、可靠的和安全的。

(6) 评估智能电网性能的指标虽已有研究，但有待深入和细化，特别是与可再生能源和负荷不确定性、分布式电源、储能的影响相关的新的评估智能电网性能的指标，这些指标应该是可以计量的，并且是可以指导运行与规划决策的。

TFSM 和 DFSM 与这里说的模型关系极为密切。

6. 负荷与电源计划安排和调度

电网目前的运行能力不足以支持集成 DER 情况下的电压计划安排和有功功率发电调度。以下问题不解决，当试图接纳大量 DER 时，一定会出现重大的障碍。

(1) 在基于逆变器的可再生能源发电日益增加的趋势下，电网兼容性标准需要做出很大改变，以实现对传统发电和基于逆变器的可再生能源发电的同时管理。

(2) 智能电网发展的一个基本原则是所有利益相关人群均可受益，但现在的情况是不能从 DER 的发展中得到明显好处的掌管能量平衡的实体在对 DER 进行调度。

(3) 现在缺乏适用于接纳 DER 并能识别最优的负荷和电源平衡的好模型。

7. 储能

电网储能还处于开发和配置的初期阶段，而且由于现有储能技术成本高和多功能性有限，电网储能还未广泛使用。挑战性问题包括以下两方面。

(1) 电网对储能的需要(储能的应用)是多方面的，包括电能质量、电压支持、旋转储备、对频繁变化的负荷进行跟踪、减轻配电阻塞、为可再生能源提供服务、平移负荷需求、用户的用能管理等。依据储能在电网中应用目的的不同，其能量补充和释放的循环模式不同，缺乏可适应多种需要的储能装置，也难以对储能进行评估，以致很难说什么储能技术对智能电网是最适宜的。

(2) 从可再生能源(离网和并网)使用的角度看，高效、长寿命、可靠、价格合理和有较长放电持续时间的化学电池的开发是当前最迫切的。

8. 能源效率、需求响应和负荷控制

为了实现有效的需求响应和客户计划，利益相关者将要求提升数据的能见度。目前仍缺乏充分可信的、大家共同接受的能源效率、需求响应、负荷控制的评估、计量和证实方法。低电价会降低需求响应和动态电价的意义：电价低致使投资回收不确定，影响需求响应的获得和投资的不确定性。

9. 信息管理和数据共享

数据的产生已经呈指数地增长，而且这一趋势必将继续。借助于各装置之间的通信和即将配置的数以十亿计的先进传感器，将会产生海量的数据。而且在一个被称作“智能”的电网中，配电网运行时使用的信息技术会和输电网运行中使用的信息技术一样多。实质上，任何智能电网的命脉都是充分地挖掘数据和信息应用的潜力，而这些应用反过来使得开发新的和改进的运营策略成为可能。这就产生了如下挑战性问题。

(1) 数据挖掘、分析、存储和管理大数据集等方面的新挑战，以便能为电网最优化、负载平衡、调度计划和其他目的抽取有意义的信息。

(2) 在数据存储库的集中共享(central sharing of data repositories)、数据使用信息和数据适用性逐年增加的同时，数据集的兼容性将继续是问题。

(3) 在考虑系统的安全性和可靠性、技术和成本的局限性等条件下，需要合理地定义信息共享范围和数据共享的指标。该指标显示数据共享的程度。但是测定数据的共享非常困难并且耗时严重，为此需要分层定义一些数据共享的指标，如在大型输电网运营条件下的实时数据共享指标，这里实时是指运行更新的时间尺度在亚秒到几分钟范围内变化。它不是在一个电力公司内的数据共享，或为结合需求响应，或为运行分布式发电和储能设备。这个层次上的信息共享对电网的安全运行和防止连锁停电至关重要。

(4) 各种层面上的信息垄断与信息孤岛将会成为大数据应用的严重障碍，与之相关的管理变革 (management change) 日益重要。

10. 态势感知

仅停留在信息管理和数据共享是不够的，现在电网运行人员和电力用户都缺乏充分的态势感知 (SA) 的能见度 (visibility)。逐渐提高态势感知的能见度，包括对不确定性的能见度和对 DER 有效的感知 (如对 DER 性能改变和电力中断的感知)，可改善运行决策，确保安全性和最优化，并帮助电力用户节能和提供需求响应。为了增强电力生产者和用户的态势感知能力，并通过提供本质上实时的可控性，提高电网的自愈功能和抗扰能力，需要做到如下几方面。

(1) 提供系统当前运行状态整体测度的有效描述——可视化。

(2) 提供比实时还快的预测分析，包括系统未来状态的变化趋势和可用于采取控制措施的时间，以采取有效的措施。

(3) 为了在某些情况下实现对不可预见的条件做出有效响应，引入认知学方法 (整合人的因素) 十分必要，这其中包括人机间的安全交互。

(4) 能够激励和方便客户参与管理的可视化。

11. 市场设计

需要出台旨在开放电力市场和激励智能电网投资的新法规，具体包括以下几方面。

(1) 实施分时/实时电价，使电能作为一种商品的市场价值得到合理的体现。

(2) 制定鼓励分布式电源卖电回电网和作为电网后备电源使用的政策，含分布式清洁能源的上网电价政策。

(3) 建立智能电网投资成本回收的政策。

我国目前的费率结构和电力公司收入模型，不是用来促进或捕捉分布式能源价值的。建立一个好的商务模型 (商业案例) 极其重要，因为它能为容量规划和电网运行中的投资，以及 DER 科学地发挥作用提供依据。

12. 法律框架和监管路径

法律框架和监管在实施智能电网中是极其重要的，为此需要做到如下几方面。

(1)研究制定我国智能电网实施路线图。

(2)通过监管为电力系统基础设施和信息的使用权创造公平的竞争环境。

(3)通过监管为促进电网扩建与升级的投资激励而采取措施。

需要强调的是，①标准以及相关的计量科学与技术是需要优先发展的；②多学科交叉合作是发展智能电网的必然选择；③法律框架和监管、市场设计以及管理改革是智能电网能否成功实施并获取应得效益的基本保障。

7.5　智能配电网的研发机遇

在推进智能配电网实现的过程中，一些战略性的研发机遇是确定且必不可少的。综合 NIST 的调研报告[9]以及对中国配电网现状的调研结果，与智能配电网挑战性问题并存的研发机遇主要包括如下几方面。

(1)为了改善通信与互联性，扩展和升级基础设施，提供通信与互联的方法和技术：①适用于多互联的通信基础设施；②优化辅助服务的通信。

(2)开发标准、程序和协议：①设备性能标准及相应的指标；②通信互操作性标准；③发电机互连以及输/配电网扩展的有效程序(efficient procedures)；④收集和管理配电层运行数据的标准化方法。

(3)为了保证计算机网络的安全性和快速恢复能力，应开发基础设施，提供改善安全性和快速恢复能力的模型和拓扑结构：①赛博系统的物理设计方法、指标和分析工具；②灵活的电力网络拓扑和通信/控制体系结构。

(4)开发鲁棒性(抗扰性)强的运行和规划综合模型与工具：①连接输电、配电和通信的标准模型；②在计及 DER、需求响应和储能时，实现负载和电源平衡的综合电网模型与方法；③动态电价下负荷预测的概率模型；④在高不确定性下能够优化运行和优化电源规划的随机方法；⑤改进间歇性发电的预测。

(5)开发分布式网络的控制体系结构和电压管理，包括：①适合于协调分布式决策的、可扩展的、可信赖的和安全的控制系统体系结构；②分层分布的电压控制和通信。

(6)为了使用需求响应和负荷控制，并改善电气效率，构建需求响应、负荷控制和能源效率的评价方法与框架：①发展评估、计量和验证方法；②构建需求响应与业务目标相互关联的框架。

(7)为了加速形成智能电网投资和告知监管框架，提供智能电网的成本效益和生命周期模型：①经济模型和统一的业务指标；②生命周期分析的标准方法。

(8) 为了充分挖掘数据的价值，加强信息管理：①对大量互不相干的数据流进行管理，并从中提取信息的方法；②智能电表与其他业务系统的数据融合与综合利用。

(9) 向运行人员提供态势感知和其他可行信息的可视化与解析工具：①配电网安全域及其可视化；②激励和方便用户参与管理的互动系统及其可视化界面。

参 考 文 献

[1] U.S. Department of Energy, Office of Electricity Delivery and Energy Reliability. The smart grid: An introduction [R/OL]. [2009- 11-03]. http://www.oe. energy.gov/1165.htm.

[2] 汪时锋. 智能电网技术中美可互补[EB/OL]. [2018-01-18]. http://finance.sina.com.cn/roll/20090721/02526505633.shtml.

[3] 田咏春、万钢：电动汽车发展的“十三五”设想[EB/OL]. [2018-01-18]. http://auto.sohu.com/20160506/n447983725.shtml.

[4] 中国石油新闻中心. “中国成为最大石油进口国”意味着什么[EB/OL]. [2018-01-18]. http://news.cnpc.com.cn/system/2015/05/19/ 001542111.shtml.

[5] EPRI. Power delivery system of the future：A preliminary estimates of costs and benefits[R]. Palo Alto: EPRI，2004.

[6] Gellings C, Horst G, McGranaghan M, et al. Estimating the costs and benefits of the smart grid[R]. Palo Alto: EPRI, 2011.

[7] A policy framework for the 21st century grid: A progress report[R/OL]. [2013-10-01]. http://www.whitehouse.gov/sites/default/files/microsites/ostp/nstc-smart-grid-june2011.pdf.

[8] Energy Information Administration, U.S. Department of Energy. U.S. Carbon Dioxide Emissions from Energy Sources, 2008 *Flash* Estimate[R]. 2009.

[9] McDonald J, Granaghan M M, Denton D, et al. Strategic R&D opportunities for the smart grid[R]. U.S. NIST, 2013.

第 8 章　NIST 定义的智能电网模型

在智能电网这种大规模分布式系统中实施互操作性需要模型的指导。

智能电网概念模型适用于编制智能电网的规划、发展要求及相关文档，还能支持将智能电网中多样化的、不断扩展的并且相互关联的系统和设备组织在一起。NIST 所定义的智能电网概念模型包括 7 个领域(domain)。

智能电网结构模型(SGAM)是指导构建智能电网结构(smart grid architecture)的模板。结构模型是在概念模型基础上，通过概念、逻辑、物理和实施等级别反复迭代才形成的。

本章给出了映射到智能电网信息网络概念域的传统电力系统的逻辑模型，借以描述 7 个智能电网领域传统应用的几个主要关系的高层级的总体逻辑结构，为理解和选择智能电网的作用(角色)及其交互提供参考和分析工具。

8.1　智能电网的概念模型

本节所介绍的概念模型适用于编制智能电网的规划、发展要求及相关文档，还能支持将智能电网中多样化的、不断扩展的并且相互关联的系统和设备组织在一起。NIST[1,2]所采用的方法是将智能电网划分成 7 个领域，如表 8.1 和图 8.1 所示。图 8.1 是 NIST 所给出的智能电网的信息交换网络，它是一个复合框图，可称为综合参考图，包含了 7 个领域的特性。

表 8.1　智能电网概念模型中的领域和领域中的作用/服务

领域	领域中的作用/服务
用户域	电力的终端用户，可具有发电、储能和能量管理等功能，通常有 3 种用户类型：居民、商业及工业，各自有其领域
市场域	电力市场的运营商和参与者
服务域	向电力用户和电力公司提供服务的组织
运行域	电力传输的管理者
发电域	电能生产者，也可以存储能量供以后分发。该领域包括传统的电源(传统上称为发电)和 DER。在逻辑层级上，“发电”包括通常接入输电网的煤电、核电和大规模水力发电。DER(在逻辑层级)与用户和配电领域提供的发电和储能以及服务提供商聚合的能源资源相关联
输电域	大规模远距离输电的载体，也可兼有储能和发电功能
配电域	供给或接受来自用户电力的分配方，也可兼有储能和发电功能

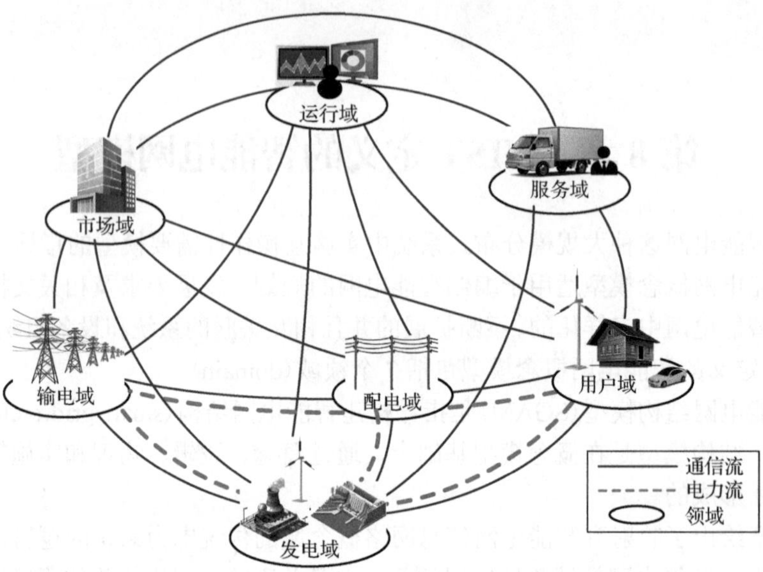

图 8.1　智能电网概念模型的 7 个领域以及不同领域中的作用(角色)借助安全的通信实现的互动

每个领域及其子领域都由智能电网的概念“作用(角色)”(role，以下通常只称为作用)和“服务”(service)构成。它们包括为执行确定的目标(如客户管理、分布式发电的集成和停运管理)而进行决策和交换信息的服务和交互者，以及利益相关者。服务由领域内的一个或多个作用执行。例如，相应的服务可能包括家庭自动化、DER 和客户需求响应、负荷控制和近乎实时的广域态势感知(WASA)。

表 8.1 和图 8.1 是根据电网的现在和近期视图来表示逻辑领域的。将来，一些领域可能会合并，如输电域和配电域。

概念模型由几个领域组成，每个领域包含许多应用和作用，它们是通过接口(interface)关联连接起来的。

为统一词汇，特给出如下定义。

主体(演员，actor)是至少有一个发起或发挥作用的人、组织或系统。主体主要存在于物理和实施结构中，可以是组织的内部或外部。主体可以是设备、计算机系统或软件程序和/或参与智能电网的某个组织内的个体(如人)。主体有能力通过界面与其他主体进行决策和信息交换。

作用(角色，role)是一个主体通常的或预期的功能、能力或服务，或者某个人或某个特定动作或事件在某个动作或事件中所发挥的作用(扮演的角色)。主体可能会发挥很多作用(扮演很多角色)。组织可能在一个领域中发挥作用(扮演角色)或使用服务，也可能在多个领域中发挥作用(扮演角色)。

服务(service)是具有指定结果的可重复业务活动的逻辑表示(如检查客户信

用、提供天气数据和整合钻探报告)，它是独立的，且可能由其他服务组成。对消费者而言，服务是“黑盒子”，独立于任何基础技术的实施。

应用(application)是根据领域内的请求或作用执行服务的自动化过程。某些应用由单个作用执行，而另外一些应用由多个主体/作用共同执行。

领域组合作用来发现用来定义接口的共同点。图 8.1 和表 8.1 中的 7 个智能电网概念模型中的每一个领域都是由一些物理组织、建筑物、个体(人)、系统、设备或其他主体(演员)组成的，它们具有相似目标并依赖于或参与相似类型的服务。领域可包含子领域。此外，领域具有许多重叠的功能，如输电域和配电域。

关联(association)是用于在作用之间建立双边关系的逻辑连接。作用通过接口与其他相关作用交互。如图 8.1 所示，虚线表示领域之间的电力流，实线表示通信流。

接口(界面，interface)表示领域之间的访问点。接口显示电气连接或通信连接，且每一个接口可以是双向的。通信接口位于通信关联的每一端，并且表示信息进入和退出领域的访问点(接口是逻辑的)。通信接口定义连接主体以启用应用的作用。通信接口表示两个领域之间的和其中的主体之间的信息交换，它们不代表物理连接，而代表互联各领域的智能电网信息网络中的逻辑连接。

一般来说，同一个领域的作用具有相似的目标。然而，同一个领域内的通信可能具有不同的特征，并且可能必须满足不同的要求以实施互操作性。

为了支撑智能电网的功能，特定领域中的作用通常要与其他领域中的作用进行交互，如图 8.1 所示。此外，某一个领域也可能包含其他领域的元素。例如，北美的独立系统运营机构(ISO)与区域输电组织(RTO)在市场域和运行域都有作用。与此类似，一家配电企业通常也不完全从属于配电域，它可能包含运行域的作用/服务，例如，配电管理系统也可能包含用户域的作用，如监视。一家涵盖纵向业务范围的综合型企业可能在多个领域都有作用。

概念模型的潜在基础是一整套法律和监管框架。这一整套法律和监管框架是使得对各类主体和应用(以及它们之间的交互)的实施及管理能够一致的政策与要求。以美国为例，在联邦层面，联邦能源监管委会采用的法规，以及在州和地方一级由公共事业管理委员会所采用的法规，管控着智能电网的多个方面，包括政策的实施。这些监管条例旨在确保电费公平合理，并且满足安全性、可靠性、人身与设备安全、隐私权和其他公共政策等方面的要求。

向智能电网迈进的过程中将对监管条例提出新的要求，它们可能超出司法领域，这需要国家和地方的各级法律制定者更加紧密地协作。提出概念模型的目的是使其能够成为各级法规制定者的有效工具，帮助他们评估怎样才能更好地实施公共政策目标和商业目标，以及如何更有效地推进国家电力基础设施现代化建设和清洁能源经济建设。因此，概念模型与法律法规体系应保持一致，并能与时俱进。相应地，框架中确定的标准与协议也要与当前及日后的监管目标和职能保持一致。

图 8.1 中的每一个领域可进一步细化为若干个子领域，图 8.2(a)～图 8.2(g) 绘出了这 7 个领域的概貌。

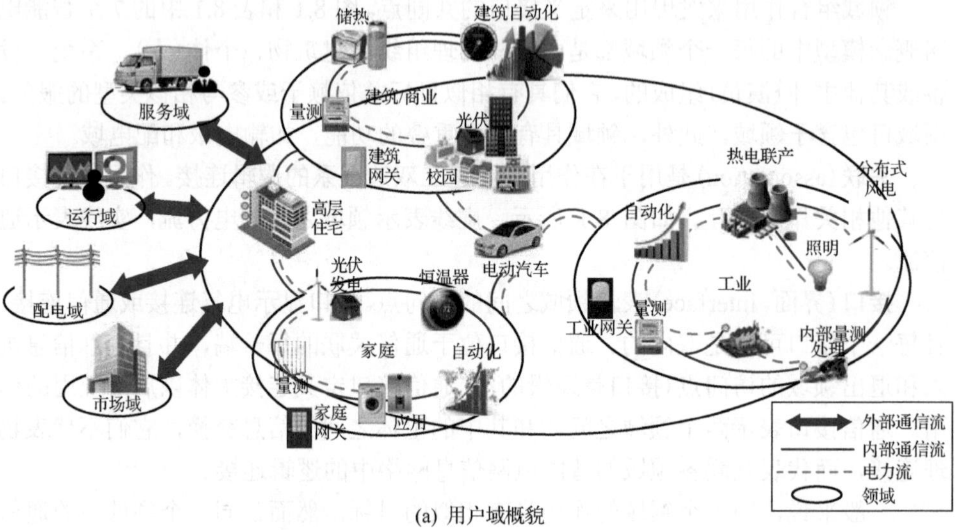

(a) 用户域概貌

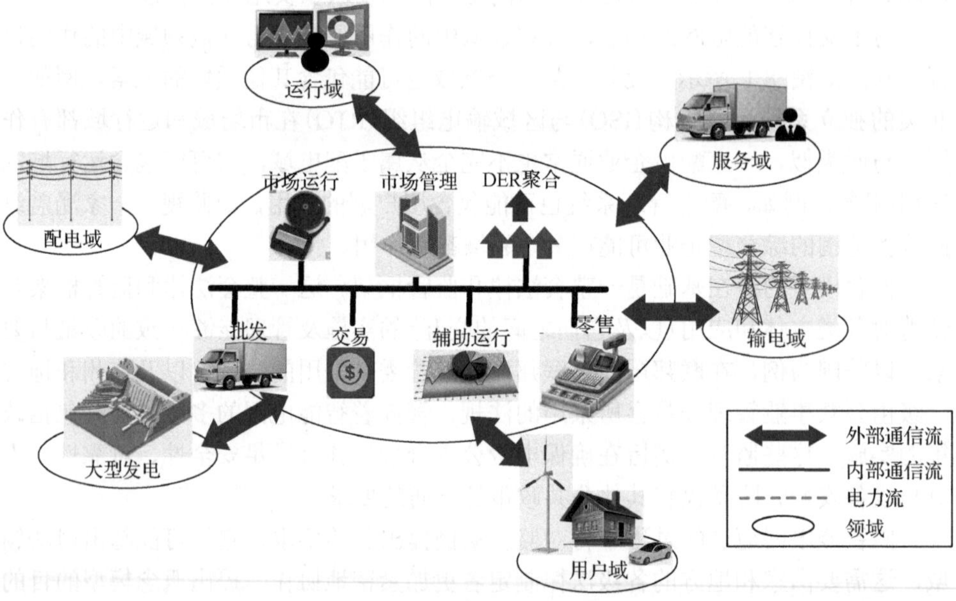

(b) 市场域概貌

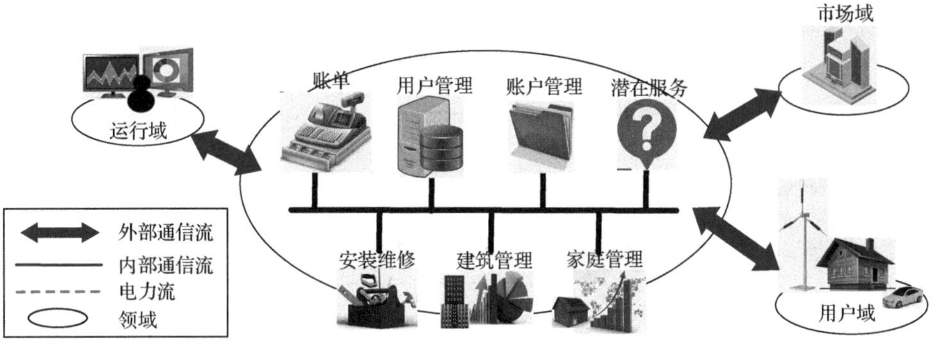

(c) 服务域概貌

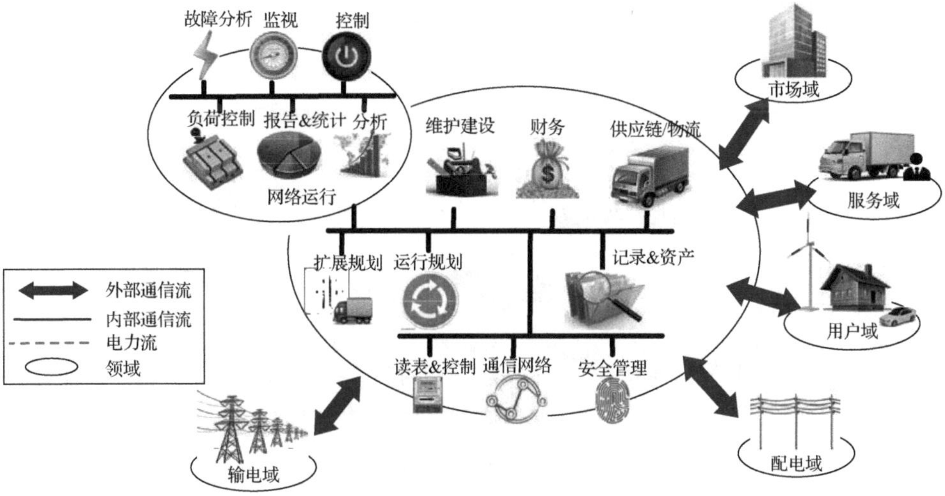

(d) 运行域概貌

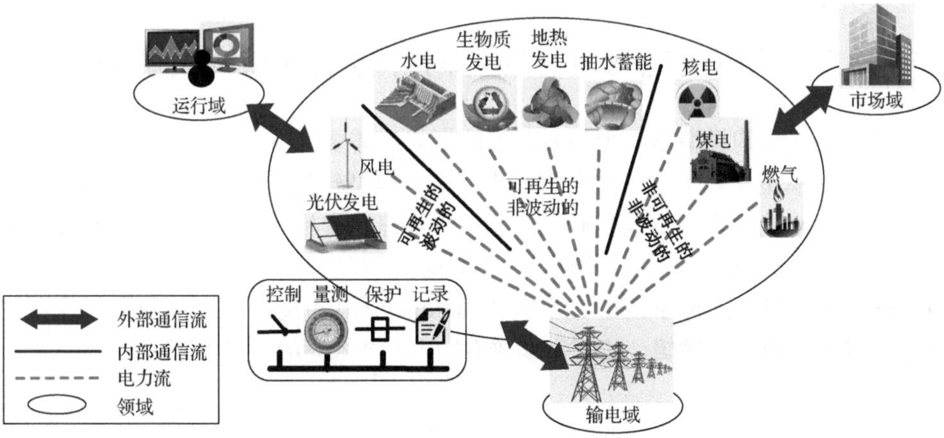

(e) 发电域概貌

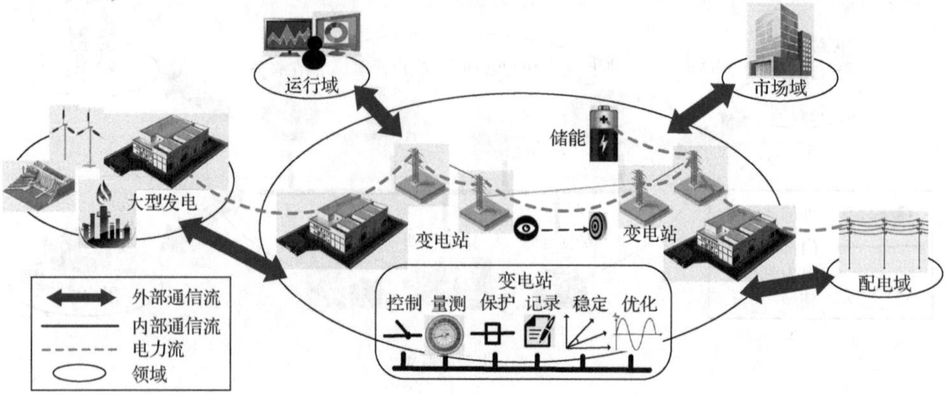

(f) 输电域概貌

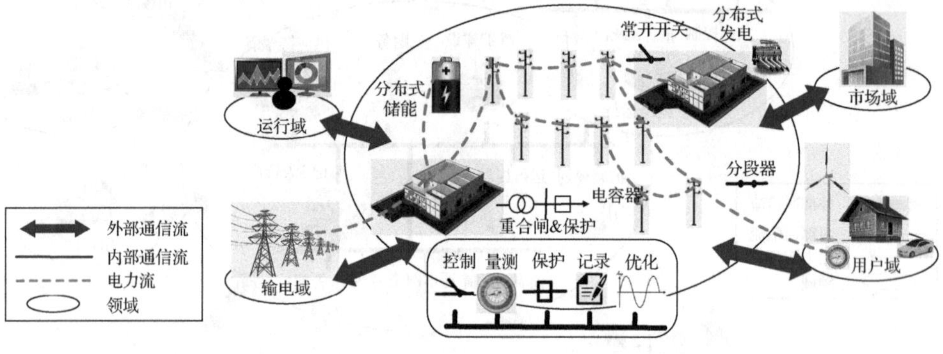

(g) 配电域概貌

图 8.2　智能电网概念模型各个领域概貌

8.2　从智能电网概念模型向智能电网结构模型的转换

智能电网结构模型是一个不断发展的框架，需要国际合作，共同开发。文献[2]给出了从智能电网概念模型向智能电网结构模型转换的过程描述。它是需要通过反复迭代才能形成的，包含概念、逻辑、物理和实施(执行)4 个迭代级别；同时对应于每一个概念领域，智能电网结构模型又分为如下 4 个层次：业务(business)、信息(information)、自动化(automation)和技术(technical)。如图 8.3 所示。其中，概念、逻辑、物理和实施(执行)4 个术语的定义如下。

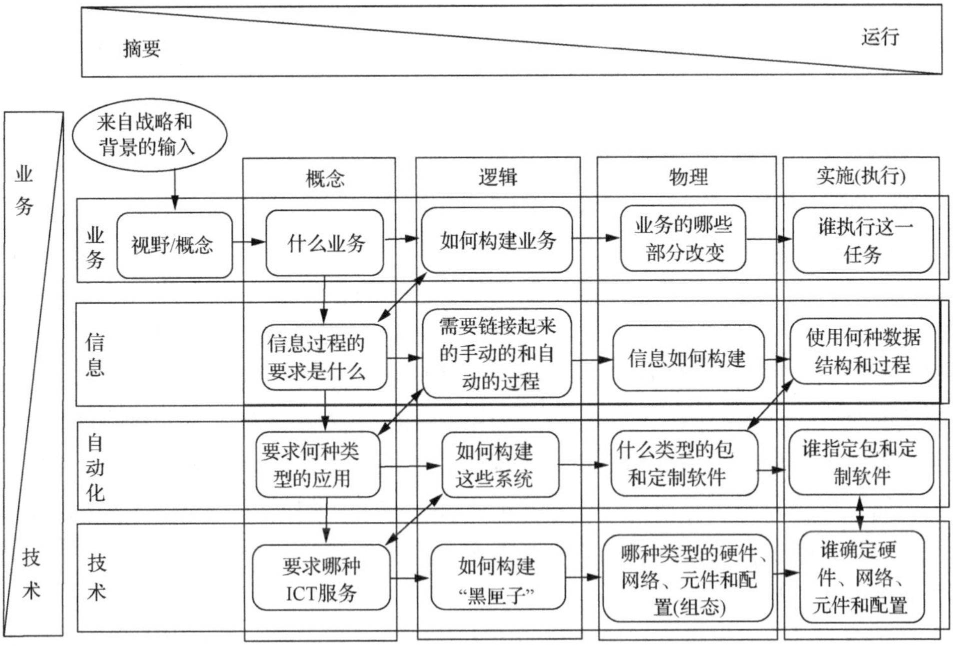

图 8.3　结构的 4 个层次和迭代的 4 个级别

概念：根据利益相关者概念上认为该业务（或可能希望该业务成为）的样子来模拟实际业务，如满足未来需求所需的作用/服务是什么。

逻辑：业务使用的“服务”模型，业务的逻辑表示，用来定义业务的逻辑实施，如结构如何(理想地)结构化。

物理：系统专业化。它们是完成任务所需的应用和人员的规范，如需要什么软件和过程。

实施(执行)：为执行实际工作而选择软件产品、人员和离散步骤。

图 8.3 中的矩阵描述了该方法的每一步所做的决策，并说明了某一步的决策可能会如何影响其相邻的决策。这个过程是从定义利益相关者的要求和目标开始的，这些要求和目标是所有后续结构决策的背景。虽然技术可能对利益相关者的目标产生影响，但背景不是由技术决定的。背景确定了那些受影响最大的和从该工作中获得最大价值的组织。背景还使其他组织能够了解哪些变更可能会影响其能力和工作。结构矩阵中，每个框用文字简要描述了该框的目标，并且通过框间的箭头指明了其后续的步骤，其中进行跨层次(垂直)和跨级别(水平)的交互与迭代的建议来自更高级别的决策。

8.3 映射到智能电网概念模型的传统系统的逻辑模型

基于 8.1 节的概念模型，图 8.4 针对电力业务的传统应用给出了 7 个智能电网领域之间(图 8.1 和表 8.1)存在的一些主要关系的高级总体逻辑结构表示。它给出了智能电网的作用(角色)之间可能的通信路径，是确定哪些传统应用可能成为智能电网的作用(角色)的良好候选者的有用工具，也是确定传统应用和新应用间潜在的领域内和领域间交互，以及这些交互所支撑功能的有用方法。需要强调的是，这里给出图 8.4 的模型的目的是，通过传统应用在提供智能电网核心服务时可能展现的交互类型的视图来帮助分析，而不是试图定义解决方案及其实施的设计图或推荐参考结构。结构文档比这里所说明的更深入，并且由智能电网结构模型覆盖，而该逻辑模型没有指定应用选择或实施细节。换句话说，这个模型是描述性的，而不是规范性的，其目的是在当今电力业务常用的传统应用背景下，强化对智能电网运行复杂性的理解。

传统系统的逻辑模型说明传统的电力系统如何适应智能电网概念模型。下面对该模型所涉及的几个名词给出补充解释。

领域一词的定义和 8.1 节相同。由于输电域和配电域通常共享网络，在图 8.4 中，它们被表示为重叠的领域。

主体(演员)一词定义和 8.1 节相同。这里展示的主体是现有逻辑服务、应用和设备类型的代表性示例，但绝不是包容性智能电网列表。

信息网络。信息网络是交换信息和共享资源的互联计算机、通信设备，以及其他 ICT 的集合或汇总。智能电网由许多不同类型的网络组成，图 8.4 中并未展示全部。网络包括：服务集成功能，可将领域内的应用和与其共享信息的其他领域连接起来；广域网连接地理位置遥远的地点；现场网络(FAN)连接设备，如控制断路器与变压器的智能电子设备和驻地网络(premises networks)，后者包括 HAN 以及用户领域中的公用事业网络。可以使用公共网络(如互联网)和非公共网络的组合实施这些网络。公共网络和非公共网络都将需要实施和维持适当的安全与访问控制来支持智能电网。可能通过公共网络通信的示例包括：客户到第三方提供商、发电到电网运营商、市场到电网运营商和第三方提供商到电力公司。

通信路径。通信路径显示主体(演员)、服务和作用(角色)之间或者它们与网络之间数据的逻辑交换。

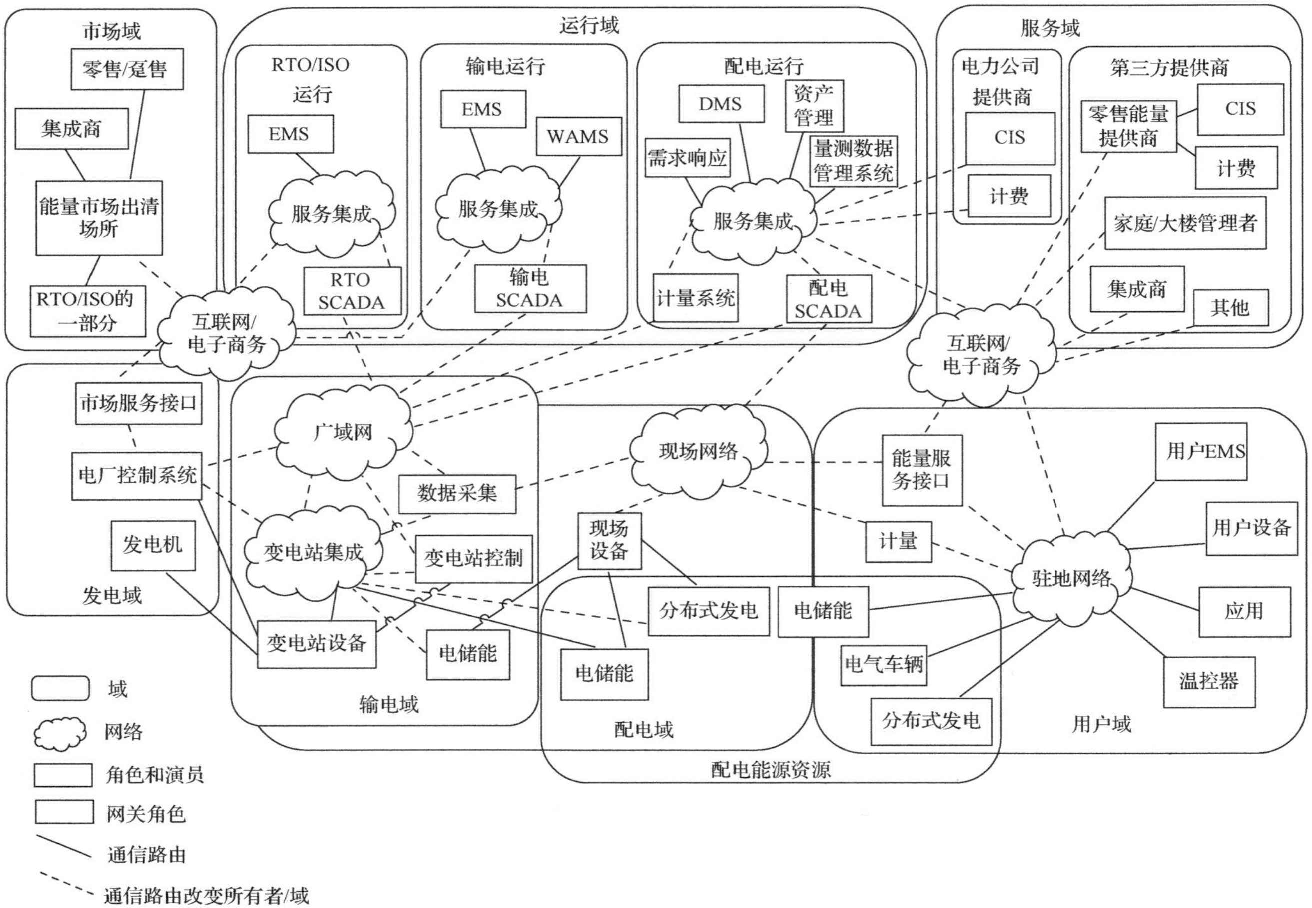

图 8.4　映射到智能电网概念模型的传统系统的逻辑模型

参 考 文 献

[1] NIST. NIST framework and roadmap for smart grid interoperability standards release 2.0（draft）[R/OL]. [2012-02-16]. https://www.nist.gov/publications/nist-framework-and-roadmap-smart-grid-interoperability-standards-release-20.

[2] NIST. NIST framework and roadmap for smart grid interoperability standards, Release 3.0 [R/OL]. [2014-09-01]. http://dx.doi.org/10.6028/NIST.SP.1108r3.

第 9 章　智能电网的标准与监管路径

互操作性和赛博安全标准是实现智能电网的效益以及管理整体成本的关键要素——支持标准的基础设施将实现效益。

标准的缺乏将使各种智能电网技术的投资存在风险，所投资的技术在应用中缺乏安全保障，也可能阻碍未来技术的创新及广阔应用，并且难以形成竞争的市场环境。为此，9.1 节将给出智能电网标准方面的一些基本概念。

监管路径的讨论是从能源政策的一般目标三角形开始的，该三角形显示的是能源供应系统变革的三种重要驱动力，这些驱动力是引导智能电网发展的主要因素，可为建立智能电网设想一个应采取措施的路线图。在其基础上，9.2 节将提供三种可供选择或组合的场景。要实现这些计划，需要在政府主导下，定义智能电网角色和责任、定义未来的能源供应(包括可再生能源(RES))和智能电网的长期发展目标、开放市场、明确信息共享。

9.1　智能电网标准

1. 建立标准的主要作用与挑战

1) 建立标准的主要作用[1]

编制和采纳开放式标准，可确保取得以下益处。

(1) 今天在智能电网领域的投资在未来依然是有价值的。通过制定标准，可以保证今天对智能电网的投资能与未来更先进的技术相兼容；也可以确保在装设智能电网设备时充分考虑未来电网的安全。

(2) 促进创新。共享的标准和协议可以确保新技术可应用于整个电网，降低交易成本并提高兼容性，从而帮助降低投资风险；还可以通过提供有效的市场环境来激励企业家的工作。

(3) 为消费者提供选择余地。在达成共识的基础上，各方合作所制定的开放性标准可以减轻人们对某些公司的担忧，因为他们可能试图采用专有技术使其产品(也就是消费者的资产)与其他供应商的产品或服务不相兼容的方式“绑架”消费者。

(4) 降低成本。标准可以减少市场分割，有助于形成规模经济，有助于形成竞争的市场环境，使供应商在价格和质量方面展开市场竞争，从而为消费者提供更多的选择和更低的价格。

(5) 提供指导。当电力公司面对新技术无从抉择时，标准为其提供最优的方法；

在电力公司面对新的赛博安全、互操作性以及隐私问题时，标准可以为他们提供指导。

(6) 打开全球市场。制定国际智能电网互操作性标准可以帮助打开全球市场，为企业创造出口机会，创造更大的经济规模，促进供应商之间的竞争，从而降低电力公司和消费者的成本。

若没有标准，对各种智能电网技术的投资则存在风险，如投资的技术可能因为不成熟而被淘汰，更糟糕的是，投资的技术在应用中将缺乏安全保障。标准的缺乏也可能阻碍未来技术的创新及广阔应用，如能对电价信号进行(需求)响应的智能家电。

2) 建立智能电网标准的挑战性问题[2]

先进数字技术(基于微处理器的测量和控制、通信、计算和信息系统)的应用有望大大提高电网的可靠性、安全性、互操作性和效率，同时减少对环境的影响并促进经济增长。但是增强的连通性和互操作性的实施需要创新的、独创性的、不同的应用及可彼此无缝运行的系统、设备，涉及作为集成平台的开放系统体系结构的综合使用，以及通信与信息系统认同的技术标准和协议。国际能源署(IEA)在其 2013 年的报告[3]中强调了如下两方面。

(1) 大量智能电网技术的整合是智能电网开发和部署中面临的最大挑战。

(2) 通过技术标准和电网规范实施互操作性是技术开发的关键要素。

NIST 在承担制定协议和模型标准框架这项重要任务时，同时规定了该框架需要具有的特点。

(1) 框架是灵活、统一和技术中立的，包括但不限于管理智能电网信息的技术。

(2) 设计应能适应传统集中式的发电和输电资源以及消费者的分布式资源。

(3) 旨在灵活地纳入区域和组织差异，以及技术创新。

只有这样，特定类别的大量生产家用电器和家用设备的企业才会使用统一标准，使电力客户的选择符合国家的相关法律，并具有应对电网紧急情况和需求响应信号的能力。

标准的制定并不是一次性的工作。初稿制定完成后需要定期对其进行复审和修订。在此过程中，标准逐渐趋于成熟和完善。

2. 九个优先领域

智能电网最终将需要数百种标准。其中有些标准的需要比其他标准更迫切，需要优先考虑，为此 NIST 选择专注于七个关键功能(再加上赛博安全和网络通信，一共九个优先领域)，这些功能对智能电网技术和服务的持续与短期部署特别重要。

需求响应和消费者能源效率。这为公用事业、商业、工业和住宅用户提供机制与激励措施，以改变他们在峰值需求或电网安全性处于风险时的能源使用。需求响应对于优化电力供需平衡是必要的。随着获得更多能源消耗的详细信息，消费者也可以通过效率行为和投资来节省能源，实现可衡量的效果和受益。

广域态势感知。这用于在近乎实时的情况下，对互联和跨越辽阔地理区域的电力系统元件与性能进行监测及显示。态势感知的目标是理解并最终优化电力网络的管理、行为和性能，以及预测、阻止或应对扰动出现前的问题。

DER。这涵盖与配电系统相互连接的发电和/或电能存储系统，包括安装在用户端“电表后面”的设备。DER 利用广泛的发电和储能技术，如可再生能源、热电联产、固定的电池储能和带有双向转换器的电动汽车。DER 可用于本地发电/储能，可以参与容量和辅助服务市场，也可以汇集成虚拟发电厂。由智能逆变器互连设备实现的先进的电网互动式 DER 功能正在越来越多地用来(并且在一些管辖区域中需要)确保电能质量和电网稳定性，同时满足配电系统的安全要求。高级 DER 功能还能够实现新的电网架构，其中包含微网，当电力中断时，它可以与电网分离，并可与电网运行合作以形成更具适应性的韧性电力系统。

储能。这包括直接或间接储存能量的方法。目前使用中最常见的大容量储能技术是抽水蓄能技术。新的储能能力(特别是分布式储能)将有利于整个电网，包括从发电到终端用电。

电力运输。这主要是指用于大规模集成插电式电动汽车。电力运输可能会大大减少国家对外国石油的依赖，增加可再生能源的利用，提供电力储存，以改善高峰期的需求，大幅度减少国家的碳足迹。

网络通信。它指用于智能电网领域(用户域、市场域、服务域、运行域、发电域、输电域和配电域)和子领域的各种有线和无线的公共及私有通信网络。各种网络环境，不同应用程序、行为主体(演员)和领域之间的性能指标与核心业务需求的识别，以及开发、实施和维护适当的安全及访问控制，对于智能电网至关重要。另外，正如 FERC 所指出的，跨领域的问题需要共同的语义框架(关于含义的协议)以及用于实现跨系统界面的有效沟通和协调的软件模型。接口是两个系统需要彼此交换数据的访问点，即使系统的内部运作完全不同，只要每个系统都能理解并对其他系统提供的数据进行响应，就能进行有效的沟通和协调。

AMI。它提供了近乎实时的电力使用监控。这些先进的计量网络具有许多不同的设计，也可用于实现住宅需求响应，包括动态定价。AMI 包括通信硬件和软件以及相关的系统与数据管理软件，它们共同创建了高级电表和公用事业(如电力公司)业务系统之间的双向网络，从而使作为竞争对手的零售商或公用事业本身能够向客户和其他方面收集与分发信息。

配电网管理。它着力于最大限度地提高配电系统的馈线、变压器和其他组件的性能，并将其与输电系统和客户运行相集成。随着智能电网功能的发展，如 AMI 和需求响应，以及大量 DER 和混合电动汽车的部署，配电系统的自动化对于整个电力系统的高效可靠运行变得越来越重要。配电网管理的预期收益包括提高可靠性、降低峰值负荷、提高配电系统的效率以及提高管理分布式可再生能源的能力。

赛博安全。这包括确保智能电网能源、信息技术、电信基础设施的管理、运行和保护所需的电子信息通信系统与控制系统的机密性、完整性、可用性的措施。

3. 智能电网赛博安全

除电力的基础设施外，智能电网的主要要素还包括 IT、工业控制系统(ICS)以及用于在整个电网上发送指挥信息的通信基础设施。这些元素还用于在电力公司和他们的客户之间交换使用与计费信息。至关重要的是，赛博安全被设计为支持智能电网的新系统，如果可能，可将其添加到现有系统中而不影响运行。电网是国家经济和物质福祉的基础，电力系统中新呈现的赛博威胁已突出地表明，需要集成高级的安全以保护关键资产。

传统上，IT 的赛博安全专注于保护信息和信息系统免受未经授权的访问、使用、披露、中断、修改或破坏，以保障机密性、完整性和可用性。

智能电网的赛博安全需要强化的重点是 IT、ICS 和通信系统的组合，以及它们与物理设备和资源的集成，以保持智能电网的可靠性和安全性，并保护智能电网消费者的隐私。智能电网赛博安全必须包括“电力和赛博系统技术”与“IT 和 ICS 运行及治理过程”间的平衡。当一个部门(如 IT或通信部门)的做法直接应用于电力部门时必须小心，因为这种做法可能降低可靠性并增加风险。显而易见的是，电力部门对通信时间的要求可能与 IT 和通信部门不同。在电力部门，历史上的重点是使用可以提高电力系统可靠性的设备。通信和 IT 设备以前被视为只是支持电力系统的可靠性的。然而，通信和 IT 部门对于电力系统可靠性的影响正在变得越来越重要。

这些部门中的每一个部门都有现行的安全标准，其重点是识别系统中已知类型的漏洞，但是这些漏洞也需要在智能电网基础架构的背景下进行评估。此外，智能电网将会有更多的漏洞，这不仅是因为它的复杂性，还因为它的利益相关者众多以及对时间高度敏感的运行要求。事实上，许多标准不包括赛博安全，也没有可作为最新的规范性参考的赛博安全标准。在美国，智能电网互操作性小组(SGIP)智能电网赛博安全委员会(SGCC)正在审查智能电网相关标准的赛博安全，并就如何在未来的修订中纳入赛博安全以及如何将赛博安全纳入标准的实施中提出建议。与此同时，这个领域的所有智能电网利益相关者的协同努力已经促使了通过定制的指导、分析和工具来推动赛博安全。

9.2 能源政策三角形和智能电网监管路径

本节将简要地介绍能源政策三角形和智能电网路线图，它取自《中国智能电网发展监管路径研究报告》[4]。该项目是“中德气候变化项目”的组成部分，由国家能源局指导，德国联邦经济合作与发展部委托德国国际合作机构执行。报告借鉴德国和其他国家的实践经验，结合中国的实际，给出了支持中国智能电网发展的 7 项建议[3]。

1. 能源政策三角形

如图 9.1 所示，能源政策的一般目标三角形给出了能源供应系统关注的三种重要的驱动力，即引导智能电网发展的主要影响因素，它们可为智能电网的实施设想一个应采取措施的路线图，包括如下三个场景。

(1) 供电可靠性与安全性场景：①使消费者和发电易于并网；②提高电力资产利用率和电能的传输效率；③降低电力供应中断的数量。

(2) 生态可持续发展场景：①保持空气质量在局部可接受的水平；②为保护全球气候而减少二氧化碳的排放；③增加可再生能源发电。

(3) 买得起的能源和竞争场景：①创建一个经适当市场设计的公平的竞争环境；②设计一个适当的市场，创造机会鼓励第三方市场参与；③设计具有适当承受能力的电力市场。

图 9.1 中列出了分别支持这三个场景的相关目标。需要强调的是，加强智能电网规划与加速智能电网建设这两个目标，是与所有场景相关的，不应仅把它们与一个单一的场景相关联起来。

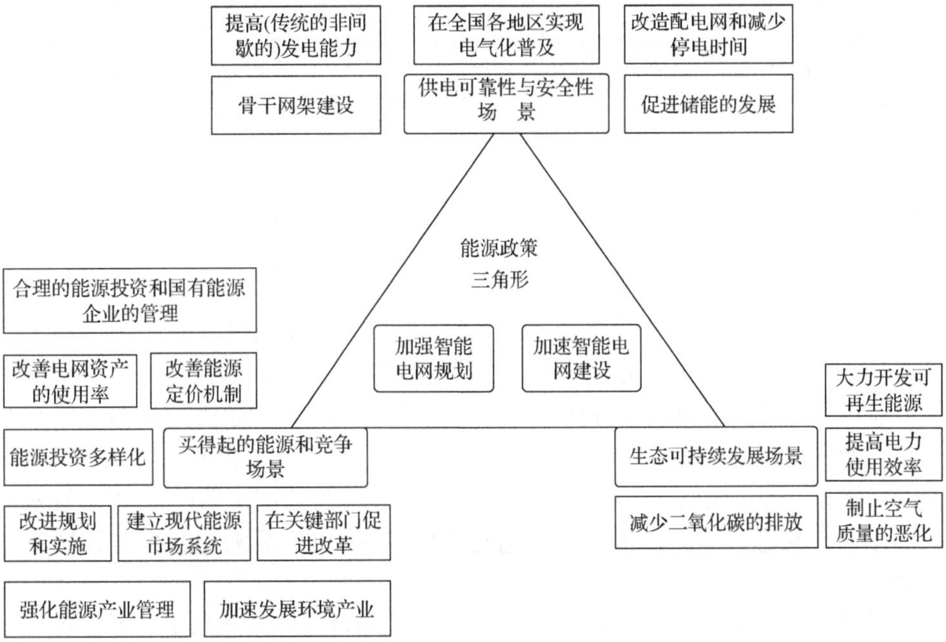

图 9.1 场景及其与能源政策目标的关联

2. 智能电网路线图示例——与场景相关的实现优先顺序的建议

针对上述场景，为了将当前的电网转变为智能电网，需要考虑各项建议实现的优先顺序。优先排序是依据其对场景的相关影响、可行性和需要的紧迫性进行评估得出的。聚焦不同场景时，实现的优先级顺序不同，如图 9.2 所示。

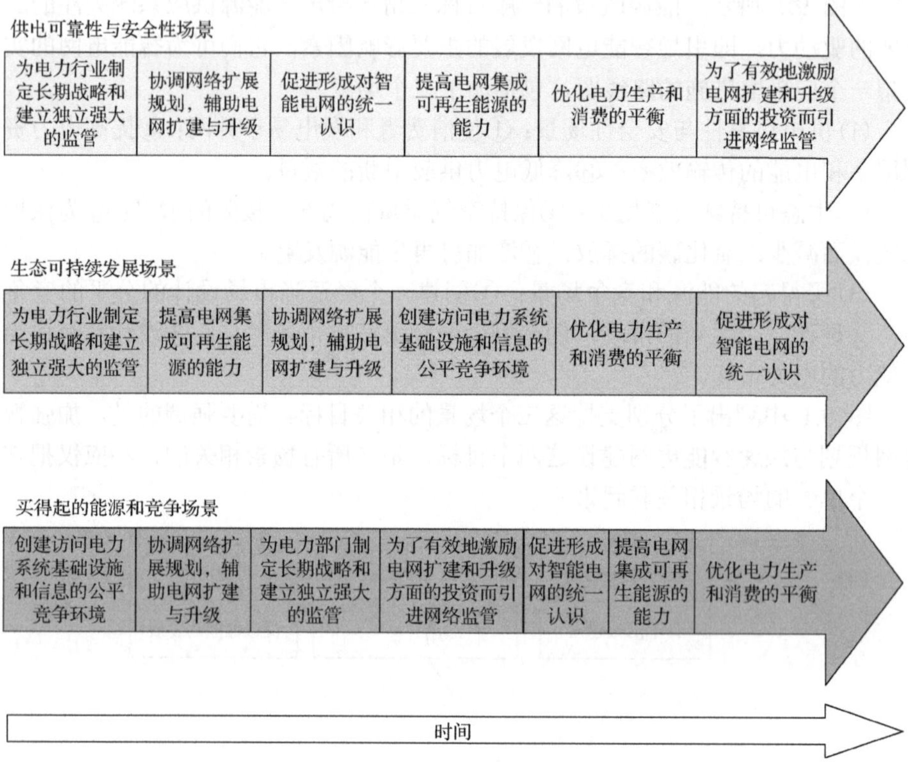

图 9.2　三个场景实施的优先级顺序

(1) 以供电可靠性与安全性场景为主要目标时，智能电网的实施顺序(按优先级递减排列)如下：①为电力行业制定长期战略和建立独立强大的监管；②协调网络扩展规划，辅助电网扩建与升级(包括新的发电能力、竞争性招标的实施和发电与消费的协调)；③促进形成对智能电网的统一认识；④提高电网集成可再生能源的能力；⑤优化电力生产和消费的平衡(包括定价局部协调)；⑥为了有效地激励电网扩建和升级方面的投资而引进网络监管(包括监测和减少非计划停运基准)。

创建访问电力系统基础设施和信息的公平竞争环境在此场景下并不重要。

(2) 以生态可持续发展场景为主要目标时，智能电网的实施顺序(按优先级递减排列)如下：①为电力行业制定长期战略和建立独立强大的监管；②提高电网集成可再生能源的能力；③协调网络扩展规划，辅助电网扩建与升级；④创建访问电力系统基础设施和信息的公平竞争环境；⑤优化电力生产和消费的平衡；⑥促进形成对智能电网的统一认识。

(3) 以买得起的能源和竞争场景为主要目标时，智能电网的实施顺序(按优先级递减排列)如下：①创建访问电力系统基础设施和信息的公平竞争环境；②协调网络扩展规划，辅助电网扩建与升级；③为电力部门制定长期战略和建立独立强大的监管；④为了有效地激励电网扩建和升级方面的投资而引进网络监管；⑤促进形成对智能电网的统一认识；⑥提高电网集成可再生能源的能力；⑦优化电力生产和消费的平衡。

对如上三种场景，有三种对应的实施路线，为简单起见，下面以生态可持续发展场景为例介绍 GIZ 结合中国情况于 2014 年所给出的实施路线建议。图 9.3 给

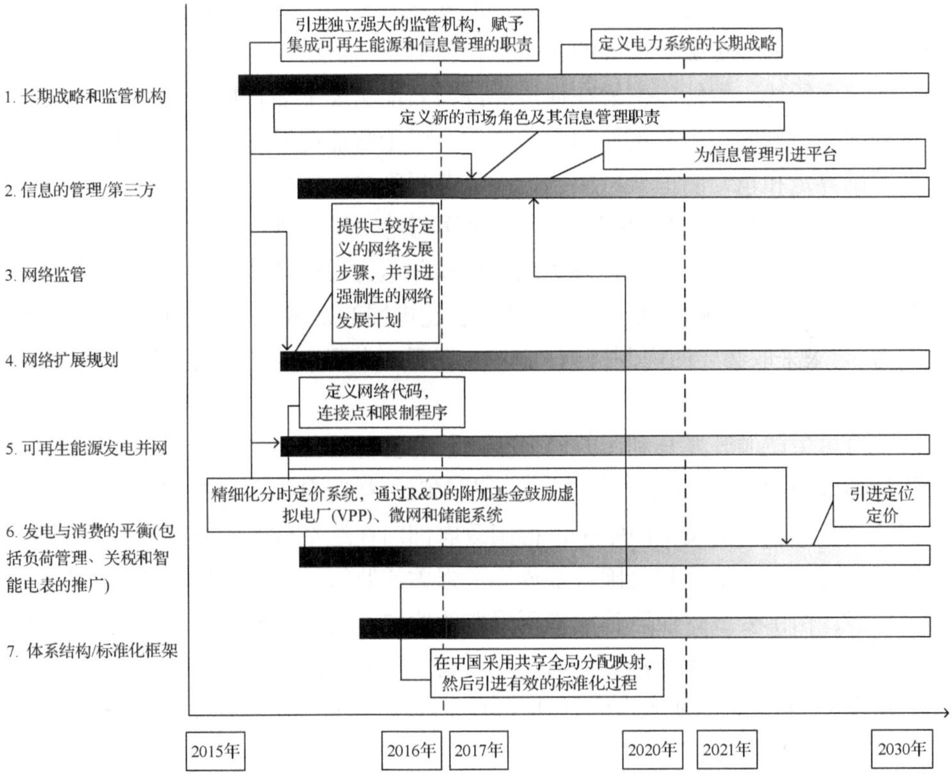

图 9.3　聚焦于生态可持续发展场景时，智能电网主要行动①的起点②和时间间隔及其依存关系

① 鉴于该场景是聚焦于生态可持续发展的，分布式可再生能源的开发处于优先地位。网络监管不是这种情况下的重要调控措施。

② 这里的行动起点只提供了一个时间顺序安排上的相对概念。

出了聚焦于生态可持续发展场景时，GIZ 建议的智能电网主要行动的起点和时间间隔及其依存关系。

需要说明的是，前述三种场景是分别相对于供电可靠性与安全性、生态可持续发展、买得起的能源和竞争这三者之一作为总体目标的极端情况的。最有可能的是，随着智能电网的发展，它并不单纯追求这些目标之一。相反，智能电网将支持三个政策目标的不同程度的实现。

3. GIZ 的两个政策性建议

建议 1 定义智能电网角色和责任。

中国未来的电力系统需要加大投资和努力。中国计划大幅扩大发电和电网容量，以应付不断增加的电能需求，而与此同时积极支持《巴黎协定》，且已经开展绿色金融。后者将显著增加可再生能源的开发与利用。为了实现这些计划，一个强有力的政府领导是必不可少的。

如前面所述，智能电网旨在促进经济高效地实现上述目标，且可再生能源的整合是智能电网的一个关键原动力。因此，对于智能电网和可再生能源，需要有一个明确界定和承诺的框架，应包括：要有明确的短期(如 2020 年的)和长期(如 2050 年的)可再生能源发展目标，激励可再生能源的规则(如可再生能源的支持计划、与电网连接方式)，以及有关政府机构和电力行业其他参与者的角色及职责的具体定义。需要注意的是，一个有效的智能电网的发展(含第三方投资增加的创新潜力)要求采取必要的强制措施，因此，需要一个强大的管制者支持智能电网的发展。

在可再生能源开发与利用方面，德国政府已把目标明确地定义为，可再生能源的份额到 2020 年为 35%，至 2050 年为 80%。按照自上而下的方法，这些目标被落实到智能电网的发展战略中，德国政府部门在这个过程中具有特别重要的作用。许多国家，如德国和美国，都成立了强大的监管机构，以监督业绩和智能电网的发展。由部委或行业监管机构所采取的决定不能被推翻，但可以在法院受到挑战。除了这样的法律监督，英国还要求竞争委员会评估监管机构的决定。

建议 2 对未来的能源供应(包括可再生能源)和智能电网的发展，给出定义并设置明确的长期目标。

智能电网的框架应包括如下几方面。

(1) 长期需要的能源法(包括长期目标、规则的实施和协调)。

(2) 更新了的强大的和稳定的可再生能源支持系统。

(3) 政府协调网络发展规划。

(4) 规范(包括一个强大的监管机构的)角色和职责。

(5)监管机构应该能够执行其决定。

(6)为访问基础设施和信息创建公平的竞争环境。

开放市场，允许第三方(其他行业或其他国家的公司)参与的主要优势是创新的潜力。这种新的市场参与者，经常创造新的商业机会，并且提高消费者的福利。相应地，创建公平的竞争环境和允许第三方进入市场是开放先前受监管市场所面临的主要挑战。

电力系统各个方面的信息对智能电网至关重要，需要管理好这些信息。信息管理应兼顾两个目标：协调和竞争。一方面，电网运营商必须协调许多分散行动，以确保电网的安全性、稳定性和经济性。要做到这一点，电网运营商需要这些行动的信息。另一方面，智能电网是所有参与者共同形成的，所以保障平等地获取信息极其重要。欧盟委员会智能电网任务工作组(SGTF)目前正在讨论潜在的智能电网中的数据处理概念。讨论的主要焦点问题是，谁管理智能电网中的数据和谁应该有资格接收这些数据。

尽管德国尚未决定如何进行信息管理，一些实施智能电网的国家已经启动了第一个概念。例如，在加拿大，安大略省的独立电力系统运营商(IESO)被分配给开发信息数据管理和监督的任务。荷兰采用了基于配电系统运行(DSO)所有权分拆的各种方法。

在中国，目前数据管理是系统运行人员的任务。国家电网有限公司和中国南方电网公司目前正在开发用于智能电网的智能化管理工具。“十一五”期间开始的首项研究是，为智能电网开发数据平台。随着分布式可再生能源发电所占份额的增加，在消费者、生产商和网络运营商之间互动的信息交流也增加。因此，网络运营商所采取的举措可作为智能电网的基础信息平台的进一步发展的基础。到目前为止，网络运营商的工具只供运营访问，第三方访问这些系统似乎是不够的，需要创造公平的竞争环境。

在智能电网的治理结构中，需要：①为第三方的利益相关者定义最低限度的必要要求；②建立一个让第三方的利益能够得到保证的平台；③指定哪个机构应该负责信息管理的协调与竞争之间的平衡。特别地，它应以非歧视的方式安排谁能访问这些信息和谁能管理这些信息。

参考文献

[1] NIST. NIST framework and roadmap for smart grid interoperability standards release 2.0 (draft) [R/OL]. [2012-02-16]. https://www.nist.gov/publications/nist-framework-and-roadmap-smart-grid-interoperability-standards-release-20.

[2] NIST. NIST framework and roadmap for smart grid interoperability standards, release 3.0. [2014-09-01]. http://dx.doi.org/10.6028/NIST.SP.1108r3

[3] International Energy Agency. Tracking clean energy progress 2013[EB/OL]. [2017-08-01]. http://www.iea.org/publications/TCEP_web. pdf.

[4] Brunekreeft G, Luhmann T, Menz T, et al. Regylatory Pathways for Smart Grid Development in China[M]. Wiesbadens Springer Fachmedien Wiesbaden , 2015.

第二篇　智能电网的关键技术

第1章 灵活的配电网络拓扑

智能配电系统将是分布式智能和分布式自治的基础设施[1]，为此首先需要建设一个灵活的电力网络拓扑。

未来的电网结构将是在现有结构基础上通过巨额的投资实现的，是对现有系统功能的一种自然移植。不同类型的系统(如市区、郊区、农村、优质电力区域等)有不同的最优结构和不尽相同的关键技术，本章将予以简明介绍。一些关键技术在以后章节中还会深入展开。

在设计灵活的配电网络拓扑时，微网是一种完美的构成形式，所以本章会多次涉及，并且单辟一节对其关键技术和重要研发领域予以较详细的介绍，涉及元件、系统、规划与设计、运行与控制4个方面。微网的应用意味着本书讨论的许多中间(intermediate)技术[2,3]的实施。

1.1 配电系统简介

1. 概述

配电系统是电力系统的最后一个环节，连接配电变电站和电力用户。图 1.1显示了电力系统的主要组成部分。发电厂将蕴藏在煤、石油、天然气、核能等燃料中的化学能或者风能、太阳能、水能等其他形式的能量转变成电能，通过升压变压器向电网供电。为了减少电能在传输过程中的损失，升压变压器会提高电压以减小电流。高压电网中的输电线将发电厂和高压变电站连接起来。典型的高压输电网的电压在 330～1000kV。输电线受端的高压变电站，即枢纽变电站，位于负荷中心附近，如大城市的郊区。该网络使负荷可由所有发电厂联合供电，从而确保其具有较高的供电可靠性。一条输电线路或一台发电机的停运不会影响电网对用户的供电。

我国配电网包括 110kV、66kV、35kV 的高压配电网，20kV、10kV、6kV 的中压配电网及 0.4kV 的低压配电网。在某些特大型城市中，220kV 电网有时也归入高压配电网。

中压配电系统包括架空线和地下电缆，称为馈线。馈线沿街道延伸，向配电变压器供电。配电变压器将电压由中压降低到低压配电水平，其接线组别通常为 Yyn0 和 Dynll 两种。我国通常把 10kV 降为 220V/380V 三相四线系统，然后通过架空线或地下电缆直接向电力用户(住宅、轻工业、商店等)提供单相或三相电力。

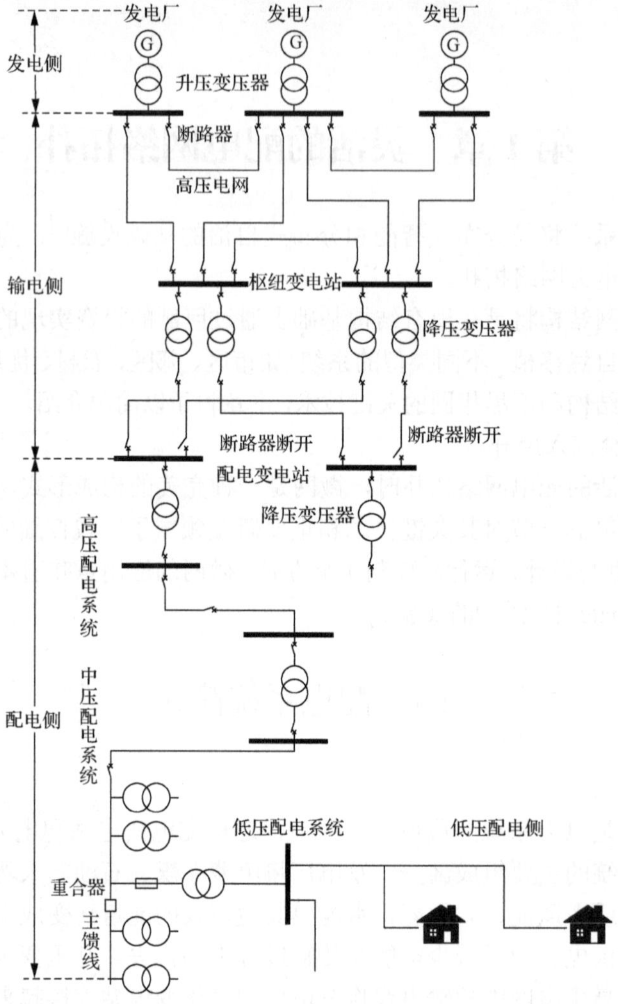

图 1.1　电力系统示意图

绝大多数配电系统是辐射状的，主要是由于实用性和成本较低。认识到系统故障的处理需要足够的响应时间，并需要操作的灵活性，特别是在地下系统中，一些电力公司已对配电系统的基本类型的变化加以标准化。

欧美国家通常将向居民直接供电的(110V/220V 或 220V/380V 等)低压配电系统称为二次配电系统(secondary distribution system)，将其上一级的(6～37kV)中压配电系统称为一次配电系统(primary distribution system)，而将成开环运行的更高电压级(如 66～220kV)的高压配电系统称为子输电系统(subtransmission system)，同时将装置高压配电/中压配电(如 230kV/20kV)变压器的变电站称为高压配电变电站(high voltage distribution substation)。后续涉及欧美国家电力系统的例子中会用到这些术语。

后续叙述中会将“系统”一词与运行相关联，而将“结构”一词与电网的设计相关联。配电系统的两种基本类型如下：①辐射状系统，通常在这些系统中只有一个功率流的路径，电力供应链中的一个组件的故障通常会导致用户停电；②网络状系统，在这些系统中至少有两个并行的功率流的路径，有足够的重复性设施，由第一次故障造成的一个元件的停运，不会导致用户停电。

2. 中压配电系统

在低负荷密度地区，中压配电系统采用的是辐射形网络结构。这种接线方式虽然经济性高，但可靠性很低。负荷密度高的大城市中采用的是环形网络结构，主馈线(架空线或电缆)分别由两个相互独立的配电变电站引出，此时两个变电站共同承担负荷。环网接线方式极大地提高了系统的可靠性，问题是若采用这种连接方式运行，当两个供电的变电站的电压不同时会产生环路电流。采用闭环设计开环运行方式可以避免环流的产生，这种连接方式是一种广泛采用、很受欢迎的电路。图 1.2 所示为一种典型的环形网络结构，但运行时系统是辐射状的。在需要更高可靠性的地方还可采用三电源供电。

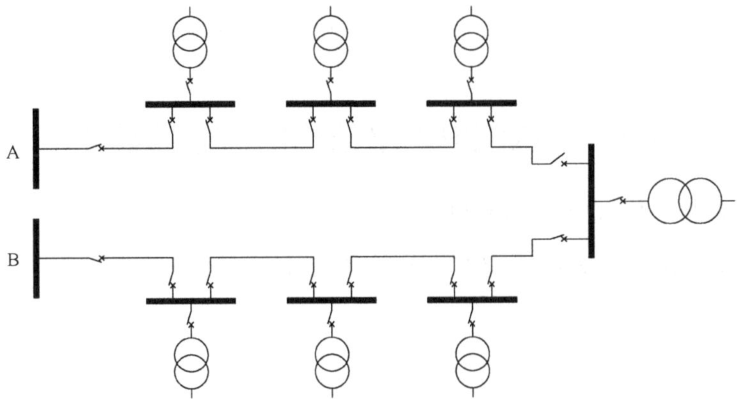

图 1.2 典型环形网络接线中压配电系统的开环运行模式

3. 低压配电系统

低压配电系统通过配电变压器和低压电缆向用户提供电能。我国传统采用的是 220V/380V 三相四线(低压侧中性点接地)网络。现在部分地区也开始采用单相变压器(10kV/220V)配电方式。可根据地区情况来决定是采用地下电缆还是架空线。照明负荷和家用电器最普遍的是采用 220V 的单相两线方式供电，商业和居民混合的高密度负荷区域中，动力负荷采用的是 220V/380V 三相四线方式供电，市内多采用地下电缆的方式。高层建筑通过 220V/380V 三相四线系统供电。常用的是辐射状低压配电系统(图 1.3)。

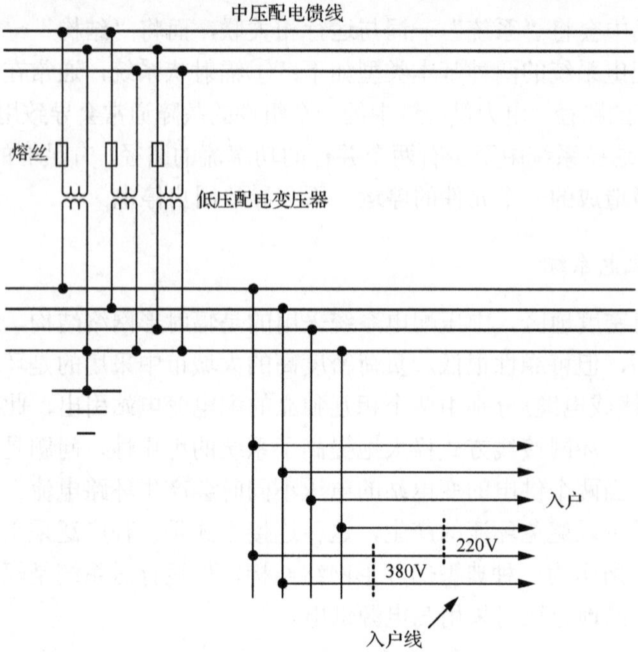

图 1.3 典型的辐射状低压配电系统

1.2 中压配电网络结构的概念性设计

1. 概念性设计(1)——初等概念

图 1.4 给出了未来配电网络结构的初等概念，其中压(一次)和低压(二次)配电系统的特点如下。

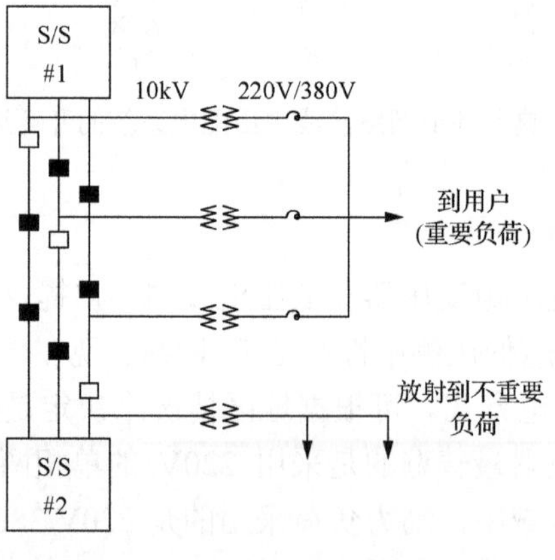

图 1.4 未来配电网络结构初等概念

(1) 中压配电系统：中压馈线双电源、多分段；分段间实现倒闸自动化。

(2) 低压配电系统：重要负荷用多电源、小型孤立网络；不重要负荷用单电源、辐射状网。

(3) 可靠性模拟：*N*–2 安全校验；基于用户要求的可靠性。

2. 概念性设计(2)——配电网络结构演变(典型供电模式的过渡形式)

1) 架空线路

架空线路典型的过渡形式见图 1.5。

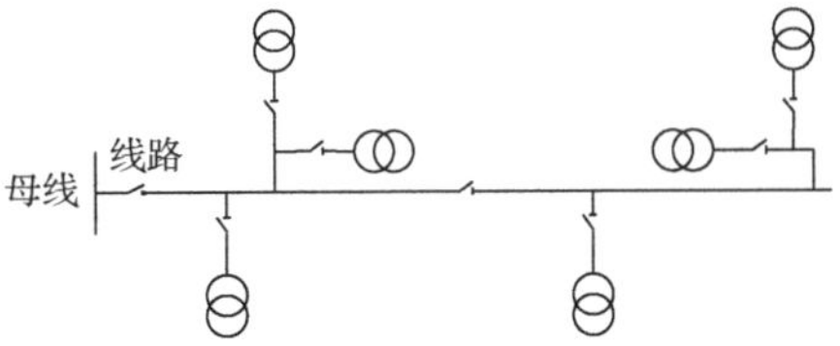

(a) 单辐射接线模式

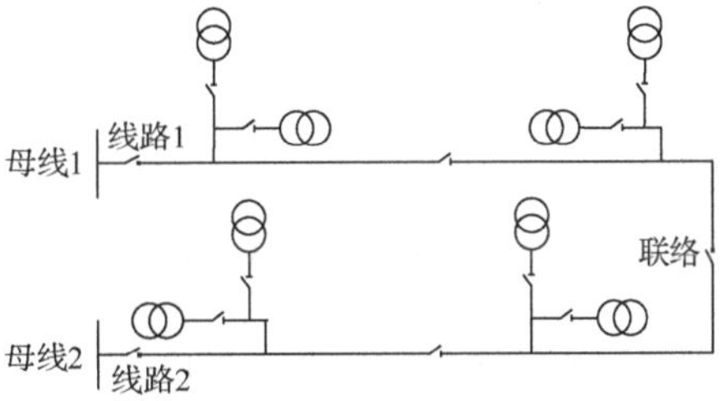

(b) 站内联络单环网接线模式

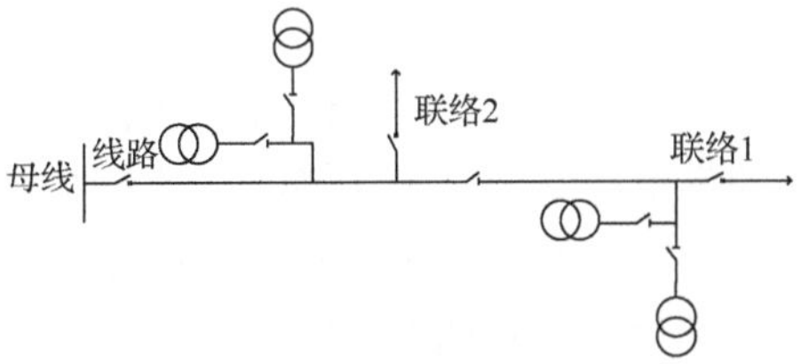

(c) 两分段两联络接线模式

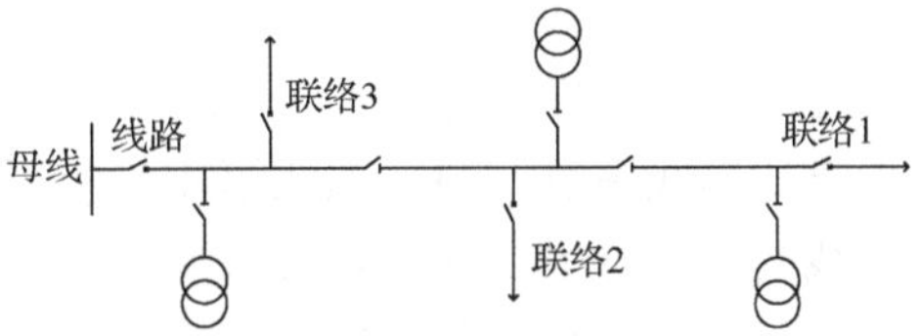

(d) 三分段三联络接线模式

图 1.5　架空线路三分段三联络接线典型过渡方式

在负荷发展的初期，负荷较小，可首先形成单辐射供电模式；随着该区域负荷的发展，以及对可靠性要求的提高，可先形成站内联络的单环网接线模式，此时两条线路的负载率都不应该超过 50%；但区域负荷发展到超出两条线负载率的 50%时，就可以考虑和其他线路建立联络，形成两分段两联络接线模式，线路正常负载率可达到 67%；负荷继续发展，负载率超出 67%时，就可以考虑再和其他线路建立联络，形成三分段三联络的最终接线，线路正常负载率可达到 75%(线路额定电流为 600A，持续负荷电流为 450A，用 450A/600A 表示，如图 1.6 所示)。故障时通过联络开关由其他馈线供电。

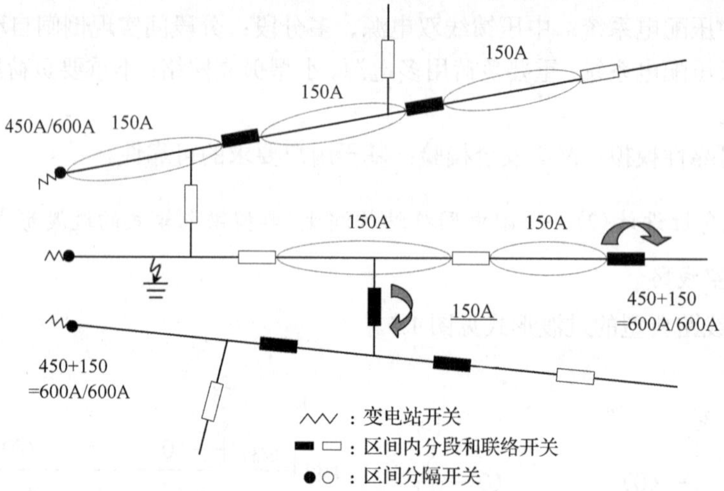

图 1.6　日本东京 6kV 配电网原来的三分段三联络接线

日本东京在高负荷密度地区采用了六分段三联络的接线(图 1.7)，配电自动化系统通过对全部开关的遥控，协调多条馈线间的负荷转移，提高线路负荷水平至 510A，正常负载率可达到 85%。该电网被认为是智能配电网的雏形。如图 1.7 所示，把 3 条馈线自上而下称为第 1、第 2 和第 3 馈线。第 2 馈线第 3 段发生短路故障时，断开其两端开关隔离，同时：①闭合第 2 馈线与第 3 馈线间的联络开关，由第 3 馈线恢复对第 2 馈线第 4 段和第 5 段的供电；②闭合第 2 馈线末端与对侧馈线的联络开关，恢复对其末端的供电；③断开第 3 馈线第 5 段与第 6 段间的开关，闭合其末端的开关把第 3 馈线的末段负荷转移给其对侧的线路。这样既保证了对非故障段的供电，又能保证所有馈线均未过负荷。

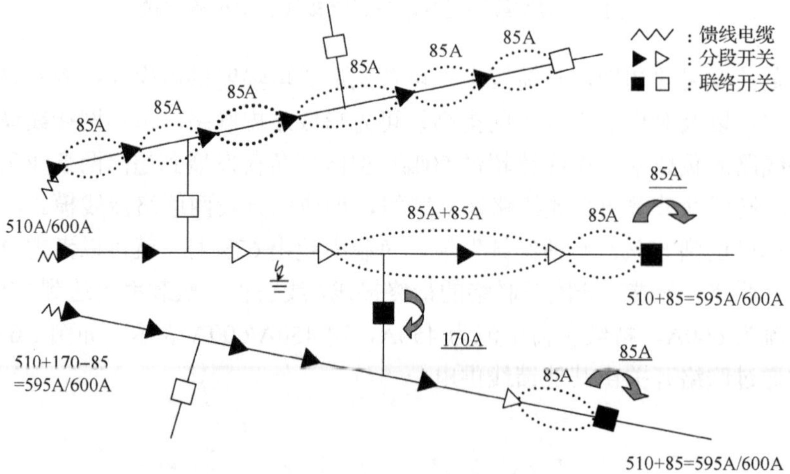

图 1.7　日本东京 6kV 配电网的六分段三联络接线

2) 电缆线路

电缆线路的典型过渡过程如图 1.8 所示。

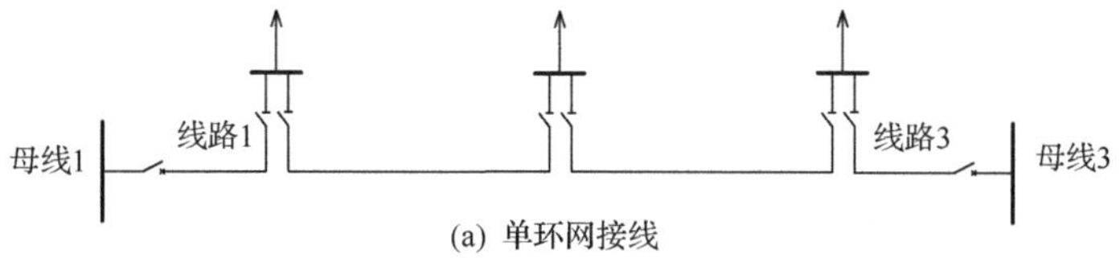

(a) 单环网接线

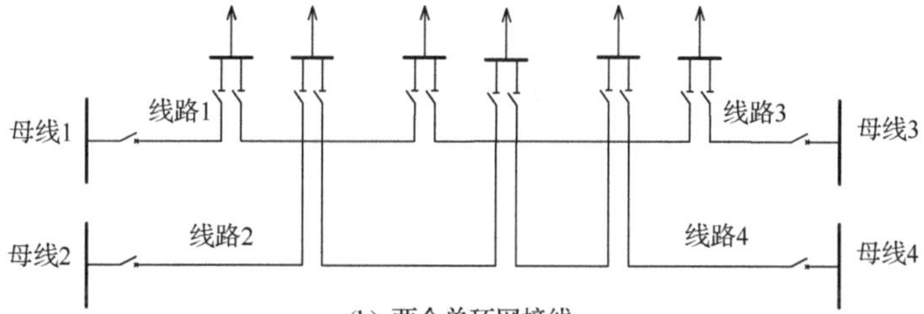

(b) 两个单环网接线

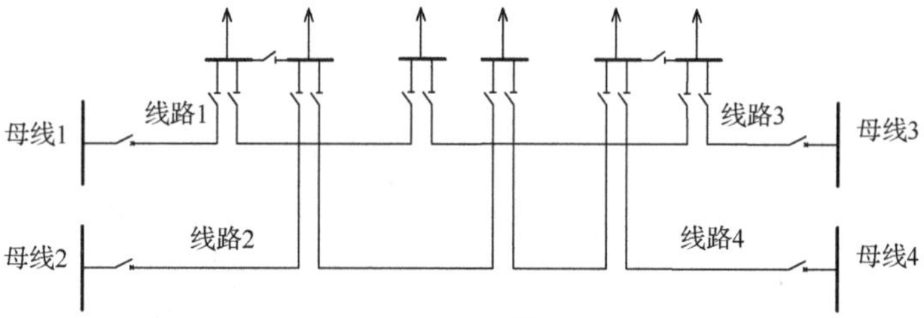

(c) 两联络两Π接线

图 1.8　电缆线路两联络两Π接线典型过渡形式

在馈线组负荷发展的初期，负荷较小，可首先根据该区域现有线路的情况形成线路单环网接线方式，此时两条线路的负载率都不应该超过 50%；在馈线组区域负荷发展到两条线负载率超出 50%时，建立第二个单环网；随着负荷继续发展，最终形成两联络两Π接线，线路正常负载率可达到 67%。

《国家能源局关于印发配电网建设改造行动计划(2015—2020 年)的通知》要求中压配电网：①在中心城区，形成环网、多分段适度联络结构；②在城镇地区，合理设置线路分段，加强线路联络；③在乡村地区，合理增加线路分段数，具备条件时可就近联络。

3. 概念性设计(3)——多孔闭环建设

EPRI 针对未来中压配电网给出了如图 1.9(a)和(b)所示的概念性设计。其中，中压馈线为双电源、两分段或三分段；多孔闭环建设、开环运行，馈线可相互支援，倒闸自动化。

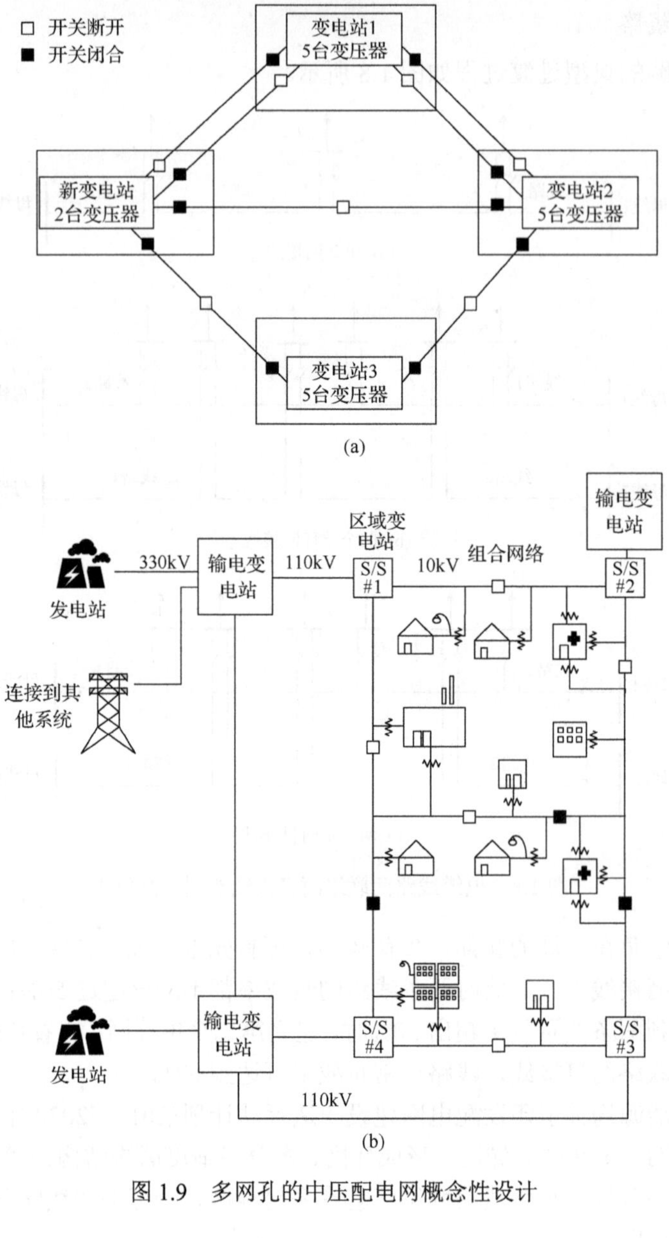

图 1.9　多网孔的中压配电网概念性设计

4. 概念性设计(4)——梅花状供电模式

为了改善供电可靠性，新加坡的城市中压配电网采用了梅花状供电模式。如图 1.10 所示，梅花状供电模式的典型连接方式为：变电站每两回中压馈线组成环网，形成花瓣结构，由不同电源供电的变电站的每两个环网在中间互相连接组成花瓣式相切的形状；变电站内单联络和变电站间单联络共同实现了网络连接，站内联络部分闭环运行，站间联络部分开环运行。通常在每两个环网之间的联络处接入最重要的负荷。

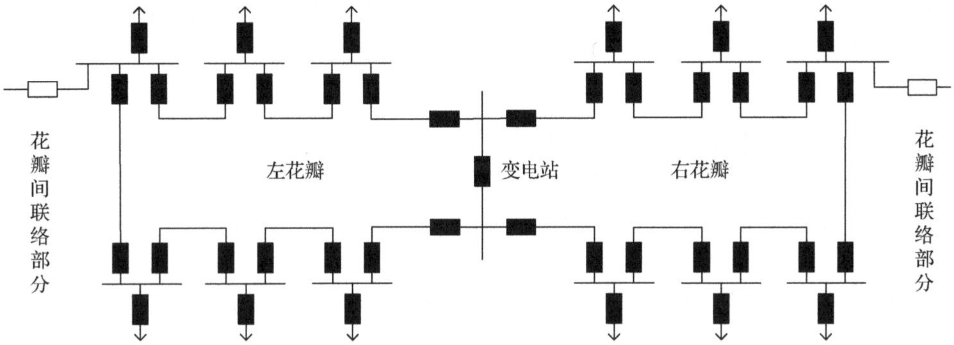

图 1.10　梅花状供电模式的接线方式

多朵“梅花”供电的城市中压配电网拓扑如图 1.11 所示。从同一变电站的两段母线引出的一条出线环连接多个配电站，形成了一个“花瓣”。多条出线便组成了多个“花瓣”，进而组成一朵以变电站为中心的“花”。每个变电站就好比一朵“梅花”，正常运行状态下，不跨区供电，在发生故障时通过“花瓣”相切的方式实现负荷转供。

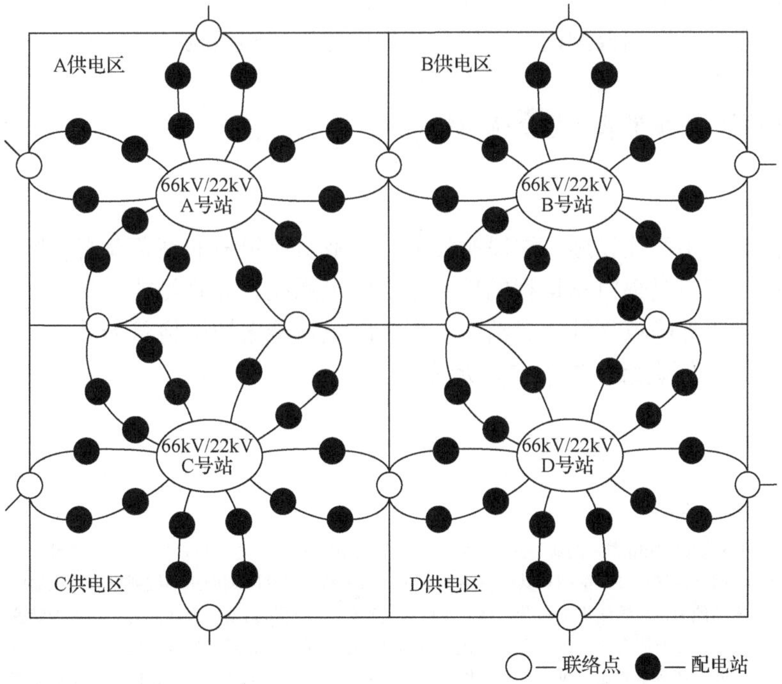

图 1.11　多朵“梅花”供电的城市中压配电网络拓扑

梅花状供电模式的网架结构清晰明确，电网设计标准化，具备良好的扩展性；任意线路出现故障时，故障点两端的负荷可实现快速转供，供电可靠性高；但线路利用率低，线路负载率需要控制在50%以内，系统短路电流水平较高，二次保护配置比较复杂。

1.3 未来的配电网络拓扑及所包含的重要技术

未来智能配电系统的结构与控制策略必须能支持现在结构所不能支持的两个基本要求。

(1) 终端用户控制和总体配电系统控制综合考虑。终端用户系统拥有 DER、电力调节设备、无功补偿设备和能量管理系统。所有这些设备的控制必须和配电系统控制综合考虑，以达到系统性能的最优和期望的安全性与电能质量。

(2) 支持高比例的DER。未来智能电网将接入各种比例的分布式发电和储能，以提高系统的整体性、效率和灵活性。这些设备的控制必须和系统的总体控制综合考虑，系统结构和控制策略必须能对此提供支持。

认清系统结构是十分重要的，因为它是未来自动化配电系统的基础。未来结构将是在现有结构基础上通过巨额投资实现的，是对现有系统功能的一种自然移植。不同类型的系统(如市区、郊区、农村、工业、优质电力区域等)有不同的最优结构。本节将介绍典型的系统以及其最可能采用的结构，以及向这些系统结构的转移。

下面来讨论未来的几种系统结构。

1. 市区电网

它向可能由商业设施、居民生活和轻工业负荷组成的高负荷密度区域供电。这些系统的特点是辐射状运行的地下中压配电系统，并且可能已形成网络状的接线；同时为了保障可靠性和灵活性，低压配电可能采用网格状的系统，如点状网络(SN)[①]系统典型接线如图1.12所示。

---

① 点状网络是低压配电系统的典型网络。除中压侧的变电站中压母线、馈线开关和中压馈线外，在低压侧包括网络变压器、网络保护和二次配网。其中网络保护的目的包括：自动隔离中压馈线或网络变压器中的故障；提供断开反向功率的能力；当馈线供电，并严格同步或适当领先时，提供自动闭合的能力；其保护装置具有最大连续额定工作电流，且没有固有的过载能力。点状网络具有供电可靠性高、经济性好等优点，在美国等国家用于向医院、机场、政府大楼等重要场所供电。目前集中式保护采用一台计算机完成变电站的所有保护功能，具有成本低、体积小、有利于保护信息的集成优化处理等优点，非常适合于在点状网络中应用。

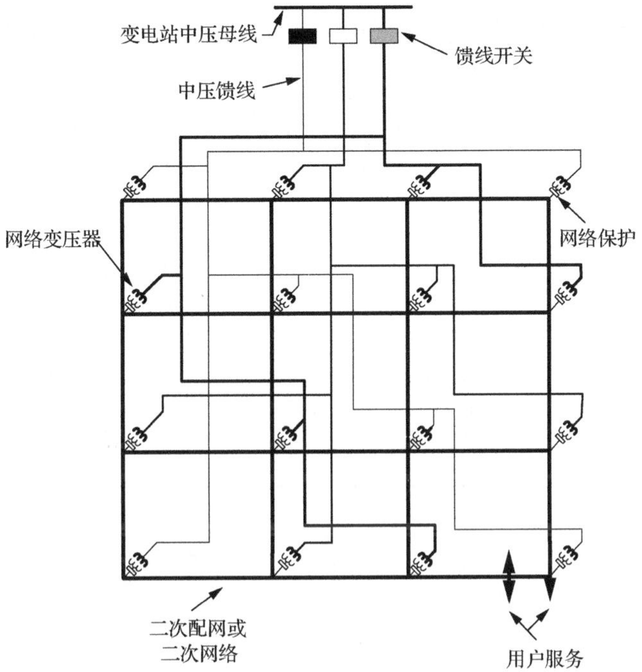

图 1.12　点状网络的典型接线

这些系统能够以灵活的方式结合 DER，从而进一步提高可靠性和系统性能。协同的、分布式的控制将能够利用 DER 的优越性来优化系统性能，并且在发生严重系统故障时能够利用 DER 进行局部供电(如微网)。

其中所包含的重要开发技术如下。

(1) 地下电缆故障定位技术和故障前设备潜在问题的判断系统。

(2) 网络保护装置的智能操作，利用综合通信设施，且为适应分布电源而允许双向功率流通。

(3) 具有保护功能的智能万用变压器。它很可能通过电力电子装置的操作来实现保护功能，从而不需要额外的线路断路器。

(4) 应用传感器、监视器和通信设施来监视所有部件的状态、系统电压和电流、故障位置与设备问题等。

(5) 基于中压和低压配网状态估计的运行优化系统，实现整个系统的性能最优，包括电压和无功的调节。后者能提高整个系统的电压控制能力和效率。状态估计系统需要低压配电网的精确模型和实时信息。

(6) 分布式控制与配电系统的总体控制综合考虑，利用终端用户技术和 DER 来优化系统性能。在发生严重系统故障或考虑经济原因时，控制系统可以将整个系统分解成许多局部微网运行。

图 1.13 所示的点状网络(又称低压多源并供网络)允许以微网形式运行和双向的功率流动，以灵活地集成 DER。其中所有单元都有控制算法，允许系统解列成(最小的)可能的子微网，然后聚合。每个 DER 都有通信界面，能够通过寻址阅读来自比邻的分布式发电单元和开关的信息。

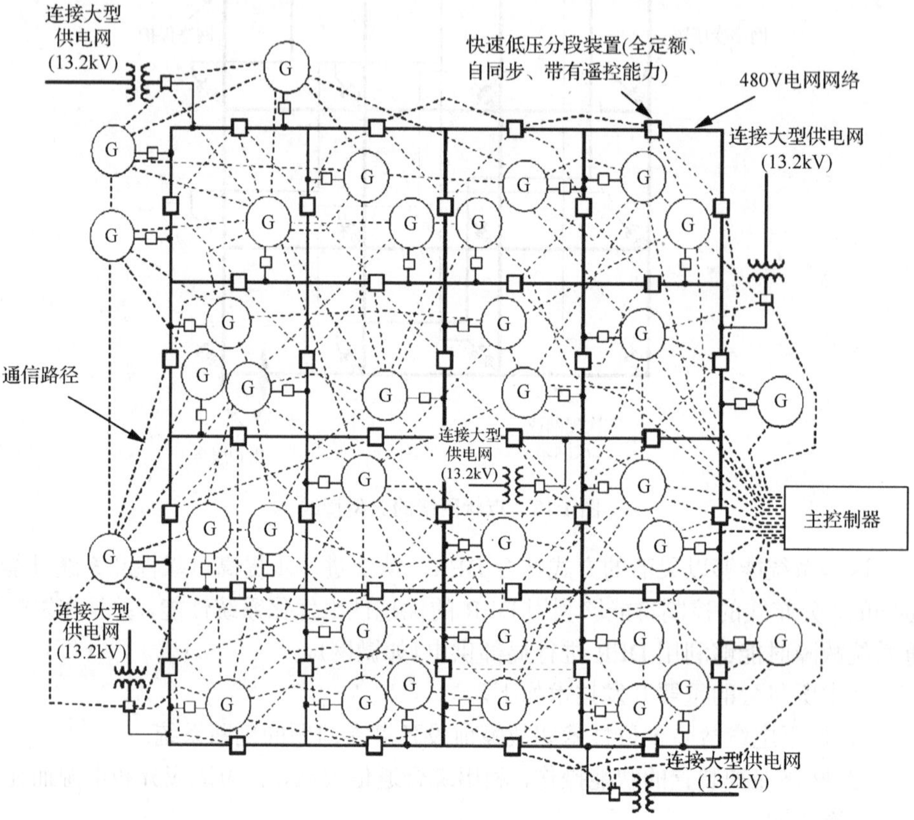

图 1.13　能够灵活地集成 DER 的点状网络(低压多源并供网络)

2. 郊区电网

这种系统的特点是具有中等负荷密度，包含各类负荷。它是由地下电缆和架空线路组成的混合系统，并且逐渐电缆化。为了达到改善全体终端用户的可靠性和优化系统灵活性的目的，这些系统的特征是中压系统的结构成环状，将联络馈线间的开关打开运行。中压馈线之间的开关可能是电力电子开关，以改善开合次数和在不同情况下配置中压供电系统的灵活性。

电力电子装置能够为接入中压配电系统的 DER 技术提供灵活的连接和保护。与终端用户设施的协调控制和整个中压配电系统的配置相结合，这些技术将集成到整个系统控制中，以优化系统的性能(如损耗和电压控制)。

较少量的DER技术会运行在低压配电网和不由中压供电的局部低压微网中。在孤岛运行期间，局部控制负责发电与负荷的匹配。在正常状态下，通过局部控制和系统总体控制协调优化系统的性能。图1.14给出了郊区系统接线的基本架构，这种自动成环接线是未来接线方式的前身，为了增加网络实时重构的灵活性，该接线图中集成了DER技术和固态开关。

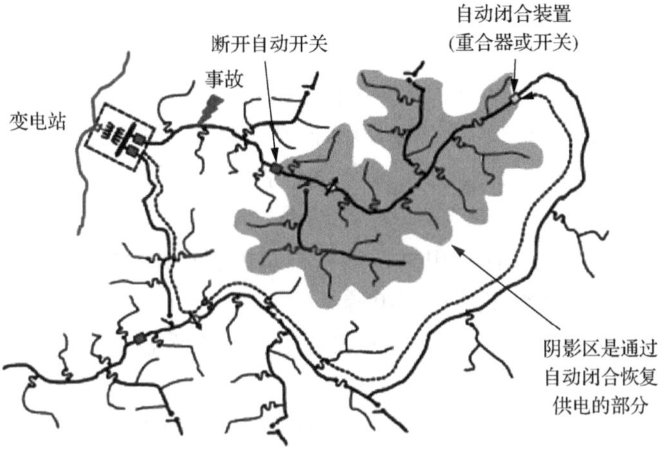

图1.14 郊区系统接线的基本架构

重要的开发技术包括如下几方面。

(1)运行于整个配电系统中的低成本固态开关技术。

(2)应用故障定位和早期故障诊断技术来提高系统可靠性和缩短故障修复时间。

(3)作为DER与中压配电系统和保护协调控制之间界面的电力电子装置和控制技术。

(4)局部发电及/或储能，以及能作为整个配电系统的组成部分运行的局部微网的保护和控制技术。

(5)智能万用变压器，它支持多个终端用户设备与之连接，且能协调与整个配电系统的要求相结合的二次配电系统的保护和控制。

(6)用来连续监视整个系统状况和设备状况的传感器、监视技术以及通信基础设施。

(7)连续地确定最优系统条件(包括集成的电压/无功管理)的实时状态估计系统。

(8)支持系统重构和微网的分布式控制系统。

3. 农村配电网

这些系统典型的是架空的单辐射电路，它们一般没有与其他馈线电路间的常开联络点，并且可能很长(如 30km 或更长)。当把 DER 技术集成到这些系统中时，这些系统可被用来开发孤岛系统和局部微网，特别是在存在高可靠性要求的场合①。DER 技术同样可以用于提高这些系统的电压控制能力和效率。

重要开发技术包括如下几方面。

(1)用故障定位和早期故障诊断技术来提高系统可靠性和缩短故障修复时间。

(2)DER 技术的集成控制，以提高整个配电系统的性能。

(3)应用集成了 DER 技术的局部孤岛控制和微网控制来提高配电系统中选定区域的可靠性。这些局部系统的保护必须与整个系统的保护相协调(自适应保护系统)。

(4)智能万用变压器，它支持多个终端用户设备与之连接，且能协调与整个配电系统的要求相结合的二次配电系统的保护和控制，并可在系统边缘的单相电源供电区域中将单相电源转变为三相电源。

(5)用来连续监视整个系统状况和设备状况的传感器、监视技术以及通信基础设施。

(6)连续地确定最优系统条件(包括电压/无功管理)的实时状态估计系统。

1.4 微网的关键技术和重要研发领域

微网的关键技术和重要研发领域可以概括如下。

1)元件

(1)开关技术：①使微网能够接入公共电网和从公共电网断开的传统电网连接技术(快速、可同步化)；②基于用户和电力公司的需求，如故障清除和拓扑转移时间，决定不同的拓扑。

---

① 过去一段时间内曾提出过特殊系统的概念。特殊系统被定义为用来向优质电力区域、办公区域或其他具有特殊要求的局部终端用户供电的系统。它们根据终端用户的需要，采用一些特殊的设计(如微网)和技术(如用户定制的优质电力区域技术)，以提高系统局部区域的可靠性和电能质量，且通常与系统中相关用户签订专门的合同。鉴于第一篇 6.2 节的介绍，微网容许完全地集成 DER 技术和利用这些技术来提高整个系统的韧性、可靠性与系统运行的效率，在智能配电网中它是完美的形式，未来会十分普遍，所以本书不再把它作为特殊系统予以介绍。而用户定制的优质电力区域技术也是一个已经有了大量研究并且已应用于许多局部示范工程的概念。它听起来很合逻辑——不同的用户有不同可靠性和电能质量要求，因此能提供很高可靠性和质量的局部系统可能对有这种要求的特种类型的用户是很有益的。然而迄今为止，优质电力区域技术(主要是电力电子技术)的经济性和组织工作制约了人们对它的兴趣。与此同时，随着中压配电系统中技术和与终端用户综合通信技术的经济性的提高，通过这些技术来提高个体用户的供电质量和可靠性将变得更具吸引力。固态转换开关、智能万用变压器和电能存储等技术的应用将能够适应用户高可靠性的要求。这些局部系统将作为整个高级配电自动化系统的一部分来集成和管理。

(2) 控制和保护技术：①保护和控制的最佳实践与规约；②可靠的、低成本的和自适应保护①；③处理完全故障电流的固态开关；④与终端用户系统控制一体化的智能设备、过程控制、局部发电控制和电力调节设备等②。

(3) 逆变器/变流器：①使多个逆变器在一个微网中同时运行的技术和控制算法，需要研究各种暂态事件下的模型以及稳定性、保护、有功和无功的协调控制。②高级电力电子技术(可靠、低损、低成本)。

(4) 直流配电系统和直流微网。微网的概念可以进一步发展，局部系统可以用直流(或交直流混合)配电来代替交流配电。电子设备在直流或局部直流配电系统中的运行可以提高供电的效率和可靠性。关于这些系统的技术和经济可行性的研究有很多，较明显的是在数据中心的应用。像智能万用变压器这样的技术在未来系统中的应用可能会提高局部直流配电的经济性和可行性。

2) 系统

这包括在各种系统配置选择下均能优化系统性能的分布式控制系统，其应具有实时仿真和性能评估，以及完整的系统监视功能。

(1) 标准与协议③：①通用的微网通信和控制标准(应为开放式的，包含各种规则)；②微网的保护、协调和安全。

(2) 系统设计与分析工具：①微网多目标(环境、渗透率、效率、可靠性、韧性、资产利用率)优化框架；②设计计及(可再生能源发电、负荷等)不确定性的微网运行优化方法；③系统集成，包括(控制中心)公共的集成框架。

3) 规划与设计

(1) 系统体系结构设计与开发：①微网应用、界面和服务的定义；②促进具有灵活性、可扩展性和安全性的开放的体系结构。

(2) 建模与分析：性能优化方法和在建模与设计过程中的不确定性(如通过建模实现仿真，确定各种各样电力系统暂态下逆变器的运行及其对系统动态的影响，以提高可靠性)。

---

① 微网拓扑结构自身具有灵活性和多变性特点，在孤岛运行和并网运行中会产生不同类型的故障，导致传统的继电保护系统不能适应运行的需求。为了实现对微网的继电保护，需要制定出合理的电网自适应保护方法，开发微网自适应继电保护装置。

② 依据本篇 1.3 节所述的“未来系统的结构必须能支持现在结构所不能支持的两个基本要求”，它应该是协同的、分布式的控制，可以利用 DER 来优化系统性能，并且在发生重大系统事故时利用 DER 进行局部(微型电网)控制。

③ 第一，标准化(特别是与 DER 和储能相关的标准化)的缺乏会抑制各运行单位(发电、输电、配电和电力消费者)之间的数据交换，阻碍系统的完全优化，使系统效率降低。

第二，DER、负荷和电力公司之间缺乏适当通信是妨碍大规模整合 DER 的一个主要因素。

第三，在缺乏协调功能的情况下，DER 与系统的互联只能以局部的和自治的方式运行。

第四，为了涵盖电网外部的(如综合能源网、智能交通等)系统，智能电网信息技术的范围必将扩大，这样在产生有益数据的同时，将造成新的安全问题。

(3) 电力系统设计：①DC 电力；②微网集成。

4) 运行与控制

(1) 静态控制与协调(技术与规则)：①微网内部的服务(如预测分析和经济优化)；②微网与电力公司和其他微网间的交互；③暂态控制与保护(孤岛、动态微网、黑启动)。

(2) 运行优化[①]：①单微网的运行优化(如通过集成分布式储能来提高太阳能光伏发电的利用率，利用电动汽车电池的能力)；②多微网的运行优化。

参 考 文 献

[1] EPRI. Technical and system requirements of advanced distribution automation.1010915[R]. Palo Alto: EPRI, 2004.

[2] Con Edison, EPRI. 3G system of the future[R]. 2006.

[3] Masiello R, Venkata S S. Microgrids coming to a neighborhood near you there may be one in your future[J]. IEEE Power & Energy Magazine, 2013, 11(4): 4-6.

① 在 DER(发电、需求响应和储能)高渗透率情况下，优化运行是一个重大的挑战，需要创建适用于接纳 DER 并能识别最优的负荷和电源平衡的好模型。

第 2 章　集成的能量与通信基础设施

从最底层的传感器和智能代理（继电保护、DER 等）开始到整个电力系统，赛博系统和物理系统高度融合，形成了一个集成的能量与通信基础设施（integrated energy and communication system architecture，IECSA）。它是智能电网工程的核心，依托于它，智能电网如下最本质的技术特征才能得以实现：电力和信息均具有双向流动性，并由此建立起一个高度自动化和广泛分布的能量交换网络；把分布式计算、通信和互联网的优势引入电网，实现信息的实时交换和设备层次上近乎瞬时的供需平衡。

IECSA 的关键技术包括：①具有相对低的延时和高带宽能力的鲁棒通信；②具有强化互联规则的高速数据处理能力；③发送指令给装置的监视与控制系统；④保护控制系统和参与者信息机密性和完整性的赛博安全。

为此，合理的通信技术组成、高可靠性与灵活性的组网方式以及综合防护体系的建立对智能电网的通信至关重要。在智能电网中应用 IPv6（internet protocol version 6）技术可使各种技术更好地集成于一个架构合理、互操作性良好的体系框架，能够为相关应用发展带来质的飞跃和提升。

2.1　智能电网是典型赛博物理系统①

智能电网中的发电、输电、配电和用电环节将全范围高度集成 ICT，实现双向通信，各环节中的传感器等量测装置依托与之相适应的通信网向本地/远程控制中心上传量测信息，相关参与人（调度员和用户等）基于计算和分析的结果（系统当前运行状态及其未来的变化趋势）生成控制决策并依托通信网向执行装置传递控制信息。从最底层的传感器和智能代理（继电保护、DER 等）开始到整个系统，赛博系统和物理系统高度融合，形成了智能电网最本质的技术特征：电力和信息均具有双向流动性，并由此建立起一个高度自动化和广泛分布的能量交换网络；把分布式计算、通信和互联网的优势引入电网，实现了信息的实时交换和设备层次上近乎瞬时的供需平衡。

赛博物理系统是在环境感知的基础上，深度融合计算、通信和控制能力的可控可信可扩展的网络化物理设备系统，它通过计算进程和工程物理进程相互影响

---

① 为了与 information 相区别，本书中的 cyber 及其衍生词译作“赛博+X”描述，如赛博物理系统（CPS）[1]、赛博安全（CS）和赛博攻击（cyber attack）。

的反馈循环实现深度融合与实时交互来增加或扩展新的功能，以安全、可靠、高效和实时的方式检测或控制一个物理实体。不难发现，智能电网是一个典型的赛博物理系统。

2.2　智能电网集成的能量与通信基础设施框架

智能电网集成的能量与通信基础设施框架如图 2.1 所示。对应发电、输电、变电、配电、用电和调度等基本环节，基础设施涵盖相应的电网物理系统和通信基础设施，不同环节的信息通信需求决定了各个环节通信基础设施的功能特征。

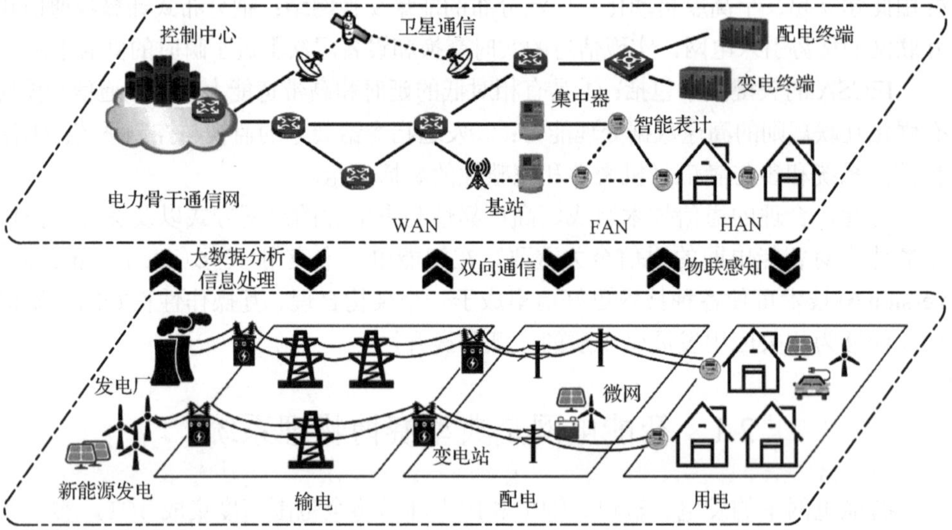

图 2.1　智能电网集成的能量与通信基础设施框架

(1) 发电环节的通信功能包含本地监控和外联通信，用以承载发电机组，光伏、风机等 DER 的监视、数据交换和控制，确保机组和大规模分布式发电单元的稳定、高效和可靠运行。

(2) 输电环节的通信功能主要是监测，采用光纤或远距离无线通信，用以实时在线监测输电线路的状态，支持线路运行状态的控制，提高线路安全保障能力。

(3) 变电环节的通信功能为变电站自动化系统的各种功能提供信息传输与交换，支撑站内变电设备状态的运行监控、保护和计量等业务，以及远程支撑变电站调度、保护、视频监视等。

(4) 配电环节采用光纤通信、载波、无线专网和无线公网等通信技术，实现配电网能量流、信息流、业务流的双向流动与高度融合，构建具备集成、互动、自愈等特征的智能配电系统。

(5) 用电环节采用无源光网络、电力线载波、短距离无线专网和无线公网等技术，实现用电信息的采集，电网和用户互动等功能，构建智能用电系统。

(6) 调度环节承载着与电力系统安全稳定运行密切相关的最关键控制调度数据，因此要求通信系统具有高可靠性、安全性和实时性，形成安全稳定的电力调度数据网络。

智能电网通信基础设施需要全覆盖电网物理网络基础设施并且满足智能电网的功能需求，同时为了增强大量设备的联通和互操作，智能电网通信网络体系结构是一个互联各个子网的分级网络。按照电力通信基础建设概念划分可统一划分为电力通信骨干网络和电力通信接入网络两个层面；按照面向物理电网的应用划分，通信系统构架可以分为四部分：HAN①、FAN/AMI、WAN、电力公司和集中式发电企业的 LAN。

HAN：HAN 将负荷和电器连接，为用户和电力企业的高级用电控制服务和管理提供基础通信通道。由于户内电器负荷相对集中，通信环境优良，其多采用无线保真(WiFi)或者电力线载波通信模式，将传感器采集数据汇聚在智能家居网关，并通过家庭能源管理系统(HEMS)实现监控和管理。随着用电类型的多样性，HAN 也逐渐由单一家庭用户向楼宇集群发展，形成楼宇自动化系统。

FAN：FAN 连接 HAN 和 WAN，将智能家居网关、智能电表、分布式的配电自动化装置等与电力 WAN 连通，实现数据和控制指令的双向交互，即通常习惯说的“最后一公里”通信，因此 FAN 和 AMI 紧密结合，除此之外还包括需求响应和负荷控制，以及 MDMS 等。FAN 是当前需要大力开发的，补充了这一缺失之后，电网才可具有自上而下贯通的通信链路，这是电网智能化的基础。

WAN：WAN 是电力通信的核心骨干网络。WAN 主要通过高速光纤网络，配合微波通信等实现电力数据流的高速交换，是连接用户负荷、生产自动化、企业管理的主干桥梁。目前 WAN 通过通信子站将 FAN 数据信息接入，实现终端与控制中心 SCADA 的信息交互。由于 WAN 是整个电力数据传输与控制层的骨干基础设施，其健壮性尤其重要，目前多采用自动交换传送网(ASON)和 SDH 体系以及 xPON 接入技术。xPON 是 EPON(ethernet passive optical network)和 GPON(gigabit-capable passive optical network)，以及后续新技术的统称，是业内的一种通用叫法。

LAN：电力公司和集中式发电企业都具有健全的 LAN，其建立 LAN 的目标明确，即有效地实现企业内部的生产组织、物资管控、企业管理、资源共享和信息发布等。目前企业 LAN 大多都是按照千兆以太网建设的，信息点覆盖整个单位的生产和管理全过程。由于在企业运管过程中必然与生产业务间存在耦合关系，时刻确保网络完全是电力企业 LAN 设计和运行的首要任务。2015 年乌克兰大停

---

① 见第一篇 8.3 节，HAN 属于 PN，后者包括用户领域中的公共事业网络。

电即从病毒入侵企业 LAN 的邮件系统开始实施攻击的。因此电力企业 LAN 的设计和运管的首要任务是解决网络安全问题，如进行物理隔离、防火墙等安全策略。

为了进一步对 HAN、FAN、WAN 和电力企业 LAN 所使用的各种通信技术进行分析与定位，表 2.1 详细给出了不同应用场景的通信需求特征和所适用的备选通信方式。

表 2.1　智能电网通信基础设施网络技术架构

通信系统架构	特征	应用场景	媒介类型	通信媒介	通信标准
HAN	跨接物理范围极小；应用程序简单；传输速率低	量测数据接收与转发业务	有线网	PLC	HomePlug
				Ethernet	802.3x
			无线网	ZigBee	ZigBee/ZigBee Pro
				WiFi	802.11x
				6LoWPAN	802.15.4
FAN	跨接物理范围相对较小；互联通信设备数量多；传输速率高，误码率低；底层协议简单，接入灵活	智能量测业务；需求侧响应；配电自动化业务	有线网	DSL	ADSL/HDSL/VDSL
				同轴电缆	DOCSIS
				PLC	PLC/BPLC
			无线网	ZigBee	ZigBee/ZigBee Pro
				WiMAX	802.16
				Cellular	GSM/GPRS/3G/4G
WAN	跨接物理范围广；适应大容量、突发性通信要求；适应综合业务服务要求；保证服务质量的核心通信平台	继电保护业务；SCADA 业务；EMS 业务；变电站监控业务	有线网	光纤	xPON
			无线网	WiMAX	802.16
				卫星通信	DVB-S, DVB-SH
LAN	企业内部，可能存在分布地域；业务多，数据类型多样；需要较强的数据处理和备份能力	生产组织；物资管控；企业管理；办公自动化	有线网	光纤	xPON
				以太网	802.3(100M/10(Gbit/s))
			无线网	Cellular	GSM/GPRS/3G/4G

2.3　智能电网通信技术

现有电网通信体系中存在大量可用资源。例如，电力公司为实现对重要变电站的有效监控、保护和管理，在其主要变电站之间采用电力光缆搭建构成的核心通信网；为满足特定应用场景下的通信需求，电力公司还建立了不同标准的专用电力线载波(PLC)链路以及无线链路。此外，区域内远程或区域间基站的连接也采用数字用户线路(DSL)、卫星通信、微波通信及蜂窝通信等方式。可见，实现对现有电网通信系统中大量可用资源的集成和对各类先进通信技术的接纳、包容，以及多种通信技术的混合使用、协调工作是智能电网得以成功应用的前提[2]。依托于可靠、实时的通信网络，智能电网除进一步提高现有电网的效率和性能外，还能够将风能、太阳能和潮汐能等间歇性可再生能源紧密联系起来，实现多类型清洁能源的综合利用。

按物理通信媒介的不同，可将智能电网通信技术主要分为有线通信和无线通信两大类。

2.3.1　有线通信

电力系统中的有线通信主要是指利用电力线和架空地线的载波通信系统以及光纤通信系统[3]。按物理媒介可分为光纤通信、电力线载波通信、架空地线缠绕光缆通信、自承式光缆通信等。

1. 光纤通信

1)光纤通信基本原理及特点

光纤通信是以光波作为信息载体，以光纤作为传输媒介所进行的通信方式。其基本组成如图 2.2 所示，首先在发送端，信源把用户需要传送的信息(如话音)转换为原始电信号，电发射端机合并多个用户信号，通过接口电路将电信号顺利送入光发射端机。光发射端机将电信号调制到激光器发出的激光束上，使光的强度随电信号的幅度(频率)变化而变化，并通过光纤发送出去；在接收端，光接收端机将接收到的光信号转变成电信号，经过解调后恢复原信号。基本的光纤传输系统一般包括发射、接收和广义信道三个部分。

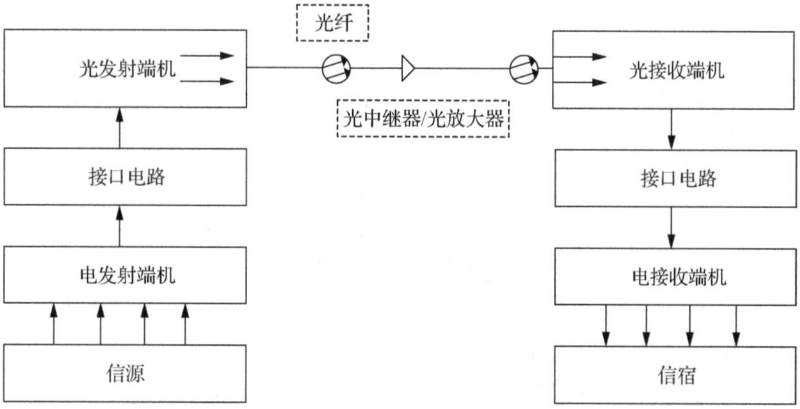

图 2.2　光纤通信系统的基本组成

光纤通信技术的应用极大地促进了智能电网通信系统的发展，作为电力通信网络的重要组成部分，光纤通信使智能电网远距离、高带宽、大容量、安全可靠地传输各类业务数据成为可能，对电力系统的安全稳定运行发挥了极其重要的作用。光纤通信具有如下主要特点。

第一，传输频带宽、通信容量大、传输距离远。光纤信道有非常高的信道容量。目前商用单波长传输的光纤传输系统中传输速率可以达到 10Gbit/s，使用波分复用的光纤系统传输速率可达到 40～1600Gbit/s。由于其具有很高的信道传输容量特性，光纤系统的接入延时和排队延时都是很小的。

第二，信号强度损耗低且中继距离远。光纤传输系统每 100～1000km 配置一个中继器来保证信号不会失真或者变弱。相比之下，同轴电缆通信系统则每 2km 就需要一个中继器。因此，在远距离链路中，光纤的低衰减性提高了整体的成本效益。

第三，抗电磁干扰能力强，信号传输质量佳。由于光纤通信采用光纤为传输介质，其可以在强电磁干扰的环境中使用，如在高/中压变电站中。光纤可以安装在电力线、铁道旁边。更重要的是，由于光信号被完善地限制在光波导结构中，泄漏的射线也会被环绕光纤的不透明包层所吸收，不会出现泄漏，因此即使传输距离很长，光纤链路之间不会出现串音。

第四，保密性能好。光纤电路中没有电磁辐射，在不截留信号的情况下，非授权的物理接入是非常困难的，这一点能够满足高安全的要求。同时在光纤传输的过程中光泄漏非常微弱，即使在弯曲地段也无法窃听到光纤中传输的信息，从物理介质上可保证通信安全。

此外，光纤以石英为原材料可以使其线径很细，在质量和体积上与电缆相比有着巨大的优势。同时由于制造原料的广泛易得，光纤能够节约大量有色金属，具有巨大的成本优势。

2) 电力光纤分类

目前常用的电力光纤有光纤复合架空地线光缆(OPGW)和全介质自承式光缆(ADSS)两种。

光纤复合架空地线光缆把光纤放置在架空高压输电线的地线中，用来构成输电线路上的光纤通信网，这种结构形式兼具地线与通信双重功能，既可作为输电线路的防雷线，对输电导线抗雷闪放电提供屏蔽保护，又能通过复合在地线中的光纤来传输信息，具有可靠性较高、机械性能优越、成本较低的优点，是目前电力通信骨干网中主要敷设的光缆。

全介质自承式光缆所用的是全介质材料，主要由缆芯、加强芳纶(或其他合适的材料)和外护套组成。全介质自承式光缆架设和施工成本比较低，且施工方便，在 220kV、110kV、35kV 电压等级输电线路上广泛使用，特别是在已建线路上使用较多。它能够适应电力输电线跨度大、垂度大的要求。

2. 电力线载波通信

1)电力线载波通信原理及特点

电力线载波通信是利用载频对信号进行调制，以输电线作为传输通路的通信方式。电力线载波通信的原理是利用载波机将发送端低频信号[①]调制成高频信号，通过专门的设备耦合到电力线上，信号沿电力线传输到达对方终端后，利用滤波器将高频信号和工频信号分开，还原原始通信信号。

电力线载波通信系统主要由电力线载波机、电力线和耦合装置构成，如图 2.3 所示。其中耦合装置包括线路阻波器 GZ、耦合电容器 C、结合滤波器 JL 和高频电缆 HFC，电力载波机主要实现调制和解调，在发送端将音频信号搬移到高频段电力线载波通信频率，完成频率搬移；电力线作为传输媒介传输信号；耦合装置通过高频载波信号，并阻止电力线上的工频高压和电流进入载波设备，确保人身、设备的安全。

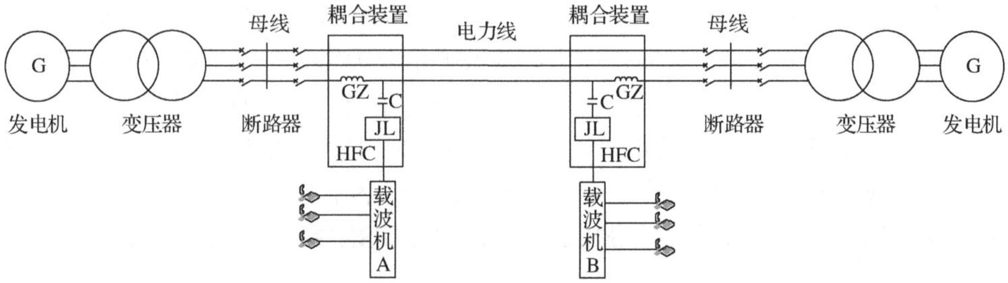

图 2.3　电力线载波通信系统原理图

作为电力系统特有的通信方式，电力线载波通信具有投资少、施工期短、设备简单、通信安全、实时性好、无中继距离等优点，目前广泛应用于电力系统的调度通信、远动、保护、用电信息采集、生产指挥、行政业务通信及各种信息传输中。但在实际使用时需要关注以下问题。

第一，需要特殊的耦合装置。电力线路上有高电压大电流通过，为保证载波通信设备的正常运行，必须通过高效、安全的耦合装置与电力线路相连接。这些耦合装置既要使载波信号有效传送，又需要在不影响工频电流传输的情况下方便地分离载波信号与工频电流。此外，耦合装置还必须防止工频高压、大电流对载波通信设备的损坏，确保安全。

第二，存在特殊的强干扰源。由于电力线上存在强大的电晕等干扰噪声，以及来自电网高次谐波的干扰，要求电力线载波机具有较高的发信功率，以获得必需的信噪比，并采用调制/解调技术将待传输信号频谱搬移到高频区域，进行

① 这里的通信会话也可以理解为数据的交换。

载波通信。

第三，具有特殊的通频带。电力网线路的高频特性、避免 50Hz 工频的干扰以及载波信号对无线电广播及无线电通信的影响决定了电力线载波通信的通频带。电力线载波技术按照工作频率可分为窄带电力线载波通信(NPLC)和宽带电力线载波通信(BPLC)两种形式。其中窄带电力线载波通信工作频率为 3～500kHz，宽带电力线载波通信工作频率为 2～30MHz。

2)电力线载波通信技术分类

早期电力线载波通信主要用于 110kV 及以上输电线路，使用的通信频率范围有限。目前由于需求的变化和技术要求的发展，电力线载波出现了多种通信方式。

按照电压等级划分，电力线载波通信可分为高压(指 35kV 及以上电压等级)、中压(10kV 电压等级)和低压(380V 及以下电压等级)电力线载波通信。高压载波线路状况良好，主要传输调度电话、高频保护及其他监控系统的信息；中压载波线路状况较差，主要传输配电网自动化、小水电和大用户抄表信息；低压载波线路状况极差，主要传输电力线上网、用户抄表及家庭自动化的信息和数据。

按照使用的宽带角度划分，电力线载波通信分为宽带电力线载波通信和窄带电力线载波通信。宽带电力线载波通信带宽限定在 2～30MHz，通信速率一般在 1Mbit/s 以上，多采用先进的正交频分复用(OFDM)技术，实现高速数据传输；窄带电力线载波通信带宽限定在 3～500kHz，通信速率在 1Mbit/s 以下，多采用普通的幅移键控(ASK)、频移键控(FSK)、相移键控(PSK)技术、线性调频 Chirp(鸟声)技术等。

3)电力线载波通信标准

对于窄带电力线载波通信，最知名的两个高速率窄带规范是电力线智能计量演进(PRIME)标准和 G3-PLC 标准，两个标准都适用于电力线，用来将电表与通常位于变电站中的集中器相连。

对于宽带电力线载波通信，目前国际上存在两种支持宽带电力线载波通信的标准体系：IEEE 1901 标准和 ITU-T G.hn 标准。二者分别定义了不同电力线载波通信的物理层和介质访问控制层的技术规范。另一个服务数据对象(SDO)宽带电力线载波通信的标准是 HomePlug 绿色物理层协议。

IEEE 1901 标准正式确定于 2010 年 9 月，它要求高速宽带电力线载波通信系统的物理层传输速率达到 100Mbit/s 以上。标准涉及家庭通信网络和“最后一英里”的接入连接(到前端的距离小于 1500m)。ITU-T G.hn 标准于 2006 年提出，它的推出是为了建立高速家庭网络的统一标准，主要应用在家庭内的高速电力线载波通信和低速低频的窄带通信。

随着技术的演进和发展，电气电子工程师学会(IEEE)越来越多地关注高速宽带接入和高速室内互联的应用。IEEE-SA (the IEEE standards assosiation) 的新标准委员会认可了关于 P1901 的项目授权申请，该标准代表了智能电网应用、交通行业应用和直流线上的电力线宽带(BPL)设备。而 ITU-T G.hn 标准低速配置也可扩展为支持多带宽，该技术支持低端设备和高端设备的无缝通信。

此外，HomePlug 绿色物理层协议是由家庭插电联盟于 2010 年 6 月发布的，业界认为它将代替低速率窄带 PLC HomePlug 命令和控制规范，成为智能电网 HomePlug 标准配置中的新规范。

3. 其他有线通信方式

世界范围内电力公司和用户前端网络的语音通信及数据连接还有部分保留着以同轴电缆、电话线和双绞线作为物理媒介的通信模式。这些传输媒介在智能电网通信体系中也将继续发挥作用。

同轴电缆是一种带屏蔽功能的电力电缆线，它是由可活动的管状绝缘层包围的内导体和具有屏蔽功能的外管状导体组成的。同轴电缆的主要优势是可以有效地屏蔽外部的电磁干扰，而且可以弯曲和适度扭曲，和导电支撑物绑在一起也不会在内部产生多余的电流。同轴电缆在应用中用来承载射频信号，如从天线到收发器之间的馈线以及分配电视电缆信号。而同轴电缆在数据通信网络中的应用则大部分被双绞线所取代。

双绞线也是一种有线介质，其通过将两条导体拧合在一起，有效地消除了外部电磁干扰。由于性价比高并具有灵活性，其成为电话线路和计算机网络连接的主要材料。尽管随着蜂窝通信的兴起，固定电话的安装量在减少，但传统固话网络正广泛地使用 DSL 技术来提供数据服务。语音在较低的频率上传输，而 DSL 利用较高的频率，因此它可以很容易地被过滤掉，从而可以同时使用。

2.3.2　无线通信方案

典型的无线通信系统的基本构成如图 2.4 所示。

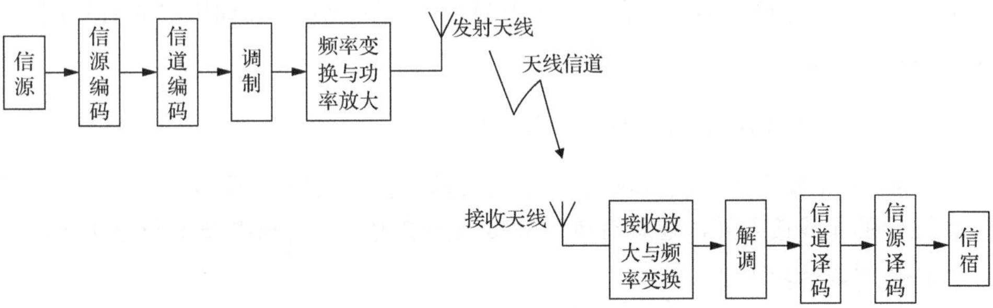

图 2.4　无线通信系统的基本构成

无线通信技术为多应用场景的智能电网提供了灵活便捷的数据接入和传输方式。无线通信节点和信道布设具有不受地理因素制约的优势，有线通信网络与无线通信网络深度融合相互支撑时，将为智能电网通信体系的综合构建提供灵活多样的解决方案，其也将成为未来智能电网通信体系的显著特征之一。

无线通信技术，按传输距离可分为以无线个人域网(WPAN)、无线局域网(WLAN)为代表的近距离无线方案和以无线城域网(WMAN)和无线广域网(WWAN)为代表的远距离无线方案。

1. 近距离无线方案(WPAN、WLAN)

WPAN 是为实现活动半径小、业务类型丰富、面向特定群体、无线无缝的连接而提出的新兴无线通信网络技术。WPAN 能够有效解决终端灵活接入的通信问题。支持 WPAN 的技术包括：蓝牙、ZigBee、超宽段(UWB)、红外数据组织(IrDA)等。

WLAN 是计算机网络与无线通信技术相结合的产物，应用无线通信技术将计算机设备互联起来，构成可以互相通信和实现资源共享的网络体系，实现多种类型的数据、话音和视频信号的无线传输。WLAN 采用无线传送方式提供传统有线局域网的所有功能，从而使网络的构建和终端的移动更加灵活。

目前在电力系统通信系统中成功应用的主要有 ZigBee 和 WiFi 两种技术。

ZigBee 是基于 IEEE802.15.4 标准的短距离、低功耗的无线通信技术。其特点突出，包括灵活接入、低功耗、抗干扰能力强、自组织网络健壮性好、短时延、高容量、高安全可靠。目前 ZigBee 已在无线传感器网络和 AMI 中广泛应用。利用 Zigbee 技术构建局部智能电网监控系统，可以有效地实现局部电力系统的数字化控制，为智能电网的进一步发展打下了良好的基础。

WiFi 实质上是符合 IEEE802.11a/b/g/n 等无线网络规范的商业认证技术。作为当前应用最为广泛的 WLAN 标准，其具有建设便捷、投资经济、传输速度快、信号覆盖范围广、技术门槛低、健康安全等技术优势。目前，许多电力设备前端已经具备了 WiFi 连接功能，可方便接入互联网。毫无疑问，面向用户的 HAN 特别适合采用这一技术。

2. 远距离无线方案(WMAN、WWAN)

WMAN 主要用于解决城域网的接入问题，覆盖范围为几千米到几十千米，除提供固定的无线接入外，还具有移动性接入的能力。几种典型技术介绍如下。

1)蜂窝网络技术

蜂窝网络或移动网络(cellular network)是一种目前广泛使用的移动通信网络架构，其把所覆盖的服务区分为多个正六边形的子区，形成了形状酷似“蜂窝”

的结构，如图 2.5 所示。在每个小区中架设一个基站，如图 2.5 中的 BS1～BS7，并按照每 120°设置一个扇区(如子区 1 中的三个扇区 A^1、B^1、C^1)。蜂窝网络通过无线电波为移动通信设备提供通信传输服务，如移动电话、手持式个人数字助理(PDA)等，如图 2.5 中的 MS1、MS2。通常在城镇中已经建设了完备的蜂窝通信基础设施，因此其电力系统行业应用具有综合成本低、覆盖范围广的显著优势。目前蜂窝通信技术已逐步被智能电网接受，成为解决智能电表等电力终端大规模部署和数据传输问题的备选通信技术。

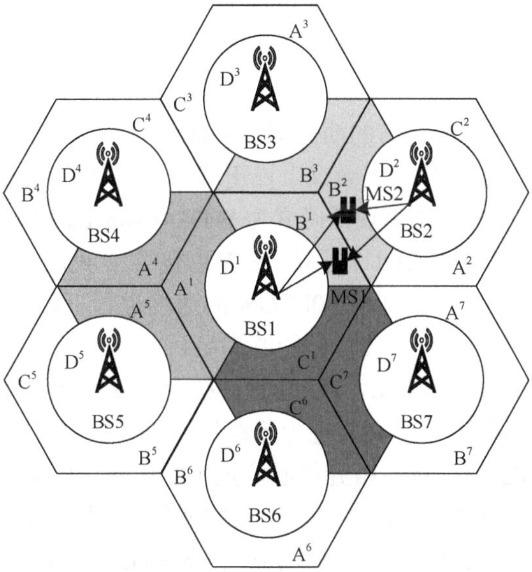

图 2.5　蜂窝网络结构图

蜂窝通信的发展经历了第 2 代(2G)、第 2.5 代(2.5G)、第 3 代(3G)、第 4 代(4G)和第 5 代(5G)的技术演进。已经在线使用蜂窝通信传输的电力装置多采用全球移动通信(GSM)和通用分组无线业务(GPRS)这种低成本的 2G/2.5G 解决方案。

(1) GSM、GPRS 技术。GSM 属于 2G 蜂窝移动通信技术，GPRS 被描述成“2.5G”，即位于 2G 和 3G 移动通信技术之间。GPRS 利用 GSM 网络中未使用的时分多址(TDMA)信道，提供数据传递服务。电力系统应用 GPRS 技术满足多种业务对通信的不同需求，在 GPRS 网络之上可以建立电力企业虚拟专用网络(VPN)实现可靠高速的无线通信。在电力抢修监控调度中通过基于 GPRS 的 VPN 无线通信系统，检修车辆在检修现场可以及时了解电网的运行情况，进行资料汇集和预案制定等工作，从而大大提高电力抢修自动化水平。此外，在配电系统数据采集与通信监控中，GPRS 也有着广泛应用。

(2) 3G 技术。3G 技术就是第三代移动通信技术的简称，是由国际电信联盟(ITU)所制定的 IMT-2000 规范最终发展而来的。作为一种支持高速数据传输的蜂窝移动通信技术，3G 服务能够同时传送声音(通话)及数据信息(E-mail、即时通信等)，其代表特征是提供高速数据业务，速率一般在每秒钟几十万比特以上。

随着电力系统信息化的发展，移动通信方式在自动抄表、网络监测巡检等方面有所应用，并取得了较好的效果。特别是输变电领域很多在户外进行的工作，更需采用先进的无线通信手段，渗透到办公、网络运营监控、网络维护、故障抢险等方面。根据电力行业的不同需求，利用移动 3G 通信网络资源量身定制各种信息化解决方案，将促进电力行业的信息化发展。

(3) 4G 技术。3G 蜂窝通信的演进即 4G 通信技术。2012 年 1 月 18 日，国际电信联盟在无线电通信全会全体会议上，正式审议将 LTE-Advanced 和 Wireless MAN-Advanced(802.16m)技术规范确立为 IMT-Advanced 国际标准，即 4G 标准。值得一提的是，IMT-Advanced 国际标准中也包含了我国主导制定的 TD-LTE-Advanced 标准。4G 系统能够以 100Mbit/s 的速度进行下载，比传统网络快 2000 倍，上传的速度能达到 20Mbit/s，并能够满足目前几乎所有用户对于无线服务的要求。与 3G 蜂窝移动技术相比，4G 技术支持全互联网协议(IP)架构，能将更好地满足电力系统对通信的需求，为电力系统运行维护提供优质的通信保障。

(4) 5G 技术。5G 是最新的第五代通信技术的简称，目前尚处于研究阶段。第三代合作伙伴计划(3GPP)定义了 5G 的三大场景：增强移动宽带(eMBB)、超高可靠超低时延通信(uRLLC)、大规模物联网(mMTC)。2017 年 11 月 27 日～12 月 1 日，在美国里诺举行的 3GPP 分组大会上，移动通信标准化机构宣布第一个 5G 新空口非独立(NSA)组网国际标准正式完成并冻结。其中，我国华为技术有限公司主导的极化码控制信道编码方案作为 5G 的核心技术写入国际标准，这标志着我国在 5G 的研发中进入国际先进行列。我国成立 IMT-2020 推进组，专注于 5G 技术研发及实验，其理论传输速度可提升到每秒钟数十吉比特、网络延迟时间可降低到 1ms 以下，可为电力系统高效运行提供通信支撑。

随着电力系统的智能化程度提升，各类智能量测终端的广泛接入、数据业务的海量增长、通信业务类型及应用场景的多样化趋势等均对通信网络在频谱效率、时延、高能效等性能方面提出了高要求。而 5G 通信技术在数据传输速率，增加带宽、覆盖以及连通性，降低时延和能量消耗等方面相对于 4G 通信技术均有实质性的提升，能够实现发电、输电、变电、配电、用电等环节的设备数据采集和运行监测，确保不同业务的差异化需求和服务质量，保障电力系统高效、安全、可靠运行。

2) WiMAX 技术

全球互通微波存取(WiMAX)技术是基于 IEEE 802.16 系列标准建立的，是一项新兴的宽带无线接入技术，能提供面向互联网的高速连接，数据传输距离最远可达 50km。WiMAX 充分利用了现代无线通信技术，如使用 OFDM 技术来对抗时延拓展，使用多入多出(MIMO)系统来提高带宽利用率，还具有传输速率高、业务丰富多样等优点，支持不同级别的服务质量(QoS)，并可以使系统运营商优先传输对时间敏感的信息。

正是由于 WiMAX 技术的诸多优势，目前已有电力公司在即将建立的智能电网通信网络部署中尝试使用 WiMAX 解决方案，为各种不同智能电网应用提供点到点(P2P)或点到多点(P2MP)无线回程传输，如图 2.6 所示。不同于传统的微波通信方案，WiMAX 链路可以在存在障碍物的非视距(NLOS)环境中工作，它将会为对时延要求较高的电力应用提供好的通信服务支持。

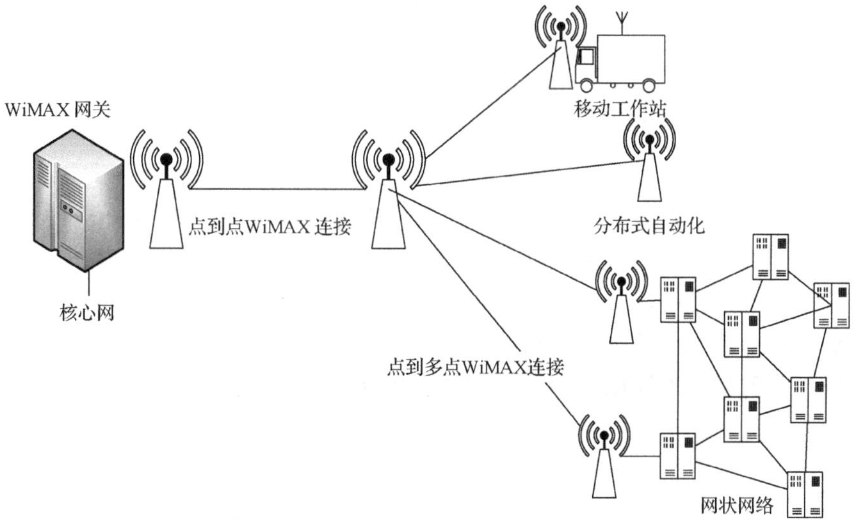

图 2.6　智能电网通信网络中的 WiMAX 回程系统

2.4　智能电网通信网络组网方式

与传统电力通信网络相比，智能电网通信网络中的数据类业务呈井喷式增长，将由传统的固定带宽、小颗粒时分复用(TDM)业务应用逐步向动态带宽分配、大颗粒 IP 业务应用方向过渡。电力通信网络带宽建设将由原来保证传统生产调度业务需求逐步向兼顾生产调度及信息化建设需求方向过渡，带宽能力也将由传统的 2.5Gbit/s 向 10Gbit/s 以上动态宽带分配能力转型。此外，未来智能电网将会高比例地接纳分布式电源，实现即插即用。在此背景下，电力通信网络的建设势必会出现新的业务需求。综上，智能电网通信网络需具有自愈性、互动性、高可靠性和高安全性的特点，对组网方式则有高可靠性、灵活接入的需求。

1. 电力通信核心骨干网络和接入网络

电力通信核心骨干网络承载着大数据流的传输任务，传统组网方式主要基于多业务传输平台(MSTP)和波分复用(WDM)技术。但随着智能电网对业务种类和颗粒度要求的提升，以上组网方式已经无法适应。以光传输网(OTN)、分组传输网(PTN)及光传送网为基础的自动交换传送网等为代表的新一代光网络技术将会取代传统技术的地位。但同时也需要清晰认识，在相当长的一段时间内，新老网络通信技术共存、协调工作的局面仍将存在。

与核心骨干网络相对应的是电力通信接入网络，其最显著的组网需求是灵活接入，而随着智能化程度的提升和需求加大，即插即用的需求也日益凸显。因此接入网络的组网则需要更加灵活多样。电力线载波，尤其是无线通信技术将会被大量使用在接入网络中，自组织无线传感网技术和物联网技术将被广泛使用。

2. 变电站站内通信网络组网方式

变电站作为电力系统特有的核心单元，站内通信网络承载着各类二次设备的检测和控制信息，在智能电网通信中具有极其重要的地位。IEC 61850 标准系统定义了变电站通信网络标准，从组网方式和网络结构上将智能变电站通信网络划分为三层两网结构，如图 2.7 所示，其中三层即变电站层、间隔层和过程层。过程层设备包含智能开关、断路器、互感器等一次侧设备，主要功能是完成模拟量采集、开关量输入输出。间隔层设备包括继电保护装置、测控装置等二次侧设

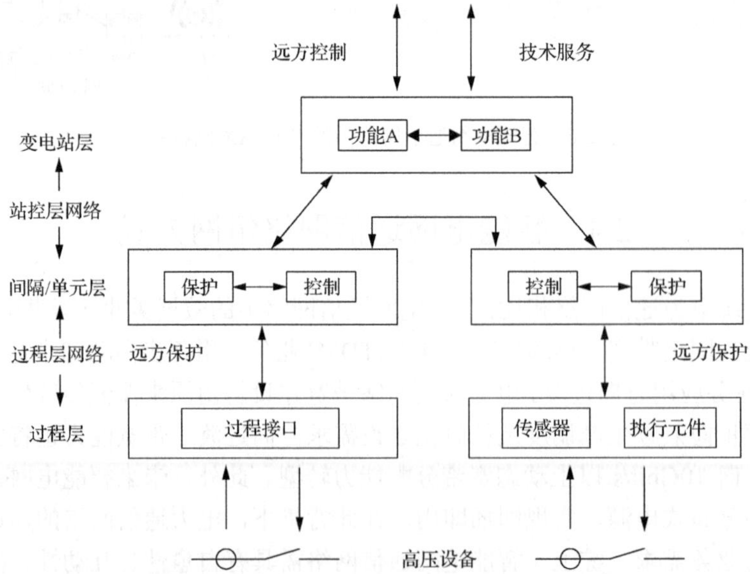

图 2.7　智能变电站通信网络

备，主要功能是汇总本间隔内的过程层实时数据信息，通过站控层网络传送给变电站层，同时接收变电站层发出的保护、控制信息。变电站层设备主要由监控主机、远动工作站等组成，该层的功能是对间隔层设备进行监视和控制。其中，110kV以下和220kV以上智能变电站站控层组网方案分别如图2.8和图2.9所示。

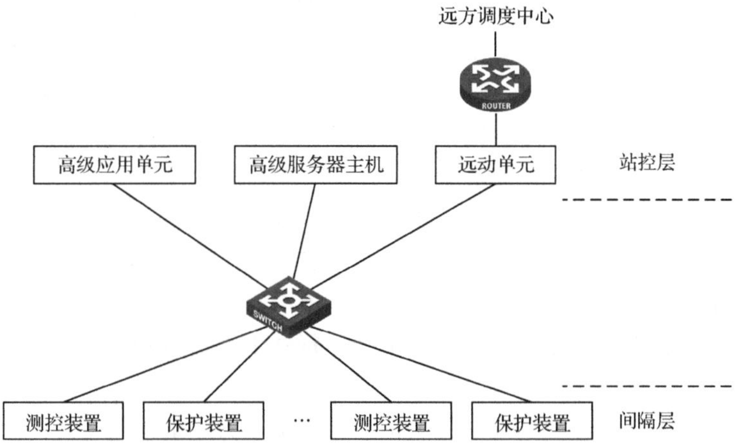

图 2.8　110kV 以下智能变电站站控层组网方案

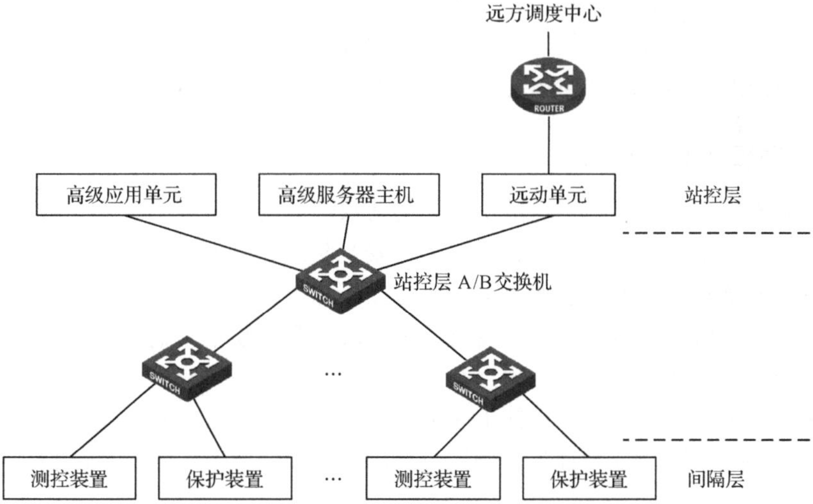

图 2.9　220kV 以上智能变电站站控层组网方案

2.5　智能电网赛博安全

当前电力系统通信系统已经贯穿发电、输电、变电、配电、用电和调度等电力生产的各个环节，信息控制与电力生产已经紧密融合。具体地，智能电网运行将高度依赖信息的双向通信，实时信息需要从大型中央发电机、变电站、用户负荷侧和分布式电源流入与流出。信息失效可能对智能电网安全可靠运行造成严重影响，为此对信息的保密性(confidentiality)、完整性(integrity)和可用性(availability)等关键标准提出了更高的要求——近乎“零容忍”。因此电网信息系统安全——赛博安全变得尤为重要。以“横向隔离、纵向加密”为特征的电力赛博安全体系被提出，并逐步实施，如控制电网的 SCADA 系统需要与其他管理信息系统(MIS)或商业应用客户服务系统相隔离。这种硬件物理隔离技术将各信息子系统隔离，虽然限制了对关键信息和通信技术结构的互访问，但天然地提供了一种内置的安全性来防范外部威胁。

尽管如此，信息失效导致影响物理系统运行的事故多次发生。特别地，2015 年年底在乌克兰，至少有三个区域的电力系统被恶意软件攻击，使得伊万诺-弗兰科夫斯克地区近一半的家庭陷入黑暗，此次停电事件是第一个已知的赛博攻击引发大规模停电的实例，使得全球能源生产运行技术人员重新审视并高度关注赛博安全问题[4]。

与传统互联网信息安全攻击方法相比，由于电力通信信息系统的强防御性，针对智能电网的赛博攻击从设计到实施都更具多样性，攻击手段表现出组合不确定性，其核心体现在赛博攻击动机变得更为复杂、并发攻击多个潜在的赛博漏洞、赛博攻击途径和方式多样等方面。因此，保障赛博安全以防范各种可能的威胁成为智能电网的关键挑战性问题之一，赛博安全防御对智能电网安全至关重要。

2.5.1　赛博安全防护措施

为了提高电力信息网络在遭受外部赛博攻击时的防范能力，可综合采用一系列防护措施，如划分安全区域、设置多道安全防线、开发相应的安全防护系统。信息系统安全防护措施从宏观上可以分为以下几类。

(1) 横向隔离：在电力生产、输送、配电环节和上层的信息管理环节之间部署电力专用横向隔离装置，在各独立的安全区域之间实现逻辑隔离。横向隔离装置采用电力专用密码算法设计，禁止 E-mail、Telnet 协议、远程登录命令、文件传输协议(FTP)等各类网络服务以浏览器/服务器(B/S)或客户端/服务器(C/S)的方式穿越隔离区。

(2) 纵向加密：在上下级单位的电力信息网络边界上部署电力专用纵向加密认证装置，采用数字认证、加密、访问控制等技术措施，实现数据的远程安全传输及纵向边界的安全防护。

(3) 网络防护：将上层管理网络分为内外网两层，通过部署管理网络安全隔离装置，实现网络内外层的强逻辑隔离。在管理外网与互联网之间、管理网和其他各内部网络之间部署硬件防火墙，强化网络的安全防护能力。

2.5.2　赛博安全技术

1. 密钥技术

密码学已经成为保护信息免受威胁的最广泛应用的技术。如图 2.10 所示，一条信息可以通过一个只有发送者和接收者共知的密钥进行转换，从而对其进行保护。转换的过程称为数据加密，未被加密的信息称为明文(plain text)，已经被转换或者加密的信息称为密文(cipher text)。发送者将原始信息 M 通过使用密钥 K 和加密算法计算产生密文 C，随后通过网络传输密文 C。在接收者一端，密文被解译。入侵者虽然在信息传输网络中可以开启被动或者主动的袭击，数据可能会在其路径上被修改，但由于没有密钥，所以无法获知需要传输的信息的真正含义。按照入侵攻击方式，可分为被动袭击和主动袭击。被动袭击尽管不直接构成威胁，但是很难发现。主动袭击更具破坏性，入侵者可通过某种算法改变密文，形成新的密文 C'并发送至接收端，接收者通过密钥和解密算法获得了被改变的信息 M'，而非原信息 M。

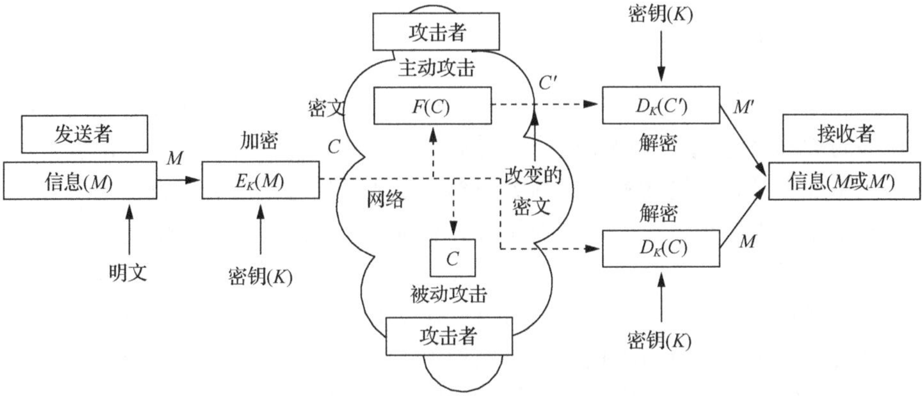

图 2.10　密钥系统和可能威胁的组成

2. 计算机病毒和病毒防护技术

计算机病毒是一段可执行程序代码，通过非法修改其他执行正常功能的程序，使被感染程序含有该病毒程序的一个复本。病毒程序将在宿主程序执行时秘密执行。一旦病毒程序执行时，可以依照预先设定的指令完成多种非法操作，如删除、篡改文件或程序，开放非法端口向外发送有用信息等。现代电网赛博系统与计算机网络高度融合，因此计算机病毒将会对电网赛博系统造成严重损害。例如，2010 年 9 月，伊朗布什尔核电站的计算机系统就遭受了蠕虫病毒攻击，对伊朗的国家核电系统造成了巨大打击。

计算机病毒对信息系统的破坏可分为三个阶段。首先是潜伏阶段，在该阶段病毒是休眠的，只有通过某一特定事件才能被激活，如一个时间点、另一个程序的运行或是一个文件内容的改变；潜伏阶段之后是繁殖阶段，此时病毒把与自身完全相同的副本放入其他程序或磁盘系统的特定区域，这时每一个受感染的程序都将包含病毒的一个复制；繁殖阶段过后，病毒进入触发和攻击阶段，此时病毒可能会被不同的系统事件所引发，之后执行预定的攻击行为，造成系统破坏。

对于计算机病毒造成的威胁，最理想的应对方案是将病毒隔离在信息系统之外，然而这个目标并不容易实现，因为从病毒的演进过程可见，它具有自我复制、融入正常程序的特点，甚至有些病毒还有自我变形能力。当确定信息系统发生病毒感染后，一般采用如下流程进行检验。

(1)定位：一旦发生感染，首先需要定位病毒入侵位置。

(2)标识：定位完成后，识别感染程序的病毒类型，并标识。

(3)清除：完成特定病毒的识别后，从被感染程序中清除病毒的所有痕迹，将程序恢复到病毒感染前的状态；并且需要从被感染系统中清除所有病毒，使其无法进一步传播。

3. 防火墙技术

防火墙指的是一个由软件和硬件结合的、在信息系统内网和外网之间界面上构造的防护屏障组件，以保护内网免受非法用户的入侵。防火墙主要由服务访问规则、验证工具、包过滤和应用网关四部分组成。通过端口流入流出的所有网络通信和数据包均要经过防火墙，因此防火墙技术实际上是一种隔离技术。

随着智能电网信息化建设的不断完善，要面对的赛博安全威胁和攻击也更加复杂：计算机病毒、木马、拒绝服务(DoS)攻击等层出不穷，复合攻击可对综合信息网内部、电网调度自动化、继电保护和安全装置、发电厂控制自动化、变电站自动化、配网自动化、电力用户信息采集等多系统多应用造成威胁，因此应用防火墙技术到智能电网信息化建设中是必需的。目前网络防火墙的架构一般可分为两层：网络层防火墙和应用层防火墙。

网络层防火墙。网络层防火墙可以视为一种 IP 包过滤器，运行在 TCP/IP 栈中的网络层。可利用枚举的方式，只有符合特定规则的 IP 数据包可以通过，其他数据包则被防火墙阻止。这些规则可以由网络的安全人员进行定义和修改。目前的防火墙可以利用 IP 数据包的多种属性来过滤信息，如源 IP 地址、源端口号、目的 IP 地址和端口号，服务类型(如 FTP 传输)，还可以根据通信协议、数据包中的生存时间(TTL)值和网段等属性进行过滤。

应用层防火墙。应用层防火墙运行在通信协议栈中的应用层，可以对特定应用程序与网络进行交互的数据包进行放行，而封锁其他数据包，如直接丢弃。理论上，该类型防火墙可以完全阻止外部数据进入受保护的计算机系统。但利用面向应用的规则建立方式进行数据包拦截随着系统维度的增加变得越来越繁杂，因此需要研究面向对象的防火墙技术。

4. 身份认证技术

身份认证技术通过认证来确认通信方的身份，以避免冒名顶替者获取信息。当用户 A 从用户 B 接收到信息时，A 需要认证它实际上是 B，而不是伪装成 B 的终端。两种常用的认证方法如下所示。

1) 基于共享密钥的认证

假设 A 和 B 希望建立一个通信会话。在交换数据之前，它们需要首先通过共享密钥相互认证，该方法涉及的步骤如图 2.11 所示。

(1) A向B发送的明文中包含A的身份和一个大随机数N_A
(2) B使用一个A和B已知的密钥加密N_A，并且发送密文$E_{KAB}(N_A)$和另外一个大随机数N_B到A
(3) A解密收到的密文并检验是否与发送到B的为同一个随机数N_A，同时使用一个共享密钥加密N_B并发送密文到B
(4) B使用共享密钥解密收到的密文，并且检测收到的随机数是否与发送到A的随机数N_B一致

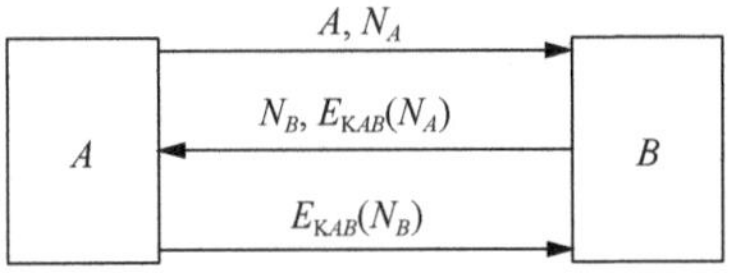

图 2.11　基于共享密钥的认证

2) 基于密钥分发中心的认证

该方法涉及支持认证的可信密钥分发中心(KDC)。KDC 和每个用户都共享一个独有的密钥，用于它们之间的通信。所涉及的步骤如图 2.12 所示。

(1) A向KDC发出与B的会话请求，进而发送A的身份信息、由A和KDC的共享密钥K_A加密的包含B的身份和会话密钥K_S的密文($E_{KA}(B, K_S)$)
(2) KDC解密来自于A的密文，同时提取会话密钥K_S，并且发送由B和KDC的共享密钥K_B加密的包含A的身份和K_S的密文($E_{KB}(A, K_S)$)
(3) B解密来自于KDC的密文，并提取A的身份和会话密钥K_S，从而使用K_S与A通信

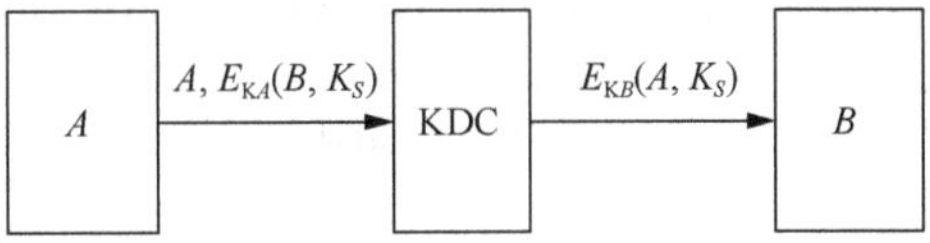

图 2.12　基于密钥分发中心的认证

5. 数字签名技术

数字签名技术通过在发送的数据信息上增加发送者签署的数字信息来保证信

息的真实性，其安全性体现在如下几方面。

(1)接收者可以确认发送者所声称的身份(身份验证)。

(2)接收者可以证明且发送者不能否认消息是被其所发送的(不可否认性)。

(3)接收者不能修改消息，不能声称修改后的消息来自于原来的发送者(不可修改性)。

细分数字签名技术又包括密钥签名、公钥签名与消息摘要。

1)密钥签名

这种方法由用户信任的认证中心(CA)签署消息。其操作如图 2.13 所示。由操作流程可以看出，针对密钥签名技术可以通过捕获从 CA 到 *B* 的加密信息并重播实现攻击。因此可以增加时间戳和信息编号来避免这样的攻击。

(1) *A*发送*A*的身份、使用由*A*和CA的共享密钥KA 加密的包含 *B* 的身份和要发送的信息 *M* 的密文($E_{KA}(B, M)$)
(2) CA解密从 *A* 接收到的消息的加密部分，创建一条新的信息，使用由 CA 和 *B* 的共享密钥KB 加密的包含 *A* 的身份、信息 *M* 以及使用CA的密钥KCA 加密 *A* 的身份和信息 *M* 的密文($E_{KCA}(A,M)$)的密文$E_{KB}(A, M, E_{KCA}(A, M))$，并将密文发送给*B*
(3) *B* 解密从CA接收的密文文本，提取 *A* 的身份和消息 *M*，并保留消息的剩余部分($E_{KCA}(A, M)$)

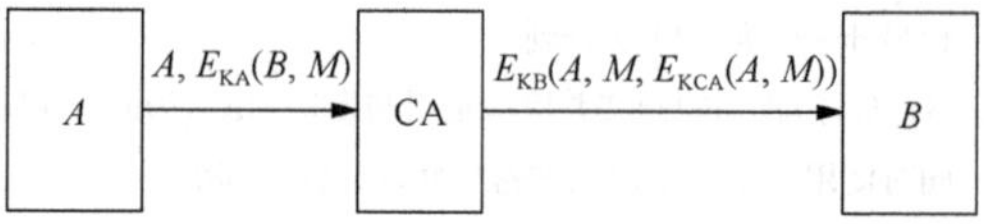

图 2.13　采用密钥签署消息

2)公钥签名

该方法利用的是公钥算法的性质：$E_{KEB}(E_{KDA}(M))=E_{KDB}(E_{KEA}(M))=M$，如图 2.14 所示。

(1) *A* 使用 *A* 的私钥 KDA 加密消息 *M*。得到的密文在使用*B*的公钥KEB再次加密后发送到*B*
(2) *B* 使用 *B* 的私钥 KDB 解密消息，保留副本后，再使用 *A* 的公钥KEA 解密获取明文
(3) *B* 可以保留*A*的私钥 KDA 加密过的信息，作为消息的起源和内容的证明

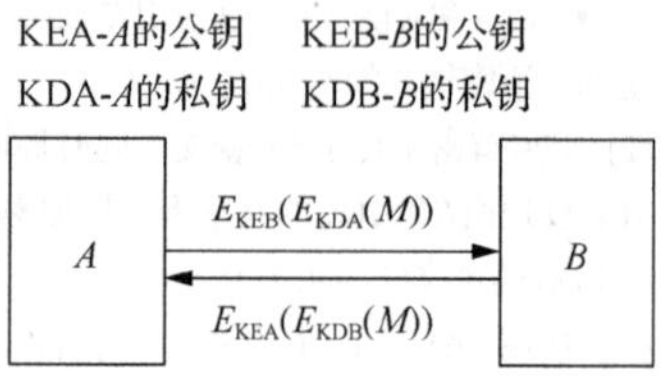

图 2.14　采用公钥签署消息

3)消息摘要

上面讨论的两种方法都签署整个文件，如果是在数据空间紧张的应用场景，消息则会因为保留证明而消耗掉大量空间，使得最终的传输信息变得冗长。相比之下，签署消息摘要，即消息的缩略版本，效率则会更高。

信息摘要(MD)是使用哈希函数创建的，哈希函数的性质如下：它是一个单向函数，即从消息可通过哈希运算创建摘要，但无法进行逆运行获取原始信息，并且它是一种一对一映射运算，以确保两条不同消息不会创建相同的摘要。

使用消息摘要签名的方法如图2.15示。常用哈希函数包括MD5(message digest 5)和安全哈希算法(SHA)，前者产生一个120位的摘要，后者产生一个160位的摘要。

(1) A使用哈希函数(MD)生成摘要，并使用A的私钥KDA进行加密，进而将消息M与加密的摘要一起发送到B
(2) B在接收从A发送的数据后，提取消息M，使用相同的哈希函数计算摘要(MD(M))，同时B使用A的公钥KEA解密从A收到的加密摘要，并比较两个摘要的相似性
(3) B还保留从A收到的加密摘要的副本作为消息的起源和内容的证明

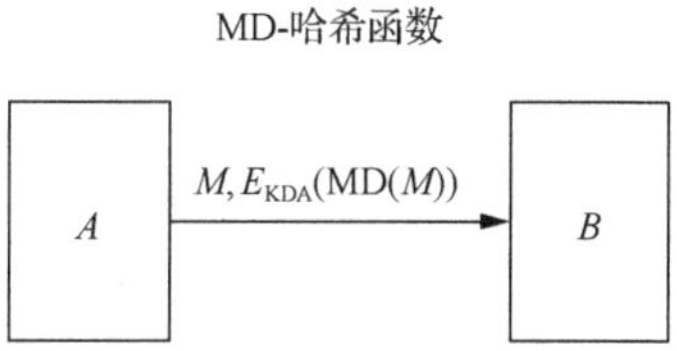

图 2.15　采用消息摘要签署消息

6. 赛博安全标准

纵观电力系统的赛博安全标准(cyber security standards)[5]，目前已经有一些面向变电站设备的应用标准，但更多的则正处于组织完成阶段。《信息安全管理要求》(ISO/IEC27001)标准被广泛使用，可以用于任何形式系统的风险评估并且给出了发展安全系统来减小风险的策略。另有 ISO28000:2005 供应链安全管理体系规定了供应链系统的安全管理，IEEE 和 IET(the institution of engineering and technology)等组织也制定了与智能电网赛博安全相关的标准体系。

1)《变电站智能电子设备(IEDs)网络安全性能 IEEE 标准》(IEEE 1686—2013)

该标准源自 NERC-CIP(North America Electric Reliability Corporation–Critical Infrastructure Protection)的 IED 安全工作，适用于任何要求 IED 的配置和维护中的安全性、可靠性和可审计性的场合。该标准提出了保护 IED 的不同机制。

(1) IED 应被唯一的用户 ID 和密码组合保护。密码最少为 8 个字符，至少有一个大写和小写、一个数字和一个字母数字字符。

(2) 应没有办法攻破用户创建的 ID 和密码，以及不存在“硬件或软件故障下自动运行的嵌入式主密码、嵌入式芯片诊断程序、跳线和开关设置密码的硬件旁路”等机制。

(3) 根据个人用户创建的 ID 和密码组合支持不同级别的 IED 功能的使用。

(4) 具有自动注销用户的超时功能。

(5) 按照事件的发生顺序可记录审计跟踪，存储在顺序循环缓冲区中(先进先出)。

(6) 监控安全活动，并通过实时通信协议使信息传输到 SCADA。

2)《电力系统管理和相关信息交换——数据和通信安全》(IEC 62351:2018)

IEC 62351:2018 标准是一系列规定了通信网络和系统的安全措施类型的文件标准，包括 TCP/IP、制造报文规范(MMS)和 IEC 61850 等配置文件。标准中的安全措施包括如下几方面。

(1)将受到的威胁最小化的功能，具备可旁路控制。

(2)可通过数字签名对实体进行认证。

(3)可通过加密认证密钥和消息。

(4)可完成篡改检测。

(5)具有防止欺骗和回放攻击的功能。

(6)可全时监控通信基础设施。

2.5.3 智能电网赛博安全提升策略

为了应对智能电网日益严重的安全威胁，需要从安全技术、安全体系、政策法规、理论研究等角度，采用综合措施以提升当前电网的赛博安全水平。

(1)应进一步加强赛博安全方面技术的研发，针对智能电网的信息采集、传输、处理、存储等环节，开展数据加密和传输的研究；加强网络和赛博安全预报、监控、应急处理平台建设，构建高效的安全技术防护体系。

(2)制定完善的赛博安全标准。在借鉴国外赛博安全标准研究的基础上，根据我国电网实际情况，对我国赛博安全标准体系进行科学的规划；同时，还要合理制定安全标准在电力系统的部署和实施计划，避免无序建设给赛博系统带来新的安全隐患。

(3)完善智能电网赛博安全法规政策。由于智能电网的建设过程涉及电力企业、电力设备制造商、IT 企业、政府各部门等，政府需要制定合理的法规政策，以明确各参与方在赛博安全层面应承担的责任，同时还需要制定相应的法律规范来约束各参与方的行为，切实保护用户隐私和电力企业信息的安全。

(4)加强电力系统员工赛博安全能力培训。与 IT 行业相比，传统的电力系统信息化水平较低，因此电力系统员工的赛博安全意识普遍较弱，电力系统基层员工的赛博安全意识很大程度上会影响到智能电网整体的安全运行水平。因此，加强赛博安全培训体系的建设是提高智能电网赛博安全水平的重要措施。

2.6 IPv6 及其应用需求

1. IPv6 简介

TCP/IP 采用全网通用的地址格式，为全网的每一个网络和每一个主机分配全球范围内唯一的地址。目前采用的 IP 版本号为 4，简称为 IPv4。IPv4 中规定 IP

地址长度为 32，理论上具有 $2^{32}-1$ 个地址。但由于网络应用需求的飞速增长，原先定制的 32 位 IP 地址空间即将耗尽，所以互联网工程任务组(IETF)更新设计了具有 128 位地址的新版本 IP。由于其版本号为 6，为与目前 IPv4 协议有别，新版本 IP 表示为 IPv6。作为下一代互联网的核心技术，与 IPv4 相比，IPv6 协议具有如下特点。

1)层次化的地址结构

IPv6 的 128 位地址长度被划分为网络前缀和主机地址两部分，各占 64 位，其理论上可提供 $2^{128}-1$ 个地址。形象地比喻，平均到地球表面上来说，每平方米将获得 6.5×10^{23} 个地址。如此巨大的地址空间可以从根本上解决 IPv4 中存在的地址资源不足问题，不必再采用分级域间路由选择(CIDR)和网络地址转换(NAT)等技术节约地址使用，因此可全面建立端到端的连接，提高赛博系统的可用性和安全性。此外，采用 IPv6 可以更好地划分路由器域名的层次结构，从而反映现代互联网的拓扑结构，更灵活地设计寻址和路由层次策略。IPv6 中还允许互联网骨干网到各子网的多级子网划分和地址分配。

2)简化的报头和灵活的扩展

为减少处理器开销、节省网络带宽，IPv6 中对数据报头进行了简化处理。如图 2.16 所示，基本报头具有 40 个字节的固定长度，放置所有路由需要处理的信息，其中，8 位通信类型定义当发生通信拥塞时的分组优先级，20 位流标记对特定数据流提供特殊处理，16 位有效负荷长度定义除基本包头外的总长度，包括扩展包头在内，8 位下一个头部定义数据包中跟随在 IPv6 报头后面的扩展报头的类型，8 位跳数限制类似 IPv4 中的 TTL。由于通信网络内绝大部分数据包都只是被路由器简单地转发，固定的报头长度有利于加快路由速度。此外，IPv6 还定义了多种扩展报头(图 2.17)，能提供对多种现有业务和未来新应用的有力支持。常用的扩展报头如下。

图 2.16　IPv6 基本报头

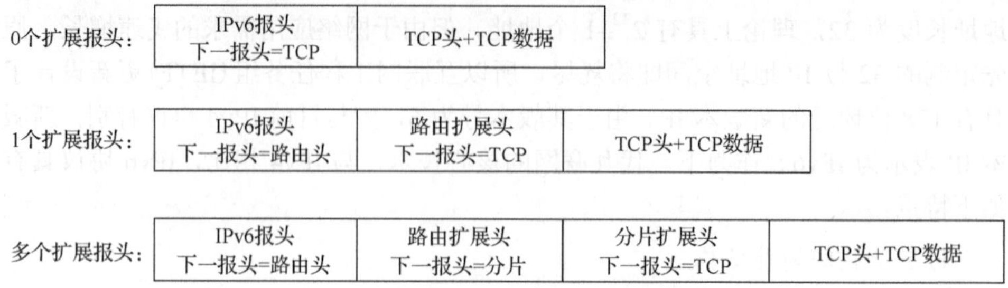

图 2.17　IPv6 扩展报头示例

(1)逐跳选项报头：该字段由传送路径上的每个节点和路由器读取并处理。逐跳选项报头主要用于巨型数据包和路由器警报等，如应用资源预留协议(RSVP)。一般情况下，源节点使用扩展报头向目的节点发送 IPv6 数据包时，发送路径上的中间路由器是不能扫描和处理扩展报头的。但若数据包发往一个特定的目的地时要求发送路径上的中间路由器对该数据包进行特殊处理，则可以使用逐跳选项报头内的路由器警报特征。

(2)目的选项报头：用于移动 IP，即使移动节点改变了连接点，仍然允许它们保持永久的 IP 地址。

(3)路由报头：被 IPv6 源节点用来强制数据包经过特定的路由器。当路由类型字段设为 0 时，在路由报头中可以指定中间路由器列表，类似于 IPv4 中的松散源路由选项。

(4)分段报头：用于路径最大传输单元发现(PMTUD)，建议 IPv6 所有节点都启用 PMTUD 机制。在 IPv6 中，不期望使用分段，必要时，由源节点执行分段，而不是由数据包传送路径上的路由器执行分段，在 IPv4 中，既可以由中间路由器也可以由源节点进行分段。

(5)认证报头：互联网安全协议(IPsec)使用认证报头(AH)提供认证、数据完整和重放保护功能。

(6)封装安全有效载荷报头：IPsec 使用封装安全有效载荷(ESP)提供认证、数据完整、重放保护和 IPv6 数据包加密功能。

3) 网络层的认证与加密

IPv4 设计之初并没有考虑安全性，因此早期互联网上极易发生网络攻击、机密数据被窃等事件。为加强互联网的安全性，IETF 自 1995 年便着手研究制定了用于保护 IP 通信的安全协议 IPSec。在 IPv4 中 IPSec 仅作为可选扩展协议，但是到 IPv6 其就成了必备组成部分。IPSec 制定了认证和加密两种安全机制，在网络层对数据分组提供加密和鉴别等安全服务。认证机制使 IP 通信的数据接收方能够确认发送方的真实身份以及数据在传输过程中是否遭到改动。加密机制则通过对数据进行编码来保证数据的机密性，以防数据在传输过程中被他人截获而失密。IPSec 作为网络层协议，也是 IPv6 的重要组成部分，使得 IPv6 的安全性与可靠性更高。

4) 服务质量的确保实现

与 IPv4 相比，IPv6 报头格式中包含了 8 位业务流类别和 20 位流标签(flow label)，其目的是允许发送业务流的源节点和转发业务流的路由器在数据包上加上标记，并进行除默认处理之外的不同处理。流是与某种方式相关的一系列信息包，IP 层必须以相关的方式对待它们。决定信息包属于同一流的参数包括：源地址、目的地址、身份认证及安全性。当 IPv6 的中间节点收到一个数据包时，通过验证数据包所带流标签便可判断其所属流类别，从而可知数据包的服务需求，进行快速的转发。

2. 智能电网对 IPv6 的需求分析

随着 IPv6 体系的成熟和应用，未来智能电网中，基于 IPv6 的数据业务实现必将越来越多，分析其原因主要包含以下几点。

(1) 智能电网的自动化、信息化程度不断上升，智能电网建设覆盖了各环节的各类测量(含表计)与控制设备，除公网传统的通信终端与计算机终端外，更多具有明显行业特点的智能电表、用户交互终端、电网控制终端、输电线路状态监测终端及风光储传感设备等物联网节点设备将以成千上万计甚至亿计规模增加，势必造成对 IP 地址的巨大需求，要求智能电网通信网络具备足够容量的地址空间接入能力，现有 IPv4 规定的 32 位地址是远远无法满足的，而 IPv6 充足的地址资源池可很好地解决这一迫切需求。

(2) 智能电网将对电力生产、输送和消费各个环节进行全面的信息采集和深入的分析，并实现数据业务的广泛互通，要求电力通信网络能够在提供更快的转发速度的同时，支持更多、更强的安全手段，强化赛博安全防护能力，提升赛博安全的自主可控能力。IPv6 的安全协议及业务流标签等能够在满足各类型业务需求的同时，实现数据传送的安全可靠，从而满足智能电网框架下的集约型管理。反观之前电力通信网络，其中未采用 IP 地址的通信终端还大量存在，统一监管难度很大，且以 IPv4 技术为平台的通信网络难以实现跨网段访问，严重制约了智能电网新业务的发展，IPv6 的实施将有效解决上述问题。

智能电网建设作为我国电网发展的一个新方向，与下一代基于 IPv6 的互联网技术相结合，使电力技术、信息技术和通信技术更好地集成为一个架构合理、互操作性良好的体系框架，有效提高系统集成性能，带动相关应用发展，给电力系统各领域带来质的飞跃和提升，图 2.18 给出了一种基于 IPv6 的电力通信网络结构示意图。

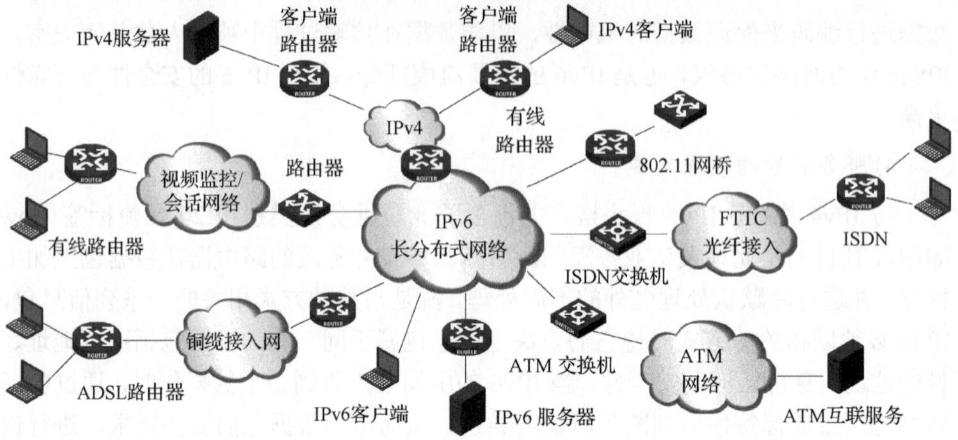

图 2.18　基于 IPv6 的电力通信网络结构

注：FTTC (fiber-to-the-cwrb)；ISDN (integrated software defined network)；ATM (asynchronous transfer mode)

参 考 文 献

[1] Derler P, Lee E A, Vincentelli A S. Modeling cyber–physical systems[J]. Proceedings of the IEEE, 2012, 100 (1): 13-28.

[2] Yan Y, Qian Y, Sharif H, et al. A survey on smart grid communication infrastructures: Motivations, requirements and challenges[J]. IEEE Communications Surveys & Tutorials, 2013, 15 (1): 5-20.

[3] Kabalci Y. A survey on smart metering and smart grid communication[J]. Renewable & Sustainable Energy Reviews, 2016, 57: 302-318.

[4] Sridhar S, Hahn A, Govindarasu M. Cyber–physical system security for the electric power grid[J]. Proceedings of the IEEE, 2012, 100 (1): 210-224.

[5] Ekanayake J, Liyanage K, Wu J, et al. Smart Grid: Technology and Applications[M]. Chichester: Wiley, 2012.

第3章　支持多种服务和业务融合的高级量测体系

高级量测体系(AMI)[1,2]也称为智能量测体系或智能量测基础设施(SMI)，是一套包括硬件及软件的完整系统。它利用双向通信系统和能记录用户详细负荷信息的智能电表，定时或即时取得电力用户带有时标的分时段的或准实时的多种计量值，如用电量、用电功率、电压、电流等。AMI 为电力公司提供了前所未有的系统范围的量测和可观性，使得电力公司不但可以向用户提供分时电价以实现削减峰荷、减少固定资产投资、提高资产利用率和能源效率，也能够促成许多运行和管理方面的高级应用的实现。后者包括：帮助电力公司评估设备运行状况、延长设备寿命、优化运维费用、改进电网规划、识别电能质量问题以及探测及减少窃电行为等。在全球范围内的智能电网实施方案中，AMI 是公认的一个重要的基础性功能模块。

3.1　AMI 的基本构想

1. AMI 概述

AMI 是一个用来测量、收集、储存、分析和运用用户用电信息的完整网络处理系统。它由安装在用户端的智能电表、位于电力公司内的量测数据管理系统、连接它们的通信网络和用户住宅之内的室内网络组成。AMI 中的智能电表能按照预先设定的时间间隔(分钟、小时等)记录用户的多种用电信息，把这些信息通过通信网络传到数据中心，并在那里根据不同的应用要求和目的，如用户计费、故障响应和需求管理等进行处理和分析；还能向电表发送信息，如即时召读更多的数据、对电表进行远程配置或进行软件在线升级等。

2. AMI 的组成部分

AMI 设施主要由 4 个部分组成：智能电表、通信网络、MDMS 和 HAN，如图 3.1 所示，下面分别对其功能和原理进行简要阐述。

此外，为了充分利用 AMI 取得的数据，还需要为许多现有的系统应用建立相应的接口，如负荷预测、故障响应、客户支持和系统运行等，这里没有一一介绍。

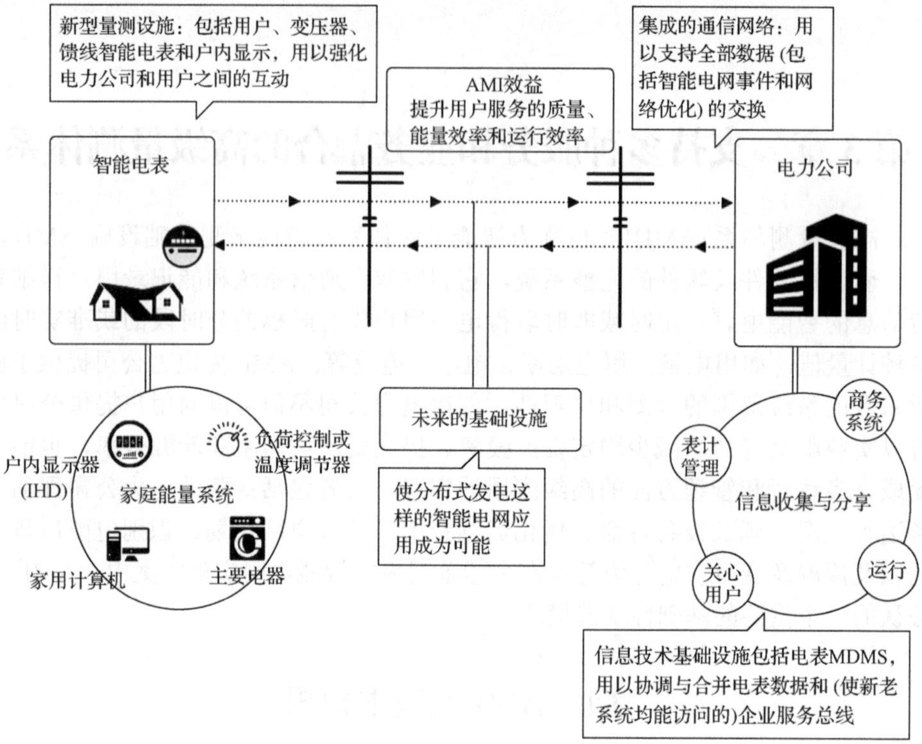

图 3.1　AMI 的组成

1) 智能电表

传统的机械电表只能记录 1 个值，即用户全部累计的电能消费。智能电表是可编程的固态装置，能实现用电量记录以外的很多功能。它能根据预先设定的时间间隔(如每 15min、每 30min 等)来量测和储存多种计量值(如 kW·h、kvar·h、kW、V 等)。同时它还具有内置的通信模块，能够接入双向通信系统与数据中心进行信息交流。

智能电表具有双向通信功能，支持电表的即时读取(可随时读取和验证用户的用电信息)、远程接通和开断、装置干扰和窃电检测、电压越界检测，也支持分时电价或实时电价和需求管理。另一个非常有用的功能是，在检测到失去供电时，电表能发回断电报警信号(许多是利用内置电容器的蓄电来实现的)，这给故障监测和响应提供了很大的方便。

有的智能电表能够作为电力公司与用户户内网进行通信的网关，使得用户可以近于实时地查看其用电信息和从电力公司接收到的电价信号。当系统处于紧急状态或需求响应时并在用户许可的前提下，电表可以传递电力公司对用户户内电器的负荷控制命令。图 3.2 为智能电表的功能示意图[3]。

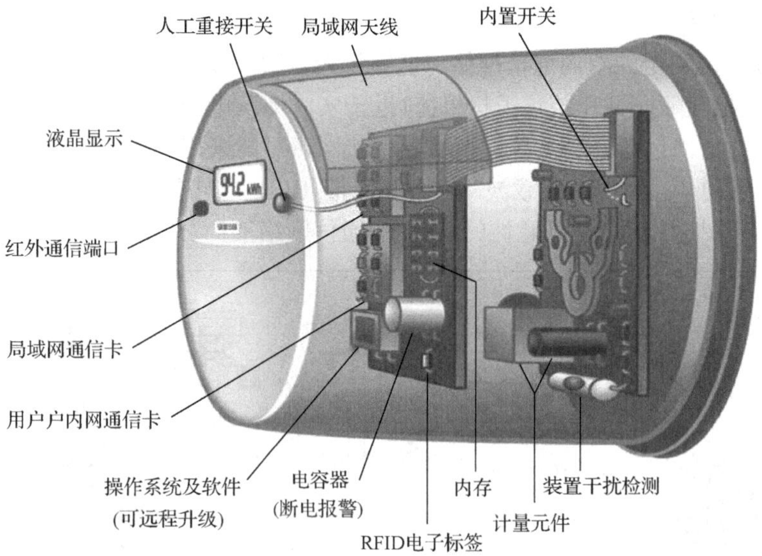

图 3.2　智能电表的功能示意图

智能电表不仅局限于终端用户，有的电力公司也计划在配电变压器和中压馈线上安装智能电表。其中一部分将与实时数据采集和控制系统结合起来，以支持系统监测、故障响应和系统实时运行等功能。

智能电表的一些典型的功能还包括：①提供双向计量，能支持具有分布式发电的用户；②提供断电报警和供电恢复确认；③提供电能质量的监视；④可以进行远程配置设定和软件升级；⑤支持远程时间同步；⑥能根据需求响应要求来限制负荷。表 3.1 列举了传统电表与智能电表的功能对比。

表 3.1　传统电表与智能电表的功能对比

功能	智能电表	传统电表
自动读表	有	无，人工读表
收集间隔数据	有	无，连续地累计数据
具有远程开断和接通的能力	有	无，只能人工开断/接通
实时读表	有	无，用户只能通过人工读表获得最新读数
支持电表与电力公司之间的双向通信	有	无
检测停电，并通知电力公司	有	无，用户需要电话通知电力公司发生了停电
电表篡改检测并告知电力公司	有	无，现场观察是信息的来源
支持灵活的电价选择，如分时电价	有	无
可远方编程和可修改	有	无
与用户的 HAN 交互	有	无

2)通信网络

AMI采取固定的双向通信网络，能够每天多次读取智能电表数据，并能把表计信息(包括故障报警和装置干扰报警)近于实时地从电表传到数据中心。常见的通信系统的结构包括分层系统、星状和网状网，可能采用不同的媒介来向数据中心实施广域通信，如电力线载波、电力线宽带(BPL)、铜或光纤、无线射频(RF)、互联网等。图3.3给出了示意性的AMI的通信网络架构。

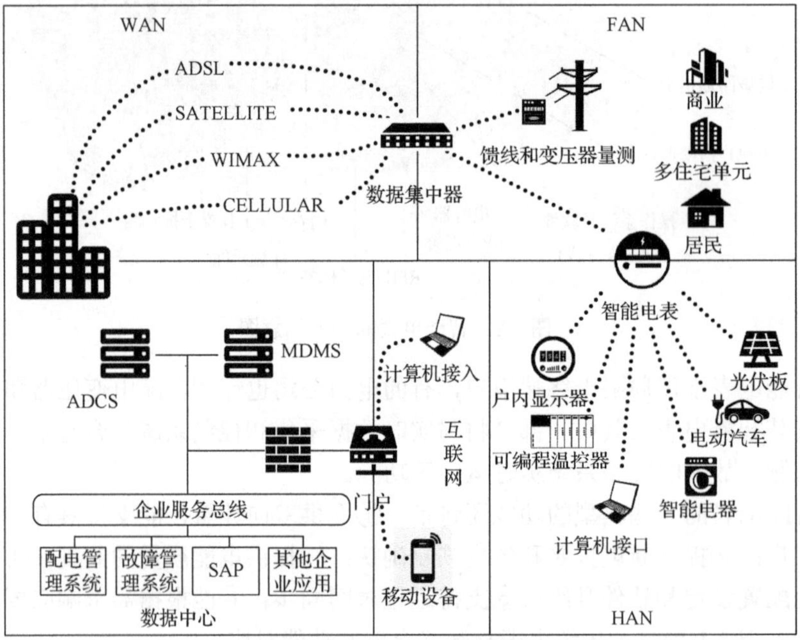

图3.3 AMI的通信网络

在分层系统网络中，FAN(有时也称为局域通信网络)把(用户、馈线和变压器的)电表和数据集中器连接起来，而数据集中器则通过WAN和数据中心相连。数据集中器通常布置在杆塔上、变电站里或其他的一些设施上，它们是FAN和WAN的交汇点。

在FAN中，数据集中器可即时或按照预先设定的时间收集或接收附近电表的计量值或信息，再利用WAN把数据传到数据中心。数据集中器也中继(relay)数据中心发给下游电表和用户的命令与信息。由于FAN对通信的速率要求不高，对它最主要的要求是以最低的成本连接电表，常见的通信方式为电力线载波、电力线宽带、塔式或网格状无线射频网络。目前FAN多采用不开放的私网协议，但正在向开放式网络标准(TCP/IP、ANSI C12.22等)发展。

许多电力公司把AMI的实施视为一次产业升级的机会，希望通过这一项目来建立同时满足未来系统高级应用需求的共用通信体系。所以，AMI 的 WAN 必须是高度安全并有足够容量的双向通信系统，并采用面向未来的基于 IP 的开放标准，以满足未来高级配电自动化、变电站自动化和其他智能电网应用的要求。WAN 对可靠性和实时性都要求很高，其采用的技术包括 WiMax、3G 数字无线、多协议标签交换(MPLS)等。有的电力公司采用第三方电信公司的公网服务，有的则利用和扩建自己的专用网，更多的采用的是二者的结合。

服务地域大的电力公司可能会发现实施单一的通信技术不太经济合理，因此，大多情况下，其采用具有两种或更多广域通信技术的混合网络。例如，得克萨斯州公用事业公司在用户密集的城区使用网状网络或射频或电力线宽带，而在其他地区则使用电力线载波技术。

随着 ICT 的发展，越来越多的公司采用开放式的技术和标准，以便于系统的集成和管理。一个趋势是将来的 AMI 通信网络可以兼并电力公司现有的 SCADA 网络，使后者成为前者的一部分。在规划 AMI 通信网络时，也应同时考虑到其他公用事业表计的要求和兼容性，如水表、煤气表等，以便取得最大的综合效益。

3) MDMS

位于数据中心的信息系统和应用是 AMI 的一个重要组成部分，其中最重要的是 MDMS。MDMS 是一个带有分析工具的数据库[3]，是 AMI 的“神经中枢”。通过与 AMI 自动数据收集系统(ADCS)的配合使用，处理和储存电表的计量值。

ADCS 按照预先设定的时间或由事件触发的任何时间，把智能电表的计量或报警信息读取到数据中心。通过企业服务总线(ESB)把数据与其他需要利用此数据的各种业务系统进行共享。一些实时运行需要的信息会直接转发给相关的系统(如停运管理系统(OMS)、现场工作管理(MWM)系统、配电管理系统(DMS)、自动读表、需求侧管理(DSM)、能量管理系统、配电自动化和其他运行方面的应用等)。MDMS 从 ESB 取得数据后，对其进行处理和分析，然后按要求和需要传给其他对实时性要求不高的系统，如用户信息系统(CIS)、计费系统、企业资源计划(ERP)、电能质量管理、负荷预测系统、变压器负荷管理(TLM)等。MDMS 的一个基本功能是对 AMI 数据进行确认、编辑、估算，以确保当通信网络中断和用户侧发生故障时，流向上述信息系统或软件的数据流是完整和准确的。

根据计费系统的功能设计和类型，它可以利用 MDMS 提供的数据实施分时计费、峰谷电价和其他一些复杂的计费方法。

现在的通常做法是，MDMS 在每天的午夜到凌晨三点钟的时间段内把前一天的电表的计量值全部采集回来。经过分析和处理后，把有关数据提供给其他相关的应用和系统共享。也有公司为了平衡通信流量，每天分几次采集数据。电力公司会在早晨六点钟把用户前一天的详细间隔用电和电费信息放在电力公司的门户网站上，方便用户随时读取。

除了支持对多种市政计量仪表(气、电、水)的管理功能，MDMS 也可控制电表(如按需即时读取、接通/断开)、能够维持系统读表操作的实施时间、支持需求响应和停电修复。

相对于存储系统控制和运行实时数据的历史数据库(PI 数据库)，MDMS 将存储终端用户的每日更新的连续的间隔量测值(通常期望的计量间隔是：居民用户 15min～1h，商业和工业用户 5min，变压器表计 15min，中压馈线表计 5min)，因此可以为电力公司提供前所未有的大量的详细系统信息(电表计量和报警信息)。结合 GIS，它可以取得系统中每一点的电气参数，如节点电压幅值、节点有功负荷和无功负荷等，以及精确的负荷曲线，将为系统管理、运行和资产管理提供可靠的依据，越来越多的高级应用可以在其中得到实现，如能量平衡、网络重构、窃电监测和根据电表报警信息进行故障预测等。

充分利用收集的大量信息，是取得 AMI 效益的关键。许多电力公司计划利用这一机会整合现存信息系统的功能，建立与 MDMS 的接口，以提高其功能水平。

4) HAN

HAN 通过网关或用户端口把智能电表和用户户内可控的电器或装置(如可编程的温控器)连接起来，使得用户能根据电力公司的需要，积极参与需求响应或电力市场。HAN 中一个重要的设备是处于用户室内的户内显示器 (IHD)。它接受电表的计量值和电力公司的价格信息并把这些信息连续地近于实时地显示给用户，使得用户能及时准确地了解用电情况、费用、系统运行状况和市场信息，也可鼓励用户节约用电，并根据市场或系统的要求调整他们的用电习惯，如把一些用电调整至系统需求低谷时等。根据不同的项目实验，这些措施可降低峰荷 5%以上。HAN 也可根据用户的选择预先设定，无须用户不停地参与便可进行负荷控制。同时，它也可限定来自电力公司和局部的控制的动作权限。

HAN 的用户端口可以处在不同的设备上，如电表、相邻的集中器、由电力公司提供的独立的网关或用户的设备(如用户自己的因特网网关)。

迄今为止，HAN 的技术规范还在争论和发展之中。但其网络内包括从网关到户内显示器之间的通信技术，主要采用无线和电力线载波两种，主要的标准是 ZigBee(无线)、HomePlug(载波)和 IPv6。目前 ZigBee 在市场上的接受度最高。也有厂家把 HAN 的设备直接包括在 AMI 的现场通信网络中。

这个领域的一个热门话题是 EV 或 PHEV 与 HAN 的集成，这主要受减少温室气体排放量的政府要求所驱动。基于现在的设想，利用 HAN 的通信网络，用户拥有的 EV/PHEV 可以通过响应 HAN 网关传来的电价信息和电力公司的需求信号实现与电力公司的无缝整合：它可以在系统负荷低谷时进行充电，而在系统高峰期或紧急状态时向电网输电。

3. 我国现时的用电信息采集方案

在我国，与 AMI 功能相对应的系统是用电信息采集系统。早在 2009 年，我国的电力公司，特别是国家电网有限公司便开展了用电信息采集系统的实施，大力推广和安装智能电表。在 2009 年，国家电网有限公司全面启动用电信息采集系统建设与智能电表推广应用工作，明确了用电信息采集系统和智能电能表的功能定位，发布了 24 项用电信息采集系统技术标准和 12 项智能电能表技术标准，全力推进用电信息采集系统建设和智能电能表应用，取得了显著的成效。

在全国范围内，目前已经实现的智能电表的安装数量达到 4 亿块左右。智能电能表的推广应用对用电信息采集系统的全面建设及用电模式的优化起到了积极的推动作用。

目前，用电信息采集系统的基本架构逻辑框图如图 3.4 所示。

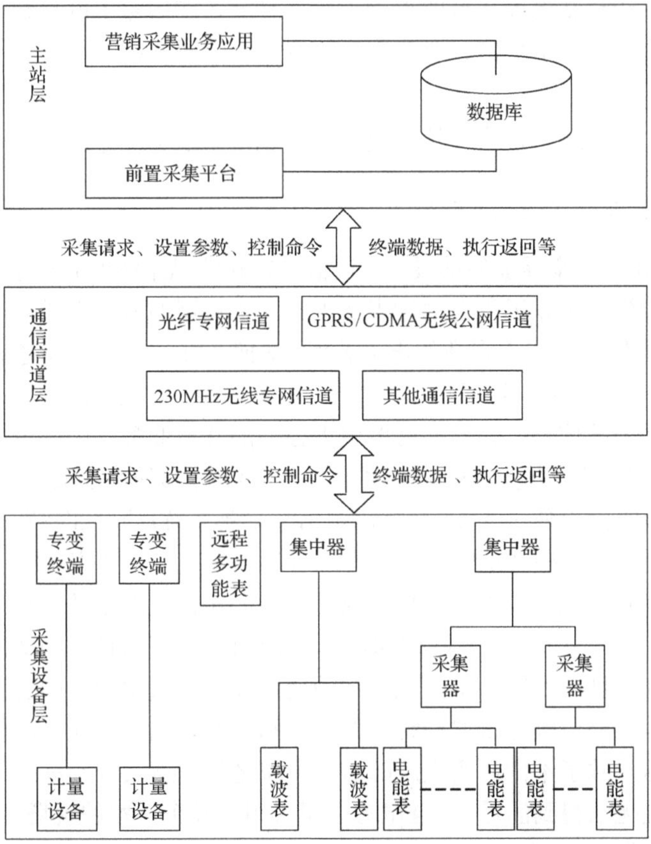

图 3.4　用电信息采集系统的基本架构逻辑框图

现在已实施的用电信息采集系统从物理上可根据部署位置分为主站、通信信道、采集设备(量测网络)三部分，而物理结构上以“主站-集中器-电表”和“主站-集中器-采集器-电表”两种主要方式存在。其中系统主站部分单独组网，与其他应用系统以及公网信道采用防火墙进行安全隔离，保证系统的赛博安全。

通信信道是指系统主站与终端之间的远程通信信道(相当于 WAN)，主要包括光纤专网信道、GPRS/CDMA 无线公网信道、230MHz 无线专网信道等。

采集设备是指安装在现场的终端及计量设备，主要包括专变终端、远程多功能电表、集中器、采集器以及电能表等。目前，在我国，从集中器到电能表的“最后一公里”通信主要是电力线载波，也有部分的无线解决方案。而近两年，电力线宽带载波技术有异军突起的势头。

截至 2016 年底，我国已完成了全部省级电力公司直供直管范围的采集系统主站和大部分专变、公用配变采集终端的部署，用电信息采集系统覆盖的用户超过 80%，完成了用电信息采集主站系统全部上线运行，抄表成功率和及时性不断提升，完成了省级计量调度平台的部署上线。目前，在国家电网系统已经实施对直供用户的“全覆盖、全采集、全费控”的智能电表的方案。

3.2 AMI 的实施现状和技术发展趋势

1. AMI 行业的实施现状和需求

由于 AMI 是一个涵盖终端设备、通信系统和信息系统的完整系统，其建设需要比较大的投资，单以远程自动读表实现的人工费用的减少很难实现投资成本的回收。因此，国际上的绝大多数的电力公司，都把 AMI 定位为“超越表计”(beyond metering)，意味着 AMI 要实现计费以外的很多功能。最突出的表现是频繁地读回大量的计费之外的信息，以支持诸多电力公司的其他业务。因此目前在国际视野中，AMI 的核心竞争力基本集中在通信网络和 IT 方案的性能表现上。

随着近年来国内外对 AMI(包括用电信息采集系统)研究和实践工作的全面展开，行业里遇到的一些普遍性问题和需求也逐渐呈现，主要表现如下。

(1) 专用的“最后一公里”通信协议使电力公司被迫严重并长期地依赖初始通信设备供应厂家。目前，广域网大都是基于 IP 标准和开放的，因此能够有效地保证兼容性。和广域网不同，由于现场网的通信并没有采用通用的协议，各厂商在物理层、数据链路层等并未遵循统一的规范和标准，因此，现场网的解决方案因厂家而异。这导致了不同厂商生产的通信模块之间无法实现互联互通，设备的兼容性和互换性无法得到满足。一旦电力公司采用了某个厂家的现场网技术或产品，必然会受到长期制约(在北美，电表的设计生命周期为 15～20 年)，对设备升级、维护和更换等带来严重的影响。这是电力公司极其担忧的现实问题。

(2) “最后一公里”通信的可靠性难以保障。由于地理环境和网络拓扑比较复杂，现场通信网络部署往往受资源方面的制约，称为低功率和有损网络(LLN)。LLN 的低功率、低带宽链路(无线和有线)特点造成了通信信道稳定性差、数据容易丢失及错误率高等问题。

(3) AMI 的现场通信网目前只支持计量业务或电表读取，无法支持其他业务，也无法充分利用其他的已有的通信网络。

电力公司专门铺设自己的通信网络，需要昂贵的投资和大量的运行及维护费用。未来物联网和智慧城市的发展，更是把开放和兼容的通信网络推进到终端用户。如果能使 AMI 充分及有效地利用或有机地融入并成为未来泛在通信网络的一部分，则将节约大量的社会重复建设成本。当然，如何解决在如此开放的网络中保持赛博安全和满足电力系统相关服务的可靠性要求也需予以认真的考量。

(4) 网络设施及终端设备包括智能电表的工作状态的监管缺乏满意的工具和手段。由于 AMI 的量测和监控点覆盖整个配用电网络，大量的智能终端和传感器遍布其中。对如此庞大、复杂、大规模异构的网络进行良好的监管，仍有很大的提高空间。一个普遍的现象是，当表记读取不成功时，较难判断其原因，往往需要人工排查，需要大量的人力和时间投入。另外，网络故障探测，设备资产管理，网络赛博安全认证、监管、流量、服务等级控制等方面，也需要有效的手段。

(5) 量测数据缺乏与其他业务数据特别是配电网数据的融合和综合分析利用。在很多公司，信息孤岛现象比较普遍。量测数据潜在价值的利用和挖掘，是在 AMI 的基本功能完成后必须要考虑的重大课题。海量的高频率、覆盖整个系统且带有时标的实测数据的有效利用，能显著地提高配电网分析、负荷预测及网损分析等方面的精确度，挖掘其潜在价值，能为配用电网络优化、重构及优质运行和资产管理提供强有力的支撑。

(6) 不能或难以支持与用户的互动，以及日益增多的用户侧业务，如电动汽车、分布式发电等。随着智能电网建设的不断推进和深入，我国正积极开展分布式能源并网、储能及能效评测等方面的技术研究和实施。这些大量涌现的用户侧业务，如智能家居、智能小区与智能楼宇、用户侧分布式电源及储能装置、电动汽车充电设施等方面的快速发展，以及其与电力公司的连接与互动的建立，都对 AMI 和技术发展提出了新的需求。

2. AMI 技术发展趋势

正如前一部分所述，目前 AMI 系统存在的主要问题在于系统的兼容性、可靠性和管理性等方面。当行业用户寻找解决方案之际，IP 网络体系结构由于它与生俱来的开放、可靠等特性，具有满足这些要求的一切潜能，成了构建下一代 AMI 网络基础构架的自然选择。

因此近几年，AMI 行业及技术发展方面呈现以下主要态势。

(1)基于IP的通信技术正快速取代基于专用技术和协议的传统的读表现场网通信技术。主要的表现是以前行业外的一个名不经传的公司SSN(Silver Spring Networks),靠提供基于IPv6技术的AMI现场网解决方案,近几年在北美市场表现亮丽,已取得近50%的市场份额,远远超过了其他传统的电表厂商,如Elster、Itron、GE、Landis+Gyr等,且保持快速增长的态势。SSN利用IPv6开放、标准的技术框架和巨大的承载能力,构建公用的AMI基础通信架构,取代原来封闭和私有的应用模式。IP化的高速通道使得通信网络能够接纳和承载更多的业务与服务。其优良的网络特性,使得传统的读表方案厂家在通信方面的市场急剧萎缩,也促使了其他传统厂家的业务转型。例如,Itron与网络领袖Cisco建立战略联盟,由Cisco开发基于IP的现场网通信技术,Itron退出通信领域,只提供通信之外的电表和AMI IT业务等。在欧洲,G3-PLC工业联盟也在推进基于电力线载波的IPv6读表解决方案。

(2)为了实现更好的综合效益,AMI网络要支持除读表之外的多种电力公司业务和服务,这使庞大的AMI网络成为一个公用的通信网络。在此背景下,对原本缺失或被弱化的通信监测和网络管理能力的需求,就自然变得异常重要,包括设备状态监测、信道状态监测、通信安全认证、提供不同等级的业务的服务质量[①]、通信故障诊断等方面的功能。

(3)通过IT技术与电力系统基础理论相结合,采用新的模型和算法对海量历史量测数据进行充分利用,实现电力行业配用电数据的融合,是目前业界正在努力的目标。基于大量和频繁的AMI实测数据及传统的配电网SCADA量测数据融合而导出的新模型与方法将能更好地服务于电网的运行、管理,取得以往不能取得的效果。

(4)近几年迅猛发展的非侵入式电力负荷分解与辨识技术有望集成到未来的智能电表中。非侵入式的负荷分解利用传感器通过监测其电压和电流信号,利用信号处理和模式识别等技术,以实现对下游各用电设备的运行状态和用电特性的识别。由于它可以通过单个传感器实现多个设备的用电细节监测,具有多传感器监测手段不可比拟的优势。而智能电表作为用户和电力公司的分界点,在物理和逻辑上都是非侵入式技术实施的最佳选择。非侵入式的负荷分解技术有望固化在芯片上以集成于未来的智能电表之中,为电力用户提供增值服务。

3.3 支持多种服务和业务融合的AMI架构

1. 架构概述

基于开放、互联、兼容和安全的理念,下面将介绍AMI的一个系统完整的架

① 服务质量(QoS)指一个网络能够利用各种基础技术,为指定的网络通信提供更好的服务能力,是网络的一种安全机制,是用来解决网络延迟和阻塞等问题的一种技术。

构[4]。在传统的公用通信网络架构的基础上，它进一步采用 IPv6 技术构建 AMI“最后一公里”的通信网络，使得每个终端设备，如智能电表，直接成为互联网络上的一个节点，并可支持端对端的通信。这样使得 AMI 网络成为一个完全基于 IP 技术的网络。在此基础上，引入成熟的 IP 网络监管技术，对网络通信及设备进行监测和管理，可克服很多现有 AMI 网络难以解决的问题。同时由于基于开放和标准协议，此网络支持与用户的互动，支持多种服务和业务融合，并能承载众多电力公司其他业务的接入，如配电自动化、低压居民集中抄表、工商业用户负荷管理、配变监测、电动汽车充电及新能源接入等业务。基于 IPv6 的 AMI 物理架构如图 3.5 所示，主要的核心部件有：基于 IPv6 的开放的 AMI 现场通信网络及其中基础性的具有 IPv6 通信单元的智能电表和智能采集路由器(SCAR)、ADCS、MDMS、网络管理系统(NMS)和高级应用系统。有些功能模块与现存的 AMI 功能模块相似，就不再介绍了。下面仅对新的或有扩展的功能进行简要阐述。

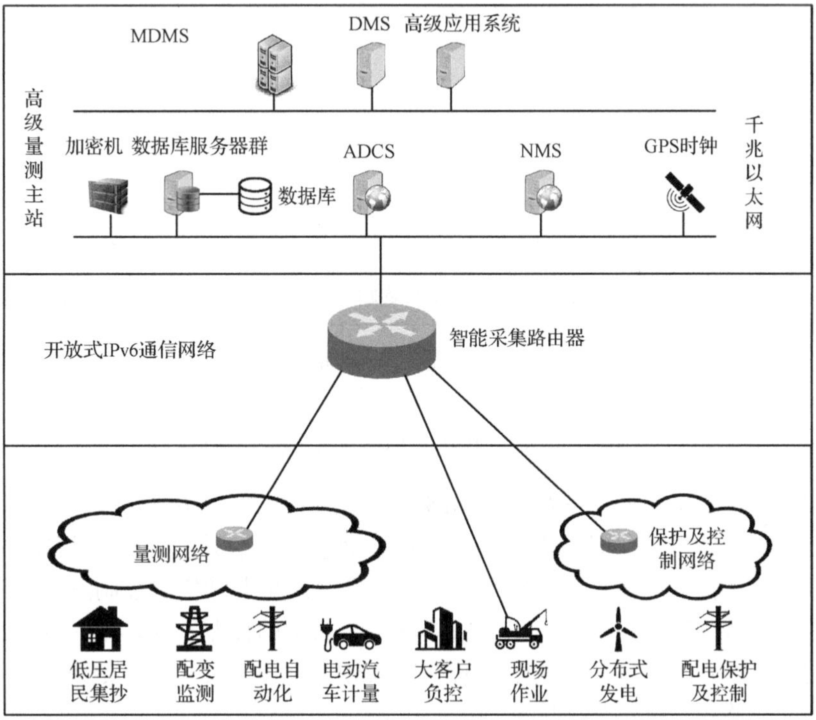

图 3.5　基于 IPv6 的 AMI 物理架构

2. 基于 IPv6 的 AMI 现场通信网络

基于 IPv6 构建的 AMI 现场通信网络是此类 AMI 最显著的功能特征体现[5]。采用标准的 IP 技术来建立电网末端的基础通信架构，提供可高度集成化的量测现场通信网络，以支持智能电网发展所带来的大量新业务，如分布式发电、需求响应、电动汽车充电、智能家居及各种增值服务等。IP 化的 AMI 现场通信网络通过其路由和服务质量等网络功能，实现电网末端多样化应用接入和高度集成，形成一个以 IP 网络为载体的生态系统，各种业务在末端可横向扩展，真正实现“一个网络、多种应用”的网络结构，以支持多种服务和业务融合。

基于 IPv6 的 AMI 现场通信网络遵循开放系统互联(OSI)参考模型标准，是一个由物理层、网络层及应用层等构成的多层网络，物理层能兼容不同的通信介质，如电力线载波、无线及光纤等。图 3.6 以低功率无线媒介为例，给出目前比较典型的基于 IPv6 的网络通信完整协议栈。

<table>
<tr><td rowspan="2">应用层</td><td>Web服务</td><td rowspan="2">ANSI C 12.22
DLMS COSEM</td><td rowspan="2">DL/T 698</td><td rowspan="2">IEC 61850</td></tr>
<tr><td>HTTPs</td></tr>
<tr><td rowspan="4">网络层</td><td colspan="4">UDP/TCP</td></tr>
<tr><td colspan="4">LLN</td></tr>
<tr><td colspan="4">IPv6</td></tr>
<tr><td colspan="4">IETF6LoWPAN</td></tr>
<tr><td rowspan="2">物理层</td><td colspan="4">IEEE802.15.4e MAC</td></tr>
<tr><td colspan="4">IEEE 802.15.4g PHY</td></tr>
</table>

图 3.6　基于 IPv6 的网络通信完整协议栈

在该协议栈中，低功率和有损网络中使用的 RPL(routing protocol for LLN)路由协议的关键特征之一是具有高度灵活性和动态性，本质上它被设计成可在恶劣环境的低速链接环境下运行，容忍高错误率同时产生非常低的控制流量。RPL 提供了许多高级的特性，如限制性计时器减少了烦琐的控制平面，限制性路由中的动态链接和节点路由度量有利于同时部署 AMI、配电自动化及其他系统，以及有利于多路径路由和循环检测的能力。

1) IPv6 通信单元及智能电表

IPv6 通信单元负责智能电表的网络通信功能，可通过 IPv6 兼容光纤、双绞线、电力线载波和无线等通信来解决。IPv6 现场通信网无线组网一般采用无线网格网络(RF Mesh)通信技术，如图 3.7 所示。该无线网络具备自发现、自组网、自治愈功能，能确保稳定性和健壮性。RF Mesh 支持多跳技术，每一个节点都能根据网络状态选择最优数据传输路径，因此能较好地保证抄表的可靠性和成功率，是北美 AMI“最后一公里”通信的首选。

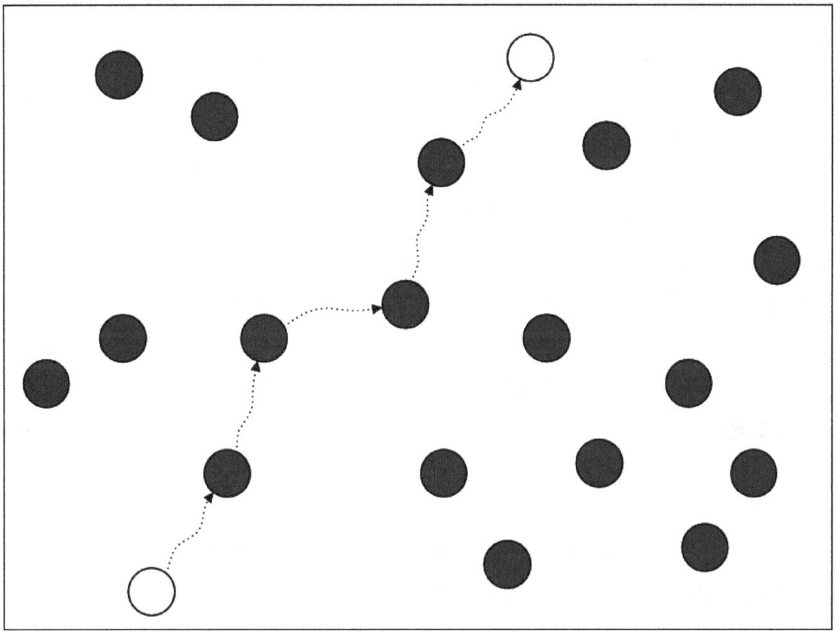

图 3.7　RF Mesh(无线网格网络)通信示意图

2) 智能采集路由器

在基于 IPv6 的 AMI 体系架构中，传统的集中器节点将被同时具有 IP 路由和 IP 网关功能的智能采集路由器所取代。智能采集路由器是具有集中器功能的路由器设备，除了具有 IPv6 网络功能，还能对电表数据进行采集和存储。作为路由器设备，它用于连接广域网与现场网络，具有路由、寻址、服务质量等网络功能。上行通信支持通过以太网光/电口、GPRS/CDMA/LTE 等方式经电力专网或公共网络连接到主站，支持标准 IP 的路由及报文转发。下行兼容电力线载波、微功率无线等通信介质，提供下游电表和传感器的基于 IPv6 的现场通信网建立及管理能力。采集路由器采用 IP 网元设计，支持主站层面的网络管理系统。智能采集路由器具有划分本地多个子网和流量控制的能力，能支持配电自动化、电动汽车充换电、分布式电源并网等多项业务同时接入，并根据业务优先级进行服务质量控制，也可根据需要把不同的业务数据路由到不同的远方接收主站系统。

内嵌的采集功能可通过预置的多种通信协议模块对表计设备进行定时自动数据抄收，并将采集数据先进行本地存储，随后自动上报或等待主站的召测。

3. ADCS

传统的电力用户用电信息采集系统是一个分层系统，典型的系统结构由用电信息采集主站、集中器、智能电能表及通信网络组成。集中器是该系统的重要设备，它是整个系统中广域网和现场网的交汇点。集中器通过本地网络连接智能电表，然后通过 GPRS/3G 等广域网络接入主站。集中器通过一定的周期收集电能表的量测数据，并存储在集中器上。集中器再根据设置的任务，主动向主站上报数据；或主站根据需要从集中器上把数据取走。在基于 IPv6 的 AMI 体系中，ADCS 与智能电表之间的数据交互发生了根本改变，因为该体系中智能电表具有独立的 IP 地址，ADCS 可以与表计进行端对端的直接通信，表计对主站来说是具有交互能力的远程计算节点和数据源，主站系统会面对海量具有 IP 地址的表计和其他智能终端的直接接入，系统的架构和通信链路管理方式都需要巨大的改变。

4. NMS

NMS 是基于 IP 的 AMI 体系的重要组成部分。从空间上看，一个以省或区域为中心部署的 AMI，其覆盖的地理范围非常广阔，大量的智能终端和传感器会在一个非常大的空间尺度上分布，而且由于各种各样的客观原因，通常它们所采用的通信介质会有所不同。NMS 可以借助成熟的 IP 网络管理技术和工具，对庞大、复杂、异构的量测网络实行端到端的实时监管，尤其是在智能元件网络状态管理、网络故障探测、网络赛博安全认证和流量控制等方面，其比传统的私有网络会有很明显的改进，能提高网络的故障诊断能力和可管理性，降低其运维成本。

5. 高级应用系统

高级应用系统使用潮流分析、参数辨识等电力系统基础理论，结合数据挖掘和分析技术，对采集范围更广、频度更高的量测数据进行充分利用，能最大程度地发挥 AMI 的效用和功能，使之能更好地服务于配用电网络的运行和优化。可以基于量测数据进行负荷预测、配网状态估计、网损分析等方面的电力系统的高级应用。

3.4 基于开放标准的 AMI 实施的主要意义

IPv6 是未来网络的发展方向，基于 IPv6 的 AMI 的实施将极大地推动我国的用电信息采集系统的技术发展和产业升级。主要体现如下。

(1)有利于构建开放和标准的基础通信架构。传统量测网络一般采用私有和封闭的通信协议，受制于某一通信介质。采取开放性的IP技术，构建开放式和标准化的基础通信架构，可以降低异构通信媒介连接和管理的成本，易于在同一通信平台上实现智能电表及非表计设备的统一接入，强化对未来新业务的扩展能力，并简化建设和降低运维成本。

另外，使用开放和标准的通信架构能有效及充分地利用成熟的IP技术与相关已经得到广泛应用的软件应用以及先进理念，以方便检测装置和仪器仪表的现场接入，可以更有效地支持现场安装调试、故障检测、设备维修等作业，并对通信网络及端点进行远程管理，实现如流量控制、设备状态监测、远程配置、软件版本管理等功能，有效提高现场作业和未来系统管理的智能化水平。

(2)提高LLN的数据传输效率和可靠性。AMI本地网络多是由智能采集终端组成的无线自组织网络，或是采用电力线载波组网，这样的有损网络往往容易丢失数据，错误率高。通过专门定义了LLN的数据传输格式和路由方法，采用压缩IPv6头格式协议和低功耗网络的IPv6路由，能有效地监控网络的通信状况，并根据网络状态，优化通信控制策略，进而提高数据传输效率和可靠性。

(3)为复杂异构量测网络提供全新的安全认证及运行监控技术。在IPv6网络中用户可以对网络层的数据进行加密并对IP报文进行校验，IPv6中的加密与鉴别选项提供了分组的保密性与完整性，极大地增强了网络的安全性；可以配合公钥基础设施(PKI)技术实现用户私密数据的安全管理；通过网元管理及探针技术实现对设备状态的监管及网络故障的探测。

(4)提供海量地址空间，支持智能用电的互动和增值服务。IPv6为各类智能终端提供了海量地址空间，支持端到端的通信模式，为智能电网用户侧的互动和增值服务与配电自动化传感器的接入提供了巨大的网络承载能力。同时，利用成熟的IP技术，为将来的需求响应的实现奠定技术基础。

(5)可融入未来智慧城市的实施，成为泛在通信网络的一部分。

IPv6在开放性和标准化程度方面具备不可比拟的优势，不仅能提供巨大的地址空间，支持端到端的业务，实现用户与电网之间的互动，而且可实现各种设备的即插即用，除了智能电表，还支持其他各种非电表设备的无缝接入，有利于构建开放和标准的基础通信架构，实现对未来业务和系统的普遍兼容。基于IPv6的AMI或计量基础设施可发展成为未来智能城市泛在网络的一部分，创造很多附加应用的机会，扩展新的业务，使AMI通信网络得到充分的利用。电力公司应积极研发AMI的相关高级应用技术，不断满足用户对电网的需求。充分利用基于IPv6的开放式多服务网络体系，建立能够满足未来高级应用的通信基础设施和集成的信息系统，实现产业的升级。

参 考 文 献

[1] National Energy Technology Laboratory. Advanced metering infrastructure. [2012-12-01]. http://www.netl.doe.gov/File%20Library/research/energy%20efficiency/smart%20grid/whitepapers/AMI-White-paper-final-021108--2--APPROVED_2008_02_12.pdf.

[2] 余贻鑫, 栾文鹏. 智能电网[J]. 动力和电气工程师, 2008(2): 13-17.

[3] 栾文鹏. 高级量测体系[J]. 南方电网技术, 2009, 3(2): 6-10.

[4] 栾文鹏, 王冠, 徐大青. 支持多种服务和业务融合的高级量测体系架构[J]. 中国电机工程学报, 2014, 34(29): 5088-5095.

[5] Cisco Inc. A standardized and flexible IPv6 architecture for field area networks:Smart-grid last-mile infrastructure. [2013-10-05]. http://www.cisco.com/c/en/us/products/collateral/routers/1000-series-connected-grid-routers/white-paper-c11-730860. pdf.

第 4 章　智能电网中的大数据和 AMI 数据分析方法

近些年来，随着智能电网的建设和智能传感设备的大量安装使用，特别是 AMI 的普及，电力公司获取了史无前例的超大数量的数据，这些纷繁复杂的数据来源于智能电表、配电自动化、数字保护装置、其他智能设备以及智能电网的实施过程等。一方面，如何有效地存储并利用这些结构多样、来源复杂的数据，是电力公司不得不面对的挑战；另一方面，这些数据中蕴藏着巨大的价值，为电力公司带来了重大的机遇。有效地整合这些数据将改变电力公司的运营模式，为其带来显著的经济效益。这些数据的分析方法和应用主要体现在电力系统资产管理、系统维护、故障抢修、用户支持、运行优化等方面。众所周知，长久以来数据分析方法在电力行业中一直有很普遍的应用，如用户分类、负荷预测和可靠性分析等，但是其近两年在行业中得到迅猛的发展主要得益于电力公司对于智能电表数据应用的需求，而这些数据分析方法基本上都基于或结合智能电表量测数据的分析，所以本章称为智能电网中的大数据和 AMI 数据分析方法，以有别于一般的数据分析方法。

4.1　电力公司的数据源和特点

1. 电力大数据的来源

电力大数据来源于电能的生产、传输、分配、消费、调度、营销等各个环节，通常可分为三类：一是电网运行和设备的检测和/或监测数据，如 SCADA 和能量管理系统的量测数据等；二是电力企业营销数据，如交易电价、售电量、用电客户等方面的数据；三是电力企业管理数据。

在以往的电网规划、建设、运行与维护过程中，借助能量管理系统、在线运行监控系统、电力客服系统等，发电集团、电力公司、电力监管机构等组织积累了数量巨大的数据。随着智能电网的实施和智能传感设备的大量安装使用，如 PMU/WAMS 装置、AMI 等，电力公司获取了史无前例的超大数量的数据，从而构成了智能电网背景下的电力大数据[1]。

以一个实施了 AMI 的电力公司为例，每个电力用户的数据，通常由以往的每年 12 个月每月的用电电度数(每月量测 1 次，1 个数)，增长到最少 8760 个数(以采集时间间隔为 1 小时为例)，这是起码 730 倍的数据量的增长。事实上，各电力公司在实施 AMI 时，都以超越电度计量为宗旨，除用于支持计费的量测外，还采集了大量的其他量测数据以支持电力公司的其他应用，因此数据远远多于这些。

以加拿大的 BC Hydro 为例，一个普通居民用户的智能电表，每天会产生 3KB 以上的数据，每月的数据量是 100KB 左右，这是电表采集预先设定的每小时时间间隔量测值、即时瞬间值、事件及状态量而产生的数据量。当安装的智能电表数目达到 160 万块时，数据库里每天会增加约 11GB 的数据。每年下来，电力公司积累的数据量达到 4015GB。而美国的电力公司多每隔 15min 采集 1 次数据，以支持基于电力市场的电力结算，其产生的数据量将更大。目前，我国已经广泛地推广智能电表的安装与应用，截止到 2017 年我国智能电表的安装量达到 4 亿块左右，无疑，这将使得我国的电力公司面临海量的量测数据。

对于电力公司而言，智能电表并不是行业大量数据的唯一来源。GIS 中的远程终端单元、数以千计的监测设备、开关、断路器、线控设备，以及 DMS 中的事件信息等均会产生大量的数据。例如，电力公司的 GIS 有多达 200 个主题层，用于整合内外部信息；以俄克拉何马州天然气和电力公司为例，其 DMS 每天会产生 200 万个事件信息，包括电表告警和通知等。另外，PMU、HAN 等也会产生大量的数据。以上这些均是电力大数据的一部分。

图 4.1 为 EPRI 预测的一个拥有 100 万用户的电力公司的数据量随智能电网实施深入的增长趋势。如图 4.1 所示，电力公司的数据源包括高级配电自动化、现场工作人员管理系统、变电站自动化、移动数据、具备通信功能的可编程温控系统(PCT)等，其中较传统数据源最主要的变化体现在 AMI 的引入，其在数据量的增长上也是最显著的。这里没有直接列出来自电力公司外部的数据，如周边温度数据、国民经济统计数据、城市规划方案等。可以看出，随着业务的增长，电力公司的数据量大体是呈指数增长的。

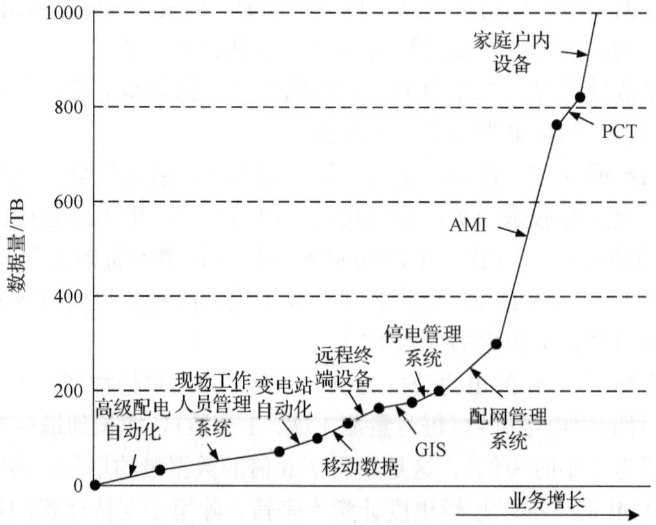

图 4.1　电力公司数据量增长

2. 电力大数据的特点

电力大数据具备大数据一般的 3V 特征[2]，具体如下。

1) 体量大 (volume)

(1) 来源多：包括用电信息采集系统、客户服务中心系统、营销系统、能量管理系统、广域监控系统、设备运行监测系统等。

(2) 数据量巨大：数据量从吉字节、太字节级上升到拍字节、艾字节甚至泽字节级。

2) 类型多 (variety)

(1) 结构化 (存储在关系数据库中的)、半结构化和非结构化 (不方便用数据库二维逻辑表来表现的) 数据并存。

(2) 关联数据：行业内外的能源数据、天气数据等。

3) 速度快 (velocity)

数据产生速度快，并且要求数据处理速度快：如电力系统中的运行控制、电力市场和用户服务等对实时性要求很高。

此外，与电力行业的特点相关，电力大数据还具备一些独特的特性。电力大数据一个显著的特点是对于不同用途的应用或设备，其数据时间跨度或数据频度差别非常大[3]，如图 4.2 所示。例如，以发电和输电规划为目的的数据分析以年为单位度量，而设备故障数据需要以毫秒为单位进行分析和响应。

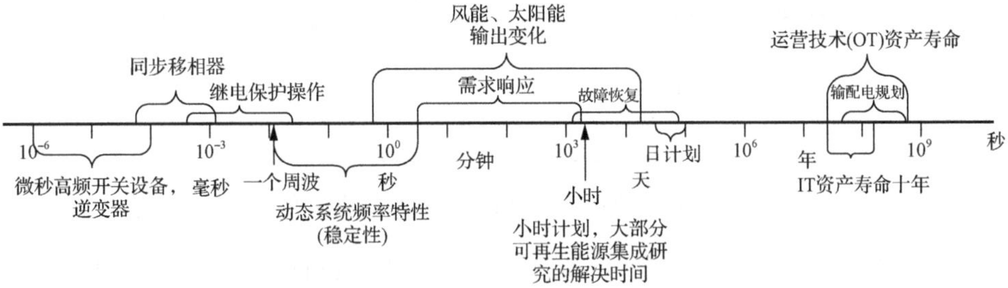

图 4.2　电力大数据的多时间尺度特性

4.2　电力大数据价值的多维视角

关于大数据目前尚无统一的定义。麦肯锡公司的定义是，大数据是指其大小超过典型数据软件提取、存储、管理和分析范围的数据集合；Gartner 公司认为，大数据是需要新处理模式才能具有更强的决策力、洞察发现力和流程优化能力的海量、高增长率和多样化的信息资产。《大数据时代》的作者维克托认为，大数据是人们在大规模数据的基础上可以做到的事情，而这些事情在小规模数据的基础上是无法完成的；大数据是人们获得新的认知、创造新的价值的源泉；大数据还是改变市场、组织结构以及政府与公民关系的方法”。

通常认为，大数据分析是指对大量结构化和非结构化的数据进行分析处理，从中获得新的价值，具有数据量大、数据类型多、处理要求快等特点，需要用到大量的存储设备和计算资源。

如图 4.3 所示，对于不同的主体，电力大数据具备不同的潜在应用价值。例如，对于电力公司而言，电力大数据的充分利用可以为其提升生产管理、加强电网的运行监控、改善规划决策的科学性等提供有力的支撑；而对于电力用户而言，电力大数据具有改善其服务质量与体验的重要价值。

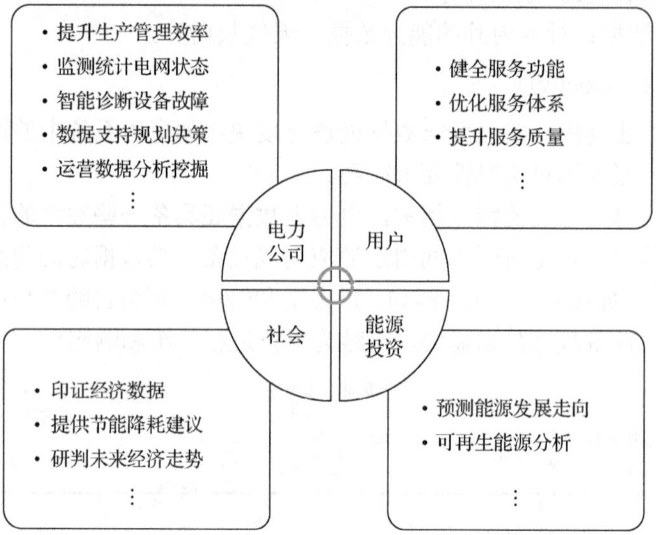

图 4.3　不同主体的电力大数据价值视角

电力大数据涵盖了电力规划与运行所需的所有支撑性数据，因此，电力大数据的分析与信息挖掘对于实现未来智能电网的科学合理规划与安全高效运行意义重大。在电力系统规划领域，电力大数据使得从全社会价值与全生命周期的视角管理智能电网的规划与投资决策变为可能，包括智能电网基础设施规划与管理、城市电网规划、智能电网成本效益分析、可再生能源并网的网源协调规划、电动汽车充电设施规划等，如 IBM 提出的电网改造与投资分配辅助决策系统，综合利用设备台账、地理信息、运行数据、市政规划、客户信息、成本数据等多种数据，从规划前期电网薄弱环节识别、电力需求评估等，到电网升级改造方案优化与辅助投资分配决策，再到电网改造后期的效果评价，进行全周期的优化。

在电力系统运行领域，电力大数据可以为电网运行人员有效地监控电网、科学地制定运行决策、合理地采取控制措施、提供极具价值的参考，包括间歇性可再生能源调度与集成、输变电设备状态检测与管理、电网安全监视与预警、用户行为分析与负荷预测等，某些数据分析应用还会有辅助的收益。例如，当电力公司向监管部门递交预算以更换过期设备时，电力公司可以提供详细的数据分析，说明哪些设备需要更换以及在不更换的情况下其对电网造成的损害；美国 Enphase Energy 公司每天从来自 40 个不同国家的 25 万个系统收集大约 2.5TB 的数据，并将其用来检测发电和促进远程维护、维修来确保系统无缝运行，同时该公司还利用从发电系统收集到的数据来监测、控制或调整网络中的发电和负载，在电网故障或需要升级时做出相应的反应。

同时，电力大数据对于电力公司改善其运营效率、提升用户服务水平具有重要价值。例如，位于美国佛罗里达州的海湾电力公司利用大数据分析，研究了停电恢复时间与用户满意度间的关系，以改善该公司的客户体验；莱克兰电力公司通过分析各种客户群体的电能消费模式，评估电力公司为每个特定的群体提供服务的成本，并设计供客户选择的替代费率，降低电力高峰需求，有助于减少高峰期的电力故障，提高用户的留存率。

Greentech Media Company & SAS 指出智能电网中应用大数据技术的十大推动力[4]：AMI 系统的投资回收；负荷侧管理与需求响应；资产管理；极端天气下的电网运行管理；窃电与非技术性网损；可再生能源与电动汽车接入；借助地理信息可视化展示电网运行状况；传统电网的智能模式；现有电网 IT 结构缺乏有效数据共享与交流的机制；其他。

埃森哲(Accentrue)公司就有关智能电网中大数据的价值进行了调研[5]，指出最具应用价值的主要分析领域依次为：电网运行分析、资产管理分析、停电管理分析、无功电压分析、通信网络运行分析、电网规划分析、智能表计运行分析、需求响应分析、用户运行分析、用户分群及用电行为分析、窃电分析、表计安装分析、分布式电源分析等。

为了实现电力大数据价值的最大化，需要解决一系列技术、政策与体制方面的困难。其中，如下两个问题需要特别关注。

1) 大数据的共享与安全

电力大数据的安全和隐私保护以及信息访问(如数据访问权利)的不确定性都会阻碍一些智能电网解决方案的采用。当前，电力公司各职能部门间的数据共享还有较大的技术与体制障碍等待破除。

为了涵盖电网外部的系统(如能源互联网、智能交通等)，智能电网中信息技术的范围必将扩大，这样在产生有益数据的同时，将造成新的安全问题。

良好的基础设施必须确保数据安全、电网安全和智能电网技术的进步。

2) 信息管理

数据量的发生已经呈指数级增长，而且这一趋势还将继续。借助于各装置之间的通信和即将配置的数十亿台先进传感器，电力相关企业与组织将会获得巨量数据，这就产生了数据挖掘、分析、存储和管理方面的新挑战。在数据库的中央分享、数据使用信息和数据适用性逐年增加的同时，数据集的兼容性始终是一个值得关注的问题。

为了解决这些问题，需要电力、信息、数学、管理、计算机等多个学科间的密切交流与合作。

4.3　数据分析方法

1. 数据分析方法的定义

data analytics 常被译成数据分析或数据分析学，也有人译为数据分析器，本书更倾向于根据不同的场合，分别将它称为数据分析方法或数据分析元。它是指为提高决策水平(如生产的产出和商业利益)而使用的定性和定量的数据分析技巧与流程，是为挖掘数据深层价值而分析数据的科学。根据使用者的不同需求，它对数据进行提取和分类以识别与分析其行为及模式。它在数据分析的范畴、宗旨及侧重点方面有别于通常的数据挖掘。数据挖掘是用复杂的软件分析海量数据以发现未知的模式和隐含的关系；而数据分析方法侧重于推理，是根据研究者已有的知识用数据及逻辑导出结论。

在不同的场合下，data analytics 可用不同的名字来解释。当 data analytics 是一个通用的或泛指的总括性的术语，用于描述将非结构化或结构化的数据转化成有用知识的工具时，可称为数据分析方法；而当它是针对某一个问题的一个具体算法或分析流程时，可称为数据分析元。

2. 电力大数据分析

电力公司正大力投资智能电网基础设施，电力公司获取的数据量显著增加，电力大数据分析方法已经成为备受关注的重要领域。对于电力公司而言，数据分析方法必定会将大数据问题转化为收益，或者是在提升运行与规划的科学性、降低风险和提高对用户的可视化展示等方面的竞争优势。

数据分析方法并不是新的事物。电力公司多年前已经将数据分析方法用于多个领域，如用户分群和负荷预测等。但是随着电力大数据的引入，这些工具的潜在规模、复杂度和应用场景均发生了变化。有时候，它反映在方法和技术的改进上，如对于负荷预测来说，这代表着更高的分辨率和精度。而在其他方面，数据分析方法是新应用的基础，如智能电动汽车收费管理系统。新的数据分析元或分析工具也更可能利用通用的工程计算方法，使用预先设定的数学方法进行数据运算和分析。

与传统的数据分析相比，大数据分析具有如下三点区别。首先，传统数据分析模式多通过采样方式获得部分数据用于分析，大数据分析可以对收集到的海量数据进行分析，分析用的数据源由采样数据扩展至全部数据。在电力行业，这种数据源由采样数据扩展至全部数据，是指用于分析的数据从传统的并不全面的数据，扩展至全系统全观测的数据，这主要是因为 AMI 的广泛使用，使得传统电网中无法观测的数据可通过 AMI 设备获得，进而用于分析。其次，分析用的数据源从传统单一领域的数据扩展到跨领域的数据，大数据分析可以将不同领域的数据组合后进行分析。对于电力领域与其他领域的数据融合，最简单的例子是将负荷历史数据与气象数据融合，进行负荷预测等数据分析。最后，传统数据分析更关心数据源与分析结果间的因果关系，大数据分析不仅重视数据源与分析结果间的因果关系，而且可基于有相关关系的数据源分析预测出有价值的结果。用户的用电行为分析即可归为这一类，用户间的负荷数据不存在因果关系，但是其间必定存在关联，这时就可用大数据分析的方法得出关心的结果。

过去，单一的数据或少量数据的组合能够说明一些问题，但是这远远不能揭示大数据背景下数据集合所蕴含的信息。如图 4.4 所示，单一的电力输配数据的价值随时间推移而减少，但对于不同时间范围的数据进行综合分析能够产生原本单一数据不具备或无法反映的信息，其价值随时间推移而显著提高，这是大数据产生效益的基本原理之一。电力公司应根据需要，充分发挥数据在其生命周期内的价值。

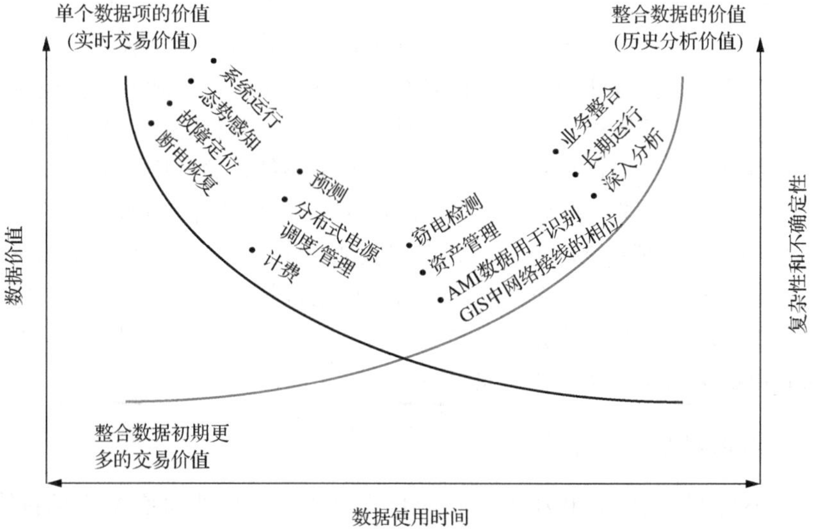

图 4.4　输配电数据在生命周期内价值的变化

3. 电力数据分析方法的分类

按照类型不同，目前电力数据分析方法可分为以下三类。

(1) 描述性分析 (descriptive analytics) 方法，指使用者分析历史数据、资产数据或电网数据进行模式识别，并分析、解释和还原系统或设备过去的状态或场景。

(2) 预测性分析 (predictive analytics) 方法，提供前瞻性的分析，让使用者可以参与投资、资产维护或电网运行规划。

(3) 规范性分析 (prescriptive analytics) 方法，为使用者提供关于最优运行策略、电网配置和在既定约束下线路路径选择的优化方案。

大部分已实施的数据分析方法是描述性的，如利用模式识别处理电表历史数据进行窃电检测，但是更加复杂的预测性分析和规范性分析受到越来越多的关注。在电网运行方面，预测性分析方法的一个例子为基于大量的历史数据和量测数据，对台区或变压器进行监测，以实现故障预警与资产寿命概率预测。在用户方面，预测性分析方法包括预测尖峰电价政策对负荷的影响，以及预测用户需求响应计划的执行效果等。这些分析需要利用用户行为的历史数据，而不是简单地利用传统的用户分类策略。规范性分析方法可用于实时主动网络管理及间歇性分布式发电资产的优化整合等方面。

电力数据分析方法也可根据面向的对象不同而分类。目前常见的数据分析方法可分为：用户数据分析方法，包括电表数据分析、需求响应管理、用户分类等；资产优化数据分析方法，包括台区管理、变压器管理等；电网优化数据分析方法，包括电能质量管理、高级配电管理、停电管理、高级输电管理等。值得一提的是，此种分类在行业中并没有统一的规范，已出现众多不同的名字，但大多从名字就可明白其作用，如故障数据分析方法、分布式能源数据分析方法等。

由于大数据分析方法的引入，在输配电领域产生了许多新的支持电网运行管理的数据分析方法和应用。这些方法包括数据采集、数据管理、数据可视化、数据分析、数据集成和平台体系结构等。对于输电系统，这些应用体现在：①自适应输电线路保护；②同步相量测量——态势感知；③同步相量测量——决策支持；④资产状态信息/管理；⑤动态模型开发与验证；⑥扰动位置辨识；⑦动态线路功率定额监测；⑧其他应用。对于配电系统，应用包括：①窃电分析；②电动汽车充电负荷的自动识别和优化充放电控制；③系统故障预测；④配电网状态估计；⑤分布式电源接入及管理；⑥其他应用。

4. AMI 数据分析方法

从 2008 年起，北美的电力公司就开始着手于智能电网特别是 AMI 项目的实施。AMI 的实施使得电力公司获得了对电力网络全系统范围的高清晰和高密度的能观性，也获得了前所未有的大量的且日益增多的数据。综合利用和整合这些数据与现有系统的数据，是大部分电力公司AMI项目计划中固有的一部分。因此，近年来基于AMI量测数据的数据分析得到了行业内广泛和高度的重视与投资。这当然也受益于技术的进步，特别是更精确的统计分析与数学模型的发展和高性能计算机的进步。最重要的是，大数据学科的崛起使数据分析方法市场得以蓬勃发展，成为一个崛起的新兴学科分支。在电力行业里，这些分析方法都包括智能电表的数据分析，因此下面重点介绍AMI数据分析方法，相应的具体数据分析应用称为AMI数据分析元[6]。

由于电力行业对数据处理的速度和可靠性具有严格要求，以及行业公司在相关方面的人力、技术资源的匮乏，电力公司在大数据平台方面高度地依赖于供应商，如IBM、EMC、Oracle等。但在建于大数据平台上的数据分析方法或数据分析元方面，电力公司大多选择根据业务需要自己开发，或委托第三方但自己主导开发，因为电力公司最清楚自己的实际需求，对电力行业的数据及应用需求有最深刻的理解。

所以，目前电力公司部署的数据分析系统基本上是在供应商提供的大数据软硬件平台基础上，开发所需要的数据分析方法与应用，再辅以可视化的展示，从而为运行人员或管理人员提供有效的信息支撑和决策依据。图4.5给出了一个已部署系统的数据分析系统方案示意图[7]。

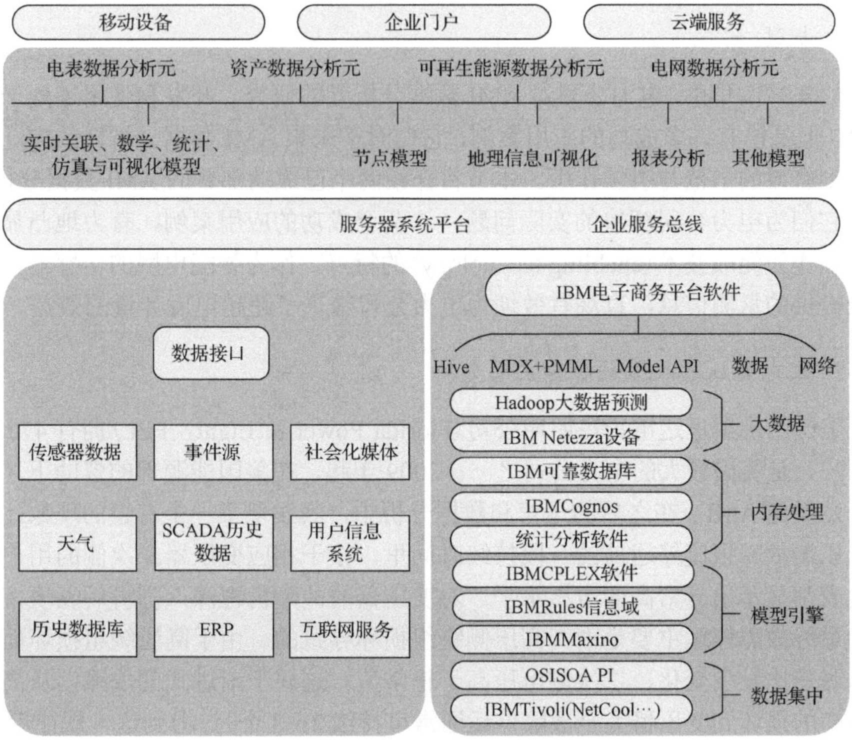

图4.5　已部署的数据分析系统方案示意图

电力公司对 AMI 数据分析元的开发和使用是最近几年的事情，各公司基本上是根据业务需求和已有的数据情况，部署最直接、简单和有实效的 AMI 数据分析元，随着时间的推移，预计将把工作推进至更深入的层次。目前电力公司已采用或正在开发的 AMI 数据分析元主要包括以下几个方面。

(1) 窃电分析及网损精确分布分析。

(2) 配电网络拓扑校验，验证用户与台区的对应关系，正确判定各资产和用户的相位及其在 GIS 中的位置。

(3) 配电网特别是二次配电网络的建模，包括精确估计线路及设备参数。

(4) 变压器及线路载荷分析，识别或预警过负荷的资产，对设备的健康情形进行风险分析，推荐最优设备维护及更换策略。

(5) 可靠性评估及展示，并结合精细的空间负荷预测，对不同的场景进行预演分析和动态预警。

(6) 系统故障或热点(包括过负荷)定位及展示、原因分析、预警并推荐应对的策略等。

4.4　AMI 数据分析元实例

1. 概述

如 4.3 节所述，电力公司对 AMI 数据分析元的研究、开发和使用还处于起步阶段。但是已有许多成功的应用案例，它们对于未来 AMI 数据分析元的广泛应用可起到有效的示范与引领作用。本节将介绍两个已成功部署的 AMI 数据分析元，以及它们为电力公司解决的实际问题。这两个成功的应用案例，有力地凸显了智能电表作为促成技术(enabling technology)的特点。作为智能电网的传感器，智能电表提供的量测信息，直观有效地为电力公司带来了超越电度计量的效益。

2. 配电变压器故障预警和主动更换

美国的佛罗里达电力与照明公司(Florida Power & Light，FPL)拥有 470 万电力用户，是美国较大的电力公司之一。2009 年起，在美国能源部的资助下，该公司开始实施 AMI。在之后的运营和数据分析中，其发现了一个有趣的现象：在配电变压器故障报废停运前的一段持续时间里，接于相应变压器二次侧的用户的智能电表都显示出异常高的电压水平。对变压器的故障机理深入剖析后发现，变压器的最终故障停运主要是由其高压侧绕组损坏导致的。由于高压绕组损坏而导致变压器变比发生变化，二次侧电压高于正常值。这属于渐进式的故障，从高压绕组最初的损坏到变压器完全故障停运通常可持续 2～3 个月。得到这一规律后，FPL 于 2012 年启动了试点项目，开发了专门的智能电表数据分析元，通过持续监测和分析智能电表的电压量测值，结合 GIS，识别已出现损坏但仍然带电运行的配电变压器，对其最终停运时间进行预测，并结合公司的运行维护计划，制订方案，在这些变压器停运前，有计划地对其进行更新。项目开始的第 1 个月(2012 年 11 月)，就发现了 372 台符合此条件的变压器(公司变压器总数在 879000 台左右)。2014 年 1～6 月，已更换了 452 台配电变压器(以电压高于 252 V 为判据，240 V 为额定电压)，它们大多是服务年限高于 15 年的老变压器。通过这一项目，FPL 在系统运营方面得到了显著的收益，包括变被动故障为主动的计划停运维护，变压器更新开支平均节省 25%，缩短了用户停电时间(比故障停运情形减少 93 min)，减少了用户投诉并增加了用户满意度。

加拿大的 BC Hydro 也正在部署类似的数据分析元。

3. 配电网络拓扑校验

电力公司利用 GIS 记录配电网的资产以及其在系统里的拓扑连接关系，包括用户与台区或配电变压器的关系、配变与馈线的关系等。但是长久以来，由于种种原因，GIS 里的拓扑连接信息含有许多错误。这些错误对有效的资产管理、维护、故障响应、系统运行及现场人员的人身安全都有不利的影响。为了解决这些问题，电力公司通常通过制定严格的流程，以促使相关人员在进行操作后及时更新系统记录，也会定期组织专门的人力排查，以减少这些错误信息。结果是花费很大，却难以达到预想的效果。这主要是由于配电系统范围太大，新的操作也在每天不断地发生。

2012 年，加拿大的 BC Hydro 开发了智能电表数据分析元，用以识别和修正在 GIS 中的配网拓扑连接关系方面的错误，收效显著。

众所周知，在配电网中，由于负荷的不确定性，电压常常在变动。电气距离相近的负荷，其电压波动曲线的相似度较高(相关度高)；而电气距离较远的负荷，其电压波动曲线的相似度则较低(相关度低)。同时由于配电网以辐射状拓扑运行，电压幅值的高低代表着用户节点在线路中的上下游位置关系。根据这两个特点，针对 GIS 中同一台区变压器下的用户和相邻台区变压器下的所有用户，数据分析元利用其连续一段时间(两周)的智能电表每小时的序列电压量测值进行电压曲线相关度分析，再结合 GIS 现有的拓扑信息，判断其是否正确。

表 4.1 给出一个变压器台区下电表的电压曲线相关度分析结果，其值是每一对电表的电压曲线相关系数。

由表 4.1 中数据可以判断，除 m_{11} 和 m_{13} 之外，其余电表的电压相关度很高，应同属于标定的变压器供电；而电表 m_{11} 和 m_{13} 的电压曲线和其他电表的电压曲线的相关度明显偏低，因此，这两个电表应未接在标定的台区变压器上，而由其他变压器供电。图 4.6 列出了这 13 个用户电表对应的 24h 电压曲线，验证了上述的判断，电表 m_{11} 和 m_{13} 的电压曲线明显高于其他电表，不属于本台区。

要确定其分别属于哪个台区可采用同样的原理，通过对电表 m_{11} 和 m_{13} 与相邻台区变压器下电表的电压曲线进行相关度分析，找到与其相关度高的电表集合，判定其实际所在台区。再结合电压幅值，将其植入合适的配网拓扑中，由此可得到正确的配网拓扑。

目前，此智能电表数据分析元已有效地辨识和修正了用户台区对应关系错误、台区相位错误等 GIS 中存在的问题。

表4.1　一个台区下所有电表的电压量测相关系数

电表号	m_1	m_2	m_3	m_4	m_5	m_6	m_7	m_8	m_9	m_{10}	m_{11}	m_{12}	m_{13}
m_1	1	0.990	0.994	0.993	0.995	0.995	0.990	0.990	0.986	0.989	0.690	0.994	0.766
m_2	0.990	1.000	0.992	0.996	0.993	0.993	0.983	0.985	0.977	0.982	0.714	0.988	0.782
m_3	0.994	0.992	1.000	0.996	0.999	0.997	0.986	0.987	0.980	0.986	0.707	0.993	0.768
m_4	0.993	0.996	0.996	1.000	0.997	0.997	0.987	0.988	0.981	0.984	0.710	0.992	0.776
m_5	0.995	0.993	0.999	0.997	1.000	0.999	0.991	0.992	0.986	0.990	0.710	0.996	0.775
m_6	0.995	0.993	0.997	0.997	0.999	1.000	0.992	0.993	0.987	0.990	0.707	0.997	0.774
m_7	0.990	0.983	0.986	0.987	0.991	0.992	1.000	0.997	0.994	0.996	0.685	0.998	0.768
m_8	0.990	0.985	0.987	0.988	0.992	0.993	0.997	1.000	0.993	0.995	0.691	0.997	0.772
m_9	0.986	0.977	0.980	0.981	0.986	0.987	0.994	0.993	1.000	0.992	0.681	0.994	0.762
m_{10}	0.989	0.982	0.986	0.984	0.990	0.990	0.996	0.995	0.992	1.000	0.673	0.997	0.763
m_{11}	0.690	0.714	0.707	0.710	0.710	0.707	0.685	0.691	0.681	0.673	1.000	0.693	0.932
m_{12}	0.994	0.988	0.993	0.992	0.996	0.997	0.998	0.997	0.994	0.997	0.693	1.000	0.769
m_{13}	0.766	0.782	0.768	0.776	0.775	0.774	0.768	0.772	0.762	0.763	0.932	0.769	1.000

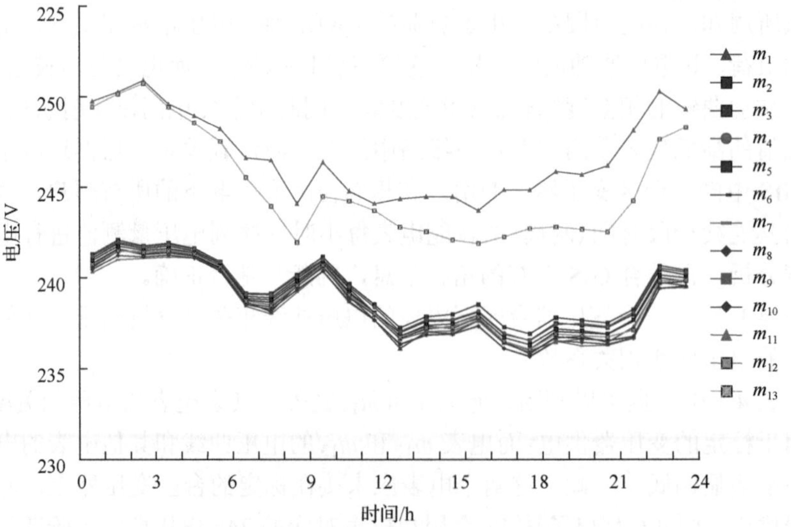

图 4.6　各电表的电压曲线(彩图见文后彩插)

参 考 文 献

[1] EPRI. Transmission Modernization Demonstration & Distribution Modernization Demonstration Data Management & Analytics to Support Operations, Planning and Asset Management. 2013.

[2] 维克托·迈尔·舍恩伯格, 肯尼思·库克耶. 大数据时代: 生活、工作与思维的大变革[M]. 盛杨燕, 周涛, 译.杭州: 浙江人民出版社, 2012.

[3] 栾文鹏, 余贻鑫, 王兵. AMI 数据分析方法[J]. 中国电机工程学报, 2015, 35(1): 29-36.

[4] GTM Research. The soft grid 2013-2020: Big data & utility analytics for smart grid-research excerpt[R/OL]. GTM, 2013. http://www.giiresearch.com/report/gm257044-soft-grid-big-data-utility-analytics-smart-grid.html.

[5] Ten leading practices for smart grid analytics[R]. Accenture. 2011.

[6] Bell W. Advanced metering data analytics[R]. Houston: Competitive Retailer Workshop, 2014.

[7] 中国电机工程学会信息化专委会. 中国电力大数据发展白皮书(2013 年)[R]. 北京: 中国电机工程学会, 2013.

第 5 章　用户门户与用户能量管理系统

随着分布式发电、能量存储、信息通信等智能电网相关技术的推广应用，电力系统图景发生了深刻变化，促进了电力系统用户侧管理方式的转变和用户能量管理系统的发展。灵活互动的智能用电成为发展的重要方向，主要包括用户侧 AMI、智能用电互动服务和智能用电高级应用三方面内容。用户门户是智能用电的核心环节，是用户与包括电力公司在内的外界组织进行信息交互的统一接口。用户能量管理系统是工商企业、公建楼宇、居民社区及居民家庭管理其供用电设备、实现其多元化和个性化用电目标的核心，而智能家居中的家庭能量管理系统是用户能量管理系统的一个典型应用。离网光储系统是电力系统用户侧兴起的一种新型供用电模式，所采用的能量管理策略对其运行成本和供电可靠性有重要的影响。设想中的智能电网将像互联网那样改变人们的生活和工作方式，并激励类似的变革，智能用电和电力系统用户侧管理方式的转变应该成为这一设想付诸实现的重要领域。

5.1　智 能 用 电

在传统电力系统中，电能沿“发电—输电—配电—用电”方向单向传输，电力用户通过接入配电网络获取所需电能。近年来，随着智能电网的迅速发展，这一图景发生了深刻的变化，主要体现在以下两个方面：①分布式发电和储能技术的推广应用，使用户从单纯的电力消耗者(consumers)转变为集成发电、储电和用电的电力产消者(prosumers)，进而使电能可能在用户和电网间双向流动；②传感测量、信息通信和智能控制技术的推广应用，大大提高了用户负荷的可观性和可控性，使用户能够灵活响应电网的控制或价格信号，成为支撑和辅助电力系统运行的重要资源。

在此背景下，智能用电成为电力系统用户侧发展的重要方向，主要包含以下几方面内容：①建设用户侧 AMI，将传感测量与 ICT 广泛应用到电力系统用户侧中，建立电力公司到用户的完整信息通路，为电网与用户间信息和能量的双向互动提供基础；②建设电网和用户的互动服务系统，提升营销业务的自动化水平，为用户提供多样化的用电服务，满足用户多元化、个性化的需求；③建设智能用电高级应用系统，实现对分布式电源、储能设备及电动汽车等新能源新设备接入的有效管理，实现对用户侧各类需求响应资源的合理调度和有效利用。

1. 用户侧 AMI

用户侧 AMI 主要包括数据采集系统和量测数据管理系统，是实现智能用电的基础。数据采集系统基于光纤、电力线载波等各种 ICT，建立覆盖电力公司、工商企业、公建楼宇及居民社区的多层次通信网络，将上述各主体的供用电设备、量测设备和信息/管理系统连接到一起，实现智能用电相关信息的采集。量测数据管理系统可实现数据的存储、转发、检索、分析等管理功能。

典型的数据采集系统由主站、通信信道、现场终端等部分组成，全面采集大型专变用户、中小型专变用户、三相/单相一般工商业用户、居民用户和公用配变考核计量点等用户，以及分布式电源、储能设备、电动汽车等新能源新设备接入点的信息数据，主要实现双向安全信息传输、用户信息数据采集和现场终端运行管理等功能。典型的量测数据管理系统常采用分层分布式组网方式，运用分布式历史数据存储管理、分布式库管理、群集数据库管理等技术解决海量智能用电数据的管理、检索、处理和利用问题。

用户侧 AMI 在实现智能用电信息数据的采集和管理的同时，还需建立可靠的安全防护体系：一方面，智能用电承载了用电信息采集、配电网自动化、分布式电源管理等重要业务功能，涉及电网企业的核心数据，具有较高的保密性，信息的非法使用、泄露和篡改将带来严重的后果；另一方面，智能用电通信网络深入企业和家庭内部，相关信息属于各企业或个人的私密信息，具有较高的安全要求，因此需要对用户侧 AMI 存在的各种安全漏洞和威胁采用相应的技术防护措施，实现智能用电各业务全过程、多层次的安全防护。

2. 智能用电互动服务系统

电力公司通过建立互动服务平台，为用户提供多样化的智能用电相关服务，提升营销业务的自动化水平，满足用户多元化、个性化的用电需求。典型的智能用电互动服务系统主要实现以下功能：①信息查询功能，查询用电设备运行状态、停电计划、小区配电运行工况、实时电价、用电政策、用户用电量、电费余额或剩余电量、三表信息、分布式电源信息以及购电等信息；②电费缴纳功能，可以通过银行卡缴费、邮局缴费、预付费电表 IC 卡充值等手段实现多渠道缴费；③业务受理功能，实现故障报修、业扩报装、用电变更、用电咨询等功能。

电力公司可通过远程和现场两种方式与用户进行互动。电力公司通过门户网站、电话、语音、短信、账单等方式实现与用户的远程互动，通过智能营业厅、智能交互终端、数字电视等方式实现与客户的现场互动，实现信息查询、电费缴纳、业务受理等互动服务功能。

3. 智能用电高级应用系统

智能用电高级应用系统主要实现两类功能：一类是合理调度和利用用户侧需求响应资源，为电力系统的安全、稳定、经济运行提供支撑和辅助服务；另一类是为各类用户提供远程能耗监测和能效诊断，协助用户节能减排，属于电力公司的延伸服务。

电力公司对需求响应资源的管理和利用主要包括以下三个方面：①对各类需求响应资源进行小时级的管理，将智能用电考虑到电力系统机组组合、经济调度等环节中，实现电能在用户侧的优化配置，提升电力系统的运行效率和经济性；②通过对需求响应资源进行分钟级至秒级的管理，为电力系统提供频率调节、负荷跟踪、可再生能源消纳、发电系统充裕度提升、电力系统静态电压稳定性改善等辅助服务；③在电力系统突然发生大量电力缺额时，提供低频低压减载等紧急备用服务。

电力公司对需求响应资源的管理模式，可以分为集中式、分层分布式和本地分散式三类，主要管理手段包括价格和激励措施两种。针对不同的目标，基于价格的管理手段主要包括分时电价、实时电价、尖峰电价、阶梯电价等，基于激励的管理手段包括直接负荷控制、可中断负荷、需求侧竞价、紧急需求响应、容量/辅助服务计划等。

电力公司的远程能耗监测和能效诊断服务属于主业以外的延伸服务，主要针对耗能较大的工商业用户。用户按照要求安装相关量测装置和服务终端，通过客户端软件获得监测结果和初步诊断信息，将部分数据信息上传至智能用电高级应用系统获得最终诊断，主要功能包括：①对用户主要供用电设备的数据进行采集和监测；②为用户提供能效测评，提高终端用能效率；③为用户进行设备健康状况测评，提升设备使用寿命，减少维修费用。

4. 实例：灵活互动的智能用电体系架构

某个实际已建好的智能用电系统的物理架构如图 5.1 所示。由图 5.1 可以看出，该智能用电系统的物理架构自上而下主要分为系统主站、远程通信和用户能量管理系统三层。系统主站是该系统的核心内容，涉及 AMI 组网方式及信息传输技术和量测数据管理及信息应用等关键技术，连接双向互动的通信通道，并构建数据采集系统和量测数据管理系统。系统主站的服务器中安装有智能用电高级应用系统，电力公司通过其实现对用户侧需求响应资源的管理利用，以及开展针对用户的各项基本业务和增值业务。用户能量管理系统包括智能家居能量管理系统、工商企业能量管理系统及居民社区能量管理系统，实现用户级的能量优化和新能源新设备的即插即用，并通过系统主站与电力公司的高级应用系统进行互动。

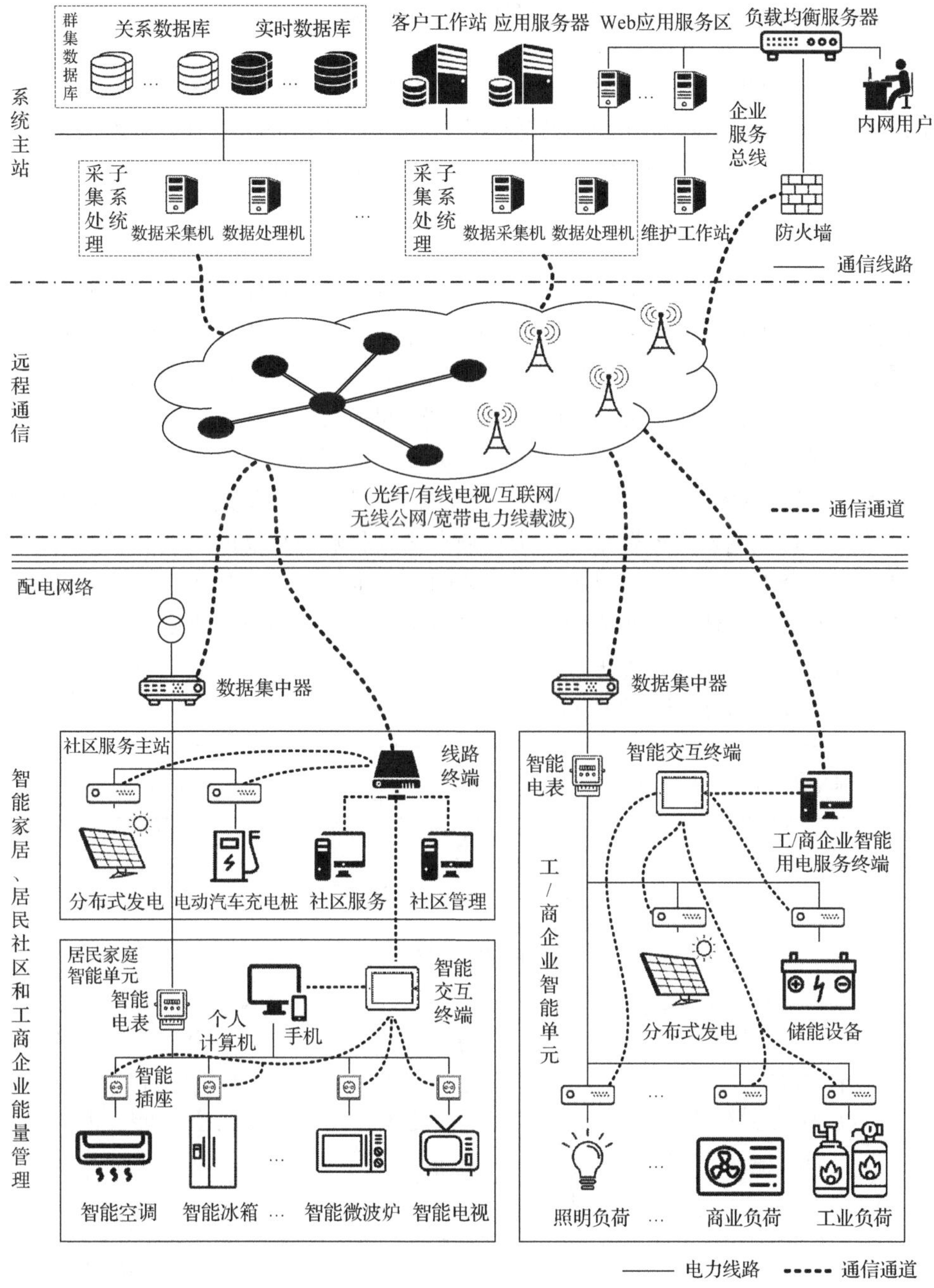

图 5.1　智能用电系统物理架构图

5.2　用 户 门 户

用户门户(CP)是电力公司和电力用户的接口，是智能用电的核心环节。基于用户侧 AMI 等通信设施，用户门户连接用户能量管理系统与电力公司的智能用电服务系统和高级应用系统，实现一系列智能用电应用并创造附加价值。

1. 用户门户基本概念

用户门户定义为一系列能够实现能源服务组织和用户间双向通信的硬件与软件的集合[1]。这里的能源服务组织包括电力公司，也包括负荷聚集商、节能服务公司等其他组织。从技术层面看，用户门户在用户内网(如家庭局域网、企业局域网)和各种广域网络(如电力公司的 AMI 网络)间提供了物理和逻辑接口，可以是一个仅实现信息转发功能的“路由器”(router)，也可以是一个带有信息解释功能的“网关”(gateway)。值得指出的是，用户门户是一个虚拟的设备，其具体实现可以是一个智能电表，可以是一个带有频率测量和响应功能的空调恒温控制器，可以是一台个人计算机，可以是一个家庭网关，也可以是由分布在一系列电器和设备中的通信及处理装置构成的整体。总体来说，用户门户汇集用户内部各设备的相关信息，是用户与外界进行信息交互的统一接口，是用户的“窗口”和“门户”。用户门户示意如图 5.2 所示。

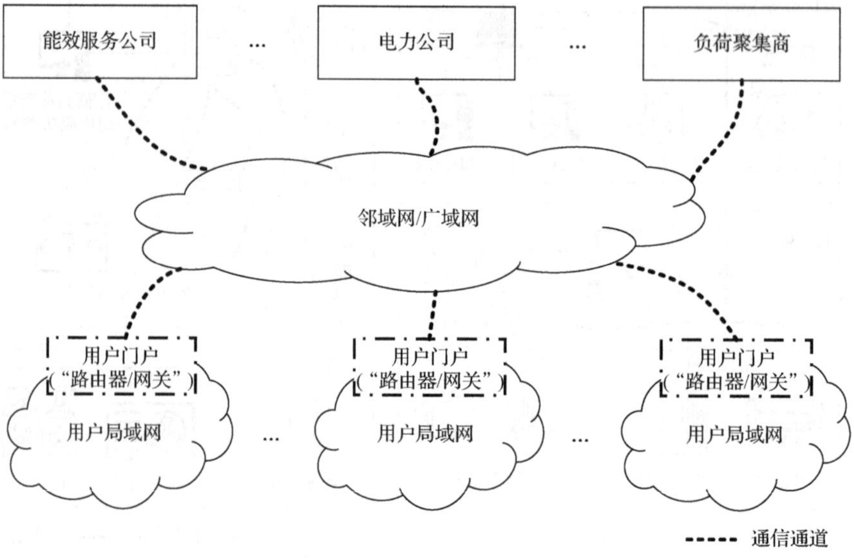

图 5.2　用户门户示意图

2. 用户门户发展要点

与用户进行双向互动是许多智能用电应用的基础，因此随着智能用电技术的迅速发展和推广应用，用户门户已经有许多应用实例。然而许多现有用户门户往往只针对某种特定的应用(如自动抄表、频率响应、价格响应等)，难以适应业务升级扩展和集成更多应用的需求。因此，用户门户的发展需在技术和市场方面遵循以下原则：在技术方面，用户门户应能兼容多种协议和标准，采用标准化、开放式的体系架构，充分利用现有技术，易于用户管理；在市场方面，用户门户应有潜力兼容各类能源应用及非能源应用需求，扩充资金和收入来源。基于以上原则，用户门户的具体发展要点如下[1]。

1) 基于现有技术发展用户门户

现存的各类相关技术基本能够满足所有用户门户应用的需求，因此从应用的角度看，没有必要投入过高成本用于研发突破性的基础技术。主要的重点和挑战在于如何从现有技术中寻找合适的技术组合，同时满足多种应用的需求，从而增加用户门户的收益来源，降低一次投资建设成本。

2) 降低用户门户服务的复杂度

由于时间、精力、知识、技能和兴趣的限制，用户往往难以接受过于复杂的用户门户应用。因此降低用户门户服务的复杂度，降低对用户直接参与的要求，以及提升自动化程度是推广普及用户门户的要点。

3) 采用标准化和开放式的技术

许多用户门户应用失败的原因在于其采用限定于特定厂商的专营技术。应采用标准化、开放式的技术吸引众多厂商参与，建立覆盖国内甚至全球范围的市场，形成规模经济效益。

4) 与其他服务共享基础设施

国内外许多电力公司试图建立专营用户门户设施和应用的努力都以失败告终。原因在于这些专营设施往往建设成本高昂，而且难以兼容其他非能源服务，不能获取更多的附加价值。因此用户门户的发展可以考虑与电话服务、有线电视、宽带网络等服务的基础设施相结合，降低建设成本，获取更多收益。

5) 与其他电力自动化应用整合

许多电力公司经常建设“自动化孤岛”系统，即为每个应用开发单独的通信和控制基础设施，造成投资浪费和协调不力。在建设用户门户时应考虑将其整合到电力公司现有的通信和控制设施中，提供从系统平衡服务、输电网络辅助服务、配电网络辅助服务到用户侧能源和设备管理服务的全链条服务。

6)考虑长远应用需求

用户门户的建设除了考虑当前具体的应用需求，还需将未来可能的应用考虑在内，以降低未来升级改造的难度和费用。

3. 用户门户应用实例

仍以图 5.1 所示的某个建成的智能用电系统为例说明用户门户的概念及应用。在该智能用电系统中，家庭用户(家庭智能单元)的用户门户包括两个设备：智能电表和智能交互终端。智能电表测量家庭内部各家用电器的用电情况，并汇总上传给电力公司；智能交互终端一方面向用户传递电价、电量、电费、停电通知等信息，另一方面收集用户的反馈和需求。由此可见，智能电表和智能交互终端共同实现家庭用户与电力公司间的双向通信及互动，是家庭用户对外的信息接口，因此是家庭用户的用户门户。类似地，智能电表和智能交互终端也是工业/商业用户的用户门户。基于这些用户门户，目前和未来可以实现的智能用电应用如表 5.1 所示。

表 5.1　基于用户门户的智能用电应用举例

应用类型	应用
系统应用	提供频率响应服务(一次/二次/三次调频)
	参与能量市场套利(影响机组组合和经济调度结果)
	可再生能源消纳和跟踪
输配电应用	削峰填谷(推迟网络建设/改造投资，提高网络利用率)
	降低网络损耗
	改善网络电压质量
	应对网络阻塞
用电应用	基于价格/激励的需求响应
	家庭/楼宇/工厂能量管理
	远程能耗监测、诊断与管理
	分布式发电集成
	电动汽车有序充放电
	远程自动抄表
	偷电监测和控制
	停电监测和通知

5.3　用户能量管理系统

从电力用户的角度，分布式电源、储能设备等新设备及传感量测、信息通信和自动控制等新技术带来的用户侧供用电模式的变化一方面使用户面临更加复杂的供用电管理问题，另一方面也给用户实现更加经济、环保、舒适的用电目标提供了重要的机会。用户能量管理系统是智能用电背景下用户管理其供用电设备，实现其多元化、个性化用电目标的核心。工商企业、公建楼宇、居民社区及居民家庭等各类用户均有各自的能量管理系统，下面以家庭能量管理为例进行介绍。

1. 智能家居与家庭能量管理

智能家居是国内外家庭用电发展的重要方向，将给人们的生活带来重大变化，重塑家庭用电的图景。如图 5.3(a)所示，传统家庭用电图景十分简单，用户手动控制各种家用电器获取相应的功能和服务。用户并不了解各家用电器的实时运行状态和耗电量等信息，仅在每月按照电表读数或其估计值缴纳电费。智能家居深刻地改变了家庭用电的图景，如图 5.3(b)所示。用户可以通过控制面板、手机、网页客户端等方式实时监测分布式发电、储能设备、电动汽车和智能家电等家庭电气设备的运行状态并对其进行远程控制。同时，智能家居中的家庭能量管理系统自动、智能地帮助用户优化管理各家庭电气设备，满足用户的各种需要，并与电力公司进行双向互动，使家庭用电更加便利、经济、舒适、环保。

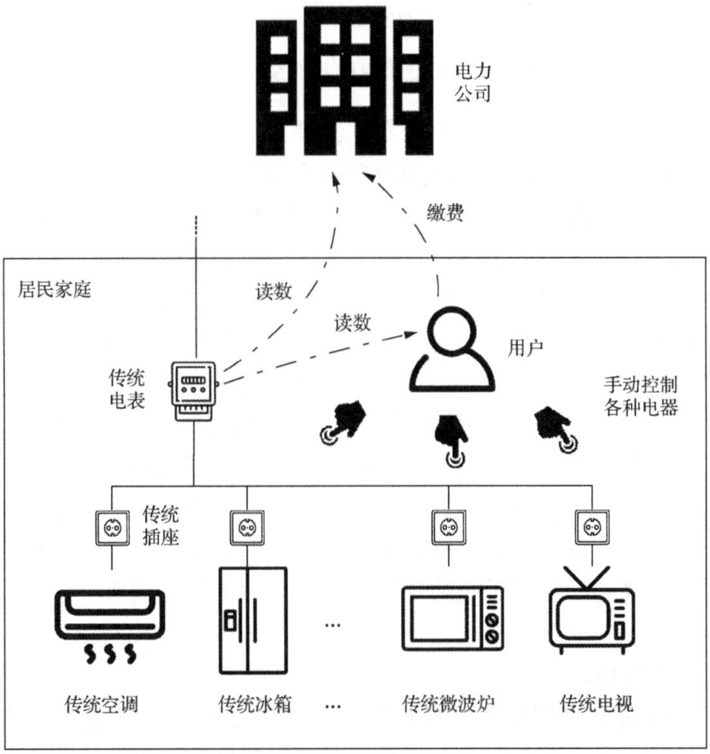

(a) 传统家庭用电图景

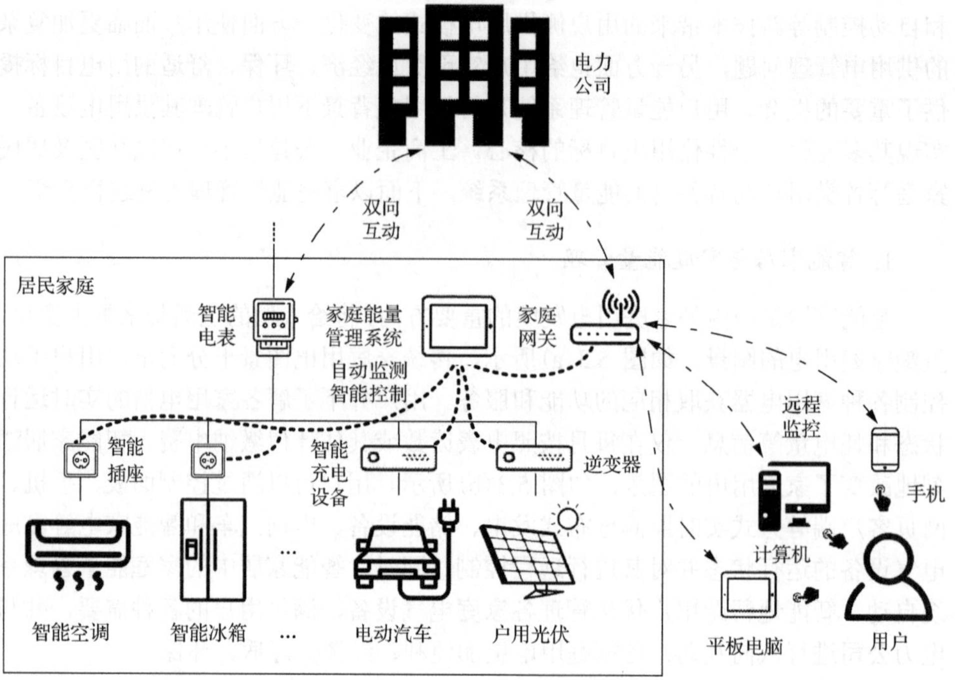

(b) 智能家庭用电图景

图 5.3 家庭用电图景的演变

典型的智能家居如第一篇图 4.7 所示，主要具有如下特点：①依靠手动控制或半自动控制的传统家用电器逐渐转变为能够实现自动、智能控制的智能家电，智能家电通常还集成监测自身运行状态的传感测量模块、与外部通信的通信模块以及友好的人机交互界面；②家庭电气设备的种类有所扩大，除了传统种类的家用电器，智能家居中还可能包括户用光伏、风机等分布式发电设备、电池墙等分布式储能设备及电动汽车等新用电设备，使家居从单纯的用电系统转变为集发电、储电和用电于一体的小型综合能源系统；③智能家居中含有数量众多的传感测量装置，如智能插座、温度/湿度/照度传感器、红外传感器等，为用电监控、电费优化、舒适度提升、安全防卫等智能家居典型应用提供数据基础；④在无线通信、光纤以太网通信、电力线载波通信等 ICT 的支持下，智能家居中的家庭电气设备和传感测量装置相连，形成一个家庭局域网。该家庭局域网对内与家庭能量管理系统相连，传递家庭能量管理所需的量测信息及发出的控制信号；对外一方面与电力公司通信，实现与电网的双向互动，另一方面与外部广域网相连，支持远程控制、能效管理等其他功能。

智能家居在促进家庭用电智能化的同时使家庭用电具有了前所未有的复杂性。家庭用电的复杂性体现在：①家庭电气设备种类的多样性和运行方式的灵活性——分布式发电、储能和电动汽车等新型家庭电气设备与传统家用电器的特性迥然不同，且更加复杂；与此同时，智能家电往往具有多种运行模式和可变的工作参数，可以组合出灵活多样的运行方式。②用电目标的多元化和个性化——随着人们生活水平的提高和各种物质文化需求的增长，家庭用电目标日益多元化，包括经济用电、舒适用电、环保用电等多个方面，并且不同家庭的用电目标因收入水平、价值观念和生活习惯等方面的区别而存在很大的个体化差异；③家庭用电所面临的电力市场环境日趋复杂，分时电价、阶梯电价等灵活电价机制在包括我国在内的许多国家广泛施行，其他各种基于价格和基于激励的需求响应机制也在迅速发展。

上述智能用电的复杂性使越来越多的普通家庭用户缺乏足够的时间、精力、兴趣和专业知识技能去亲自管理智能家居，因此能够自动、智能地管理智能家居的家庭能量管理系统成为智能家居的必要组成部分，而家庭电气设备的运行计划优化是家庭能量管理系统的核心。家庭能量管理系统基于各种量测和预测数据，通过优化各家庭电气设备的运行计划(包括分布式电源发电计划、储能设备充放电计划以及智能家电用电计划)，帮助家庭用户在电力市场环境中实现经济用电、舒适用电等用电目标。

2. 家庭能量管理发展和研究现状

家庭能量管理研究涉及多个学科，主要包括硬件系统研发、软件平台研发以及家庭能量管理算法研究。家庭能量管理系统的相关基础硬件包括各类智能家电、传感测量装置、信息通信装置和组网技术、家庭能量管理中央控制器等。家庭能量管理系统涉及的软件系统主要包括各类智能家电的嵌入式软件系统以及中央控制器的软件系统，这些软件系统一方面嵌入了家庭能量管理的相关数据处理系统和控制算法，实现对相关设备的优化控制，另一方面具有与用户进行交互的平台界面，用户可以通过控制面板、手机和网页客户端等方式对其进行访问，实现数据查询、远程控制、参数设定等功能。家庭能量管理算法对单个、多个或全体家庭电气设备运行计划进行优化，提升用电经济性和舒适性，实现用户具体的用电要求。

目前，国内外工业界和学术界在家庭能量管理领域的侧重点有所不同，工业界主要侧重硬件系统和软件平台的研发，学术界更多地关注家庭能量管理的通信组网技术及家庭电气设备运行计划优化方法的研究。目前，国内外有大量的企业已开始进行对家庭能量管理系统及相关电器和硬件装置的研发，并已推出了一系列比较成熟的工业产品。一方面，当下市面上的家庭能量管理相关产品大多已经能够实现对各类单体家用电器的优化控制，能够实现室内环境和家庭用电的实时监测，能够提供给用户多种用电模式和用电建议，能够实现远程访问和控制。但另一方面，当下市面上的各类家庭能量管理相关产品仍处于“群雄混战”的阶段，行业和产品标准还未形成，并且主要的相关产品大多不具备对整个家庭的运行计划进行全局优化及与电力系统进行互动的功能。

学术界对家庭电气设备运行计划优化的相关研究兴起于 21 世纪初，主要研究和解决以下三个问题[2,3]：第一，如何在运行优化问题中对各类家庭电气设备进行建模；第二，如何对家庭用户的用电目标进行建模并集成到运行优化问题之中；第三，如何求解所建立的家庭电气设备运行计划优化问题。

针对第一个问题，现今研究中各类家庭电气设备的模型已基本定型。家庭电气设备可以分为三类：分布式电源、储能设备以及智能家电。分布式电源主要考虑户用光伏和小型风机，其出力一般认为是不可控的，因此在运行计划优化中通常考虑为预先给定的出力曲线。储能设备一般考虑蓄电池，目前家庭能量管理中储能设备的充放电计划优化仅影响用电经济性，而没有满足系统安全性和可靠性的要求，因此家庭能量管理中储能设备的模型考虑得较为简单，一般仅考虑能量存储上下限约束（荷电状态约束）和充放电功率上限约束，充放电效率一般考虑为常数。然而储能设备在其他一些场合，如许多独立型微网中，要充当主电源，此时其充放电计划对微网系统的安全性和可靠性有至关重要的影响。智能家电一般可以分为三类：不可中断负荷、可中断负荷和恒温控制负荷。不可中断负荷指运行过程一旦开始就不可中断的负荷，而可中断负荷的模型与不可控中断负荷的模型类似，但少了不可中断约束。可中断负荷和不可中断负荷的典型代表为洗衣机、洗碗机等，具体是否可中断取决于实际的硬件配置。恒温控制负荷包括空调、热水器、冰箱等，其电热耦合动态过程可由等效热力学参数模型（equivalent thermal parameter model）或相应的指数形式的简化模型描述。在家庭能量管理中有时也会使用更加简化的能量平衡模型。总体上看，上述家庭电气设备模型描述了家庭电气设备的负荷、能耗与用户需求及室内外环境的关系。此外，值得指出的是，考虑到国内外居民家庭的实际情况，智能家电用电计划优化仍是家庭电气设备运行计划优化的主体，许多研究并未涉及分布式电源及储能设备的运行优化。

运行计划优化的目标主要考虑用户用电的经济性和舒适性。用户用电的经济性主要由用电费用衡量，现有研究对包括分时电价、实时电价、尖峰电价等在内的多种电价机制均有涉及。用户用电的舒适性主要从任务完成的及时度和完成度两方面衡量。例如，洗衣机的洗衣任务可以分解为进水、洗涤、排水、烘干等多个步骤，这些步骤在满足运行顺序约束等条件下可以在一定时间范围内灵活推迟或提前，但一般要求整个洗衣任务的完成时间不能晚于一个用户设定的截止时间，以免造成运行噪声影响用户休息或衣服无法及时晾晒等影响用户舒适度的情况。因此，相应的用户舒适度可以由整个洗衣任务完成时间的分段函数描述——如果任务在截止时间内完全完成，则没有对用户体验造成负面影响，即用户舒适度恒取最大值；如果任务未在截止时间前完全完成，则用户舒适度是任务超期时间的减函数。

而对空调这样的恒温控制负荷，用户舒适度是温度的函数——如果温度在用户设定的范围内，则用户需求得到完全满足，用户舒适度恒取最大值；如果温度超出设定范围，则用户舒适度是温度偏差的减函数，可由预测平均评价（PMV）等指标定量衡量。由此可见，家庭电气设备运行优化是一个多目标优化问题，现有研究主要用两种方式对其进行处理：一种是将用电经济性（用电费用）作为目标函数，将用电舒适性作为约束条件，不容忍任何舒适度的损害；另一种是将用电经济性和舒适性的线性加权组合作为目标函数。大多数研究采用第一种方式，因为第一种方式较为简单直观，且现实中许多用户对舒适性的敏感度显著高于对经济性的敏感度。第二种方式表面上能够精确权衡用电经济性和舒适性，但在实际中很难给出合理的权重系数。此外，还有少量研究将减少温室和污染气体排放也作为一个目标，通过最大化本地可再生能源利用率和最小化能耗减少排放量，或通过相关机构提供的数据（每度电（1度电=1kW·h）对应的排放量）直接将排放量作为目标函数。

不同的市场环境、设备类型和建模方式下的家庭电气设备运行计划优化问题的数学本质不同，应采用的求解算法也随之不同。一般而言，家庭电气设备运行计划优化问题是个混合整数非线性优化问题，其中的整数变量主要来源于储能设备充放电标志变量、不可中断负荷的不可中断约束、恒温控制负荷的开关变量等，其中的非线性环节主要来自含分布式电源的家庭用户向电网馈电的行为和补偿、储能设备的能量存储上下限约束等。家庭电气设备运行计划优化问题的求解算法主要可以分为三类：一是采用分支定界法、动态规划法等数学规划方法或粒子群算法、遗传算法等启发式智能算方法直接进行求解；二是先将优化问题转化为线性优化问题，再用成熟的线性规划方法进行求解；三是针对家庭电气设备运行优化问题中的某个子问题，采用特殊的算法进行求解。

除了以上三个基本问题，家庭电气设备的运行计划优化需建立在对分布式发电出力、用户用电行为、市场电价、环境参数等数据的预测的基础上。这些变量具有较强的不确定性，会导致预先制订的运行计划在实际应用中失去最优性，甚至可能出现违反运行约束的情况。因此如何应对分布式发电出力及用户用电行为等不确定性的影响，从而保障用户用电的经济性和舒适性是家庭能量管理面临的另一个重要问题。现有研究主要采用两种不确定性优化方法处理这一问题：随机优化方法和鲁棒优化方法。随机优化方法的核心特征是基于不确定参数的统计信息和特征处理其不确定性，在家庭能量管理相关研究中使用得较多。鲁棒优化方法是处理不确定优化问题的另一类主流方法，相比随机优化方法，其主要具有不依赖于历史数据和统计信息、建模相对简单、计算负担相对较小等优点，因此在解决家庭电气设备运行计划不确定优化问题上具有很好的前景。

5.4　用户离网光储系统优化规划示例

光伏与储能系统是近年来电力系统用户侧涌现的一个重要应用，用户通过安装和优化管理光储系统合理地利用本地可再生能源，降低用电费用，提升收益和供电可靠性。本节通过具体算例展示用户离网光伏与储能系统(SPV&ESS)优化规划的要素，借以表明用户能量管理的意义和复杂性。本节考虑的离网光储系统拓扑结构如图 5.4 所示，包括分布式光伏系统、储能系统、斩波和逆变装置(DC/DC、DC/AC)、变压器、线路和负荷。

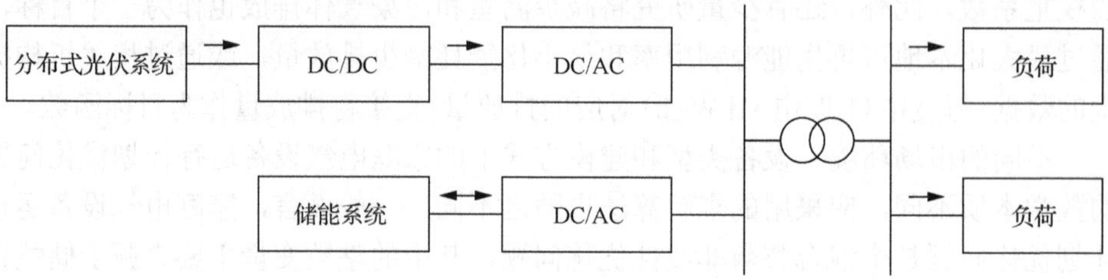

图 5.4　离网光储系统拓扑结构

离网光储系统的投资，即所需安装的光伏和储能的容量，除了取决于用户负荷需求的大小，还与用户对供电可靠性的要求以及系统的控制策略密切相关。因此，本节通过以下几个步骤对用户离网光储系统进行优化规划[4]：①首先，定义用户停电损失指标，将可靠性成本货币化，从而为确定负荷供电优先级和计算用户总成本提供依据；②根据负荷的停电损失，划分负荷的优先级；③设计具有时间前瞻性的控制策略，即在储能充电阶段进行前瞻性充电，以保证储能可以在放电阶段向供电优先级高的负荷供电，降低用户停电损失；④基于该控制策略对各个规划方案进行全生命周期的蒙特卡罗模拟(Monte Carlo simulation)，得到用户停电损失的期望值，并将其与投资成本相加得到用户总成本；⑤最后，采用广度优先搜索策略，综合大步长搜索和小步长搜索两种措施，迅速锁定全局最优方案。

1. 用户停电损失计算方法

发生停电事故时，电力设备停止工作，电力用户将遭受损失，该损失称为用户停电损失。用户停电损失具有非线性和时变性，现有方法以大量的用户调查数据为基础，考虑用户大小、停电时刻、停电时长等关键要素，将停电事故与停电损失关联起来，实现供电可靠性指标的货币化。具体地，一次停电事故导致的用户停电损失为

$$C_{\text{fault}} = C_{(i,j),(m,n,r)}(S,t)\int_{\text{hourth}}^{\text{hourth}+t} P_{t_1} \mathrm{d}t_1 \tag{5.1}$$

其中，(i,j)为用户类型参数；S 为用户大小参数；(m,n,r)为停电事故发生时刻参数；t 为停电事故的持续时长；$C_{(i,j),(m,n,r)}(S,t)$为由上述四类参数决定的单位缺供电量的用户停电损失；hourth 为全生命周期仿真中停电事故的发生时刻；P_{t_1} 为用户在假设不发生停电事故情况下的有功功率(该有功功率是积分变量 t_1 的函数)。由于该方法基于用户调查数据，通过式(5.1)得到的停电损失已包含停电期间的生产中断损失和供电恢复之后的生产恢复成本。式(5.1)的推导过程和使用方法不是本节的重点，不再详述。

2. 负荷优先级

当离网光储系统中有多个用户时，C_{fault} 越大的用户，其供电的优先级也越高，因此，C_{fault} 天然具有划分负荷优先级的功能。然而，离网光储系统的规模往往很小，其内部的用户数常常很少，甚至有时只有一个用户，因此必须通过比用户更小的负荷单位划分供电的优先级顺序。

设用户是经济理性人，为了得到最优的规划方案，每个用户理性地把负荷细分为舒适、必要、重要和紧急四类。设四类负荷占用户总负荷的比例分别为 α_1、α_2、α_3 和 α_4，则有

$$\alpha_1 + \alpha_2 + \alpha_3 + \alpha_4 = 1 \tag{5.2}$$

若某停电事故导致的停电损失为 C_{fault}，设四类负荷的停电损失分别为 $\beta_1 C_{\text{fault}}$、$\beta_2 C_{\text{fault}}$、$\beta_3 C_{\text{fault}}$ 和 $\beta_4 C_{\text{fault}}$，有

$$\beta_1 + \beta_2 + \beta_3 + \beta_4 = 1 \tag{5.3}$$

值得指出的是，负荷类型的划分及对应的停电损失可视用户的具体情况确定。

出现停电事故时，若只有 1 个用户，显然应按照舒适、必要、重要、紧急的顺序依次切除负荷；当用户数大于 1 时，则按照式(5.4)分别计算各用户每类负荷的单位缺供电量损失：

$$C_{\text{fault},k} = \frac{\beta_k C_{\text{fault}}}{\int_{\text{hourth}}^{\text{hourth}+t} \alpha_k P_{t_1} \mathrm{d}t_1}, \quad \forall k \in \{1,2,3,4\} \tag{5.4}$$

然后，按照 $C_{\mathrm{fault},k}$ 从小到大的顺序排列所有用户的四类负荷，进而可按照该顺序依次切除负荷。不失一般性，本节之后的分析中仅考虑用户数为 1 的情况。

3. 具有时间前瞻性的供电策略

在离网光储系统中，当光伏出力大于负荷需求时，光伏向储能系统充电；当光伏出力小于负荷需求时，储能系统需放电以补足差额功率，但若此时储能剩余电量不足，则需切除部分负荷。该运行逻辑下离网光储系统的供电结果如图 5.5 所示，阴影部分的面积代表储能的可用电量。其中，不考虑负荷优先级的供电结果如图 5.5(a)所示，此时全部负荷不加区分，或一起供电，或一起断电；考虑负荷优先级的供电结果如图 5.5(b)所示，可以看出系统在放电阶段开始时预先切除了部分优先级低的负荷。比较图 5.5(a)和图 5.5(b)可知，两种供电结果中的负荷总切除量是相同的，但图 5.5(a)切除了许多优先级较高的负荷，而图 5.5(b)切除的都是优先级较低的负荷，因此图 5.5(b)对应的用户停电损失比图 5.5(a)小。

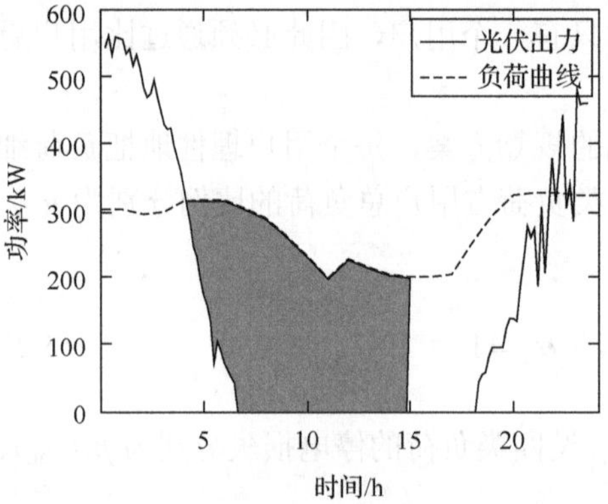

(a) 不考虑负荷优先级的供电结果

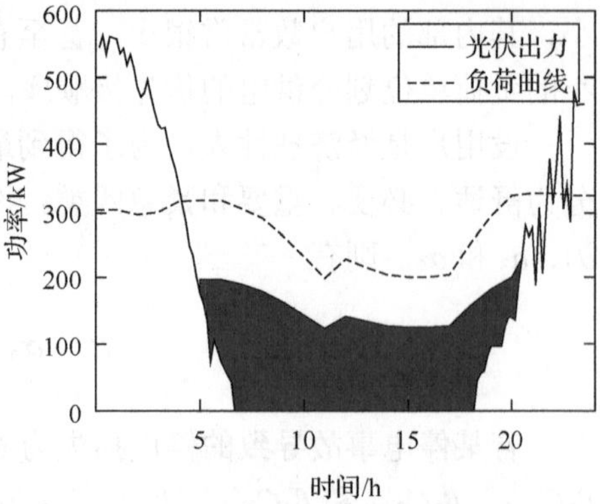

(b) 考虑负荷优先级的供电结果

图 5.5　供电结果示意图

图 5.5(b)所示的供电策略仅在储能的放电阶段考虑负荷的优先级，如果在储能的充电阶段就前瞻性地考虑放电阶段将面临的能量缺额，就可以进一步减少缺供电量损失。因此，本书进一步提出具有时间前瞻性的控制策略，按照周期间隔对储能系统进行控制。如图 5.6 所示，设两个相邻的光伏出力曲线自下而上穿过总负荷曲线的时刻为周期间隔的起止时间，分别记为 t_{start} 和 t_{end}，继而令 $\Delta T=t_{\mathrm{end}}-t_{\mathrm{start}}$，$\Delta T$ 即控制策略的一个周期间隔。用户负荷划分为舒适、必要、重要和紧急四个等级，将这四个等级的负荷进行组合，得到图 5.6 中的四条负荷曲线，并把 ΔT 内光伏出力曲线自上而下穿过四条负荷曲线的时间分别记为 t_{d1}、t_{d2}、t_{d3} 和 t_{d4}。

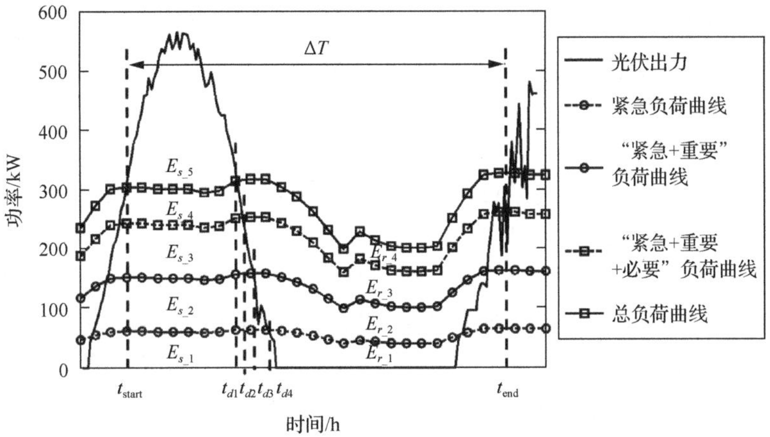

图 5.6　具有时间前瞻性的供电策略示意图

下面介绍控制策略中的几个电量：将从 t_{start} 到 t_{d1} 由光伏出力曲线与总负荷曲线所围区域的面积记为 E_{s_5}，表示光伏向负荷供电后还可继续向储能充电的电量；将 ΔT 内由虚线 $t=t_{start}$、总负荷曲线、从 t_{d1} 到 t_{d2} 的光伏出力曲线以及从 t_{start} 到 t_{d2} 的“紧急+重要+必要负荷”曲线所围成的面积记为 E_{s_4}，表示光伏向舒适负荷供电的电量；同理可得，从 t_{start} 到 t_{d3} 光伏向必要负荷供电的电量 E_{s_3}，从 t_{start} 到 t_{d4} 光伏向重要负荷供电的电量 E_{s_2}，以及光伏向紧急负荷供电的电量 E_{s_1}。类似地，可将从 t_{d1} 到 t_{end} 舒适负荷需要储能系统补充的电量记为 E_{r_4}，将从 t_{d2} 到 t_{end} 必要负荷需要储能系统补充的电量记为 E_{r_3}，将从 t_{d3} 到 t_{end} 重要负荷需要储能系统补充的电量记为 E_{r_2}，并将从 t_{d4} 到 t_{end} 紧急负荷需要储能系统补充的电量记为 E_{r_1}。

基于上述符号，可将具有时间前瞻性的控制策略归纳为：在必要情况下，可在充电阶段切除一些优先级低的负荷，以提高放电阶段储能系统向优先级高的负荷供电的能力。例如，若不采取前瞻性措施，则在 t_{d4} 时刻前共有 E_{s_5} 的电量将被充到储能系统中；而若采用具有时间前瞻性的供电策略，则除了 E_{s_5}，还可以把 E_{s_4}、E_{s_3} 和 E_{s_2} 依次充到储能系统中，以实现全周期用户停电损失的最小化。

4. 用户总成本计算方法

离网光储系统用户总成本由一次投资成本和可靠性成本(用电停电损失)两部分构成：

$$C_{total} = \text{Invest}(\text{pv},\text{ess}) + \sum_{i\in\{1,\cdots,M\}} C_{fault}(\Delta T(i)) \tag{5.5}$$

其中，C_{total} 为用户总成本；Invest(pv,ess) 为规划方案(pv,ess)(pv 代表光伏容量，ess 代表储能容量)的投资等年值；$\Delta T(i)$ 为第 i 个充放电周期间隔(设系统采用上述前瞻性供电策略)；$C_{\mathrm{fault}}(\Delta T(i))$ 为规划方案(pv,pss)在间隔 $\Delta T(i)$ 内的用户停电损失；M 为光储系统生命周期内间隔 $\Delta T(i)$ 的总数。

5. 广度优先搜索

离网光储系统的优化规划目标是搜索用户总成本最小的方案。由于离网光储系统只有光伏容量和储能容量两个优化变量，如果以光伏系统的容量作为 x 轴变量，储能系统的容量作为 y 轴变量，用户总成本作为 z 轴变量，则可以预期大量规划方案的评估结果必然在三维坐标系中构成一个漏斗形状的三维曲面，曲面的最底部对应最优规划方案。为了得到该曲面，这里采用广度优先搜索策略：首先，在预估的二维解空间内进行大步长的搜索，只要搜索结果中用户总成本曲面出现了一个凹点，就可以确定曲面底部的大致位置；然后，在上述凹点附近进行小步长搜索，迅速锁定最优方案。

6. 优化规划算例

某小型制造企业想设计自用的离网光储系统，峰值负荷为 200kW。银行贴现率取 6.5%，设备运维比例取 1%；光伏系统的成本为 8 元/W，使用寿命为 20 年；储能采用全钒液流电池，最大充放电功率为 400kW，使用寿命为 30 年。离网光储系统各部分的效率参数如表 5.2 所示，负荷分配及停电损失比例如表 5.3 所示，设备可靠性参数如表 5.4 所示。

表 5.2　离网光储系统的效率参数

光伏组件串并联损耗	光伏组件温升损耗	光伏组件灰尘遮挡损耗	线路损耗	逆变器效率	变压器效率	其他设备效率	储能设备单向充放电效率
2%	10%	1%	3%	95%	98%	99%	80%

表 5.3　用户的负荷分配及停电损失比例

负荷分配				停电损失比例			
α_1	α_2	α_3	α_4	β_1	β_2	β_3	β_4
0.1	0.4	0.4	0.1	0.01	0.1	0.4	0.49

表 5.4　设备的可靠性参数

光伏、斩波与逆变串联		储能与逆变串联	
故障率	修复时长	故障率	修复时长
2 次/a	10h	2 次/a	10h

图 5.7 是用户等年值总成本评估结果，图 5.8 是用户停电损失评估结果。图

5.7 是一个不规则的三维漏斗状曲面，曲面的最低点对应离网光储系统的最优规划方案，具体数值如表 5.5 所示。通过本书规划方法得到的最优方案的可靠性成本占总成本的 13.4%。

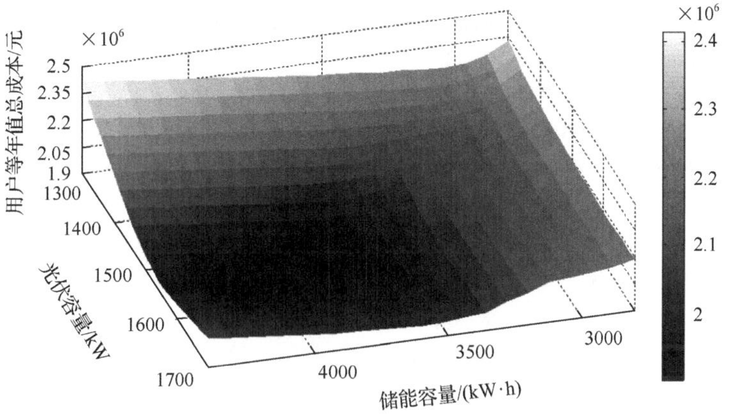

图 5.7　用户等年值总成本

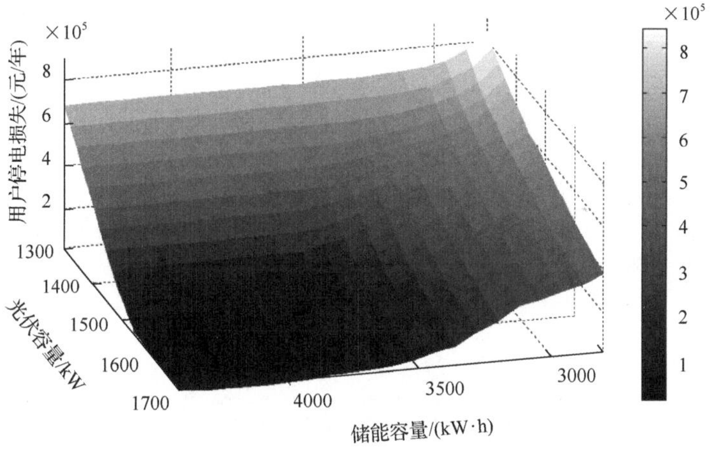

图 5.8　用户停电损失

表 5.5　离网光储系统最优规划方案

参数	数值
光伏容量/kW	1570
储能容量/(kW·h)	3520
设备等年值成本/(元/年)	1814055
用户停电损失/(元/年)	279446
用户等年值总成本/(元/年)	2093501

参考文献

[1] Didierjean A. What is a consumer portal[C]. Proceedings of 2005/2006 IEEE PES Transmission and Distribution Conference and Exhibition, Dallas, 2016: 1-3.

[2] Ha D L, Joumaa H, Ploix S, et al. An optimal approach for electrical management problem in dwellings[J]. Energy and Buildings, 2012, 45: 1-14.

[3] 周越. 用户侧分布式需求响应资源运行优化方法[D]. 天津: 天津大学, 2016.

[4] 余贻鑫, 孙冰. 计及用户停电损失的离网光伏与储能系统优化规划[J]. 天津大学学报(自然科学与工程技术版), 2016, 49(5): 443-449.

第 6 章　高级配电管理与高级配电自动化

配电网管理着力于最大限度地提高网状配电系统的馈线、变压器和其他组件的性能，并将其与输电系统和客户运行相集成。随着智能电网功能的发展，如 AMI 和需求响应、大量 DER 和插电式电动汽车的部署，配电系统的自动化对于整个电力系统的高效可靠运行变得越来越重要。配电网管理的预期收益包括提高可靠性、降低峰值负荷、提高配电系统的效率以及改善管理分布式可再生能源的能力。

电网的第二次智能化从用户侧的智能电表和 AMI 开始，其实施将使 ICT(它是信息技术与通信技术相融合而形成的一个新的概念和新的技术领域)基础设施覆盖整个电网。电力公司基于这个系统就可以实现许多高级配电运行(ADO)的功能，其工程组成如第一篇图 5.1 所示。在展开本章的讨论之前，先强调如下几个要点。

(1) ADO 的最主要功能是使系统能够集成高比例的 DER 和可自愈。实施 ADO 的基础是：①灵活的可重构的配电网络拓扑(包括可控设备和功能的自动化、电力电子装置、DER 与微网)；②基于开放式基础设施和信息交换模型的通信与控制系统(通信网上安放大量的监视传感器)；③具有实时的状态估计工具和连续优化系统性能(能量与功率平衡、运行效率、韧性、安全性、可靠性、电能质量)的配电快速仿真与建模(DFSM)。

(2) ADO 中的高级配电管理系统(ADMS)与传统配电管理系统的区别是 DER 的大量渗入和用户与电网的互动。其覆盖范围很广。

(3) ADO 中的高级配电自动化是智能电网实现自愈与优化的基础。配电网的基本自愈功能，包括网络重构、电压与无功控制、故障定位和隔离以及(当系统拓扑结构发生变化时)继保再整定，需要 DFSM 与高级配电自动化协同完成，是一项极其复杂的任务。

(4) ADMS 应该包括对实现了配电自动化的多个子网的协调控制。ADMS 管理下的动态微网是智能配电网比输电网更为引人入胜的地方，不同的规则会形成各种各样的动态微网。

本章将主要阐述高级配电管理和高级配电自动化，也涉及动态微网和主动配电网孤岛划分等相关内容。本篇第 7 章将专门针对 DFSM 进行讨论，尽管其运行功能与本章内容密切相关。

6.1　高级配电管理

为进一步提高供电可靠性、改善服务质量和增加用户的满意度，20 世纪 90 年代，电力学者较为系统地提出了配电管理系统的概念，其基于高可靠性的中压配电网络，应用现代计算机、信息处理和通信等技术，具备 SCADA、电网资源管理(如自动成图(AM)/设施管理(FM)/GIS)、配电网工作管理系统(WMS)、配电网调度管理、配电网故障抢修管理系统(TCM)或停运管理系统(OMS)等功能，可提高供电可靠性和客户服务水平。

ADMS 与传统配电管理系统的区别是 DER 的大量渗入和用户与电网的互动，而且依托于 DFSM 的主要支持应用程序。图 6.1 简略地展示了智能电网 ADMS 的组成和各系统间的相互信息关联，管理对象是集成了 DER 的配电系统，如图中左上角虚线方框所示。ADMS 所包含的系统如下。

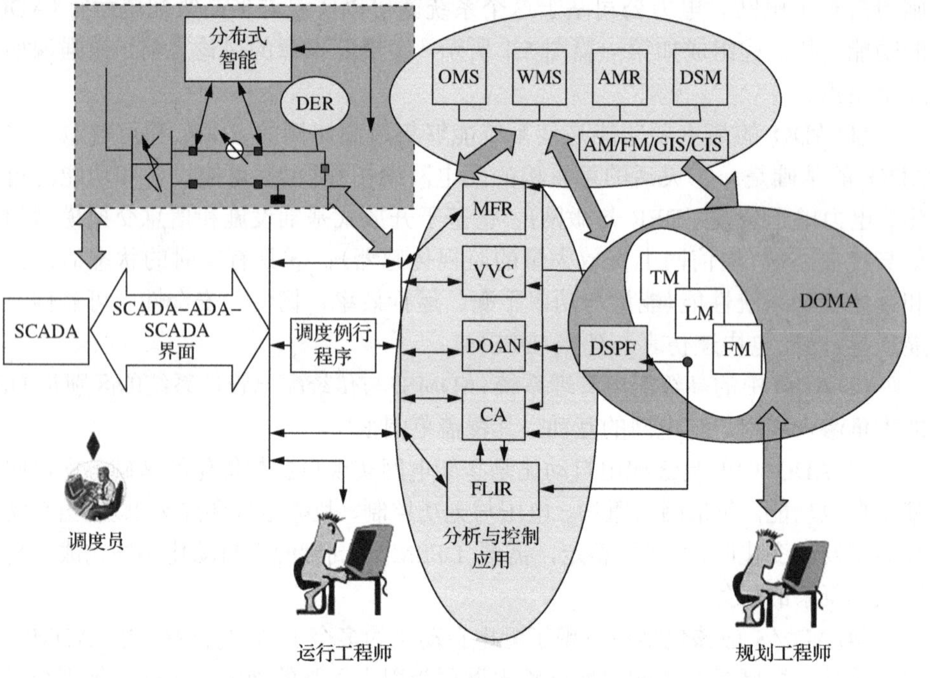

图 6.1　ADMS 子系统组成及其关联示意图

(1)图 6.1 中右上角椭圆内的系统分别为 OMS、WMS、自动读表(AMR)、配电系统模型(DSM)和 AM/FM/GIS/CIS。这些系统与配网运行建模与分析(DOMA)以及分析与控制应用之间存在信息交互。

(2)配电运行模型分析需要建立如下模型[1]：①拓扑模型(TM)，电力系统接线模型，包括物理联通性和正常电路互联；②负荷模型(LM)，一周内每天每时刻每种类型电力用户的负荷形态；③设备模型(FM)，电力系统设备(包括电路、电容器串、变压器和 DER 等设备)的特性。

所用的分析工具是配电系统潮流(DSPF)，用以计算实际(和/或学习模式)的电力系统潮流，潮流模型中需要计及紧邻配电系统电路的输电系统/子输电系统。分析的模式有如下三种：①闭环模式，在这种模式下，DOMA 周期性地运行(如每 15min[①])或由实时信息的一个事件(如拓扑结构或目标的变化)触发，推荐的运行方式由 SCADA 指令自动执行；②学习模式，在这种模式下，DOMA 运行“what-if”学习方式，并为运行人员推荐方案；③前瞻模式，在这种模式下，运行人员可以了解系统未来 1h 到一周的状态。

(3)图 6.1 中央椭圆内的分析与控制应用系统，包括：多重网络重构(MFR)，电压/无功控制(VVC)，配电运行分析(DOA，含继电保护再整定(RPR)的计算)，预想事故分析(CA)，故障定位、隔离与恢复(FLIR)。

(4)SCADA。在这些系统中，AMR 属于已在本篇第 3 章介绍过的 AMI 功能的一部分，除 DFSM 将在本篇第 7 章介绍之外，其他系统将不再一一介绍，其功能不难想象。

需要强调的是，智能电网不是一个单纯的技术问题，还涉及电网企业的业务流程和管理模式。因此，在考虑智能电网时，首先要对电网企业的业务流程进行梳理，业务变革和管理变革要先行。同时，智能电网不是一个固定的、一成不变的方案，电网企业要根据自己的业务目标和要解决的关键问题，对智能电网进行裁剪和调整，以适合自己的情况。

6.2　高级配电自动化

1. 传统配电自动化的例子

日本东京在 1990～2000 年实施了配电自动化[2]，图 6.2 为逐年配电自动化系统投入使用的范围。

实践表明配电自动化具有如下效益。

(1)大幅度降低停电时间和停电频率。

(2)有效减少电能质量扰动。

(3)有效地消除区域性大停电。

(4)大大地减轻对恐怖袭击和自然灾害的脆弱性。

---

① 每 15min 的 DOMA 可能有成千上万的预想事故需要分析(即需要预测，而不只是对紧急情况做出反应)。

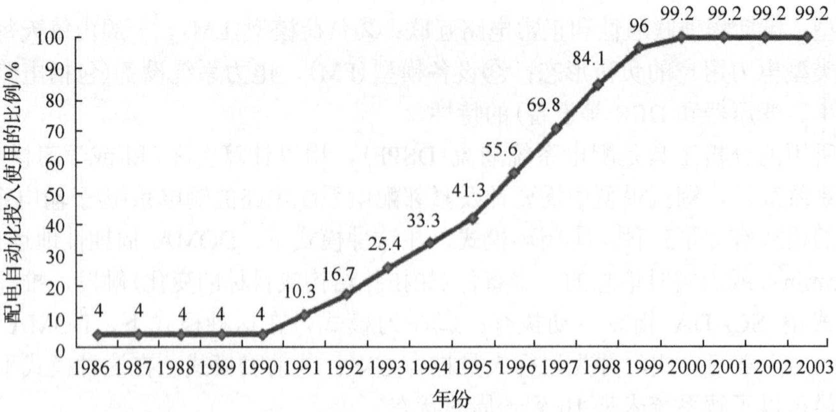

图 6.2　日本东京配电自动化投入情况

(5) 改善公众和工人的人身安全。

(6) 降低或缓解电价。

(7) 为市场参与者提供新的选择。

(8) 更有效地运行和以很低的成本改善资产管理。

(9) 降低网损。

(10) 更广泛地开发环境友好的资源。

东京的中压配电网，在负荷稠密地区采用了如本篇第 1 章图 1.7 所示六分段三联络的配电网络拓扑，配电自动化系统通过对全部开关的遥控，协调多条馈线间的负荷转移。结果在满足 *N*–1 安全约束的条件下使得 600A 额定载荷的线路首端的负荷电流提高至 510A，负荷率达 85%。同时，如图 6.3 所示，大多数年份系统具有高于 0.99999 的供电可靠性。

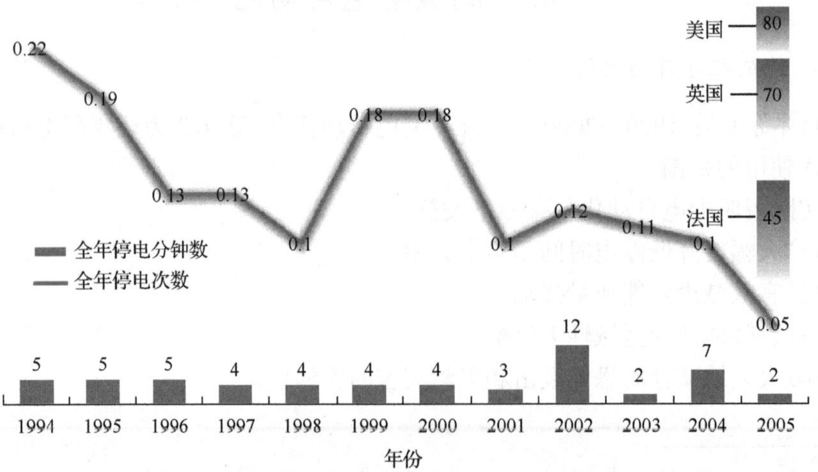

图 6.3　可靠性水平

东京配电自动化系统的投资是254亿日元/年，收益是328亿日元/年，所以投资收益率(投资/收益)＝0.77。可见配电自动化对改善供电可靠性和提高资产利用率的贡献很大；需要注意，其作用是多方面的，如在提高管理水平、管理效率和用户服务方面的效果往往比改善可靠性呈现得更早。

2. 高级配电自动化

高级配电自动化(ADA)[1]包含配电网的监视与控制功能。它也支持配电系统管理中与用户交互的功能(如负荷管理、量测和实时定价)。

1) ADA的整体功能框架

ADA整体功能框架如图6.4所示。其中，实心细箭头表示智能配电网状态的

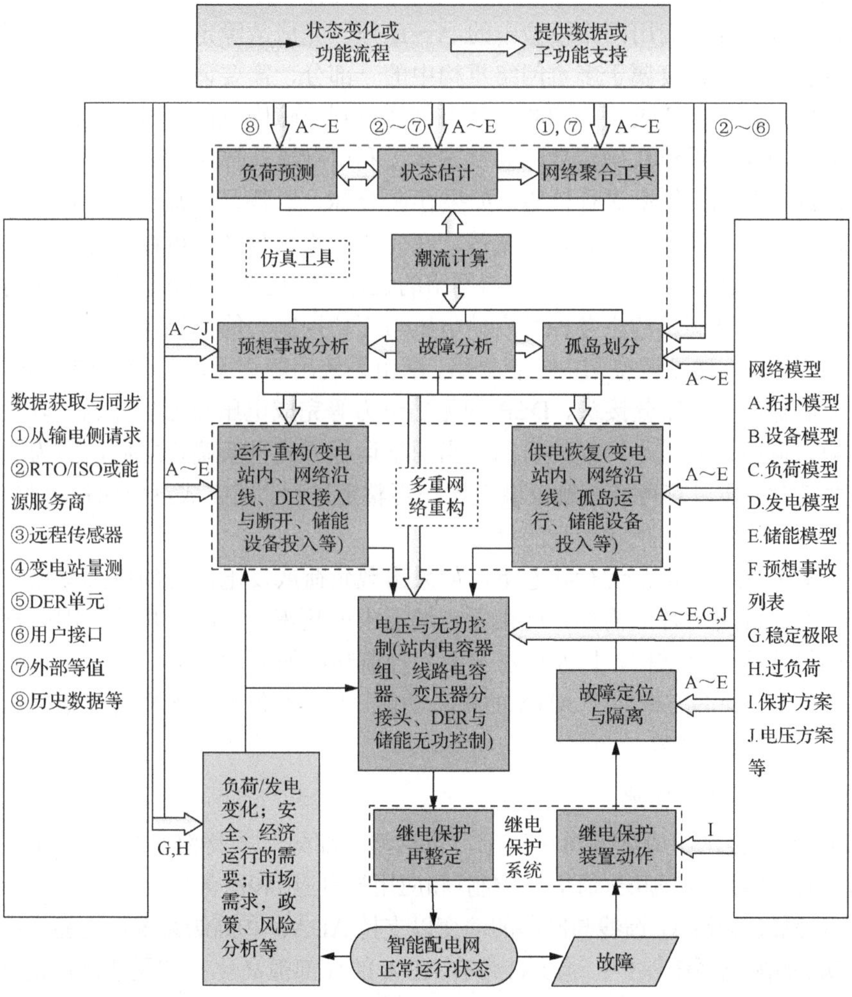

图6.4　ADA整体功能框架

变化或自动化功能流程；空心粗箭头表示提供数据或子功能支持；上面框图中为仿真工具，包括负荷预测、状态估计、网络聚合工具、潮流计算、预想事故分析、故障分析和孤岛划分等，可以为网络重构与电压无功控制功能提供计算和决策支持；左侧方框中为所采集的数据；右侧方框中为配电网络模型。在网络模型中这些数据是不断更新的，所以要及时地转化成信息并传递出去。从图 6.4 中可以看出，智能配电网中发生故障后或发生其他变化时会导致一系列自动功能的触发，包括继电保护动作、网络重构和电压与无功控制等，这些自动功能需要网络模型和数据的支持，并调用多种仿真工具予以实现。各个自动功能所需要的数据以及网络模型均在各个功能框旁进行了标注。

在智能配电网正常运行状态下出现故障后，继电保护系统启动，完成故障隔离，然后故障分析系统进行故障定位。其中继电保护系统中存储有保护方案，故障定位与隔离需要调用网络模型中的 A～E 项。完成故障定位与隔离后需要进行故障恢复，故障恢复属于多重网络重构中的一部分，需要调用多种仿真工具完成计算。例如，需要通过负荷预测和状态估计得到故障修复前某时间段内的负荷数据；调用故障分析模块确定故障恢复方案；利用潮流计算对故障恢复方案是否满足电压约束和电流约束进行校验；如果存在 DER，且满足孤岛运行条件，需要调用孤岛划分模块确定孤岛运行方案等。在完成故障恢复之后可以选择进行进一步的网络优化，通过运行优化重构使得网络的运行方式更具经济性，或者使负荷尽量平衡。当电压不满足约束条件时启动电压与无功控制功能，该功能同样需要调用多种仿真工具，通过调整站内电容器组、配电系统用静止无功补偿器(D-statcom)、线路电容器、变压器分接头、DER 的无功出力等完成电压与无功控制，以满足电压约束，同时达到减小网损的目的。当网络运行方式重新确定之后，因为潮流分布发生变化，所以有可能会触发继电保护再整定过程。在完成继电保护再整定后，智能配电网重新回到正常运行的状态。

在智能配电网正常运行状态下，如果出现负荷或发电出力的巨大变化，或者出于安全、经济运行的需要，或由于市场需求、政策、风险分析等，则同样可能触发网络优化运行重构，以及电压与无功控制功能的启动。

图 6.4 中间的方框属于 ADA 的核心功能。图 6.5 外围的方框简明地标示出了 ADA 的协同运行环境。

2) ADA 的技术组成

ADA 的技术组成如图 6.6 所示，包括五个部分，涉及物理电力层(输电和配电)、数据传输与控制层(通信和控制)和应用层(应用和服务)。

(1) 系统拓扑：①馈线与网络的演变以支持 ADA；②高级系统重构能力；③带有 ADA 的配电系统保护；④支持带有 ADA 的局部孤岛化；⑤灵活微网的实现。

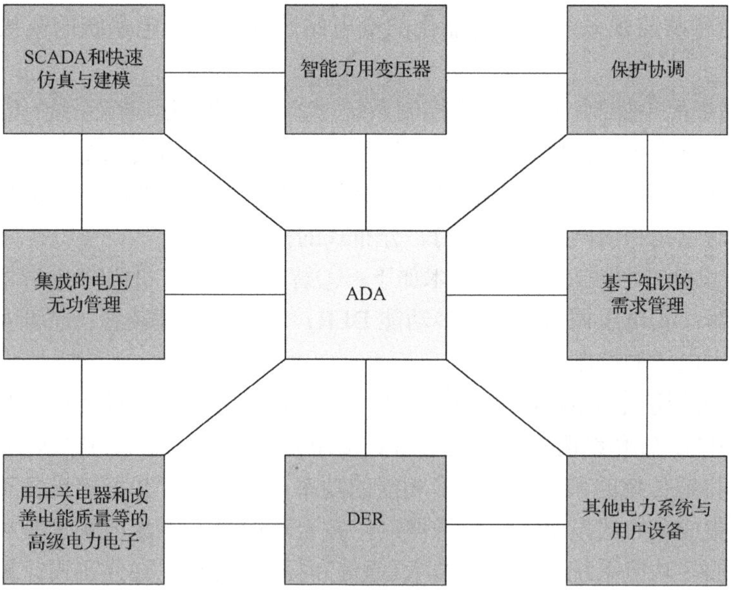

图 6.5　ADA 的协同运行环境

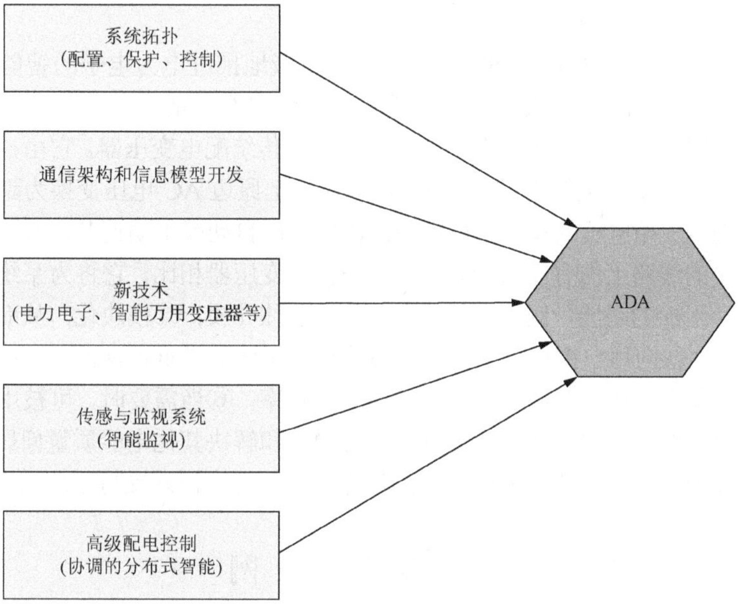

图 6.6　ADA 的技术组成

(2)通信架构和信息模型开发：①ADA 技术的通信和信息目标模型；②支持 ADA 的高级财政收入量测集成；③用户门户与配电控制系统的集成；④高级的通信协同能力检验。

(3)新技术：①新型的电气和电力电子技术；②高级电能质量和可靠性技术。

(4) 传感与监视系统：①智能化的变电站监视；②配电系统的高级(下一代)传感器。

(5) 高级配电控制：①变电站控制系统；②高级的停运响应系统；③高级的电压和无功控制系统；④电能质量控制系统；⑤配电快速仿真系统，包括分布式计算(如智能的网络代理)和植入的系统计算；⑥系统行为和效率的高级管理；⑦支持网络灵活重构和微网的自适应的、分布式的控制系统。

ADA 设施方面涉及的主要技术如下：①智能分段器；②开关电容器；③电压下陷校正器；④电压调节器；⑤多功能 DER；⑥负荷管理装置；⑦新型传感器；⑧基于电力电子的控制。

ADA 将创造未来的智能配电网[3,4]。ADA 是革命，而不只是传统配电自动化的扩展，因为：①传统配电系统是被设计成单功能的——把电力输送到末端用户，而 ADA 将把传统的系统转变成多功能的功率交换系统；②可控设备和功能的自动化；③集成分布式发电，包括微网；④在合适的地方，配电系统变成结合电力电子装置的多功能系统；⑤信息技术(通信和控制设施)；⑥分布式计算与快速仿真技术；⑦ADA 使用户可选择新的服务。

3) 智能万用变压器

在预期的配电系统中，EPRI 已经设想并积极地推进电力电子的智能万用变压器(又称固态变压器)的研发，并把它看作智能配电网的基石。

智能万用变压器用先进的电力电子系统代替传统配电变压器，它由一个有效的前端、一个 DC-DC 转换器和一个逆变器组成，把原边 AC 电压变换为副边 AC 电压，副边输出三相电压的相序，相角和幅值均可以自动或手动调节，所以它可以调节与其连接的线路上的有功与无功潮流。与传统变压器相比，它将为系统运行提供众多好处和附加的功能，例如：①不含危险的液体介质；②模块化，从而减少了备件的库存量；③向用户提供可选择的服务项目，如直流或 400Hz 的电力；④可改变接线组别；⑤容许从一条单相线路上传递三相功率；⑥当需要时，可被用来作为开断潮流的可控开关；⑦能够进行实时的电压调节和解决其他电能质量问题；⑧具有远方通信能力，可辅助监视配电系统的运行条件，并广泛地支持系统自动化功能。

6.3 动态微网

一个强大的集中式的 ADMS 的出现可为微网的进一步应用提供平台。为了实现配电系统智能化，可以通过 ADMS 的应用定义一些能够具有充足发电、储能和负荷控制功能的群，进而能够按命令形成可行的微网[5]。这些动态微网的边界可以是变电站的断路器、配电自动化开关和隔离开关(isolator)，可以优先考虑包含重要用户的电路部分。在失去(或即将失去)大系统时，ADMS 可形成尽可能多的微网，使停电损失最小化。

如图 6.7 所示，当四个子微网一起运行时，子微网 A 的控制器同时作为主微网控制器，并在许多不同层次上引进控制回路。它表明允许基于拓扑结构、特殊系统的状态和局部发电量等的控制，微网还可以进一步分解成多个子微网。图 6.8 也展示了基于 ADMS 进行微网选择的几种场景示例，其中包括变电站微网、馈线微网、分支馈线微网、用户微网。

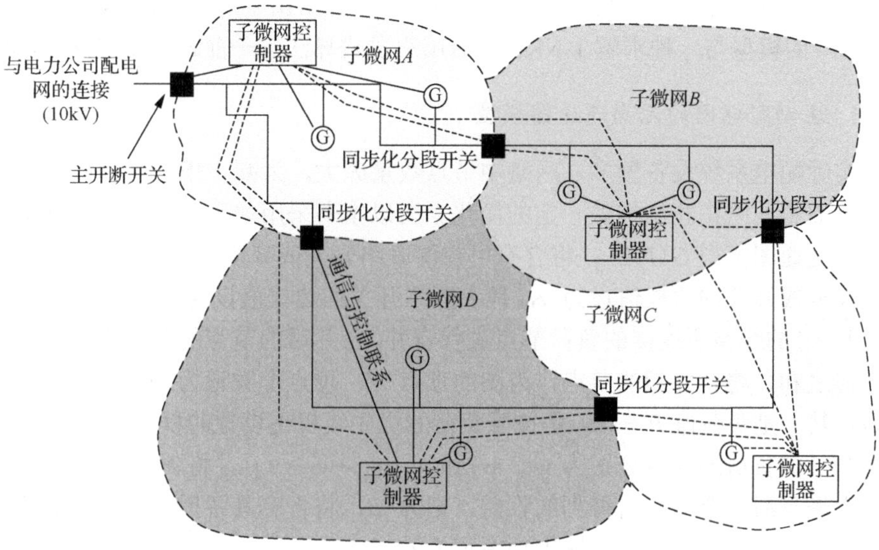

图 6.7　多个微网一起运行

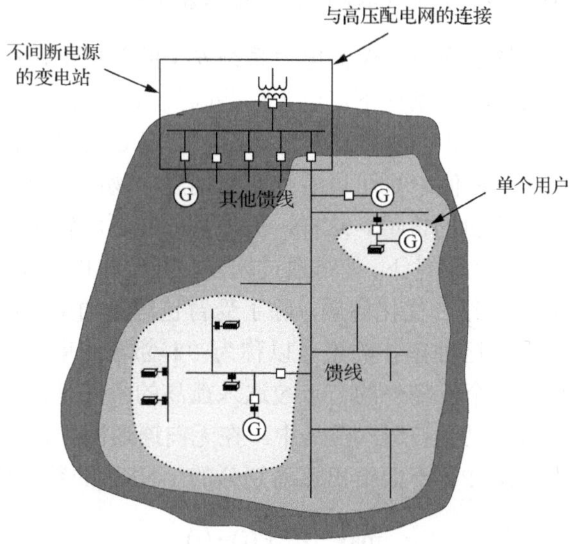

图 6.8　在 ADA 系统中进行微网选择的示例

6.4 主动配电网孤岛划分

具备组合控制各种分布式发电(DG)能力的配电网可称为主动配电网(ADN)，它是智能配电网的一种发展模式，其主要特征是分布式发电输出功率可以上送至配电网，且在故障情况下可以主动形成孤岛。

本节将介绍主动配电网的孤岛划分问题[6]，并给出了 1-邻域约束的背包问题(1-NKP)的模型与一种求解 1-NKP 的通用启发式算法——前瞻贪婪算法(PGA)。

1. 主动配电网的无向连通图模型

实际配电系统设备繁多，网络中节点数量庞大，为减小模型的规模，降低复杂度，需将网络拓扑结构做一定的简化。所以本书采用如下办法建立主动配电网的无向连通图模型 $G(V,E)$：将含有可控的联络开关或分段开关的线路作为边 E，将代表分段开关的边权值设为 a，代表联络开关的边权值设为 b；将不含开关(或可控开关)的线路所连接的负荷节点进行合并，合并后的节点的负荷为这几个节点的负荷之和，将合并后的节点作为图的顶点 V，顶点个数记为 n，顶点包含两个权值，其一是负荷值 P，其二是按照负荷的优先级权重设置的权重系数 w，一类、二类和三类负荷的权重分别为 w_1、w_2 和 w_3($w_1>w_2>w_3$)。将 P 与 w 相乘作为该点供电恢复后整个电网所得到的收益，记为 B；将含有具备黑启动能力的分布式发电在孤岛运行期间的平均输出功率记为 C。

2. 主动配电网孤岛划分的 1-NKP 定义及其数学模型

孤岛划分问题的核心在于在保证电力系统安全的前提下，确定系统中的分布式发电在不依靠上级电源的条件下可以为哪些因故障失电的负荷恢复供电，这个问题可以视为背包问题。其中分布式发电的输出功率 C 可以看作背包问题中的背包容量，而各节点的负荷值 P 则可以看作背包问题中物品的重量，负荷优先级权重 w 相当于物品单位重量的价值。这样，孤岛划分问题就转化为如何在不超过分布式发电输出功率上限的条件下，使得通过恢复负荷给电网带来的收益(P 与 w 的乘积 B)最大，这是一个组合优化问题，除了受背包容量约束，还要考虑各个节点在网络中的拓扑关系。这种拓扑约束可以称为“1-邻域约束”。在孤岛问题中 1-邻域约束就是指任意一个孤岛外的节点被选入孤岛的条件是，与这个节点相连的节点中至少有一个节点已经被选入孤岛中。在无向连通图中，考虑 1-邻域约束的背包问题就被称为 1-NKP。下面给出孤岛划分的 1-NKP 的数学模型：

$$\max \sum_{\forall i \in V^*} P(i)w(i) \tag{6.1}$$

$$\text{s.t.} \sum_{\forall i \in V^*} P(i) \leqslant C \tag{6.2}$$

其中，$P(i)$为顶点 i 的负荷值；$w(i)$为顶点 i 的优先级权重；$V^* := \{i \in V | \exists j \in \text{NB}(i), \text{s.t.}\ x(j)=1\}$，为该问题的解空间，用 v_0 表示V^*中的初始节点，所以 $v_0 \in V^*$，$x(i)$表示节点 i 是否被选入孤岛，当点 i 被选入孤岛时，$x(i)$为 1，当点 i 不在孤岛中时，$x(i)$为 0，NB(i)表示点 i 相邻顶点的集合。

3. 1-NKP 的 PGA 算法

1) 算法中相关定义说明

下面介绍一种启发式求解算法[4]，算法中的相关定义说明如下。

Z 代表当前已选入孤岛的顶点的集合。

P_Z代表当前已选入孤岛的顶点的负荷总量，按照式(6.3)求得

$$P_Z = \sum_{\forall i \in Z} P(i) \tag{6.3}$$

B_Z代表当前已选入孤岛的顶点的恢复收益，按照式(6.4)求得

$$B_Z = \sum_{\forall i \in Z} B(i) = \sum_{\forall i \in Z} P(i) w(i) \tag{6.4}$$

C_R代表 DER 的剩余功率，也即背包的剩余容量，可通过式(6.5)求得

$$C_R = C - P_Z \tag{6.5}$$

NB^1 代表与集合 Z 中的顶点相邻的顶点的集合，也即 Z 的邻域，NB^1 中顶点个数记为 X，则 $\text{NB}^1(i)$是集合 NB^1 中第 i 个顶点，$i \in \{1,2,\cdots,X\}$。

NB_i^2 代表与顶点 $\text{NB}^1(i)$相邻且不属于集合 Z 的顶点集合，也即 $\text{NB}^1(i)$的邻域，可以看作 Z 的邻域点的邻域，NB_i^2 中顶点个数记为 Y_i，$\text{NB}_i^2(j)$代表 $\text{NB}^1(i)$的第 j 个邻域点，$i \in \{1,2,\cdots,X\}$，$j \in \{1,2,\cdots,Y_i\}$。

$w^1(i)$代表顶点 $\text{NB}^1(i)$的本身的优先级权重。

$w_i(j)$代表顶点 $\text{NB}^1(i)$与其邻域点 $\text{NB}_i^2(j)$的恢复收益之和与它们的负荷之和的比值，按照式(6.6)求得

$$w_i(j) = \frac{B[\text{NB}^1(i)] + B[\text{NB}_i^2(j)]}{P[\text{NB}^1(i)] + P[\text{NB}_i^2(j)]} \tag{6.6}$$

其中，$i \in \{1,2,\cdots,X\}$，$j \in \{1,2,\cdots,Y_i\}$。

$w^2(i)$ 代表 $w_i(j)$ 中的最大值，定义为 Z 的第 i 个邻域点 $NB^1(i)$ 的前瞻优先级权重。其满足式(6.7)：

$$w^2(i) = \max_{\forall j \in \{1,2,\cdots,Y_i\}} \{w_i(j)\} \tag{6.7}$$

其中，$i \in \{1,2,\cdots,X\}$。

2) 算法步骤

(1) 将 DER 所在顶点作为 Z 集合初始元素 v_0，$Z = \{v_0\}$。

(2) 分别按照式(6.3)～式(6.5)计算 P_Z、B_Z 和 C_R。

(3) 搜索 Z 的邻域，并将邻域中的顶点放入集合 NB^1。

(4) 搜索 $NB^1(i)$ 的邻域放入 NB_i^2，$i \in \{1,2,\cdots,X\}$。

(5) 对于 $P[NB^1(i)] + P[NB_i^2(j)] \leqslant C_R$ 的顶点，按照式(6.6)计算 $w_i(j)$；对于 $P[NB^1(i)] + P[NB_i^2(j)] > C_R$ 的点，$w_i(j)=0$。

(6) 按照式(6.7)求得 $w^2(i)$。

(7) 对于 $P(i) \leqslant C_R$ 的顶点，其本身的优先级权重 $w^1(i)$ 不变；对于 $P(i) > C_R$ 的顶点，$w^1(i)=0$。

(8) 按照式(6.8)选择 NB^1 中所有顶点本身的优先级权重和前瞻优先级权重的最大值，若最大值为 0，则转到步骤(11)；否则，将最大值对应的顶点记为 m，若不同点的 w 相同，则优先选择 B 较大的点：

$$\max_{\forall i \in \{1,2,\cdots,X\}} \left\{ w^1(i), w^2(i) \right\} \tag{6.8}$$

(9) 将顶点 m 加入集合 Z，$Z = \{Z, m\}$。

(10) 判断 C_R 是否大于 $P(m)$，是则返回步骤(2)，否则转到步骤(11)。

(11) 计算当前的 P_Z 和 B_Z。

(12) 退出循环，当前集合 Z 中的元素即该算法选择出放入背包的顶点，P_Z 和 B_Z 分别为孤岛中顶点的负荷之和与恢复收益之和。

从以上步骤中可以看出，本书提出的 PGA 从初始顶点开始，每次循环向外扩展一个顶点装入背包，以背包中顶点的邻域作为候选顶点集合，“前瞻”的含义就在于选择扩展顶点的依据不单单是比较每个候选顶点本身的优先级权重，而且要比较它们各自的前瞻优先级权重，以本身优先级权重和前瞻优先级权重最大作为选择条件，这样的设计降低了贪婪选择的盲目性，使得下一次扩展时更容易得到较优解。

3) 举例说明

将主动配电网建模为图 6.9 所示的无向连通图，其中包含 9 个顶点，12 条边，圆形中的数字代表顶点的编号，圆形旁边的两个数字，上方的是该点的恢复收益

B，下方的为该点的负荷值 P，二者之比即优先级权重 w。假设 DER 平均功率(背包容量) C 为 16，分布式电源所在顶点 v_0 为点 1。

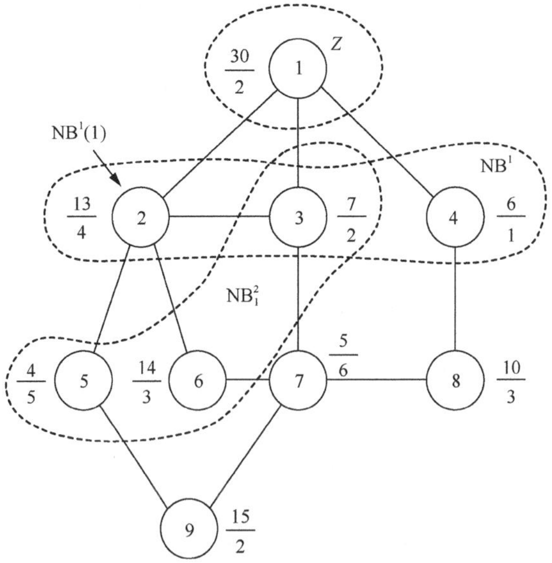

图 6.9　初始条件下的简单无向连通 9 点图

初始条件下，$Z=\{1\}$，Z 的邻域 NB^1 为 $\{2,3,4\}$，集合 NB^1 中的第 1 个点 $NB^1(1)$，即顶点 2 的邻域 NB_1^2 为 $\{3,5,6\}$。

第一次迭代：

$$w_1(1)=\frac{B(2)+B(3)}{P(2)+P(3)}=\frac{13+7}{4+2}=20/6=3.33$$

$$w_1(2)=\frac{B(2)+B(5)}{P(2)+P(5)}=\frac{13+4}{4+5}=17/9=1.89$$

$$w_1(3)=\frac{B(2)+B(6)}{P(2)+P(6)}=\frac{13+14}{4+3}=27/7=3.86$$

其中，$w_1(3)$ 最大，所以按照式(6.7)，其值作为 $w^2(1)$，顶点 2 本身的优先级权重 $w^1(1)$ 为 3.25；以此类推，分别得到顶点 3 和顶点 4 的 w^1 与 w^2，按照式(6.8)比较这六个值，其中 $w^1(3)$ 最大，所以 m 赋值为顶点 4，将其放入背包。之后的迭代计算仿照上述过程进行，直到 C_R 为 1 无法继续装入任何顶点为止。此时 Z 中的元素即孤岛中(装入背包)的顶点，计算 P_Z 和 B_Z 的值即孤岛中顶点的负荷之和与恢复收益之和。表 6.1 给出了利用 PGA 求解 1-NKP 的中间过程。

表 6.1　9 点图 1-NKP 的 PGA 的迭代计算过程

Z	P_Z	C_R	B_Z	NB^1	NB^2	w^1	w^2	m	$P(m)$
1	2	14	30	2	3，5，6	3.25	3.86	4	1
				3	2，7	3.5	3.33		
				4	8	6	4		
1，4	3	13	36	2	3，5，6	3.25	3.86	2	4
				3	2，7	3.5	3.33		
				8	7	3.33	1.67		
1，2，4	7	9	49	3	7	3.5	1.5	6	3
				5	9	0.8	2.71		
				6	7	4.67	2.11		
				8	7	3.33	1.67		
1，2，4，6	10	6	63	3	7	3.5	1.5	3	2
				5	9	0.8	2.71		
				7	8，9	0.83	2.5		
				8	7	3.33	1.67		
1，2，3，4，6	12	4	70	5	9	0.8	0	8	3
				7	8，9	0.83	0		
				8	7	3.33	0		
1，2，3，4，6，8	15	1	80	5	9	0	0	—	—
				7	9	0	0		

4. 主动配电网孤岛划分策略

由于以上 1-NKP 及其 PGA 假设主动配电网中参与孤岛划分的 DER 数量为 1，而实际中可能会有多个 DER 参与进来，所以需要将含多个 DER 的主动配电网孤岛划分问题解耦为单个 DER 的问题。主动配电网的孤岛划分策略如图 6.10 所示，具体步骤如下。

(1) 按照本节“主动配电网的无向连通图模型”部分所述方法生成主动配电网的无向图模型 G，并将 G 保存一个副本 G'，以便在图 G 发生变化时作为原图使用；令 $i=1$。

(2) 以向外供出功率最大的分布式发电所在顶点作为 1-NKP 的初始点 v_0，其中向外供出功率是指分布式发电的平均输出功率减去分布式发电所在顶点的负荷值，即分布式发电所在点可向其他与之相连顶点所供的功率。

(3) 利用本节“1-NKP 的 PGA 算法”部分给出的 PGA 求解步骤(2) 中形成的 1-NKP，得到的结果是该分布式发电所供的孤岛范围，其中包含的顶点放入集合 S_i，$i=i+1$。

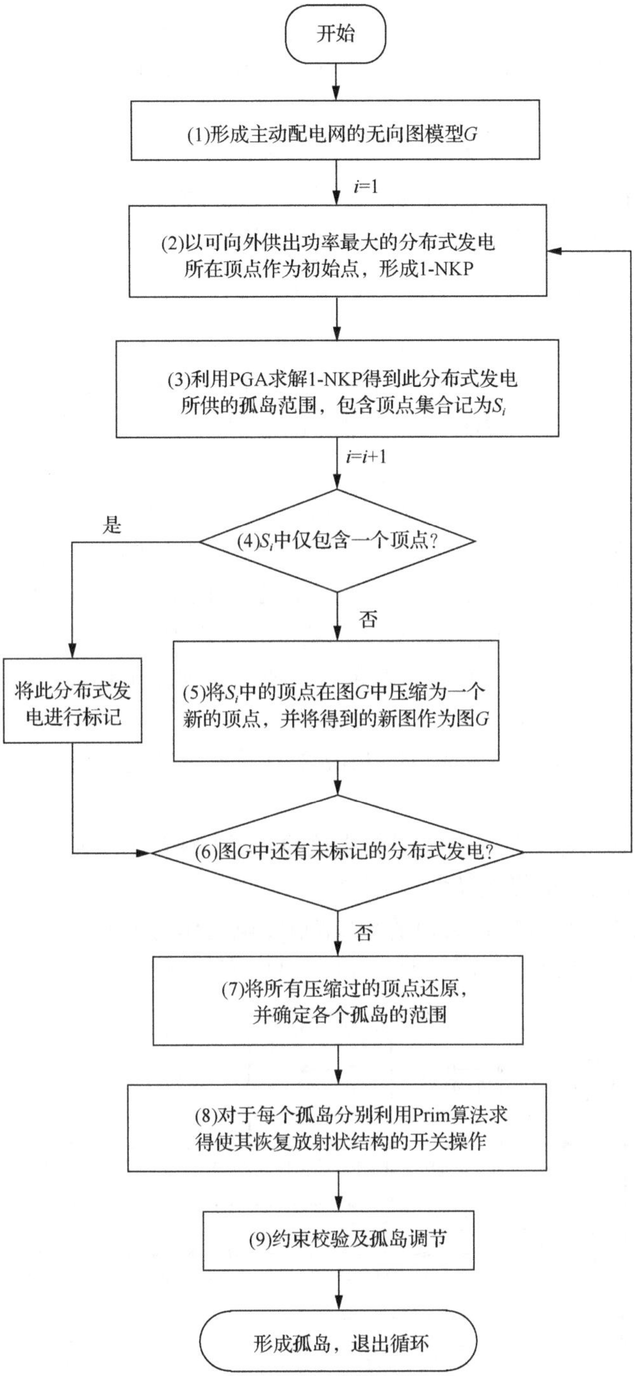

图 6.10　主动配电网的孤岛划分策略

(4) 检查 S_i 中是否仅包含 1 个顶点，否则转步骤(5)；是则代表该分布式发电无法向其所在顶点之外供出功率，将该分布式发电进行标记，表示已对其进行了遍历，之后转步骤(6)。

(5) 在图 G 中，把 S_i 中的顶点与 S_i 之外的顶点相连的边称为边界边，将这些边界边在 S_i 内的一端删除，并将其连接到一个新建立的顶点 s_i 上，用 s_i 代表 S_i 中的所有顶点；该顶点的负荷值 P_{s_i} 为 S_i 中所有顶点的 P 之和，恢复收益 B_{s_i} 为 S_i 中所有顶点的 B 之和，权重 w_{s_i} 为 B_{s_i} 与 P_{s_i} 的比值；S_i 中若包含多个含分布式发电的顶点，则将这些分布式发电合并为一个新的分布式发电，并将其连接到 s_i 上，其输出功率为这些分布式发电的输出功率之和。由此步骤得到的新图仍记为图 G。

(6) 检查图 G 中是否还有未标记过的分布式发电，是则转步骤(2)；否则转步骤(7)。

(7) 每个压缩点 s_i 代表一个孤岛，将点 s_i 还原为对应集合 S_i 中的顶点，之后从原图 G' 中确定各个孤岛的范围，再将所有边界边断开，以形成可能含环网的孤岛。

(8) 对于步骤(7)所形成的每个孤岛(也即图 G' 的子图)，将配电网中代表分段开关的边的权值记为 a，代表联络开关的边的权值记为 b；考虑在形成孤岛、恢复供电的过程中应尽量使开关操作次数最小，所以在确定需要断开的开关时，优先选择故障前就已经断开的联络开关；根据此原则，使联络开关边权值 b 大于分段开关的边权值 a，利用最小生成树的 Prim 算法确定将孤岛转化为放射状结构所需要断开的边。

(9) 进行电压约束、设备载流量约束校验，若不满足约束则进行孤岛调节。经过调节之后的结果即最终孤岛划分方案。

文献[4]使用美国 PG&E 公司的 69 节点配电网作为示例介绍了这一方法，并在此基础上构造了主动配电网模型，如图 6.11 所示。此处从简。

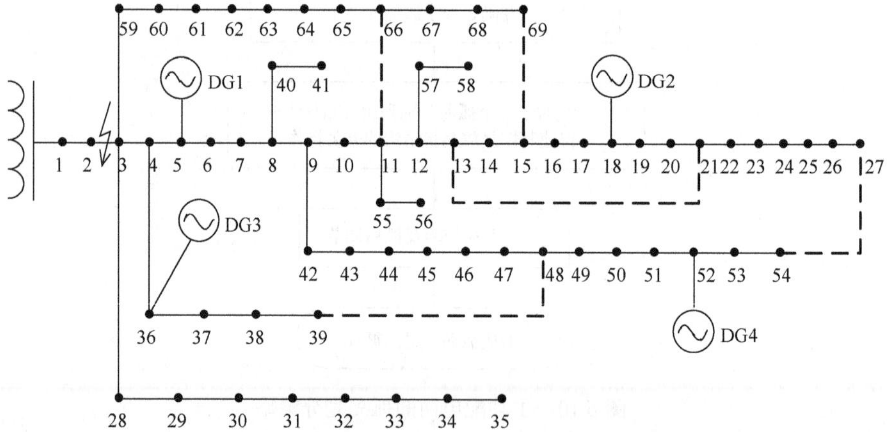

图 6.11　PG&E 公司的 69 节点主动配电网模型

参 考 文 献

[1] EPRI. Technical and system requirements of advanced distribution automation.1010915[R]. Palo Alto: EPRI, 2004.

[2] Koizumi S, Okumuram M, Yanase T. Application and development of distribution automation system in TEPCO[C]. IEEE Power Engineering Society General Meeting, New York, 2005: 2429-2435.

[3] 余贻鑫. 智能电网是21世纪全球能源的新战略(J, 访谈上)[J]. 动力与电气工程师, 2013(1): 8-13.

[4] 余贻鑫. 智能电网是21世纪全球能源的新战略(J, 访谈下)[J]. 动力与电气工程师, 2013(2): 3-7.

[5] Masiello R, Venkata S S. Microgrids coming to a neighborhood near you there may be one in your future[J]. IEEE Power & Energy Magazine, 2013, 11(4): 4-6.

[6] Yu Y X, Ma S Q. 1-Neighbour knapsack problem and prospective greedy algorithm of intentional islanding in active distribution network[J]. Science China Technological Sciences, 2014, 57(3): 568-577.

第7章　配电快速仿真与建模

智能电网的核心软件是比实时还要快的快速仿真与建模(FSM)，它是包含风险评估、自愈控制与优化的高级软件系统，为智能电网提供数学支持和预测能力(而不只是对紧急情况做出反应的能力)，以达到改善电网的稳定性、安全性、可靠性和运行效率的目的。

FSM的基本功能如下[1]。

(1)提供实时的状态估计，供安全监视、评估与优化使用。

(2)提供系统性能(能量、需求功率、效率、可靠性、电能质量等)的连续优化。

(3)提供比实时还要快的预测仿真(安全分析)，以能够(通过自愈功能)避免可能对系统造成较大影响的预想事故一旦发生时的扰动。

(4)从运行和规划的观点对电网进行“what-if”分析，并为运行人员推荐方案。

(5)把市场、政策和风险分析聚合到系统模型中，同时把它们对系统安全性和可靠性的影响定量化。

FSM又分为TFSM和配电快速仿真与建模(DFSM)。DFSM是配电运营中心和各个配电网片中的大脑，与TFSM、DER、ADA、AMI以及集成的能量与通信体系IECSA密切关联。

本章对DFSM的框架进行简要介绍。

7.1　DFSM的基本构想

未来的配电系统中可能出现如下三种情景：DER更广泛地应用；开发更先进的电力市场(使需求更具弹性)；对配电网的运行约束更加严格。这使未来配电系统的基础设施必须具备以下的三个特点。

(1)具有新型灵活的可重构的网络拓扑、新型保护方案、新型电压控制和新型仪表，以适应传统配电系统向能量交换系统的转变。

(2)应用更高级的用户界面，以使用户可根据电价、电能质量、供电可靠性以及其他服务进行实时交易。这将使配电系统的运行更加复杂，更加难以预测，并且必须尽可能地降低反应延迟。

(3)需要新型实时工具辅助调度决策，以使配电网在靠近极限的情况下仍可安全有效地运行。

为适应不断变化的需求，未来的配电系统必须足够灵活，以能够完全实时地①对用户及其日益复杂的微处理器代理的(以数十亿计的)决策做出反应。这种情况下，技术突破越来越重要，而其中最引人关注的应该是 DFSM。

设想中的 DFSM[1]系统是一套专门用于配电网络运行、规划和管理的辅助决策工具。它将使运行人员能够实时地对配电网进行优化管理，并基于历史和实时数据预测配电网未来 4h 乃至一天的运行状况，使计划的编制越来越接近实际运行。该软件平台是建立在公认的开放式通信标准基础之上的，它能够使智能配电网的以下重要属性得到增强：①准确的实时状态估计(含拓扑识别和坏数据辨识[2])；②比实时仿真更快速的预测分析；③低成本、安全的实时运行优化。

为了实现这些属性，需要使这种信息流动最小且系统可靠性最高。研究工作应当确定 DFSM 的功能、关键参数、主要特点以及这种分布式的智能结构的元素之间的关键信息与数据。

7.2　DFSM 的基本功能

1. 预测分析

电力系统安全性[2]是电力系统调度关心的一个重要研究领域。N–1 或者 N–2 预想事故分析在世界范围内被普遍地应用于评估系统的安全性，其含义是要求电网在失去 1 或 2 个元件后仍能正常运行。在输电系统(静态和动态)安全性评估中，这样的预测分析被称为预想事故分析。

目前，预想中更高级的能力是在实时运行情况下系统为任何类型的预想事故都做好准备，因此 DFSM 的一个目标是，通过评估系统的当前状态与可能发生的预想事故任意组合所造成的影响，来提供预测分析。因此，对 DFSM 的首要需求之一就是在仿真时间和信息可用性方面具有较高的性能，需要超实时的预测仿真分析②。

需要注意的是，DFSM 需要实时地刷新电网的结构与运行信息。由于配电网络的不断变化，运行中正常网络状态实际上是不存在的。因此，忘掉“正常”运行的概念是必要的。持续不断地、实时地刷新电网的信息成了 DFSM 设计的重要准则。所以，下面所介绍的 DFSM 框架将是建立在一个不断地被检查和更新的网络模型之上的。与 TFSM 相比，这是 DFSM 的一大显著特征。

此外，DFSM 的功能必须与 TFSM 等的功能兼容。

---

① 实时是针对事件发生时，配电运行人员做出一个决策所需要的时延而言的。配电运行人员目前的最小反应时间是 15min。这个时间大体包括信息延迟、信息确认与决策过程。而今后的目标是，把这个时间缩短为几秒甚至更短的时间。

② 超实时的预测仿真包含以下两层含义：预测分析是在实时运行中进行的，但比事故的发生要提前；仿真时间长度小于实时的时间长度。

2. 以自愈为目标的局部自动功能

要实现前述智能配电网的重要属性，需要四种和当地自动装置动作相关的主要功能。

(1)故障管理，包括网络中与变电站内(变压器、母线段)的故障定位、隔离与供电恢复(FLIR)。

(2)网络重构(GR)，包括任何开关的任何改变。因此，它可能由故障、检修、潮流优化(成本因素)、低频或低压减载、DER或者储能设备的即插即用所引起。需要计及：①沿馈线的开关状态改变；②变电站内的开关状态改变；③负荷控制或发电/负荷变化；④DER单元、储能设备以及灵活交流配电设备的断开与再接入。

(3)VVC，包括：①通过变压器分接头实现电压控制；②通过变电站的可调电容器组或并联电抗器实现无功控制；③DER单元的VVC；④通过中压/低压电力电子变压器(PET，如EPRI开发的智能万用变压器)实施的VVC。

(4)继电保护系统，包括：①继电器跳闸；②重合闸；③继电保护再整定(RPR)。

在变电站、DER单元和馈线上，任何开关状态的变化和拓扑结构的改变都可以归结为两种不同的自动功能：①事故造成继电器跳闸(电力系统保护)；②GR(系统运行的优化)。

以上四种功能①可能由不同的事件触发，如表7.1所示。

表7.1　四种主要功能的触发事件

自动功能	相应触发事件
FLIR	事故
GR	网损最小化；负荷/发电变化；市场需求、政策与风险分析等
VVC	网损最小化；负荷/发电变化；市场需求、政策与风险分析等
继电保护装置动作与RPR	事故

7.3　DFSM中的仿真工具与建模工具

1. 仿真工具

下面讨论在实现上述四种主要功能的过程中起重要作用的多种工具(又称子

---

① 上述四项功能实现了当地自动化。要实现自愈功能(快速恢复供电和使停电损失最小化)需要电网具有自动的GR以及优化功能。VVC应包含在GR中，因为在GR时，系统的拓扑结构变化，电压也随之变化，这就需要VVC的功能。此外，VVC中的故障或报警也会导致电网中开关的动作。

RPR功能是在GR和VVC这两种功能的基础上实现的。事实上，电网的任意一次重构都要求一个新的电压方案和继电保护方案与之配合。

功能)，并按照其在 DFSM 中的重要程度进行了优先级排序。

无论 VVC 还是 GR，都需要调用一些相同的仿真工具，称为通用仿真工具。毫无疑问，其中最通用的是：①状态估计(SE)；②聚合工具(aggregator)。

以上两种仿真工具目前并未完善，还需要很大的技术突破，其研发工作十分具有挑战性。

此外，快速仿真工具还包括：①配网潮流(DSPF)及最优潮流；②CA；③动态安全评估(DSA)。随着 DER 的广泛使用，电力系统将进入微网时代，那时 DSA 将变得越来越重要，而目前，其主要用于孤岛运行的微网的动态安全评估。

(1) SE。利用 VVC(以及 GR、FLIR)进行优化需要电力系统电气状态的准确信息，但是由于网络拓扑的复杂性与现有量测信息的不足，想要实现上述目标是不现实的。实际上，在所有的配电馈线上安装测量装置，从性价比上说并不是合理的做法。所以尽管未来配电 SCADA 会尽可能提供大量的数据，但系统的完整信息仍会通过状态估计算法得出。

(2) DSPF。DSPF 的解由松弛节点、PV 节点和 PQ 节点确定。为此需要每个节点上流入和流出功率的信息，如果不能获得实时数据，那么就得用到负荷预测工具。

在网损最小或成本最低(经济因素)，或者二者兼顾的目标下，通过最优潮流计算能够得到电力系统的最优配置方案。

(3) 聚合工具。聚合工具是一种非常复杂的建模工具，可以给出网络中某一部分的电气等值。聚合工具可以应用于建立等值负荷、等值发电机以及等值网络(拓扑)。例如，可以将联接在高压/中压变压器二次侧的整个系统聚合为一个包含恒阻抗负荷、旋转负荷、发电机，以及一段等值馈线的模型。其目的是在层次上简化系统，减少信息流。

(4) 负荷预测(LF)模块。为了进行 CA，需要提前知晓系统中各节点的负荷状态，而电力系统中未来时刻的节点负荷状态是以合理的负荷预测(估计)值为基础的。负荷预测模块属于预测分析工具，它以负荷量测数据、负荷类型和负荷曲线为基础，对未来的负荷状态做出预测，通常作为 CA 的输入。为此，在负荷的测量、表述和建模等方面均需要采用一些新的手段和技术。

(5) CA。CA 以“what-if”的方式对电力系统进行模拟，同时对于预想事故对电力系统的影响做出估计、预防和排序。预想事故指电力系统失去电源，或是线路、变压器、发电机等设备的故障或切除。CA 利用电力系统仿真模块估计和计算过负荷与停运事故所造成的影响，并告知运行人员如何应对未来的停运事故，使运行人员通过事故恢复预案对未来的停运事故做好充分的准备。

(6) DSA。DSA 要针对预想事故集进行暂态稳定性计算。

EPRI 的调查表明：所有的投资者都对 GR 和 VVC 感兴趣；50%的投资者对

RPR 感兴趣；绝大多数对 SE、CA、智能甩负荷(ILS)(或负荷控制)和优化潮流的仿真工具感兴趣；小部分的投资者对 DSA 感兴趣，因为动态问题主要是和输电网有关，在目前 DER 的应用不是很广泛的情况下，DSA，尤其是频率控制的优先级并不是很高。

2. 建模工具

对电力系统结构状态的描述必须即时地转化成系统其他部分也能够使用的网络数据，此时信息和数据处理是系统的关键要素。网络建模工具可以实现这种转化，它可保证系统参数信息对其他模块的可用性。

网络建模工具包括：①拓扑模型；②设备模型；③负荷模型；④发电机模型。

一旦定义了上述的建模工具，故障分析这一类的高级预测仿真工具就能够提供关于系统安全方面的信息，但是，还需要一些特殊的建模工具，如预想事故表、稳定极限、过负荷限值等。

综合以上内容，在表 7.2 和表 7.3 中分别给出了 VVC 和 GR 的仿真与建模工具的作用。可以看出，二者的需要类似。

表 7.2　VVC 和 GR 的仿真工具的作用

仿真工具(子功能)	在 VVC 中的作用	在 GR 中的作用
DSPF 与优化	检验可靠性，给出电压方案	检验可靠性和重构的成本效益，给出电压方案
CA	对过负荷与电压越限进行预测分析	在考虑安全和成本效益的情况下，给出最优的重构方案
DSA	提高稳定性和可靠性	提高稳定性和可靠性
SE	监视和更新网络模型，提供可信的实时运行状态信息	监视和更新网络模型，提供可信的实时运行状态信息
聚合工具	在分层结构中起作用	在分层结构中起作用
故障分析	无	故障定位、隔离与供电恢复

表 7.3　VVC 和 GR 中建模工具的作用

建模工具(网络模型)	在 VVC 中的作用	在 GR 中的作用
拓扑模型	描述节点和设备之间的连接关系	描述节点和设备之间的连接关系
设备模型	描述任何包含在电力系统中的设备	描述任何包含在电力系统中的设备
动态与静态的发电/负荷模型	调用 DSA 和 CA 子功能时需要使用到的模型	调用 DSA 和 CA 子功能时需要使用到的模型

下面针对本节的内容给出几点注释。

(1) 由于配网拓扑的复杂多变，配网 DSA 功能的设计非常复杂，可能需要通过对重构功能的分析来解决 DSA 的问题，而且要特别强调创建和发展输电网与配电网之间的协调关系。

(2) 因为需要考虑非常巨大的预想事故集，所以 DFSM 的主要作用就是要向 CA 工具提供精确的、实时同步的输入数据。

(3) TFSM 中的“电压与无功管理”的功能和 DFSM 中的 VVC 功能紧密相关，需要确定配电网如何支持输电网在电压/无功方面的需求，以及输电网如何支撑配电网电压/无功的优化。

最后还需要强调的是 FLIR 功能对于投资者也是至关重要的，但 FLIR 在很大程度上依赖于电力系统的特殊设计和配电设施的特点：①需要大量详细的应用案例；②依赖于网络拓扑和网络设施(尤其是中性点接地的方式)。目前还没有通用的办法解决 FLIR 问题。

7.4　DFSM 工具的高层次需求框架

图 7.1 通过定义数据采集、当地自动装置、仿真与建模工具等模块的功能范围，给出了 DFSM 整个系统的技术框架。包括如下部分。

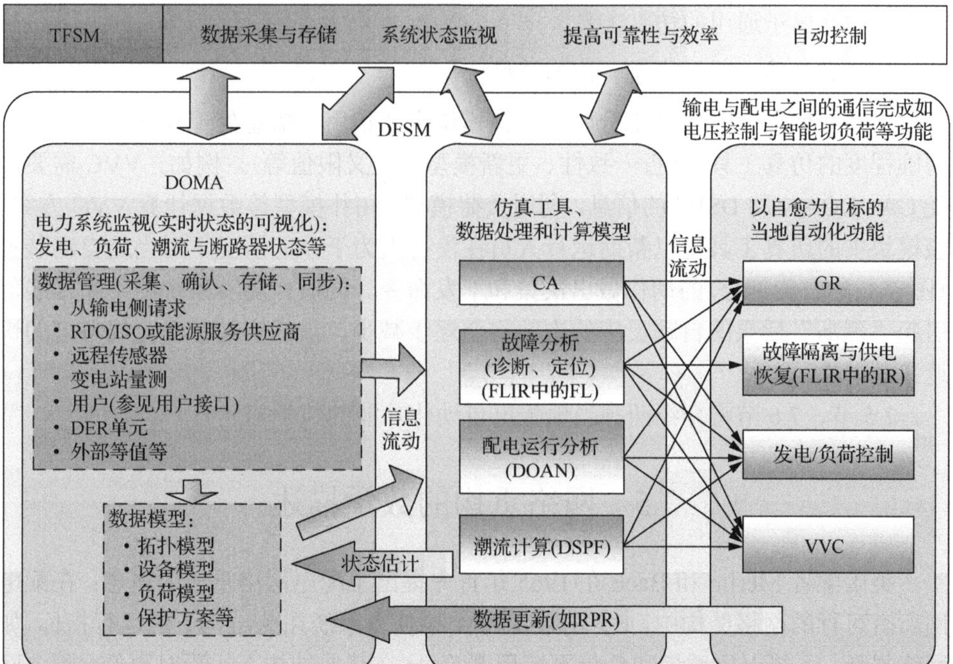

图 7.1　DFSM 工具的高层次需求框架

1) 以自愈为目标的当地自动化功能

该部分如图 7.1 右边部分所示。

2) DOMA

该部分如图 7.1 左边部分所示，包括：数据管理(数据采集、确认、存储与同步)和数据模型(包括拓扑模型、设备模型、动态模型、负荷模型、保护方案和各种安全约束的限值)。需要说明以下几方面。

(1) 在电网模型中这些数据是不断更新的，所以要及时地转换成信息并传递出去。

(2) 这些信息也用于电力系统监视(如实时状态可视化)发电、负荷、潮流和断路器状态等。

(3) 数据(网络)模型是信息系统的主要部分，包括配电系统中所需要建模的所有对象。特别需要指出的是，保证模型数据的一致性和可靠性是一个充满挑战性的课题，首先要做的是增加数据管理部分的可观测性。而这些数据来自于整个配电系统和与其相邻的输电系统的量测及 SCADA，它们并不是 DFSM 工作的一部分。

(4) 网络模型由状态估计(以及网络拓扑识别和坏数据辨识)实时确认和更新。而状态估计属于通用的仿真工具。

3) 仿真工具、数据处理和计算模型

该部分如图 7.1 中间部分所示。该模块主要指用于信息处理和提高电网模型精确程度的仿真工具(检查一致性、更新模型、定义限值等)。例如，VVC 需要接受 CA、DOAN 和 DSPF 的信息，利用负荷模型、拓扑模型等数据计算 VVC 方案。该模块中的仿真工具可以帮助运行人员在没有人为干涉的情况下对当地自动装置(图 7.1 的右侧部分)的动作做出决策和下发命令。同时，随着系统的不断发展，引起“孤岛”后果的自动反应的次数将会逐步减少，最终实现基于全局考虑的快速自动动作。

7.5 节、7.6 节将介绍两种当地配电自动化功能的数学描述。

7.5 网络重构的数学描述

英国学者 Merlin 和 Back 在 1965 年首先提出了配电网络重构的概念：在配电网所有可行的网络结构中，必然存在某个结构使得系统在此结构下的运行指标(如网络损耗、系统电压质量和负荷平衡程度等)比在其他结构下运行时更好。配电网络重构的主要工作就是计算出满足决策者所提的优化指标的最优网络结构。

随着研究的发展，配电网络重构的概念又有了新的补充。广义上来讲，配电网中所有通过调度人员或自动化装置执行的开关开合状态的改变都可以称为配电网络重构。如果按照重构的目的来划分，可以分为以配电网优化运行为目标的网络重构，以及配电网发生故障后的供电恢复重构。

1. 以配电网优化运行为目标的网络重构

以配电网优化运行为目标的网络重构(简称配网重构)在满足某些约束的条件下，通过投切分段开关和联络开关，改变网络拓扑结构，从而改变潮流分布，进而达到降低网损、平衡负荷、消除过载和提高系统供电电压质量的目的。上述四点之间是相互耦合的，随着网损的降低，电压质量会相应提高，负荷分配也会趋于平均[2]。由于网损可以直接与电力系统的经济性联系起来，所以多数研究以网损最小为目标，将避免过载与电压质量等作为约束条件考虑。

配网重构问题属于组合优化问题。以网损最小为目标函数的配网重构数学模型为

$$\min \sum_{i=1}^{n} R_i \frac{P_i^2 + Q_i^2}{U_i^2} \tag{7.1}$$

其中，R_i、P_i、Q_i、U_i 分别为配电网中第 i 条支路的电阻、始端有功功率、始端无功功率和始端母线电压；n 为支路总数。

配网重构过程中一般需要满足电压约束、线路容量约束等，分别如式(7.2)和式(7.3)所示：

$$U_{i,\min} \leqslant U_i \leqslant U_{i,\max}, \quad \forall i \in \{1,2,\cdots,m\} \tag{7.2}$$

$$I_j \leqslant I_{j,\max} \text{ 或 } S_j \leqslant S_{j,\max}, \quad \forall j \in \{1,2,\cdots,n\} \tag{7.3}$$

其中，$U_{i,\min}$ 和 $U_{i,\max}$ 分别为第 i 个节点电压的允许下限和允许上限值；m 为节点总数；I_j 和 $I_{j,\max}$ 分别为流过第 j 条支路的电流及其最大容许值；S_j 和 $S_{j,\max}$ 分别为第 j 条支路的视在功率及其最大容许值，n 为支路总数。除了以上约束条件，配网重构还需要保证网络无孤岛，并且在重构之后保持网络的放射状拓扑结构。

2. 配电网故障后的供电恢复重构

配电网故障后的供电恢复重构(简称故障恢复)指配电网发生故障后，在继电保护等元件动作，隔离了故障元件后，恢复失电区域的供电，并优化电网的运行状态。当配电网中有元件检修时，相应元件退出运行。将退出运行的元件也视为故障元件，也可采用故障恢复方法来优化检修期间的配电网运行状况。

故障恢复的目标函数通常是最大化恢复供电的负荷，有时还会考虑负荷的重要程度，设置相应的负荷优先级权重系数。以恢复供电的负荷价值最大为目标函

数时，配网重构的数学模型为

$$\max \sum_{\forall i \in L} w_i P_i x_i \tag{7.4}$$

其中，L 为所有参与供电恢复的负荷组成的集合；P_i 为第 i 个负荷的有功功率；w_i 为第 i 个负荷的优先级权重系数；x_i 为第 i 个负荷的状态，为 1 时表示已对其进行供电恢复，为 0 时表示未对其进行供电恢复。

频繁地进行开关的开合，会使设备遭受多次短路电流的冲击，影响设备的使用寿命。所以故障恢复的开关动作次数也是一个必要的考量目标，如式(7.5)所示：

$$\min \sum_{i=1}^{n} | K_i - S_i | \tag{7.5}$$

其中，K_i 为第 i 个支路最初的开合状态；S_i 为故障恢复后第 i 个开关的开合状态；K_i 和 S_i 为 1 时表示开关闭合，为 0 时表示开关断开。

故障恢复问题的约束条件与配网重构相同。

3. 配电网络重构的算法

不管是配网重构还是故障恢复，它们均需要尽可能快速地找到较优解甚至是最优解，而对于实际配电网来说，枚举出所有可能的拓扑结构的方法是不现实的。从数学上看，配网重构和故障恢复问题属于大规模混合整数非线性规划(MINLP)的问题，是 NP 难问题。如何对其进行求解是研究中的重点。目前，数学规划法、人工智能算法和启发式算法[3]等已被应用于求解配网重构问题，此处不再赘述。

7.6 电压与无功控制的数学描述

电压与无功控制(VVC)是最优潮流的分支问题，其研究内容是在已知网络结构和各节点功率注入情况的基础上，确定无功补偿装置、有功调节装置和调压装置的调节方案，在满足潮流约束、电网安全运行约束、节点功率约束、变压器分接头挡位约束等条件下，实现有功损耗最小(电压质量最好、有功/无功调节量最小、运行费用最小等，或同时考虑两个以上目标函数)的优化目标。根据是否考虑节点功率的动态变化和各时段调度结果间的相关性来划分，可分为静态 VVC 问题和动态 VVC 问题。

1. 静态 VVC 问题

静态 VVC 不涉及运行状态之间的耦合约束，仅对某个时刻的运行状况进行优

化，其数学模型为

$$\min f(\boldsymbol{u}_c,\boldsymbol{u}_d,\boldsymbol{x})$$
$$\text{s.t.}\begin{cases} G(\boldsymbol{u}_c,\boldsymbol{u}_d,\boldsymbol{x})=0 \\ H(\boldsymbol{u}_c,\boldsymbol{u}_d,\boldsymbol{x})\leqslant 0 \end{cases} \tag{7.6}$$

其中，$\boldsymbol{u}_c$ 为连续控制变量向量(包括无功补偿/有功可控设备的调节量)；$\boldsymbol{u}_d$ 为离散控制变量向量(包括变压器分接头位置、补偿电抗器和电容器的投切容量)；$\boldsymbol{x}$ 为状态变量向量(包括不具有无功补偿/有功可控设备的节点的电压幅值、平衡节点外其他所有节点的电压相角)；等式约束条件 $G(\boldsymbol{u}_c,\boldsymbol{u}_d,\boldsymbol{x})=0$ 为潮流方程；不等式约束条件 $H(\boldsymbol{u}_c,\boldsymbol{u}_d,\boldsymbol{x})\leqslant 0$ 包括无功补偿/有功可控设备的调节量、可调变压器的抽头等控制变量的上、下限约束，节点电压、支路电流等状态变量的上、下限约束。

2. 动态 VVC 问题

动态 VVC 是在已知网络结构和未来若干(如 24)个时段内各节点功率变化曲线的情况下进行的，由于各时段间的电压控制与无功调度存在强耦合关系，优化时需考虑离散控制变量的日允许操作次数限制，其数学模型为

$$\min \sum_{t=1}^{24} f^t(\boldsymbol{u}_c^t,\boldsymbol{u}_d^t,\boldsymbol{x}^t)$$
$$\text{s.t.}\begin{cases} G^t(\boldsymbol{u}_c^t,\boldsymbol{u}_d^t,\boldsymbol{x}^t)=0, & t=1,2,\cdots,24 \\ H^t(\boldsymbol{u}_c^t,\boldsymbol{u}_d^t,\boldsymbol{x}^t)\leqslant 0, & t=1,2,\cdots,24 \\ J(\boldsymbol{s})\leqslant 0 \end{cases} \tag{7.7}$$

其中，$\boldsymbol{u}_c^t$、$\boldsymbol{u}_d^t$ 和 $\boldsymbol{x}^t$ 分别为 t 时段内的连续控制变量向量、离散控制变量向量和状态变量向量；t 时段内的等式约束条件 $G^t(\boldsymbol{u}_c^t,\boldsymbol{u}_d^t,\boldsymbol{x}^t)=0$ 和不等式约束条件 $H^t(\boldsymbol{u}_c^t,\boldsymbol{u}_d^t,\boldsymbol{x}^t)\leqslant 0$ 与静态 VVC 优化模型相同；$\boldsymbol{s}$ 为 24 个时段内有动作次数约束的离散控制变量动作次数组成的矩阵(行数为有动作次数约束离散控制变量个数，列数为 24)，$J(\boldsymbol{s})\leqslant 0$ 为 24h 内离散控制变量调节次数的约束条件。

3. VVC 协调控制策略

从数学模型角度来看，VVC 问题属于多变量、多约束混合整数非线性组合优化问题。如何对其求解并确定电压/无功调度方案是研究重点。常用的一类方法是

使用数学规划法、人工智能算法和启发式算法直接求解 VVC 数学模型，然后根据优化结果指导调压设备动作。而随着研究的发展，也有文献提出基于既定规则的 VVC 控制策略[4]，即在执行过程中首先按照既定的规则筛选出相应的补偿设备进行调度，然后通过优化计算确定所选设备的调节量。

参 考 文 献

[1] EPRI. Distribution fast simulation and modeling（DFSM）high level requirements [EB/OL]. [2013-03-20]. http://www.epri-intelligrid.com/intelligrid/docs/DFSM_High-Level_Requirements_1-1_Feb2005.pdf.

[2] 余贻鑫，陈礼义. 电力系统的安全性和稳定性[M]. 北京：科学出版社，1988.

[3] Baran M E, Wu F F. Network reconfiguration in distribution systems for loss reduction and load balancing[J]. IEEE Transactions on Power Delivery, 1989, 4(2): 1401-1407.

[4] Yang T K, Yu Y X. Static Voltage security region-based coordinated voltage control in smart distribution grids[J]. IEEE Transactions Smart Grid, 2018, 9(6): 5494-5502.

第 8 章 态势感知

态势感知是智能电网的优先发展领域之一，是实现传统电网转向智能电网的具有重要战略意义的技术，是实现智能电网自愈功能和抗扰能力(robustness)的关键。态势感知主要针对电网运行而言，用于支持运行人员调度决策，是帮助运行人员了解电网中正在发生什么，并预测未来的问题，以便采取有效措施的一种能力。有效的态势感知将能帮助运行人员更好地认识系统当前的状态及未来状态的变化趋势，使其能够灵活地应对扰动、袭击和自然灾害，并集成 DER。以新型传感器为代表的量测装置是实现有效态势感知的基石，决定采集信息的质量、支撑快速态势分析；整合人的因素，提供有助于调度员快速形成逼近实际物理系统运行状态认知的可视化方案直接决定控制决策的实时有效性；考虑到大量 DER 接入电网带来的不确定性，定义在节点注入空间上的安全域为有效态势感知提供了强有力的分析与可视化工具。

8.1 态势感知驱动力与基本理念

世界范围内由于安全稳定运行破坏导致的大规模事故频繁发生，“如何实现大系统的安全稳定运行，降低大规模停电的风险，使得系统可以预测并应对系统干扰以实现自愈”成为世界各国高度关注的问题，是发展智能电网的核心原动力。纵观世界范围内发生的大规模停电事故，态势感知不足是致使初始事故演变成大规模停电事故的主要原因。众所周知的典型实例即 2003 年发生的美加“8·14”大停电。无独有偶，同年 9 月 28 日，态势感知不足最终导致意大利半岛与欧洲电网解列；2006 年 11 月，态势感知的缺乏导致运行人员误操作，致使欧洲电网解列为三块；2011 年 9 月，加利福尼亚州南部和亚利桑那州大停电中，态势感知不足同样起到了推波助澜的作用。惨痛的教训已让大家达成共识：增强态势感知能力是提高电网的可靠性和避免系统崩溃的关键。与此同时，越来越多的智能设备(智能电表、电动汽车、智能建筑、智能家居等)与可再生能源接入智能电网，产生大量数据的同时，使得电网建模、控制与优化日益复杂化，需要充分挖掘数据的价值以支持决策，这一个日益重要的角色同样由态势感知担任。

态势感知已被 FERC 和 NIST 等科研机构列为智能电网的优先发展领域，是实现传统电网转向智能电网的具有重要战略意义的技术，是实现智能电网自愈功能和抗扰能力的关键。态势感知针对电网运行而言，用于支持运行人员的调度决策，是帮助运行人员了解电网中正在发生什么，并预测未来的问题，以便采取有效措施的一种能力，主要分为三个层次(图 8.1)。

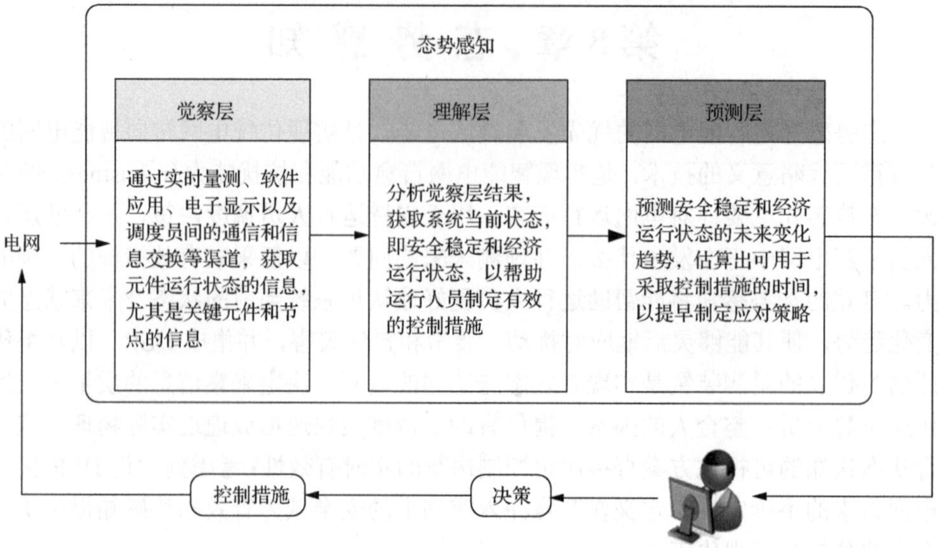

图 8.1　电网调度运行中的态势感知[1,2]

(1) 第一层——觉察层。该层获取电力系统中元件的运行状态的信息，尤其是关键元件和关键节点的信息。实时量测、软件应用和电子显示是获取信息的主要渠道，调度员间的通信和信息交换同样十分重要。实际上，本环节最终就是要建立一个数据/信息库并对其进行初步处理，是态势感知的基础。

(2) 第二层——理解层。该层对觉察层结果进行处理分析，获取系统当前状态，即安全稳定情况和经济运行状态，以帮助运行人员确定可行有效的控制措施。就安全稳定情况而言，若不能充分有效地理解系统状态，则将使运行人员不能采取实时有效的措施以致系统不能安全稳定运行，甚至发生大规模停电事故。理解层(尤其是科学合理有效的安全性评估)是实现有效态势感知的关键，也是预测层的基础。

(3) 第三层——预测层。该层预测电网未来的状态并估算出可用于采取措施的时间，以提早制定应对策略，预防事故的发生。这是态势感知的最高层次需求。

8.2　增强态势感知核心功能与关键技术

从设备/元件到系统都存在图 8.2 中所示的典型控制闭环，在此过程中：电网的实际状态经量测、ICT、调度通信等得到获取状态，通过调度员 SA，即对当前状态及其未来变化趋势评估预测后通过可视化的形式呈递给调度员，形成调度员理解的认知状态，在此基础上进行调度决策，决策信息经 ICT 生成最终作用于电网的控制措施。有效的态势感知直接影响电网的安全可靠运行。

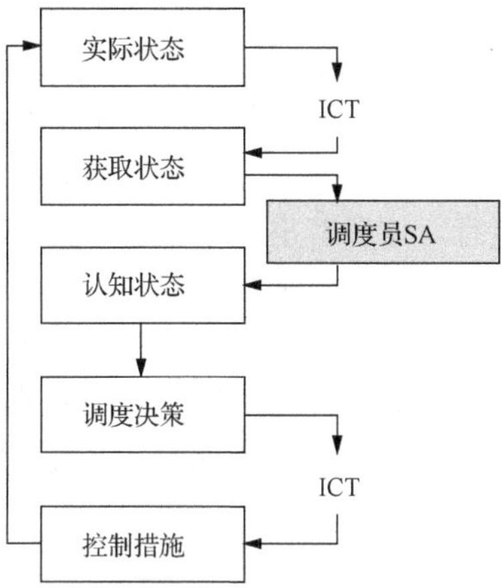

图 8.2 典型控制闭环

有效的态势感知将能帮助运行人员更好地认知系统当前的状态及未来状态的变化趋势，使其能够灵活地应对扰动、袭击和自然灾害，并集成 DER，其核心功能如下。

(1) 提供系统当前运行状态整体测度的有效描述(系统安全与否、安全裕度、最优控制方向等多元信息)。

(2) 提供系统状态未来的变化趋势和可用于采取控制措施的时间。

(3) 集成 DER，尤其是降低风电等可再生能源发电的不确定性。

(4) 静态的和动态的(确定型的和概率的)安全性与风险综合评估。

(5) 提供比实时还要快的预测仿真(安全分析)，以能够(通过自愈功能)避免可能对系统造成较大影响的预想事故一旦发生时的扰动。

(6) 从运行的观点对电网进行“what-if”分析，为运行人员推荐方案。

(7) 态势的有效可视化。

需要特别说明的是，在可靠高效的 ICT 支撑下，期望中的态势感知将能够超实时地获取无限逼近电网运行实际状态的认知状态。伴随着电网的发展，对态势感知的功能需求在广度和深度层面都将增加，目前最有代表性的是领悟力(sense-making)[3]——一种使模糊情景清晰化的能力，是建立态势感知以在不确定的条件下支持决策的过程，即尝试了解人、地点和事件间的联系，以预测其运动轨迹，并采取有效措施。除了强调传统分析功能的增强和用户界面的设计，应同时关注潜在的目标导向行为，如解决问题的背景、目标、假设、期望及影响人行动的偏见等。

结合图 8.1 与图 8.2 不难发现，增强态势感知的关键技术领域主要有以下几大类：①量测与 ICT；②数据管理、融合和挖掘；③态势分析模型与方法；④(广域)可视化技术。

事实上，围绕态势感知的核心理念，控制闭环涉及的任何一个环节(软件、硬件、模型方法、人的因素、设计框架等)的改进与完善都将有助于增强态势感知能力。本篇多个章节已系统阐述了与增强态势感知密切关联的 ICT，数据管理、融合和挖掘，高级输配电运行，这里着重介绍三个方面的内容：一是以新型传感器为代表的量测装置，是实现有效态势感知的基石，决定采集信息的质量、支撑快速态势分析；二是态势可视化，是帮助调度员快速形成逼近实际物理系统运行状态认知的窗口，决定控制决策的实时有效性；三是定义在节点注入空间上的安全域，考虑到大量 DER 接入电网带来的不确定性，它为有效态势感知提供了强有力的分析与可视化工具。

8.3　传感器和无线传感网

智能电网在运行时需要通过节点对所有需要的数据信息进行收集，然后通过对这些数据信息的分析了解电网运行过程中的所有情况。电力系统监测常用的传感器有温度传感器、湿度传感器、加速度传感器等。温度传感器应用在变电站开关柜、变压器等温度设备的监测中，湿度传感器可以应用在湿度监测中，加速度传感器可以应用于电力电缆舞动监测。

为了保证智能电网控制系统能够对收集到的信息进行有效的处理，需要不断加强传感器的信息数据处理能力。未来的传感器首先要突破通信能力有限这个最大的瓶颈，这需要采用一些新的原理和协议；其次是能量的消耗，在硬件方面除了采用低功耗元件还可以采用太阳能等新兴能源作为辅助能源，软件方面通过采用媒体接入控制算法以及一些优化算法，可以选择最佳路径进行数据传输，并尽可能地延长工作时间；再次是节点易于定位，采集到的数据必须结合其位置信息才有意义，才能够对传感器进行有效管理；最后是传感器的智能化和多功能化，未来的传感器不单单只有一个功能，它可以集成多个传感器实现多种功能，并能够根据用户需求对采集的数据进行逻辑判断，分离出对用户有价值的数据。

无线传感网(WSN)是一种分布式的传感网络，它的末端是可以连接并感知外部世界的传感器。WSN 的基本功能是将一系列空间分散的传感器单元通过自组织的无线网络进行连接，从而将各自采集的数据通过无线网络进行传输汇总，以实现对空间分散范围内的物理或环境状况的协作监控，并根据这些信息进行相应的分析和处理。

WSN 能够实时监测多个目标，在智能电网的建设中已经有了成功应用的案例。在智能电网发展的过程中，无线传感器技术的应用也越来越多，其对智能电网的正常运行具有非常重要的促进作用。

WSN 在智能电网中应用如下。

(1) 传输与分配：主要为了解决电力传输线故障、电力欺诈和电力盗窃(特别是在发达国家的大城市广泛存在)等问题。

(2) 用户侧：无线自动读表(AMR)系统为计费系统收集用电数据提供了一种低成本和简单的解决方案，可以为用户提供实时电价，进而应用于智能家居中，帮助用户远程控制家庭电器设备。

(3) 电源侧：WSN 可以应用于发电厂，对一些重要参数(温度、电压、电流、电能质量)进行监测。

WSN 作为一种全新的信息获取和处理技术，与传统配电网通信系统的最大区别就是，除了基本的通信功能，还可以采集数据，并在节点处对这些数据进行基本处理。这一特点使得 WSN 非常适合于配电网的数据采集和状态监测等环节。配电网故障点的及时发现和排除对网络稳定性至关重要，WSN 与传统的故障定位系统相比有网络规模大、盲区小、系统高度集成、适用于恶劣环境等众多优势，因此值得广泛推广。把 WSN 引入新一代智能配电网信息通信系统，不应是对现有通信网络的重构，而是在现有各种网络充分发展的基础上，利用 WSN 完成某些特殊场合、特殊设备的状态监测，从而扩展物与物之间的直接通信方式，降低配电环节的人工参与度，提高配电网络的可观测性、供电可靠性和经济性。

通过无线传感器技术，智能电网的运行效率会越来越高，且在运行的过程中能够保证智能电网的正常运行，因此加强无线传感器技术研究与应用是我国智能电网未来发展的重点。随着通信、计算机、自动化技术在电网中广泛深入的应用，WSN 将具有更加广阔的应用舞台。

8.4　态势可视化

可视化是指利用计算机图形学和图像处理技术，将数据转换成图形或图像在屏幕上展示。人相对于计算机系统而言的优势在于其无可比拟的逻辑分析能力，计算机处理十万条安全事件的速度远比人快千倍万倍，但从一幅图中发现其变化的趋势以及深层次的原因，人却要强得多。电网态势感知本身是一个系统工程，原始数据经过许多流程最终通过视觉在人脑中形成对全网态势的宏观认识，如何有效整合人的因素，缩小调度员在大脑中形成的认知与实际的误差是态势可视化面临的关键挑战。就目前而言，为了展示电网态势水平，可视化的目标主要包括展示各种关键设备属性、运行状态、态势分析量化指标、态势预警等，根据可视化的目标对可视化场景进行有效的设计，即实现数据到图像/场景的转换。下面对一些典型的实践案例予以介绍，而随着可视化目标需求的变化以及相关技术的发展，可视化的形式与手段都将不断发展。

1) 二维可视化

可利用饼状图、柱状图等多种二维可视化形式辅助调度员迅速捕捉电网运行状态的关键信息。如图 8.3 所示，用饼状图展示线路功率情况，对于接近运行极限的线路用显著颜色饼状图予以区分，运行调度人员可迅速定位关键元件；利用箭头的动态滚动可直观展示功率的传输方向。此外，对于节点电压水平，可用柱状图表征电压偏移情况，如图 8.4 所示，电压水平更高用更多颜色填充表示；电压水平更低用空白填充表示。

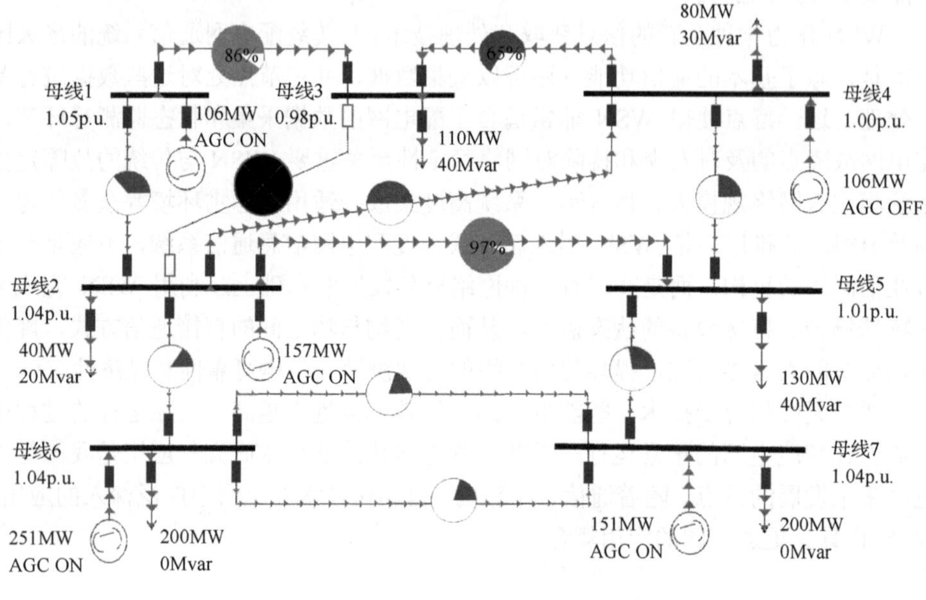

图 8.3　简单系统饼状图可视化示例[4]

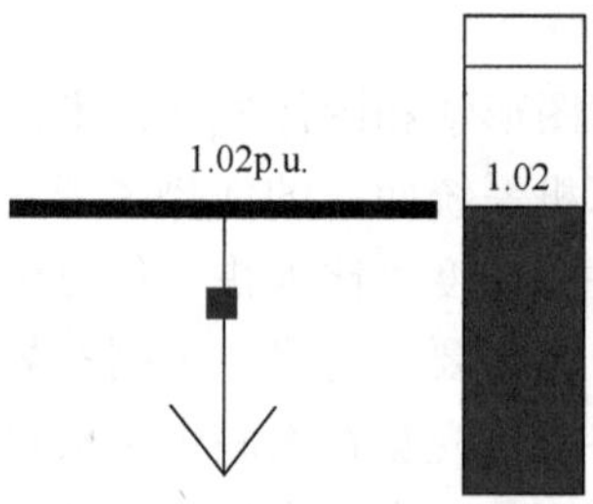

图 8.4　节点电压柱状图[4]

2) 三维可视化

可通过有效地设计三维图形满足多维度信息同时展示的需求。如图 8.5 所示，用三维立体柱形图展示预想故障的位置、造成的后果，其中蓝色展示电压越限、红色展示潮流越限，并用对应颜色的连接线连接预想故障及其影响的元件。如图 8.6 所示，可通过三维图形展示分层信息，下方图层总体展示脆弱元件分布及其影响，上方图层进一步展示关键脆弱环节及其关联元件。图 8.7 可直观形象地展示变压器元件的运行状况，其中用不同颜色表征变压器各环节温度这一关键监测参数。

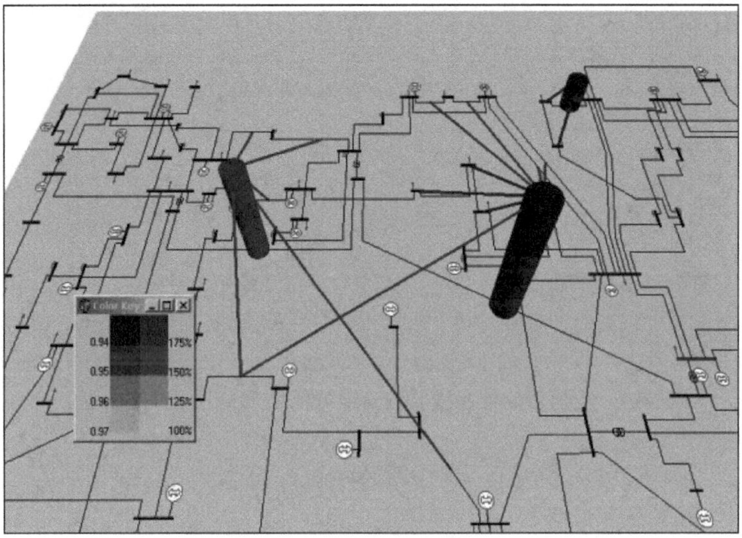

图 8.5　故障分析结果三维可视化结果[4]（彩图见文后彩插）

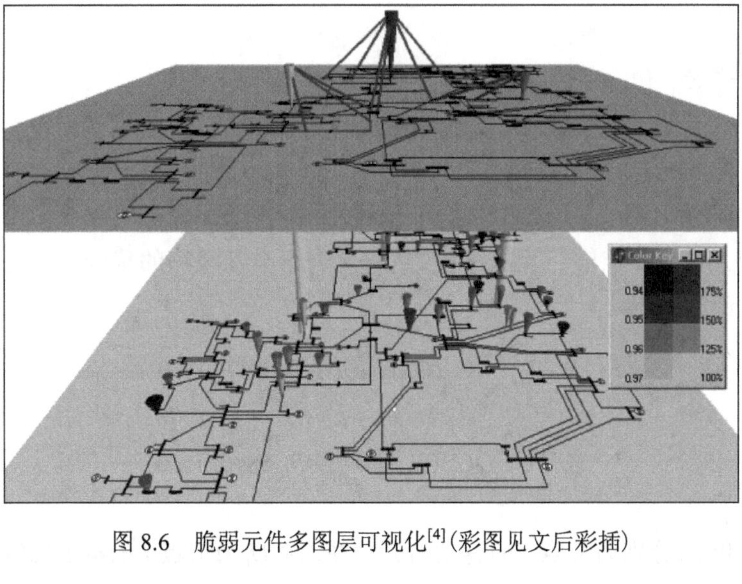

图 8.6　脆弱元件多图层可视化[4]（彩图见文后彩插）

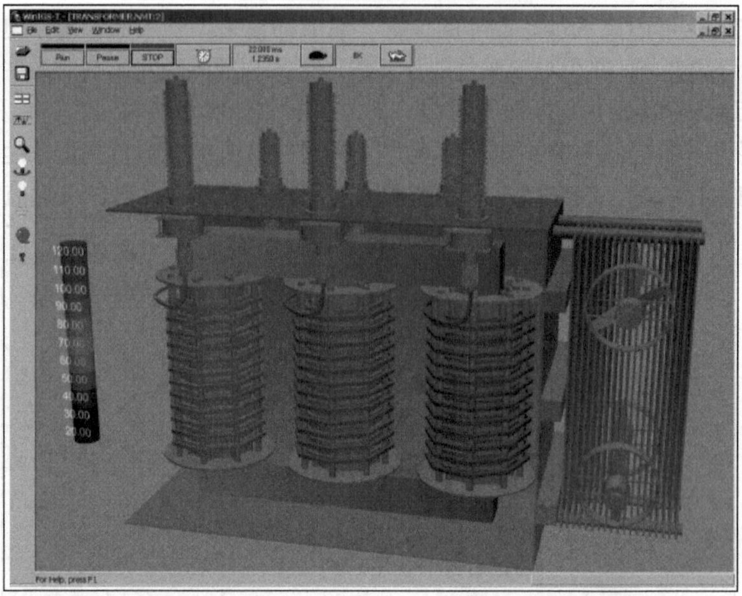

图 8.7　变压器元件在线监测三维可视化[4](彩图见文后彩插)

8.5　安全域方法

这里以电网稳态运行为例来解释什么是安全域方法[5]。说到安全域方法，首先要说逐点法。

1. 逐点法

设网络由 $n+1$ 个节点，n_b 条线路组成，其中，编号 0 到 n_g 为发电机节点，且节点 0 为松弛节点，编号 n_g+1 到 n 为负荷节点，用 $G:=\{0,1,\cdots,n_g\}$ 表示发电机节点的集合；用 $L:=\{n_g+1,n_g+2,\cdots,n\}$ 表示负荷节点的集合；用 N 表示全部节点的集合，即 $N=\{0,1,\cdots,n\}$；用 $B:=\{1,2,\cdots,n_b\}$ 表示全部线路的集合。于是电力系统的潮流方程如下：

$$P_i - U_i \sum_{j\in i} U_j (G_{ij}\cos\theta_{ij} + B_{ij}\sin\theta_{ij}) = 0 \tag{8.1}$$

$$Q_i - U_i \sum_{j\in i} U_j (G_{ij}\sin\theta_{ij} - B_{ij}\cos\theta_{ij}) = 0 \tag{8.2}$$

其中，P_i 和 Q_i 分别为节点 i 的有功与无功注入；U_i 为节点 i 的电压幅值；θ_i 为节点 i 的电压相角；$\theta_{ij}=\theta_i-\theta_j$；$G_{ij}+\mathrm{j}B_{ij}$ 为节点导纳矩阵的第 i 行、第 j 列元素。

式(8.1)和式(8.2)可表示为形如

$$\boldsymbol{F}(\boldsymbol{x})=\boldsymbol{0} \tag{8.3}$$

的等式约束。

此外，还有关于潮流的一些运行约束，如发电机的有功功率、无功功率，各节点的电压幅值，以及各支路的电流要在一定的限度之内。如式(8.4)所示。其中，P_i^{m} 和 P_i^{M} 分别为发电机有功出力的下限与上限；Q_i^{m} 和 Q_i^{M} 分别为发电机无功出力的下限与上限；U_i^{m} 和 U_i^{M} 分别为节点电压幅值的下限与上限；I_i^{M} 为支路允许传输的最大电流：

$$\left.\begin{array}{ll} P_i^{\mathrm{m}} \leqslant P_i \leqslant P_i^{\mathrm{M}}, & \forall i \in G \\ Q_i^{\mathrm{m}} \leqslant Q_i \leqslant Q_i^{\mathrm{M}}, & \forall i \in G \\ U_i^{\mathrm{m}} \leqslant U_i \leqslant U_i^{\mathrm{M}}, & \forall i \in N \\ -I_i^{\mathrm{M}} \leqslant I_i \leqslant I_i^{\mathrm{M}}, & \forall i \in B \end{array}\right\} \tag{8.4}$$

或更一般地写为

$$\boldsymbol{x}^{\mathrm{m}} \leqslant \boldsymbol{x} \leqslant \boldsymbol{x}^{\mathrm{M}} \tag{8.5}$$

约束潮流问题是寻求满足等式约束 $\boldsymbol{F}(\boldsymbol{x})=\boldsymbol{0}$ 和不等式约束 $\boldsymbol{x}^{\mathrm{m}} \leqslant \boldsymbol{x} \leqslant \boldsymbol{x}^{\mathrm{M}}$ 的解。图 8.8(a)和图 8.8(b)分别为 $\boldsymbol{x}=(x_1,x_2)$ 的简单二维情况下有解和无解的情况，图中曲线为 $\boldsymbol{F}(\boldsymbol{x})=\boldsymbol{F}(x_1,x_2)=\boldsymbol{0}$ 的解，矩形为 $x_1^{\mathrm{m}} \leqslant x_1 \leqslant x_1^{\mathrm{M}}$ 和 $x_2^{\mathrm{m}} \leqslant x_2 \leqslant x_2^{\mathrm{M}}$ 所构成的约束范围。

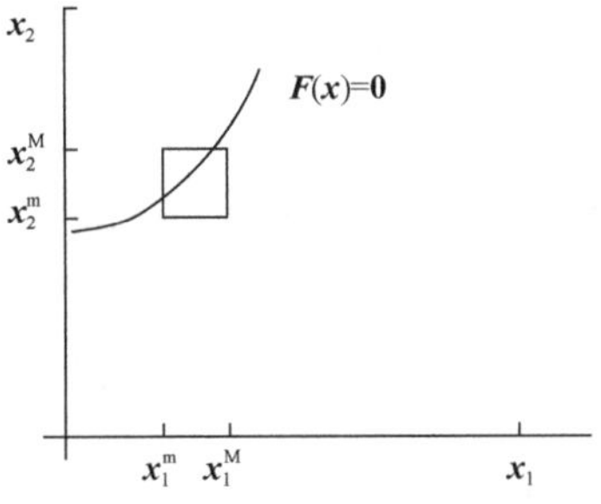

(a) 有满足安全约束的解

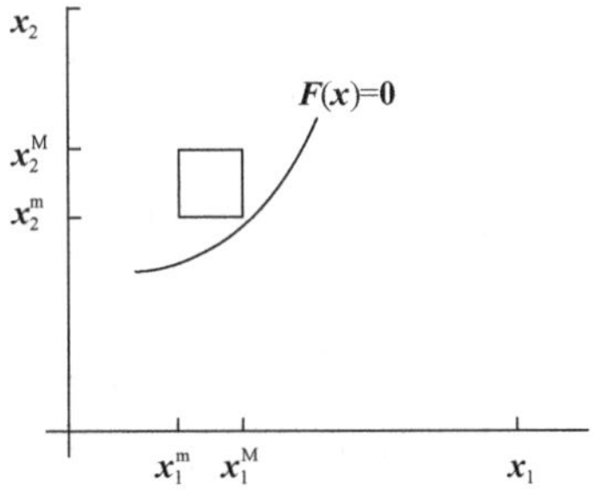

(b)无满足安全约束的解

图 8.8　约束潮流问题示意图

处理这类问题时，本书使用传统的变量分离法，它分为如下 4 步。

(1)把状态变量分为 $\boldsymbol{x}=(\boldsymbol{x}_\alpha,\boldsymbol{x}_\beta)$。

(2) 指定满足 $\boldsymbol{x}_{\beta}^{\mathrm{m}} \leqslant \boldsymbol{x}_{\beta} \leqslant \boldsymbol{x}_{\beta}^{\mathrm{M}}$ 的 $\boldsymbol{x}_{\beta}$。

(3) 解 $\boldsymbol{F}(\boldsymbol{x})=\boldsymbol{0}$，求 $\boldsymbol{x}_{\alpha}$。

(4) 校核 $\boldsymbol{x}_{\alpha}$ 是否满足 $\boldsymbol{x}_{\alpha}^{\mathrm{m}} \leqslant \boldsymbol{x}_{\alpha} \leqslant \boldsymbol{x}_{\alpha}^{\mathrm{M}}$。

具体地，在潮流计算中按如下步骤进行。

(1) 把状态变量分为 $\boldsymbol{x}=(\boldsymbol{x}_{\alpha},\boldsymbol{x}_{\beta})=(\boldsymbol{x}_{\alpha 1},\boldsymbol{x}_{\alpha 2},\boldsymbol{x}_{\alpha 3},\boldsymbol{x}_{\beta})$，其中

$$\boldsymbol{x}_{\beta}:=(\theta_0,V_0,P_1,\cdots,P_n,Q_{n_{\mathrm{g}}+1},\cdots,Q_n,U_1,\cdots,U_{n_{\mathrm{g}}})\in\mathbb{R}^{2n+2}$$

$$\boldsymbol{x}_{\alpha 1}:=(\theta_1,\cdots,\theta_n,U_{n_{\mathrm{g}+1}},\cdots,U_n)\in\mathbb{R}^{2n-n_{\mathrm{g}}}$$

$$\boldsymbol{x}_{\alpha 2}:=(P_0,Q_0,Q_1,\cdots,Q_{n_{\mathrm{g}}})\in\mathbb{R}^{n_{\mathrm{g}}+2}$$

$$\boldsymbol{x}_{\alpha 3}:=(|I_1|,\cdots,|I_k|,\cdots,|I_{n_{\mathrm{b}}}|)\in\mathbb{R}^{n_{\mathrm{b}}} \tag{8.6}$$

其中，$\boldsymbol{x}_{\beta}$ 为潮流方程的指定变量；$\boldsymbol{x}_{\alpha 1}$ 为潮流方程的解；$\boldsymbol{x}_{\alpha 2}$ 为可由 $\boldsymbol{x}_{\beta}$ 和 $\boldsymbol{x}_{\alpha 1}$ 按潮流方程直接算出来的变量；$\boldsymbol{x}_{\alpha 3}$ 为可由 $\boldsymbol{x}_{\beta}$ 和 $\boldsymbol{x}_{\alpha 1}$ 计算出来的变量，但不是潮流方程中出现的变量，它可以按式(8.7)计算：

$$|I_k|=|\Delta U_k y_k|,\quad k\in B \tag{8.7}$$

其中，I_k、ΔU_k 和 y_k 分别为支路 k 的电流、电压降和支路导纳。

(2) 指定满足 $\boldsymbol{x}_{\beta}^{\mathrm{m}} \leqslant \boldsymbol{x}_{\beta} \leqslant \boldsymbol{x}_{\beta}^{\mathrm{M}}$ 的 $\boldsymbol{x}_{\beta}$。

(3) 联立求解如下的潮流方程：

$$P_i=U_i\sum_{j\in i}U_j(G_{ij}\cos\theta_{ij}+B_{ij}\sin\theta_{ij}),\quad i=1,2,\cdots,n \tag{8.8}$$

$$Q_i=U_i\sum_{j\in i}U_j(G_{ij}\sin\theta_{ij}-B_{ij}\cos\theta_{ij}),\quad i=n_{\mathrm{g}}+1,n_{\mathrm{g}}+2,\cdots,n \tag{8.9}$$

首先，求得 $\boldsymbol{x}_{\alpha 1}$；然后，再用式(8.8)计算 P_0；用式(8.9)计算 Q_0 和 $Q_1,\cdots,Q_{n_{\mathrm{g}}}$，从而得到了 $\boldsymbol{x}_{\alpha 2}$；进而用式(8.6)计算 $\boldsymbol{x}_{\alpha 3}$。

(4) 校验 $\boldsymbol{x}_{\alpha 1}$、$\boldsymbol{x}_{\alpha 2}$ 和 $\boldsymbol{x}_{\alpha 3}$ 是否满足

$$\boldsymbol{x}_{\alpha 1}^{\mathrm{m}} \leqslant \boldsymbol{x}_{\alpha 1} \leqslant \boldsymbol{x}_{\alpha 1}^{\mathrm{M}} \tag{8.10}$$

$$\boldsymbol{x}_{\alpha 2}^{\mathrm{m}} \leqslant \boldsymbol{x}_{\alpha 2} \leqslant \boldsymbol{x}_{\alpha 2}^{\mathrm{M}} \tag{8.11}$$

$$\boldsymbol{x}_{\alpha 3}^{\mathrm{m}} \leqslant \boldsymbol{x}_{\alpha 3} \leqslant \boldsymbol{x}_{\alpha 3}^{\mathrm{M}} \tag{8.12}$$

如果式(8.10)～式(8.12)均能够满足，则称指定的$\boldsymbol{x}_\beta$(图 8.9 中的点 a)是安全的；反之如果式(8.10)～式(8.12)中有任一约束得不到满足，则指定的$\boldsymbol{x}_\beta$(图 8.9 中的点 b)是不安全的。因为指定的$\boldsymbol{x}_\beta$只是其所在空间上的一个点，所以这种安全检验方法被称为逐点法，它是目前广泛使用的方法。

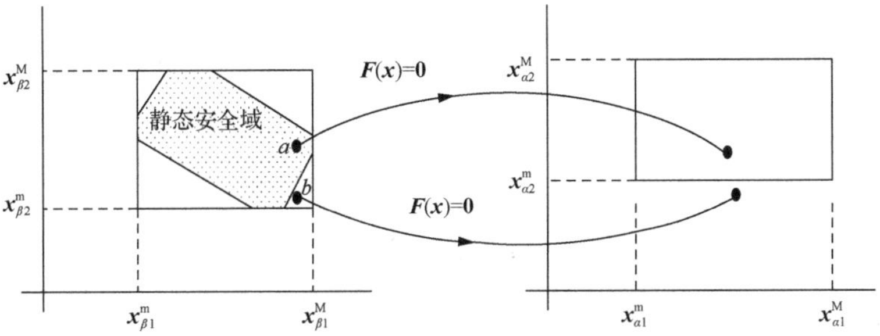

图 8.9　静态安全域示意图

2. 安全域

安全域所描述的是$\boldsymbol{x}_\beta$所处空间上整体可安全运行的区域，如图 8.9 中的整个阴影部分所示，该部分中任何一点$\boldsymbol{x}_\beta$(如点 a)用逐点法检验都是安全的；该部分外的任何一点$\boldsymbol{x}_\beta$(如点 b)用逐点法检验都是不安全的。

称上述潮流计算中所定义的$\boldsymbol{x}_\beta$空间为决策空间。由于决策空间与潮流的指定变量空间一致，所以在态势感知和调度员直观决策时，会较为方便。本书中将更多地采用注入功率空间来定义安全域，该空间是如下向量所在的空间：

$$\boldsymbol{x}_\beta := (P_0, P_1, \cdots, P_n, Q_0, Q_1, \cdots, Q_n) \in \mathbb{R}^{2n+2} \tag{8.13}$$

在这样的空间中所定义的安全域表达式，在电力系统运行优化中，常比在式(8.5)的决策空间中所定义的安全域表达式方便。针对高压电网的物理特点，也可依据“有功与电压相角的关系”和“无功与电压幅值的关系”可以解耦的特点，把式(8.13)分为有功功率空间和无功功率空间，这样不仅可使空间维数降低，还可得出一些物理概念十分清晰的结果。

在上述空间上定义的安全域具有如下极其重要的特点：对于既定的网络拓扑与既定的预想事故，安全域的边界是唯一确定的，其边界不随运行状态(如节点注入功率)变化而变化。因此，对于既定的网络拓扑与既定的预想事故，仅需计算一次安全域边界，将其参数(如超平面系数)存于数据库中，供在线计算使用，从而不增加在线使用的计算负担，不影响实时决策的速度。

关于安全域所定义的空间需要注意以下两方面。

(1) 由于对于既定的网络，变量 $(P_0,P_1,\cdots,P_n,Q_0,Q_1,\cdots,Q_n)\in\mathbb{R}^{2n+2}$ 是由潮流方程约束的，而且潮流计算中松弛节点复电压是指定的，如为 (U_0,θ_0)，所以安全域及其边界上的点也可用如下向量表示：

$$\boldsymbol{x}_\beta:=(\theta_0,P_1,\cdots,P_n,U_0,Q_1,\cdots,Q_n)\in\mathbb{R}^{2n+2} \tag{8.14}$$

因为松弛节点复电压 (U_0,θ_0) 已指定为常值，所以安全域的显式表达式常以向量 $(P_1,\cdots,P_n,Q_1,\cdots,Q_n)\in\mathbb{R}^{2n}$ 作为参变量给出。此时安全域及其边界上的每一个既定点 $(P_1,\cdots,P_n,Q_1,\cdots,Q_n)\in\mathbb{R}^{2n}$ 和已被指定了的 (U_0,θ_0) 联合起来就唯一地确定了：

$$(P_0,Q_0)=F_{(U_0,\theta_0)}(P_1,\cdots P_n,Q_1,\cdots,Q_n)\in\mathbb{R}^{2n}$$

其中，$F_{(U_0,\theta_0)}$ 为在指定松弛节点复电压 (U_0,θ_0) 情况下的潮流函数。这也就唯一地确定了式(8.13)形式的向量 $\boldsymbol{x}_\beta$。所以式(8.13)和式(8.14)这两种空间上所定义的安全域是等价的。但是，当优化的目标函数中含有 P_0 和(或) Q_0 时，式(8.14)形式的变量所描述的安全域不如式(8.13)形式的变量所描述的安全域方便，往往需要做一些专门的处理。采用式(8.14)形式的变量描述安全域的原因之一是其便于解析地推导出安全域边界的表达式。此外，用式(8.14)形式变量所描述的安全域在安全监视可视化中，也不失为一种好的选择。

(2) 式(8.15)所示的决策空间与节点注入功率空间的区别是把全部发电机所发无功功率用发电机节点电压幅值来替代，又由于其中松弛节点复电压 (U_0,θ_0) 已被指定为常值，所以决策空间上安全域中的点常用如下的变量描述：

$$\boldsymbol{x}_\beta:=(P_1,\cdots,P_n,U_1,\cdots,U_{n_g},Q_{n_g+1},\cdots,Q_n)\in\mathbb{R}^{2n} \tag{8.15}$$

这时也一定不要忘记，除这种形式的安全域约束外，还同时存在松弛节点复电压 (U_0,θ_0) 为常值的约束条件，恰如式(8.14)下面一段所述。

3. 安全域在电力系统运行优化中的应用

安全域在电力系统安全监视可视化、运行优化和概率安全性评估中都有突出的意义，这里仅以注入功率空间上静态安全域(满足潮流约束的安全域)在最优潮流中的应用为例，简明地说明什么是安全域方法和安全域方法的优越性，并进一步解释定义安全域的空间。

如果机组优化调度的目标为有功和无功发电总成本最小。其中，有功发电成本主要考虑燃料费用，采用较为精确的二次成本函数：

$$C_P=\frac{1}{2}\boldsymbol{P}_G{}^{\mathrm{T}}\boldsymbol{H}_P\boldsymbol{P}_G+\boldsymbol{f}_P^{\mathrm{T}}\boldsymbol{P}_G \tag{8.16}$$

同时计及发电机的无功机会成本，它同样采用二次表达式：

$$C_Q=\frac{1}{2}\boldsymbol{Q}_G{}^{\mathrm{T}}\boldsymbol{H}_Q\boldsymbol{Q}_G+\boldsymbol{f}_Q^{\mathrm{T}}\boldsymbol{Q}_G \tag{8.17}$$

其中，$\boldsymbol{P}_G=(P_0,P_1,\cdots,P_{n_g})^{\mathrm{T}}\in\mathbb{R}^{n_g+1}$；$Q_G=(Q_0,Q_1,\cdots,Q_{n_g})^{\mathrm{T}}\in\mathbb{R}^{n_g+1}$。

于是，传统机组优化调度的数学表达式为

$$\min C=\left(\frac{1}{2}\boldsymbol{P}_G{}^{\mathrm{T}}\boldsymbol{H}_P\boldsymbol{P}_G+\boldsymbol{f}_P^{\mathrm{T}}\boldsymbol{P}_G\right)+\left(\frac{1}{2}\boldsymbol{Q}_G{}^{\mathrm{T}}\boldsymbol{H}_Q\boldsymbol{Q}_G+\boldsymbol{f}_Q^{\mathrm{T}}\boldsymbol{Q}_G\right) \tag{8.18}$$

$$\text{s.t.}\quad P_i-U_i\sum_{j\in i}U_j\left(G_{ij}\cos\theta_{ij}+B_{ij}\sin\theta_{ij}\right)=0,\quad \forall i\in N \tag{8.19}$$

$$Q_i-U_i\sum_{j\in i}U_j\left(G_{ij}\sin\theta_{ij}-B_{ij}\cos\theta_{ij}\right)=0,\quad \forall i\in N \tag{8.20}$$

$$\left.\begin{array}{ll} P_i^{\mathrm{m}}\leqslant P_i\leqslant P_i^{\mathrm{M}}, & \forall i\in G\\ Q_i^{\mathrm{m}}\leqslant Q_i\leqslant Q_i^{\mathrm{M}}, & \forall i\in G\\ U_i^{\mathrm{m}}\leqslant U_i\leqslant U_i^{\mathrm{M}}, & \forall i\in N\\ -I_i^{\mathrm{M}}\leqslant I_i\leqslant I_i^{\mathrm{M}}, & \forall i\in B \end{array}\right\} \tag{8.21}$$

显然，目标函数中决策变量为 $\boldsymbol{P}_G=(P_0,P_1\cdots,P_{n_g})^{\mathrm{T}}\in\mathbb{R}^{n_g+1}$ 和 $\boldsymbol{Q}_G=(Q_0,Q_1\cdots,Q_{n_g})^{\mathrm{T}}\in\mathbb{R}^{n_g+1}$，而约束不等式中除这两个变量外，还包括变量 $U=(U_0,U_1,\cdots,U_n)^{\mathrm{T}}\in\mathbb{R}^{n+1}$ 和 $\boldsymbol{I}=(I_1\cdots,I_{n_b})^{\mathrm{T}}\in\mathbb{R}^{n_b}$，但它们并不是目标函数中的变量，而是和目标函数中的变量 $\boldsymbol{P}_G$ 和 $\boldsymbol{Q}_G$ 通过潮流方程关联起来的。所以在优化过程中，需要不断地解潮流方程，这样就增加了计算负担。

当采用安全域方法时，该问题可以表达为

$$\min C=\left(\frac{1}{2}\boldsymbol{P}_G{}^{\mathrm{T}}\boldsymbol{H}_P\boldsymbol{P}_G+\boldsymbol{f}_P^{\mathrm{T}}\boldsymbol{P}_G\right)+\left(\frac{1}{2}\boldsymbol{Q}_G{}^{\mathrm{T}}\boldsymbol{H}_Q\boldsymbol{Q}_G+\boldsymbol{f}_Q^{\mathrm{T}}\boldsymbol{Q}_G\right) \tag{8.22}$$

$$\text{s.t.}\quad G_j(\boldsymbol{P}_G,\boldsymbol{Q}_G)\leqslant \mathrm{Const}_j,\quad j\in\{1,2,\cdots,m\} \tag{8.23}$$

其中，$G_j(\boldsymbol{P}_G,\boldsymbol{Q}_G)=\mathrm{Const}_j$ 为安全域的第 j 个边界面；m 为以 $(\boldsymbol{P}_G,\boldsymbol{Q}_G)\in\mathbb{R}^{2(n_g+1)}$ 为参变量的静态安全域边界面的总数。式(8.23)涵盖式(8.19)～式(8.21)中的全部约

束。此时的安全域是在式(8.13)所定义的变量空间上描述的，并考虑到在机组优化调度问题中负荷节点的注入功率$(P_{n_g+1},\cdots,P_n,Q_{n_g+1},\cdots,Q_n)\in\mathbb{R}^{2(n-n_g)}$是指定的。由于式(8.23)给出的显式不等式约束中的变量与目标函数中的变量完全一致，可采用二次规划法求解此优化问题，其计算负担很小。式(8.22)和式(8.23)所示优化问题的物理意义是，在式(8.23)所示的 m 个超曲面所围成的空间上寻求使目标函数 C 最小的点。而且，在工程关心的范围内，一个超曲面时常可用一个或少数几个超平面近似表示。

应该特别强调以下两方面。

(1) 注入功率空间上保证暂态稳定性的实用动态安全域、割集功率空间上保证静态电压稳定性(由鞍结分岔点组成)的实用安全域以及注入功率空间上保证小扰动稳定性(由 Hopf 分岔点组成)的实用安全域的研究成果，均可直接或间接地导出与式(8.23)类似的描述。所以式(8.23)不止包括如式(8.19)～式(8.21)所示的潮流约束，也涵盖了各种安全稳定约束。众所周知，在电力系统优化问题中，计及稳定约束意味着巨大的计算负担，难以用于在线实时优化调度。

(2) 安全域边界表达式中会较多地推荐采用超平面描述，此时，式(8.23)由式(8.24)取代：

$$\sum_{i=0}^{n}(\alpha_{j,i}P_i+\beta_{j,i}Q_i)\leqslant 1,\quad j\in\{1,\cdots,m\} \tag{8.24}$$

其中，$\alpha_{j,i}$和$\beta_{j,i}$为常系数。它是在式(8.13)所定义的变量空间上描述的。然而，如果改成在式(8.16)和式(8.17)所涉及的变量空间上描述，则式(8.24)就变成

$$\sum_{i=0}^{n_g}(\alpha'_{j,i}P_i+\beta'_{j,i}Q_i)\leqslant 1,\quad j\in\{1,\cdots,m\} \tag{8.25}$$

此时，在研究式(8.22)和式(8.23)的优化问题时，还需要补充关于(P_0, Q_0)的约束(如式(8.14)下面一段所述)，为此需要做与潮流(或解耦潮流)相关的迭代计算，以致优化工作的计算量明显地增加。

一个例外是，对于超高压电网的注入功率空间上的保证暂态稳定的动态安全域，当假设无功就地平衡时，可不增加此计算负担。这是因为，该域通常也是用式(8.23)描述的，而在假设无功就地平衡时，式(8.24)可近似写为

$$\sum_{i=0}^{n}\alpha'_iP_i\leqslant 1 \tag{8.26}$$

同时由于在超高压电网中网损可以近似忽略，式(8.26)的约束可用

$$\sum_{i=1}^{n} \alpha_i' P_i \leqslant 1, \quad P_0 = -\sum_{i=1}^{n} P_i \tag{8.27}$$

联合表示。

4. 安全域的可视化

基于注入功率空间上的实用动态安全域(PDSR)和割集功率空间上的静态电压稳定安全域(CVSR)的成果，已成功开发了综合安全域的可视化系统。该系统利用安全域在三维或二维功率注入子空间上的断面显示暂态稳定和电压稳定边界来提高电力系统的可观测性，可以帮助调度人员或运行规划人员识别：关键界面、重要预想事故、由电压和功角稳定约束所限定的功率传输水平以及系统安全裕度。该系统以定时获取 SCADA 实时量测数据为基础，采用 OpenGL 3D 图形开发技术实现了电力系统安全域在能量管理系统上的可视化。其可视化图形如图 8.10 所示[①]。

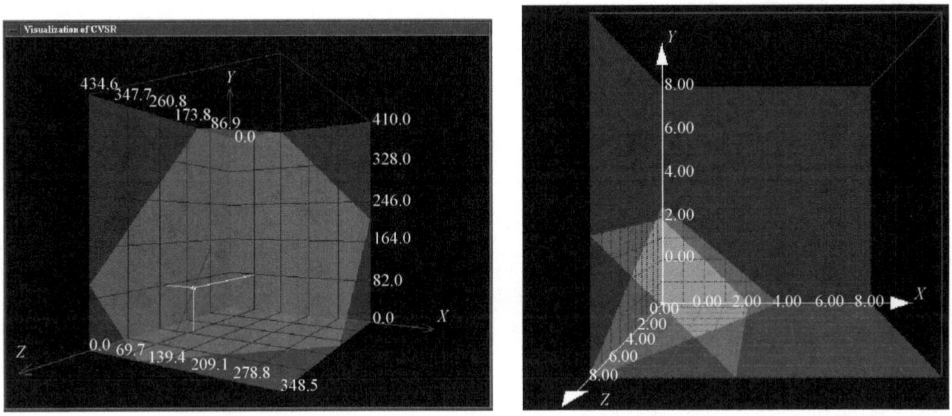

(a) 既定网络的CVSR　　(b) 两个预想事故下系统PDSR的交集

图 8.10　安全域在三维子空间上的可视化图形(彩图见文后彩插)

① 可视化只能在三维或二维空间上实现。这对临界割集所含线路条数接近或不大于 3 的 CVSR 的可视化困难不大或没有困难。而对于 PDSR，如上所述，它的注入功率空间维数太高——$2n$ 维，动态等值以后的简化系统的节点总数 n 也会很大，难以直接可视化。要在三维或二维空间上实现可视化，一种容易想到的简单方法是指定 $2n-3$ 或 $2n-2$ 个注入功率为常量，此时的可视化安全域是 $2n$ 维全域在三维或二维子空间上的断面，这样的断面可依运行监视的需要及时更换。严格地说，将高维降成三维或二维之后的任何动态安全域（对于既定的事故前、后系统图形和既定的事故）都已不再是唯一确定的，而与运行状态有关。

在三维或二维可视化图形上，是可以识别出目前运行点距安全域边界的各个方向上的安全裕度的，但是无法识别出在 $2n$ 维空间上目前运行点距安全域边界的各个方向上的安全裕度。然而知道临界面的超平面系数和目前运行点的注入功率或割集功率之后，给定空间方向上安全裕度的计算是很容易的。

通过安全域可视化的方法仅提供关于安全性约束的关键性信息，使运行人员可立即做出反应。这样可增强运行人员对所处境遇(如对电压不稳定、暂态不稳定或连锁停运危险即将来临的处境)的知晓能力，可防止运行人员面对巨大压力茫然不知所措，即增强态势感知能力，以预防大停电的发生。

参 考 文 献

[1] Endsley M R, Connors E S. Situation awareness: State of the art[C]. IEEE PES General Meeting—Conversion and Delivery of Electricity Energy in the 21st Century, 2008 : 1-4.

[2] Mathaios P, Crossley P A, Kirschen D S, et al. Assessing the impact of insufficient situation awareness on power system operation[J]. IEEE Transactions on Power system，2013，28 (3)：2967-2977.

[3] PNNL (Pacific Northwest National Laboratory), Situational awareness[EB/OL]. [2017-08-10]. . http://www.pnl.gov/about.

[4] PSERC (Power Systems Engineering Research Center). Visualization of Power Systems and Components[R]. Project Report 05-65, 2005.

[5] 余贻鑫. 电力系统安全域[M]. 北京：中国电力出版社, 2014.

第 9 章　高级输电运行

未来的电网会成为更鲁棒-自治的和自适应的基础设施，能够对恐怖袭击、军事威胁、元件故障、自然灾害等小概率扰动事件做出自愈的响应；在紧急状态下能分片实现“自适应孤岛运行”，并且其后能够快速恢复供电。为实现这一构想，需要建立多区域的智能互联电力系统，这与本书前述的群集理念是一致的。随着高比例可再生能源时代的到来，这一理念将遍及整个电力网络。

智能互联电力系统强调多区域的群集协调控制，而输电网容量是否充足、容量配置是否合理，将会影响到整个系统的经济性和安全稳定运行，其中，输电阻塞问题显得尤为突出。随着系统结构的日趋复杂以及电能质量要求的不断提高，单纯依靠投资新的线路来增加输电容量，并不能有效解决输电阻塞问题。以柔性输电为代表的先进电力电子技术的广泛应用为电网运行提供了更为灵活的控制手段，给互联电力系统的发展带来了新的契机。

电网的量测、通信、信息以及控制计算等理论技术也都在快速发展，应用日益成熟，为研究电网安全保障新技术和实现智能电网奠定了基础。依靠高速发展的信息技术，智能电网将可以瞬时掌握千家万户的电力需求和发电方的供应能力，从而进行经济合理的输电/配电优化调度。尤其是在发展太阳能、风能等波动性较大的新能源发电时，有必要通过智能电网技术特别是高级输电运行（ATO）技术来保障电网的高效稳定运行。

9.1　ATO 的基本构想

ATO 涉及电气系统、测量传感、集成通信、电力电子等多个学科领域，是实现输电系统优化、保障电能正常输送的重要环节。按照设想，智能电网中的 ATO 应具有增加系统容量、克服系统瓶颈、形成自愈功能、实现电力系统的可视化和加强与用户的连接等功能。

输电网是现代电力系统的骨干，ATO 在智能电网中的重要性毋庸置疑。ATO 强调的是增强输电通道的阻塞管理和降低输电网大规模停运的风险。ATO 与 AMI、ADO 和高级资产管理（AAM）的密切配合可以实现输电系统的（运行和资产管理）优化[1]。

ATO 的技术组成和实现功能如图 9.1 所示。

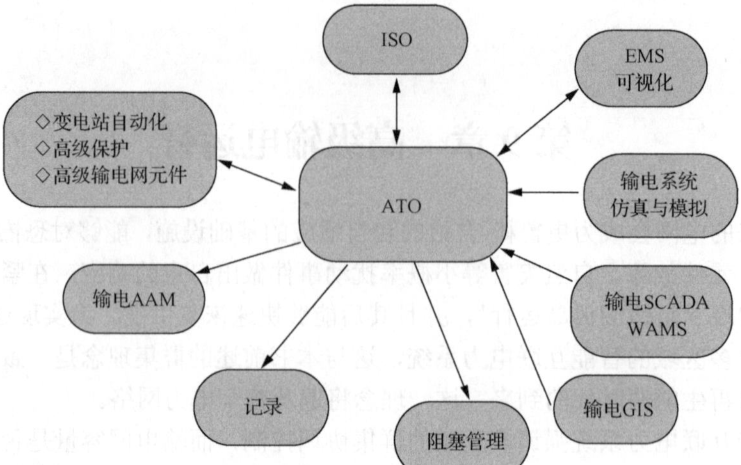

图 9.1　ATO 的技术组成与功能

对于 ATO 的研究，应重点关注如下环节。

(1) 变电站综合自动化。

(2) 输电 GIS。

(3) WAMS。

(4) 高速信息处理。

(5) 高级保护与控制。

(6) 模拟、仿真和可视化工具。

(7) 高级的输电网络元件，如电力电子设备(灵活交直流输电、固态开关等)、先进的输电导体和超导装置。

(8) 先进的区域电网运行，如提高系统安全性、适应市场化和改善电力规划及设计的规范与标准(应特别注意电网模型的改进，如集中式的发电模型以及受配电网络和有源电力用户影响的负荷模型)。

9.2　输电系统的运行控制

随着智能电网技术的发展，越来越多的先进的输电技术应用于实际工程中，其中，灵活(柔性)交直流输电技术与 WAMS 对于现阶段的智能电网建设尤为重要。

传统电力系统安全稳定控制措施以切机/切负荷、系统解列等硬性控制体现。电力电子技术及直流输电的发展为电网安全稳定运行提供了快速、灵活、连续的柔性控制手段。柔性控制技术兴起于 20 世纪 80 年代，最初发源于管理和生产制造领域。1997 年 IEEE PES 定义并正式将 FACTS 的概念引入电力系统[2]；2004 年国际公共电网会议和 IEEE 将柔性直流技术正式命名为 VSC-HVDC，即基于电压源换流器(VSC)的HVDC。“柔性”一词来源于英文Flexible，表示应用先进的电力电子技术为电网运行提供灵活的控制手段。但由于电力电子装置是一种基于本地量测的局部控制装置，通常情况下仅能面向局部问题，无法完全解决交直流电网发展与安全稳定之间的矛盾[3]。

WAMS的发展为电力系统的大范围柔性控制提供了必要的基础条件。利用广域信息源实现基于电力系统响应的分析与评估，进而通过直流输电和FACTS设备的快速调控优势，将控制模式由预想场景式转变为特征响应式，优先实施全局性交直流协调控制、多FACTS协调控制等柔性控制措施，并以常规安控措施作为后备，从而应对电网变化的复杂性和运行的不确定性，提升电网安全与运行效率。

输电系统柔性控制的特征主要体现在三方面[3]。

一是协调性。交直流输电容量巨大，其扰动对电网冲击严重，相应的切机和切负荷措施量也较大，仅依靠局部单一的安控系统，因容量不足控制效果有限；通过广域信息实现各控制设备间的协调，通过转移调配功率替代或部分替代损失的发电与负荷，可提升控制设备的性能和控制效果。

二是应变性。大规模新能源接入、现代电网运行方式复杂多变等给电网运行和稳定控制带来诸多不确定性，控制系统必须具备应对不确定因素带来影响的能力，由预想场景模式转变为特征响应模式，进而实现安全稳定的高应变性柔性控制。

三是连续性。充分发挥FACTS与直流输电调控设备连续快速的控制能力，使系统各个运行状态间能够平滑过渡，应对低频振荡、联络线功率波动带来的不利影响，并协调无功电压控制，降低对电网的冲击。

安全稳定柔性控制技术是智能电网高级输电运行技术的重要体现，将从不同层面、多时间尺度实现对输电网的连续、平滑控制，使电力系统的运行更加柔性化、智能化。

1. 柔性交流输电

交流输电线路的输送功率由线路阻抗和两端的电压幅值、相位差决定，如式(9.1)所示：

$$P = V_1 V_2 \frac{1}{X_L} \sin\left(\delta_1 - \delta_2\right) \tag{9.1}$$

要实现功率潮流的连续快速调节，就需要连续快速调节电压V、阻抗X_L、相角δ这三个参数中的任一参数或多个参数。柔性交流输电技术的核心就是，基于电子元器件可以按照控制系统的要求在任何指定相位开通(或关断)的特性，应用现代换流技术和控制技术，实现电压、阻抗或相位的大幅度柔性控制。

FACTS也称为灵活交流输电系统，指应用于交流输电系统的电力电子装置。

其中,“柔性”是指对电压电流的可控性，如装置与系统并联可以对系统的电压和无功功率进行控制，装置与系统串联可以对系统的电流和潮流进行控制。

FACTS 按照控制实现方式的不同，可划分为基于晶闸管的控制和基于可关断晶闸管(GTO)同步电压源的控制。前者利用普通晶闸管的单向导通特性进行控制，包括静止无功功率补偿器(SVC)、晶闸管可控串联补偿器(TCSC)、晶闸管可控移相器(TCPAR)等；后者应用 GTO 构成的同步电压源进行控制，包括静止同步补偿器(STATCOM)、静止同步串联补偿器(SSSC)以及统一潮流控制器(UPFC)等。

图 9.2 给出了常见 FACTS 控制器的功能示意图。其中，SVC、STATCOM 通过无功补偿调节线路两端的节点电压幅值；TCSC、SSSC 通过串联补偿改变线路阻抗；TCPAR 通过移相功能改变线路两端的节点相位差；UPFC 则包括了电压调节、串联补偿和移相等所有能力，可以同时并非常快速地独立控制输电线路中的有功功率和无功功率。

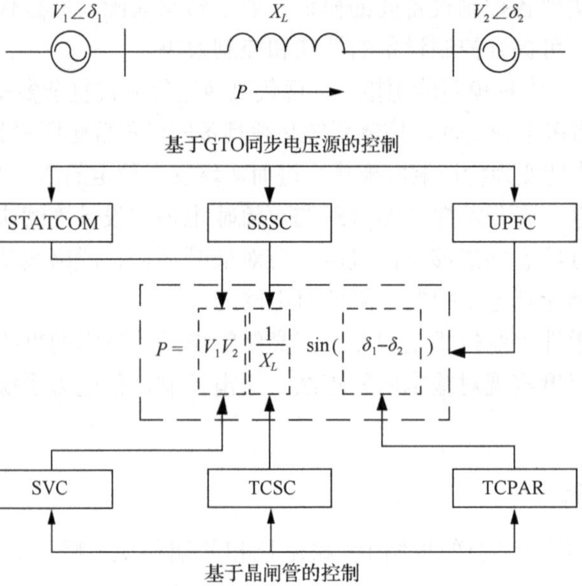

图 9.2　常见 FACTS 控制器功能示意图

FACTS 在输电系统中的主要作用如下。

(1) 可大幅提高输电线路的功率输送极限，使其达到导线的热稳定极限，从而减缓新建线路和提高现有线路的利用率。

(2) 有助于方便、迅速地改变系统潮流分布，减少和消除电网中的环流或功率振荡，保持电力的定向恒定输送，提高现有输电网的稳定性、可靠性和供电质量，并进一步减小网损和系统的热备用容量，还有助于防止连锁性事故扩大，减少事故的恢复时间及停电损失。

(3) 有助于建设全网统一的实时控制中心，补充、扩大和改进已有的常规稳定或反事故控制功能，同时提高 EMS 的效益，从而改善全系统的安全性和经济性。

(4) 应用 FACTS 控制器通常比新建一条线路或直流换流站的投资要少，FACTS 控制器可改变交流输电的功能范围，甚至扩大到原属于 HVDC 的那部分应用范围。

显而易见，FACTS 技术对于提高输电系统的可靠性、可控性和运行效率是极为重要和有效的，因此其具有特别广阔的应用前景。FACTS 技术近年来发展十分迅速，所包含的电子元器件不断增加，FACTS 开发项目的具体装置也日渐增多，目前已知的有 20 多种，这些装置展示了 FACTS 技术丰富多彩的内涵。

常用的 FACTS 装置包括以下几种。

(1) 静止无功功率补偿器(SVC)。SVC 是指其输出随电力系统特定控制参数而变化的并联连接的静止无功功率发生或吸收装置。这里的静止是指 SVC 没有运动或旋转部件。

由于 SVC 具有优良的性能，近 10 多年来，在世界范围内，其市场一直迅速、稳定地增长，占据了动态无功功率补偿装置的主导地位。SVC 的类型有晶闸管控制电抗器(TCR)、晶闸管投切电容器(TSC)、晶闸管投切电抗器(TSR)、饱和电抗器等。通常 SVC 需要在一定条件下实现无功功率的连续动态补偿，可以通过上述不同类型的补偿器组合实现。常用的组合方式有 TCR+TSC、TCR+FC(FC 是固定电容器)、TCR+TSC+FC。

(2) 静止无功功率发生器(SVG)。SVG 是指由自换相的电力半导体桥式交流器来产生和吸收无功功率的动态补偿装置。

SVG 由交流环节和直流环节组成，交流侧与电网相连接，将其中的交流电流经变流器转换成直流并保存在直流侧的储能器内，同时，直流侧电压/电流经过变流器变成交流电压/电流输送到电网。由于 SVG 采用自换相的变流器，它把变流器电路看成一个产生基波和谐波电压的交流电压源，控制补偿器基波电压，可改变基波无功电流的大小和相位。当变流器基波电压比交流电源电压高时，变流器就会产生一个相位超前(容性)的无功电流，反之则会产生一个相位滞后(感性)的无功电流，所以称为 SVG。

SVG 是非常复杂的电气系统，它一般包括由变流器、曲折变压器(或者普通变压器、电抗器)、断路器、高压变压器构成的主系统和由电压互感器、电流互感器、检测电路、控制器、驱动电路、保护电路、监测器等构成的二次系统。SVG 的基本原理是将自换相桥式变流电路，通过电抗器或者直接并联在电网上，适当地调节桥式电路交流侧输出的相位和幅值，或者直接控制其交流侧电流，就可以使该电路吸收或者发出满足要求的无功电流(或电压)，实现动态无功功率补偿。

(3) 统一潮流控制(UPFC)。UPFC 的概念是由美国电力专家 Gyugyi 博士于 1991

年提出的，它是由一台 SVG 和一台 SSSC 复合而成的具有统一控制系统的新型潮流控制器，是迄今为止通用性最好的 FACTS 装置。

UPFC 包括主电路(串联单元、并联单元)和控制单元两部分。串联单元可以对电压进行补偿，并联单元可以对电源进行补偿；控制单元通过适当的控制策略对串联和并联单元的可控功率器件进行通断控制。此类控制器通过两个变压器耦合接入系统，应用场合主要是 220kV 及以上电压等级的输电线路[4]。

(4)有源电力滤波器(APF)。APF 是由全控电力电子器件构成的采取脉宽调制(PWM)控制的变流器，提供与补偿电流(电压)大小相等、极性相反的电流(电压)，从而抑制负载产生的有害电流(电压)在电力系统传播的主动式综合补偿装置。有源电力滤波器借助适当的电路结构与控制技术，可以实现如下补偿方式：高次谐波补偿、基波正序无功功率补偿、三相不对称补偿、补偿点电压稳定、线路两端电压差补偿、单位功率因数补偿，以及以上任意项的组合。

电力系统的发展经验表明，FACTS 装置对于增加输电容量、提高系统稳定性具有显著的优势，是一种替代传统输电线路投资的有效方案。在未来，基于其组件模块化、拓展灵活、短时系统重构及高水平逆变等特点，大规模部署 FACTS 装置能够增强系统的柔性管理能力，并在输电投资决策过程中提供一系列新的选择期权，从而增加输电系统整体投资决策的灵活性。

尽管柔性交流输电技术已在多个输电工程中得到应用，并已证明了它在提高线路输送能力、阻尼系统振荡、快速调节系统无功、提高系统稳定等方面的优越性能，但目前 FACTS 技术的应用还局限于个别工程。如果大规模应用 FACTS 装置，还要解决一些全局性的技术问题，例如，多个 FACTS 装置控制系统的协调配合问题。随着电力电子器件的性能提高和造价降低，以其为核心部件的 FACTS 装置的造价将进一步降低，会在不远的将来比常规的输配电方案更具竞争力。

2. 柔性直流输电

与基于自然换相技术的电流源型换流器的传统直流输电不同，柔性直流输电是一种以 VSC、可控关断器件和 PWM 技术为基础的新型直流输电技术。柔性直流输电技术采用基于可关断器件的电压源换流器，具有关断电流的能力，应用 PWM 技术进行无源逆变，对受端系统的容量没有要求，解决了常规直流输电向无交流电源的负荷点送电的难题，其灵活的控制方式和理想的运行特性也有助于提高交流电网的电能质量。

目前，我国对常规高压直流输电技术的研究相对深入和成熟，在国内多个直流工程中进行了广泛实践，并建设了世界上电压等级最高的±800kV 特高压直流工程，而对于柔性直流输电技术的研究还处于起步阶段。

我国正在大力开发清洁新能源，电网也将面临供电能力不足、短路电流超标、直流负荷增长等问题，柔性直流输电技术为弥补传统高压交直流输电技术的不足提供了新的途径。

柔性直流输电原理如图 9.3 所示。大功率可控开关器件(通常为绝缘栅双极晶体管(IGBT))与反向并联在其两端的二极管组成电压源换流器的桥壁，直流侧两个电容为储能元件，维持直流侧电压稳定。两端的交流系统通过电压源换流器相连，通过一定的调节方式，控制电压源换流器中全控型电力电子器件的开通和关断，改变交流侧输出电压的幅值和相角。

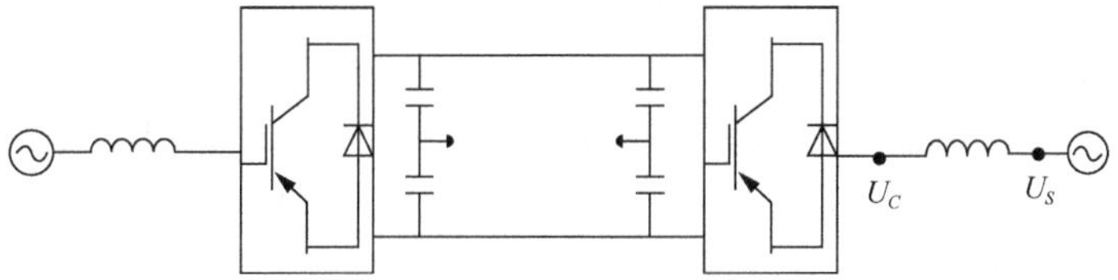

图 9.3　柔性直流输电原理示意图

交流侧的传输有功功率和无功功率可表示为

$$\begin{cases} P=\dfrac{U_S\times U_C}{X_C}\sin\delta \\ Q=\dfrac{U_S\times(U_S-U_C\times\cos\delta)}{X_C} \end{cases} \tag{9.2}$$

其中，δ 是系统电压 U_S 和交流侧输出电压 U_C 的相角差。

由式(9.2)可知，通过调节输出电压幅值和相角，可以实现对交流侧传输有功功率和无功功率的控制。

1) 柔性直流输电技术特点

(1) 电流能够自关断，可以工作在无源逆变方式，不需要外加的换相电压，受端系统可以是无源网络，能够向小容量系统或不含旋转电机的系统供电，使远距离的孤立负荷直流送电成为可能。

(2) 控制方式灵活方便。正常运行时，其可以同时且独立地控制有功功率和无功功率，不仅不需要交流侧提供无功功率支持，而且能够起到静态无功补偿器的作用。

(3) 当系统潮流反转时，直流电流方向反转而直流电压极性不变，有利于构成潮流控制方便可靠的并联多端直流系统，克服了常规多端直流系统并联时潮流控制不便、串联时影响可靠性的缺点。

(4) 采用 PWM 技术，开关频率相对较高，经过高通滤波后就可以得到所需交流电压，可以不用变压器，简化了换流站的结构，并使所需滤波装置的容量大大减小。

柔性直流输电系统对辅助设备的需求较少，换流站可以建得相对紧凑。一个功率为 20MW、电压低于 30kV 的柔性直流换流站占地面积不到 250m^2，一个 250MW 的柔性直流换流站占地面积约为 3000m^2，估算其单位占地面积为 12～15m^2/MW；而一个 300MW 的 ± 500kV 直流换流站单位占地面积约为 33m^2/MW[5]。可见，柔性直流换流站占地面积不到常规高压直流换流站的一半，大大减少了占地成本。另外，柔性直流输电采用的直流电缆也要比交流架空线路所需的走廊宽度小。

然而，柔性直流输电设备的自身投资较大，如果单纯就设备成本和建设成本而言，目前柔性直流输电技术的应用还相对昂贵。柔性直流输电仍需要降低大约 50%的成本才能体现其经济性[5]。

国外关于海上风电场电能输送的实践经验表明，随着输送距离和输送容量的增长，直流输电的经济性更加突显。当输送容量小于 300MW 时，建议使用交流输电；当输送容量超过 300MW 或输送距离超过 250km 时，建议使用柔性直流输电；当输送容量超过 500MW 时，建议使用常规高压直流输电[5]。

柔性直流输电的成本大部分在于半导体器件上，从长远看，随着大功率电力电子器件成本的不断降低以及换流站模块化设计的改进完善，柔性直流输电技术的成本会迅速降低，未来将具有良好的经济性和明显优势。

2) 柔性直流输电技术未来可应用在诸多领域

(1) 有助于实现可再生能源开发。我国有极丰富的风能资源，实际可开发量达到 230GW，主要分布在东南沿海及其岛屿、西北、华北和东北地区。除少数风能就地消耗外，大部分风能都需要并入主网。对于容量、距离满足不了传统高压交直流输电经济可行性要求的风电场，利用柔性直流输电并网、对负荷中心进行供电具有明显的优势。亚洲首条柔性直流输电示范工程——上海南汇风电场柔性直流输电工程于 2011 年 7 月投入正式运行，对于柔性直流输电技术应用发展以及可再生能源并网运行具有重要的实践意义。

(2) 便于实现分布式电源接入。随着储能技术的日益成熟，采用太阳能发电等分布式电源实现家庭供电的智能楼宇将相继出现。利用柔性直流输电技术搭建微网，一方面可以将过剩的分布式电源接入主网，另一方面也可以在分布式电源不足的情况下进行补充供电。日本在这方面进行了大量研究工作，开发了交直流混合配电盘实现直流供电。我国高科技家电的普及和智能化需求为柔性直流输电技术提供了广阔的空间。另外，海上发电等小规模电源，利用柔性直流输电技术实现并网接入，一方面有助于所在地区供电稳定，另一方面也可避免能源浪费与环境污染，如海上采油平台可以不需要燃烧多余气体，而转换成电能传输到电网中。

(3) 便于实现偏远孤立地区的供电。我国一些偏远地区(如新疆、西藏的无电地区)远离电网，负荷轻且波动大，地区与主网通过交流输电线路连接在技术和经济上都难以实施；沿海岛屿、天然气井或原油井等负荷供电，以往受自然条件限制也只能依靠本地火电厂，且往往是柴油发电机。而柔性直流输电技术可以通过直流电缆连接，将交流主网中高效电厂(如坑口电厂或水电厂)的电能传输到偏远或孤岛地区的负荷。

(4) 城市电网增容与直流供电。城市由于土地资源的限制和电网建设的环境要求，采用地埋式直流电缆进线输电，既可以回避线路走廊的问题，又能够有效控制短路容量，提高输电容量，因此柔性直流输电技术将成为城市电网增容的可靠方式。以 115kV、70km 的交流架空线路为例，将其改成±100kV 双极式柔性直流输电供电后，线路容量可提高 1 倍，达到 200MW[5]。利用柔性直流输电技术对城市电网进行供电，一方面可以快速控制系统的有功和无功，改善电能质量等，另一方面可以灵活控制交流侧的电流，解决城市电网断流电流超标问题，保证城市电网的供电安全。

3. WAMS

WAMS 是一种基于同步相量测量及现代通信技术对地域广阔的电网运行状态进行监测和分析，为电网的实时控制和运行服务的综合应用系统，一般主要包括处于调度中心的主站服务器、分布于系统关键节点的子站以及联系两者的高速数字化通信网络，其拓扑结构一般采用主站-子站树状层级结构。图 9.4 给出了 WAMS 的结构示意图。

子站即发电厂或变电站安装的同步相量测量装置，WAMS 对于同步相量测量技术的要求主要体现在可靠性、准确性和实时性三方面。可靠性包括设备的可靠性、数据传输与处理的可靠性以及数据的完整性。准确性包括同步时钟误差小于±1μs，工频相角测量误差小于±0.018°。实时性包括输出时延(数据的发送时刻相对其时标的时间差)不大于 30ms[6]。

主站即调度中心主站，一般由主站基础平台及之上的高级应用功能等组成，通过高速通信系统接收来自子站或其他主站的相量数据，并可与 EMS 等交换信息，实现实时频率特征分析、扰动识别、仿真曲线对比及全网录波触发等功能。主站的平台包括前置机、实时数据库、历史数据库、监测系统与外部系统的接口、数据的转发等部分。WAMS 有望克服现有局部和分散控制系统的不足，实现全局的优化协调控制。

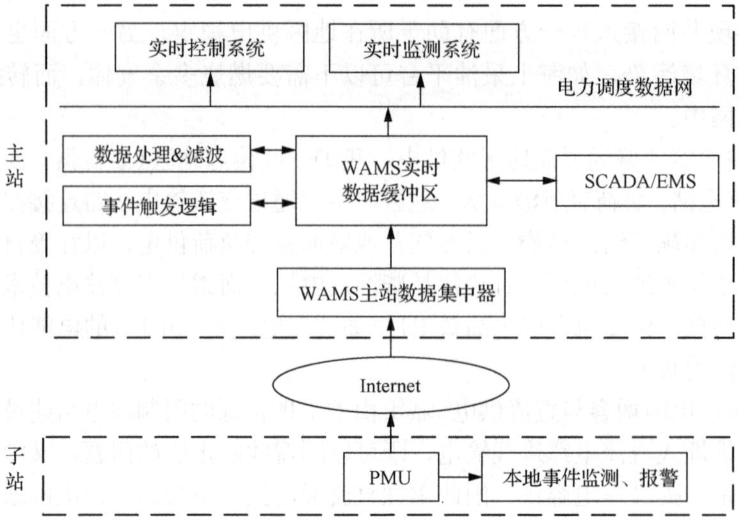

图 9.4　WAMS 结构示意图

WAMS 相关研究涉及的关键技术包括：WAMS 的框架设计；网络通信的实时性、可靠性和安全性保障；非时标信息与时标信息的融合；量测数据的深层信息挖掘，包括在没有与实际响应轨迹对应的数学模型及参数下，从 PMU 量测数据中提取特征量化指标；基于广域动态信息的定量分析与优化控制理论和算法；自适应控制的优化和协调；可视化技术。

WAMS 得到的数据具有如下 3 个特点。

(1)时间上同步。此前的各种电力系统故障录波仪由于不同地点之间缺乏准确的共同时间标记，记录数据只是局部有效，难以用于全系统动态特性的分析。全球卫星定位系统的出现，提供了一个很好的统一系统时标的工具。与传统方法相比，其具有精度高、范围大、不需要通道联络、不受地理和气候条件限制等优点，是电网时间统一的理想方法，在电力系统中已经有相当多的应用。电网的广域互联会带来新的电网暂态和动态问题，是原有的稳态监测系统所无法处理的，WAMS 时间上同步的特点可以有效改善这些问题。

(2)空间上广域。随着“西电东送”及全国联网和电力市场的推进，电力系统的空间范围不断扩大，形成广域电力系统。广域电力系统的运行分析与控制都是以状态测量为基础的，传统的系统侧重于系统稳态运行情况的监测，有关的应用软件为代表的调度监测系统实际上是在潮流水平上的电力系统稳态行为监测系统。WAMS 的出现，可以在时间同步性的基础上同时获得广域电网的数据，实现对广域信息的实时处理与监测。

(3)可以利用同步相量测量技术直接测量相角数据，与此前利用电压电流信息进行状态估计相比具有更高的测量精度，相角信息的获取也可以用于电力系统的稳定监测、状态估计以及控制等。

WAMS 可提供大范围的态势感知，其工作可以减轻电网的阻塞和瓶颈，缩小和防范系统大停电。它与目前使用的 SCADA 技术相比，就质量而言，就像前者向电网提供的是一个“核磁共振成像术”，而后者仅提供“X 射线”。

SCADA 通常每隔 2s 或 4s 测量一次，为电力系统提供稳态的观测；而 WAMS/PMU 可以实现每秒多次采样(如 30 个样本/s)，所测量的结果也在时间上精确同步，不仅可为电力系统提供动态的可视化，还有望实现电网的模型参数识别和稳定控制。

9.3　ATO 的技术保障与发展趋势

进入 21 世纪以来，以美加“8.14 大停电”为代表的大规模停电事故仍时有发生，中、小型电网事故引起的用户停电更是屡见不鲜，造成的社会影响和巨大的经济损失难以估算。

现有的电网紧急控制保护、自动装置不具备对事态发展的实时监视、评估和控制能力，并且还可能发生因保护动作过慢或误动而导致电网振荡或不必要的解列等问题，因此必须提高正常状态下的可观察性和动态安全评估与预防性控制能力，以实现电网的安全稳定运行，降低大规模停电的风险。

1. 高级电网保护与控制技术

1) 广域保护与控制

自动化技术、通信和网络技术、智能电网的发展，促进了基于 WAMS 及在线 DSA 的广域保护(WAP)技术的发展。通过采集一定范围内的广域信息，构成广域保护、广域后备保护，可以与现有安控自动装置的功能进行有机的结合，跳出了各自独立控制的范畴。

基于广域保护的原理与配置，研究快速网络拓扑和运行方式识别、复杂公共电网故障元件定位、后备保护在线自适应整定、防连锁跳闸措施等内容，可解决后备保护易受系统运行方式影响、配合关系复杂、动作时间长、在潮流转移情况下可能发生误动等问题。

广域线路后备保护可以从电网整体的角度判断，实现准确的故障定位，执行正确的跳闸，并闭锁会误动的保护，避免故障范围的扩大与连锁跳闸。

与常规保护相比，广域保护主要控制方法如下。

(1) 预防或抑制扰动的控制和保护策略(类似于预防控制)。

(2) 通过系统的有功功率-相角、无功功率-电压调节，实现保护措施(包括传统的隔离故障功能)。

(3) 联络线的解列预防和恢复策略。

(4)低频低压减载。

2)故障特征与机理的研究

在智能电网(尤其是智能配电网)中，电力电子器件、调频部件和超导材料应用后，改变了短路电气量的分布规律，冲击了经典的继电保护理论，影响了原有继电保护技术的应用和配置。因此，需要研究出新材料、新器件应用到智能配电网之后的故障特征与故障机理中，提出新的继电保护方法和控制手段。

另外，智能配电网中将出现具有间歇性特点的分布式电源，导致继电保护需要面对运行方式出现很大变化的情况，例如，运行方式会在单电源和多电源之间变化，甚至会出现孤网运行的情况。因此，需要研究容易适应运行方式变化的继电保护技术和设备，至少具备在较大范围内适应运行方式变化的能力。

2. WAMS/PMU 预警监控技术

电网安全预警是实现自愈的重要前提，电网稳定性分析则是实现安全预警的关键。应基于 PMU 技术，大力发展基于轨迹的电力系统稳定性技术研究。

PMU 作为高速传感器分布在电网中，与全球定位系统的时钟脉冲相结合，用于对电网中任何节点交流电压相位的精确比较，形成 WAMS。

基于同步相量测量技术的电力系统稳定预测新思路包括：时间序列的功角预测；能量函数法；智能预测方法，如神经网络和模式识别的方法、智能方法和其他预测方法相结合；分群理论；正规形理论；数据挖掘技术；交互式多模型自适应滤波算法。

基于 PMU/WAMS 的在线测量、在线辨识、在线分析预警及全局反馈控制是保障公共电网安全性，增强其自愈性的根本途径。其关键技术包括以下几个方面。

1)PMU/WAMS 核心技术

PMU/WAMS 核心技术包括 PMU 装置中的相量计算技术、WAMS 主站的海量数据处理技术、PMU/WAMS 系统的测试评估技术及轨迹精度提升方法等。

现有相量计算技术多为基于整周期数据窗的相量计算方法，相量计算数据窗长，一方面造成在信号阶跃(如故障、线路跳闸等)时，一个周期内没有有效的相量计算结果，损失系统动态信息；另一方面跟踪快速变化过程的控制存在瓶颈。因此研究短数据窗、准确的相量计算方法，可以推动 WAMS 技术在暂态稳定领域发挥更大的作用。

PMU 技术推广使用，要求调度中心(或主站系统)必须具备海量数据处理技术。应研究多种形式的压缩处理技术和高效的分析算法，满足在线实时处理的要求。而且，主站数据分析结果应采用可视化手段显示。

PMU/WAMS 动态标准及测试评估技术也是 PMU/WAMS 核心技术的重要内

容。研究制定 PMU/WAMS 动态标准、开展 PMU/WAMS 测试与评估、保障 PMU/WAMS 在各种动态现象下的精度与一致性是开展 PMU/WAMS 预警监控的基础。

2) 基于 PMU/WAMS 的电力系统模型、参数与特性辨识技术

电力系统模型与参数一直是系统分析与控制的基础。然而，基于设计参数或离线测试获取的复杂系统模型与参数能否准确、及时地反映系统各种扰动后的响应是一个悬而未决的问题。基于 PMU/WAMS 的电力系统模型、参数与特性辨识技术是解决这一问题的新思路。

电力系统模型与参数辨识将包括发电机控制器、负荷及输电设备的模型与参数的在线辨识，也包括对复杂大系统模型的降阶、等值及主导动态参数的辨识。在辨识技术中，如何平衡辨识模型的繁简、参数的多寡与计算精度的高低、计算时间的长短之间的矛盾是问题的关键。此外，如何减小测量误差对辨识模型与参数的影响也是值得关注的问题。

基于 PMU/WAMS 的电力系统特性辨识技术指利用系统各种扰动后的实测 PMU/WAMS 信息，辨识系统特征根、掌握系统特性、达到监测系统运行状态的目的，进一步根据系统特征根位置，调整系统运行状态，提高系统安全性。如何从在线量测信号中辨识出系统特性是问题的难点。

3) 基于 PMU/WAMS 的电力系统状态分析与预警技术

基于 PMU/WAMS 的电力系统状态分析与预警技术中，一是应用图论、复杂性、风险分析等理论，考虑在系统运行随机性情况下，研究现代电网运行状况的综合评价体系和指标，包括经济性、稳定性和安全性等；二是基于在线量测海量信息的数据挖掘技术及智能预警理论与方法；三是借助模型与仿真分析手段，研究电网运行状况的连续快速在线评价方法。

4) 基于 PMU/WAMS 的全局反馈控制技术

PMU/WAMS 技术为电力系统全局反馈控制技术的研究与实施创造了条件，一是通过 PMU/WAMS 可获取全局动态信息；二是 PMU/WAMS 可快速跟踪系统动态过程，便于实施闭环反馈控制。在全局反馈控制研究中，如何选择适当的远方信号作为反馈信号、控制器的自适应控制策略、多控制器的参数协调优化方法及远方反馈信号的时滞影响等均为关键技术问题。

3. 广域稳定控制技术

随着我国高电压、远距离、大容量输电工程的建设，一个多区域互联的交直流混合电网已经出现，其对电网的安全稳定提出了更高的要求。因此建立可靠的电力系统的控制系统以保证电网的安全经济运行，已成为十分重要的问题。

第10章　支撑电网高效运行的多元化储能

传统能源的日益匮乏和环境的日趋恶化，极大地促进了新能源的发展，其发电规模也快速攀升。以传统化石能源为基础的火电等常规能源通常按照用电需求进行发电、输电、配电、用电的调度；而以风能、太阳能为基础的新能源发电取决于自然资源条件，具有波动性和间歇性，其调节控制困难，大规模并网运行会给电网的安全稳定运行带来显著影响。储能技术的应用可在很大程度上解决新能源发电的随机性和波动性问题，使间歇性的、低密度的可再生清洁能源得以广泛、有效地利用，并且逐步成为经济上有竞争力的能源。

大容量、高性能、规模化的储能技术一旦得以应用，电力就成为可以储存的商品，从而把发电与用电从时间和空间上分隔开来，发出的电力不再需要即时传输，用电和发电也不再需要实时平衡，这将给以往电力系统运行所必须遵行的发电、输电、配电、用电同时完成的理念，以及基于这一理念的运行管理模式带来重大变化，也将促进电网的结构形态、规划设计、调度管理、运行控制以及使用方式等发生根本性变革。

电网对储能的需要(储能的应用)是多方面的，包括电能质量、电压支持、旋转储备、对频繁变化的负荷进行跟踪、减轻配电阻塞、为可再生能源提供服务、平移负荷需求、用户的用能管理等。储能在电网中应用的目的不同，其能量补充和释放的循环模式也不尽相同，目前尚缺乏可适应多种需要的储能装置，也难以对储能效果进行评估，以致很难说什么储能技术对智能电网是最适宜的。从可再生能源(离网和并网)使用的角度看，高效、长寿命、可靠、价格合理和有较长放电持续时间的化学电池的开发是当前最迫切的。

10.1　储能技术的发展和应用现状

1. 储能技术的发展现状

电能存储技术的发展已有上百年的历史，最早成规模应用于电力系统的储能系统(抽水蓄能电站)也已有50年的历史。但应用于电网中的储能技术从来没有像今天这样受到广泛的关注，这源于智能电网的发展、大规模可再生能源的利用以及储能技术本身性能指标的提升。电储能将是智能电网发展的支撑性技术，将储能系统接入电网，将电能转换为某种其他形式的能量加以存储，需要时再转换为电能加以利用，这将改变传统电力系统发电与用电必须保持瞬时平衡这一基本规律，将对电力系统的运行产生革命性的影响。

按照能量存储和释放的外部特征划分，储能可分为功率型和能量型两种。前者适用于短时间内对功率需求较高的场合，如改善电能质量、提供快速功率支撑等；后者适用于对能量需求较高的场合，需要储能设备提供较长时间的电能支撑。功率型储能响应迅速、功率密度较大，如超级电容、飞轮储能、超导储能等。能量型储能具有较高的能量存储密度，充放电时间较长，如压缩空气储能、钠硫电池、液流电池、铅酸电池、锂离子电池等。在能量型储能技术中，当前最为成熟的技术为铅酸电池，铅酸电池凭借其价格低廉、性能稳定等优势在电力系统中得到了广泛的应用。锂离子电池、液流电池、钠硫电池等储能技术近年来也发展迅速，技术正逐步走向成熟，国际上已有大量的示范工程建成投运，这类电池有较好的功率和能量特性，目前存在的不足之处是成本仍然较高。功率型的储能系统，如超级电容器、超导储能系统、飞轮储能等，近年来也十分受关注。在这些技术中，超级电容器储能技术相对较为成熟，其应用日益广泛；超导储能技术尚处于试验或小范围的示范工程阶段，距离广泛应用还有较长的距离；飞轮储能技术在国外发展较快，作为不间断电源已获得广泛应用。此外，还有很多其他处于研制阶段的储能技术，如中/小型压缩空气储能系统等。

总体来看，储能技术目前普遍存在成本较高的问题。同时，系统的安全性、充放电效率、使用寿命、功率/能量密度等指标尚有待提高。不同储能技术的特征及其发展水平决定了其适宜的应用场合。例如，锂离子电池虽然能量密度较大，但其单位能量的成本较高，适用于对能量需求较大但是空间有限的场合；钒液流电池虽然能量密度较低，但其循环寿命较高，可用于对占地面积和空间要求不高、对能量需求较大且充放电较为频繁的场合。随着智能电网的发展，对储能技术的需求也会更加多样化，一种储能技术有时很难完全兼顾安全可靠、高功率/能量密度、高效率、长寿命、低成本等多个方面。此时，可采用混合储能形式，将不同性能的储能系统进行组合，充分发挥不同储能技术的优势，以满足功率和能量等多方面的需求。混合储能系统通常将响应速度快、循环周期寿命长的功率型储能技术和具有较大容量的能量型储能系统联合使用，通过协调控制，在满足应用需求的同时，提高储能系统的寿命或效率。最为常见的混合储能系统为蓄电池(铅酸电池、锂离子电池等)与超级电容器组成的混合储能系统，该系统可利用超级电容器优化蓄电池充放电过程，降低其充放电次数，从而延长其使用寿命。另一种典型方式是利用小型压缩空气储能系统与飞轮或超级电容组成混合储能系统，共同提高储能系统对扰动的响应速度，并适当提高系统的电能储存量。

2. 储能技术的应用现状

全球储能产业持续增长，2014 年总装机容量达到 184GW。从地理上看，全球主要储能项目分布在北美、欧洲和亚太地区。其中，美国是全球开展储能项目最多的国家，并且有一些项目已经实现了商业化应用；而中国储能项目近年来发展也很快；日本的储能项目也较多，钠硫电池是其重要的技术特色；欧洲近年来大力发展可再生能源发电，德国、英国、法国、西班牙等欧洲联盟主要国家均开展了若干储能项目建设，涉及应用领域广泛，前景好。全球储能项目的具体分布情况如表 10.1 所示。

表 10.1　全球储能项目地理分布(2014 年)

地域	美国	欧洲	中国	日本/韩国	其他
项目数/个	371	322	76	91	105
总容量/GW	28.6	63.9	33.3	33.5	24.7

资料来源：美国能源部国际储能数据库。

从储能技术的应用情况上看，除去抽水蓄能、压缩空气和热储能，截止到 2014 年，锂离子电池超过钠硫电池成为装机比例最高的电化学电池，已建成了一批兆瓦级大规模储能项目，主要应用于可再生能源发电并网和输配电领域；其次是铅酸电池和钠硫电池，应用也较为广泛；其余储能技术应用所占比例相对较小，尚未广泛应用。全球储能技术的应用情况如图 10.1 所示。

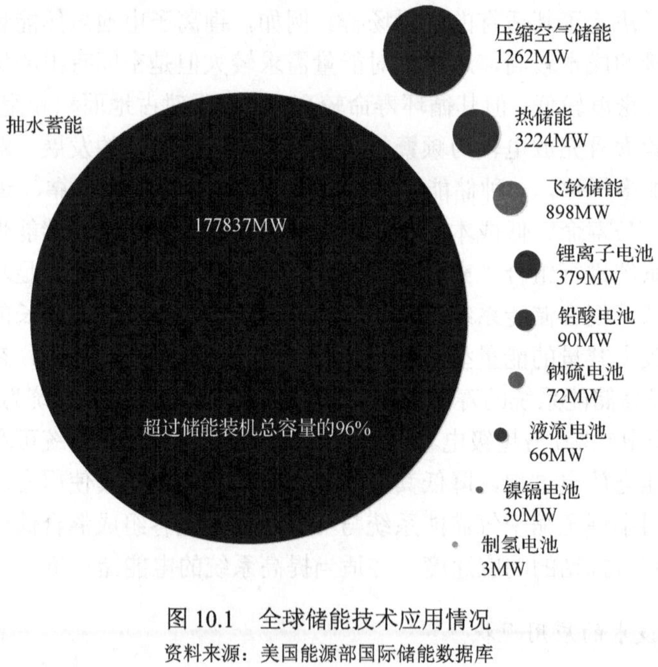

图 10.1　全球储能技术应用情况
资料来源：美国能源部国际储能数据库

尽管目前抽水蓄能仍占绝对优势，但是未来其成本下降空间有限，而各类电池储能成本有望下降 50%～60%。预计 2030 年抽水蓄能装机将小幅增至 235GW，而电池储能将快速攀升至 175GW。

从储能技术的应用领域上看，按装机容量统计，目前全球储能技术最主要的应用领域是大容量能源服务，占比达 88.51%，其次是应用于发电侧、电力辅助侧及用户侧，占比分别达 5.81%、4.44%和 1.23%。储能技术也可应用于电力输配电侧，主要用于提升电网应对可靠性(如应对自然灾害)和延缓电网的更新投资，目前应用比例还较低，占比为 0.02%。储能技术的应用领域分布如图 10.2 所示。

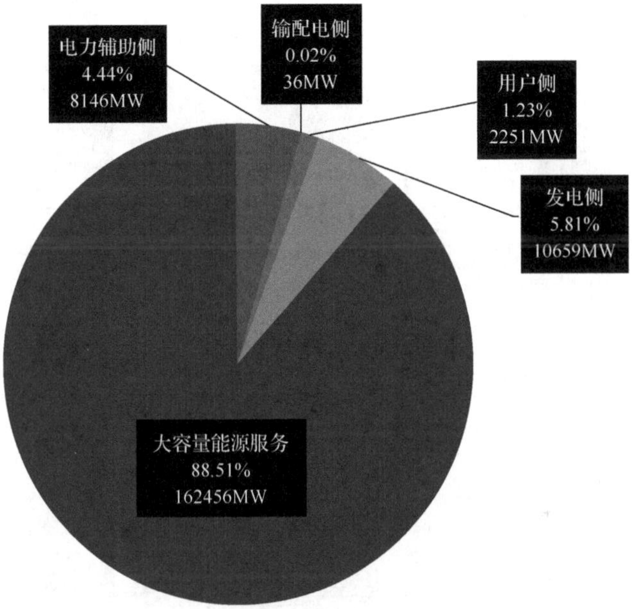

图 10.2　全球储能技术应用领域分布

资料来源：美国能源部国际储能数据库。

基于上述储能技术的发展和应用现状，并考虑到储能技术规模化应用的前景需求，一种可能的储能技术在中国发展及应用的路线如图 10.3 所示[1]。

从图 10.3 中可看出，在近 10 年内，中国大规模储能技术仍然主要依靠抽水蓄能；在未来 10～20 年，电化学储能中的锂离子电池、液流电池和铅酸电池将逐渐发挥重要作用并进入商业应用阶段，飞轮储能将在改善电能质量方面实现商业化应用；到 2030 年，超导储能将在改善电能质量、增强电力系统稳定性方面得到商业化应用，超级电容器储能将在改善电能质量、微网方面得到商业化应用；不采用地下洞穴和天然气的新型压缩空气储能将在储能领域占一席之地，大型压缩空气储能将在具备地理条件的地区获得示范应用，而熔融盐蓄热也将和太阳能热发电一起开始具备市场竞争力。

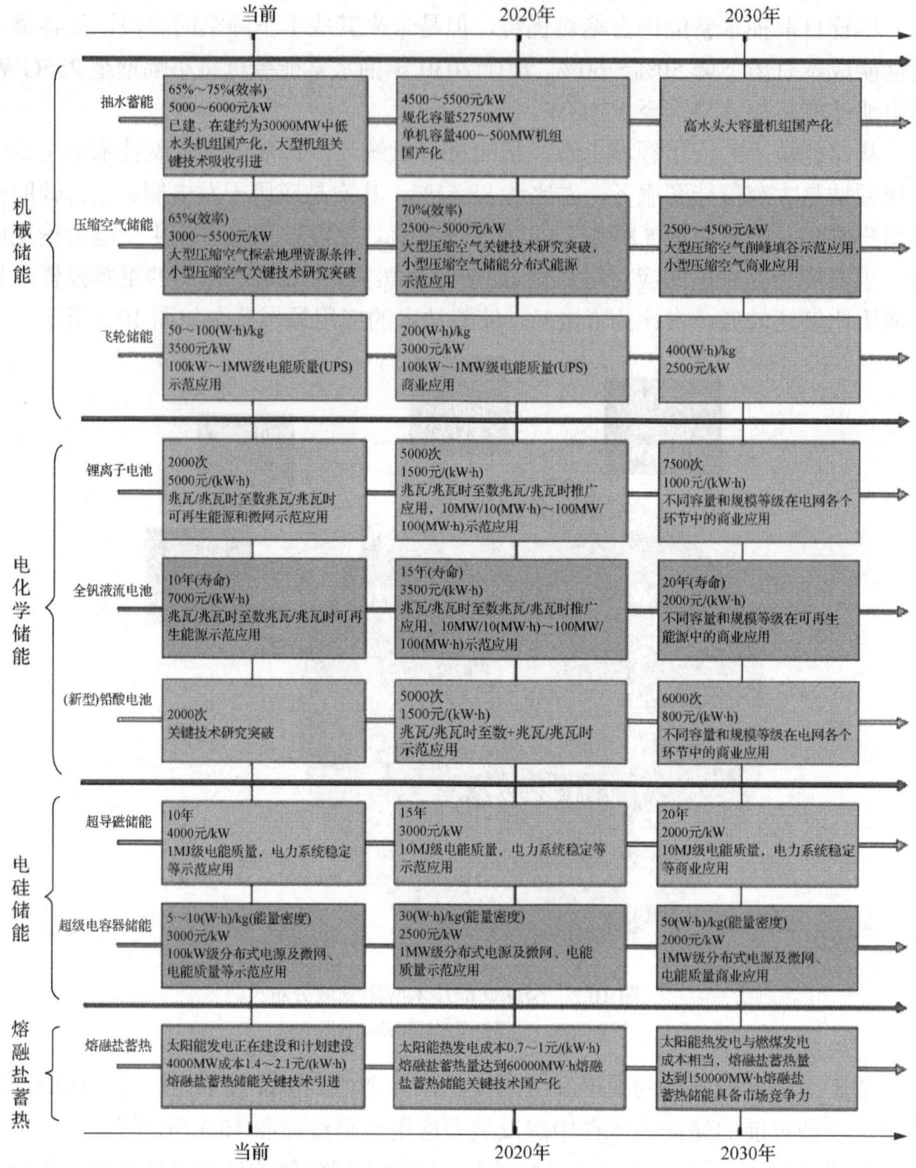

图 10.3　储能技术在中国发展及应用的路线图

10.2　基于多元储能的电网高效运行

储能技术是实现灵活用电、互动用电的重要基础，是实现智能化使用能源，解决能源危机的重要技术发展方向，也是发展智能电网的重要基础工作。因此，有必要开展先进储能技术的发展研究。

1. 多元化的储能类型

1) 抽水蓄能

抽水蓄能电站是利用电力负荷低谷时的电能抽水至上水库，在电力负荷高峰期再放水至下水库发电的水电站，又称蓄能式水电站。抽水蓄能电站作为现有容量最大、技术最成熟的储能技术，在全世界范围内得到了极为广泛的应用。全球最大的抽水蓄能电站是位于美国弗吉尼亚州沃姆斯普林斯市乔治•华盛顿国家森林的巴斯抽水蓄能电站(Bath County Pumped Storage Station)。该电站于 1985 年投入运行，包括两个大型蓄水池，总装机容量为 3030MW，在晚间抽水到上层蓄水池，在白天排水发电，具有显著的调峰作用。

中国抽水蓄能发展相对较晚，但发展速度很快，目前全国共有 27 个正在运行的抽水蓄能电站项目，总装机容量为 21.55GW。其中，装机容量最大的项目为位于广东省惠州市博罗县的惠州抽水蓄能电站，该电站于 2011 年 6 月 15 日建成，共包含 8 台发电机组，总装机容量为 2448MW。惠州抽水蓄能电站弥补了“西电东送”电源调峰能力不足的现状，有效提高了“西电东送”的综合经济效益。

2) 压缩空气储能

压缩空气储能是指在电网负荷低谷期将电能用于压缩空气，将空气高压密封在报废矿井、沉降的海底储气罐、山洞、过期油气井或新建储气井中，在电网负荷高峰期释放压缩空气推动汽轮机发电的储能方式。由于压缩空气储能成本较高，技术尚不成熟，截至 2015 年全球范围内投运或在建的压缩空气储能电站共 10 处(投运 5 处，在建 5 处)，装机容量为 1.26GW(投运 435MW，在建 825MW)。其中，德国埃尔斯福莱特州 Kraftwerk Huntorf 压缩空气储能电站是目前全球装机容量最大的压缩空气储能项目[2]。该电站于 1978 年投入运行，是全球最早投入运行的商用压缩空气储能电站，主要用于电网调峰，其 321MW 的发电机组在晚间利用核电站发出的电能压缩空气，并在用电高峰时段通过天然气发电机组发电。储能电站将空气压缩并储存在位于地下 600 多米深的两个盐穴内，总容积达 31 万立方米。两个盐穴中的压缩空气具有不同用途，一个盐穴用于调峰，另一个则用于为核电站的黑启动提供电能。

目前，我国还没有正在运行的压缩空气储能项目，其技术还有待进一步研发与推广。另外值得一提的是，全球第一个液态压缩空气电站 Highview Pilot Plant 在英国的伯克郡投入运行，虽然只有 350kW 的装机容量，但其对于压缩空气储能技术的发展具有里程碑式的意义。

3) 飞轮储能

飞轮储能是指利用电动机带动飞轮高速旋转，将电能转化成动能储存起来，在需要的时候再用飞轮带动发电机发电的储能方式。作为功率型储能单元，飞轮储能近年来在全球得到了快速的发展。全球共有 16 个飞轮储能项目投入商业运行，总装机容量达到 897MW。位于英国牛津郡阿宾顿镇的 JET Fusion 飞轮储能电站是目前全球装机容量最大的飞轮储能电站，装机容量为 400MW，具有本地电能支撑和调频的作用。

由于技术不成熟和成本过高等原因，目前我国还没有投入商业运行的飞轮储能电站项目，相关技术还有待进一步的研究与探讨。由于飞轮储能作为容量相对较大的功率型储能单元，对智能电网可以起到本地负荷支撑、电压支撑和频率支撑的作用，飞轮储能技术的研究与推广对我国智能电网的发展具有重要的意义。

4) 超级电容

超级电容器具有充电时间短、使用寿命长、温度特性好、节约能源和绿色环保等特点，但超级电容器的成本较高，商业应用较少。位于美国加利福尼亚州帕姆代尔市的帕姆代尔微网项目是目前全球唯一一处投入商业运行的大型超级电容储能项目，该电站装机容量为 450kW，额定功率放电持续时间为 30s，额定运行效率达到 99%。该项目建设目标主要是满足关键负荷的电能质量要求，在紧急状态下为关键负荷供电，在电网电力供应恢复后实现微网的孤岛转并网切换运行，作为不间断电源(UPS)提供无缝可靠性(seamless reliablity)供电，提供无功电压支撑以及提高微网的稳定性等。目前我国尚未建设大规模超级电容器储能项目，降低成本、提高容量等关键技术还有待进一步研究。

5) 铅酸电池

铅酸电池是一种电极主要由铅及其氧化物制成、电解液是硫酸溶液的蓄电池。传统铅酸电池储能技术非常成熟，价格低廉、性能稳定，在电力系统中得到了广泛应用。梅特拉卡特拉电力照明公司(MP&L)在美国阿拉斯加州梅特拉卡特拉地区建立了全球最大的铅酸电池储能电站，于 1997 年投入运行。储能电站采用 GNB 工业能源(GNB Industrial Power)的阀控式密封铅酸蓄电池技术，由 378 个 Absolyte VRLA 100A75 电池模块构成，峰值功率为 1MW，总容量为 1.4MW·h，主要为梅特拉卡特拉地区提供旋转备用、频率调节及电压支持服务。储能电站建设安装总投资 160 万美元(1996 年)，并在服役 12 年后对电池进行了替换，花费 75 万美元(2009 年)，替换下的铅酸电池送往位于加拿大魁北克的回收工厂进行回收利用。该电站至今仍在为梅特拉卡特拉地区提供服务。除储能电站外，铅酸电池也常在全球各地微网项目中作为主要或辅助储能系统使用。

传统的铅酸电池主要作为后备电源使用，大多处于浮充工作状态，因此对循环寿命没有特别要求。近年来，随着电力储能发展需求的增加，先进铅酸电池发展迅速，主要包括超级铅酸电池和铅炭电池。超级铅酸电池由铅酸电池和非对称超级电容器结合组成，充放电倍率高，循环寿命长；铅炭电池在超级铅酸电池的负极中加入了活性炭，进一步延长了电池的寿命，此外，其在充放电接受能力、高低温性能等方面也有较大改善，而成本较低的优势使其成为电力储能当前的有力竞争者。目前，铅炭电池在可再生能源发电、微网、需求响应等方面已有较多示范和商业应用。

6) 锂离子电池

自 20 世纪 70 年代以来，锂离子电池发展迅速，生产规模不断扩大，应用领域遍及电力系统、电动汽车和日常生活，成为目前世界上应用最广泛的电池之一。锂离子电池包括钴酸锂电池、锰酸锂电池、磷酸铁锂电池、钛酸锂电池、三元材料锂电池、聚合物锂电池等多种体系，具有能量密度高、功率密度高、能量转换效率高、循环寿命长等优点。目前全球在建或已投入运行的锂离子电池储能项目超过 240 项，总容量超过 400MW，规模不断扩大，前景广阔。

由于锂离子电池在电动汽车和电力储能中具有良好的应用价值，其目前已成为储能产业的发展重点之一，价格也在逐步回落。如何继续提高电池、模组和系统的安全性，降低成本，并形成完善的评价体系，是锂电池规模化应用于电力系统的关键。

7) 钠硫电池

钠硫电池具有比能量高、充电快、无自放电现象等优点，在世界上许多国家受到了重视和发展，也是早期电池储能的主力军。钠硫电池的阳极由液态的硫组成，阴极由液态的钠组成，中间隔有陶瓷材料的贝塔铝管，运行时电极处于熔融状态，温度在 300℃以上。钠硫电池能量密度高，响应时间快，循环寿命长，可由多个 50kW 的模块组成兆瓦级的大容量的电池组件。目前全球已建成超过 200 个钠硫电池储能电站，其中兆瓦级电站超过 100 个。全球最大的钠硫电池储能电站位于日本青森县六所村，总容量为 34MW，建成于 2008 年。该储能电站与当地大型风电场联合运行，将夜间多余风电储存，在日间释放所储电能，提高了风能的就地消纳能力和利用率。目前我国正积极开展钠硫电池相关技术及生产工艺的研究，尚未有商业或示范性应用。

8) 液流电池

液流电池的能量储存在溶解于液态电解质的电活性物种中，而液态电解质储存在电池外部的罐中，用泵将储存在罐中的电解质打入电池堆栈，并通过电极和薄膜，实现化学能和电能间的转换。液流电池分为全钒液流电池、锌溴体系电池、多硫化钠/溴体系电池及铁铬电池等几类。其中，全钒液流电池充放电寿命可达 10000 次以上，放电深度高达 80%以上[3]，功率和容量可分开设计，发展前景广阔。目前全球在建或已建液流电池项目超过 50 项，总容量超过 60MW。位于日本北海道苫前郡苫前风电厂(Tomamae Wind Villa Power Plant)的全钒液流电池储能系统规模达到 4MW[4]。该全钒液流电池储能系统于 2005 年建成投运，与风电厂联合运行，主要用于平滑风电厂出力和储存多余的风能，以减少风机出力波动性的影响，提高风能的利用率。我国已经掌握了全钒液流电池的前沿技术，但仍处于产业化的初期，在张北风光储输一体化示范项目等项目中有所应用。

2. 储能技术在电力系统中的应用

储能技术目前在电力系统中的应用主要包括电力调峰、提高系统运行稳定性和提高供电质量等。储能技术可以提供一种简单的解决电能供需不平衡问题的办法。这种方法在早期的电力系统中已经有所应用，例如，在 19 世纪后期，纽约市的直流供电系统中，为了在夜间将发电机停下来，采用了铅酸蓄电池为路灯提供照明用电。随着电力技术的发展，抽水蓄能电站被用来进行电网的调峰，在夜晚或者周末等电网负荷较小的时间段，将下游水库的水抽到上游水库，在电网负荷峰值时段，利用上游水库中的水发电，补充峰荷的需求。

总结起来，储能装置在电网中所发挥的作用主要体现在以下几个方面。

1)峰谷调节

电力生产过程的连续性要求发电、输电、变电、配电和用电在同一瞬间完成，因此发电、供电、用电之间必须随时保持平衡。由于电力需求在白天和黑夜、不同季节间存在巨大的峰谷差，而各类电力设备必须按满足高峰负荷甚至尖峰负荷需求设计运行，这就造成了电力设备的资产利用率和运行效率低下。从建设成本资源保护的角度出发，通过新增发输配电设备来满足高峰负荷的需求变得越来越困难，用户对供电的可靠性和调峰的要求也越来越高。储能能够发挥削峰填谷的作用，改善电力系统的日负荷率，使发电设备的利用率大大提高，从而提高电网整体的运行效率。

随着可再生能源和分布式资源得到越来越多的应用，储能系统的重要性日益增加。各种形式的储能电站可以在电网负荷低谷的时候作为负荷从电网获取电能充电，在电网负荷峰值时刻改为发电机运行方式，向电网输送电能，这种方式有助于减少系统输电网络的损耗，对负荷实施削峰填谷，从而获取经济效益。建立既经济又反应快速的调峰电站和大规模储能系统，以便将低谷电能转化为高峰电能，是实现发电和用电间解耦及负荷调节的有效途径，也是电力工业市场化的前提。另外，与常规的发电机和燃气轮机相比，这种方式在成本方面具有很大的优势。它在电网低谷时刻使用电能，用电成本较低，不像柴油发电机或者燃气轮机那样需要消耗高成本的燃料，可以减少电网对发电设备的投资，提高电力设备的使用率，减小线路损耗，提高供电可靠性，创造巨大的经济效益和社会效益。为了实现效益最大化，合理选择储能电站的位置非常重要。

利用抽水蓄能电站实现电力系统削峰填谷已经发展成熟并实现了实用化，这也是目前全球电力系统中储能的主要方式。但受建设环境、地理位置的制约，其大面积推广具有较大的局限性。电池储能具有选址灵活、建设周期短、效率高、调节性能优越等优点，具有调节电力系统峰谷的潜力。尤其在应对尖峰负荷和紧急支撑时，电池储能的优势更为明显。此外，电池储能系统与抽水蓄能或其他可调电源结合组成的复合储能，可以改善调节性能。对于电池储能来说，其建设地点更多地会靠近负荷侧，采用分布式、多点接入的方式，并与光伏等可再生能源发电系统、用电大户或重要负荷结合。

2)调频调压，改善电网特性

将储能设备与先进的电能转换和控制技术相结合，可以实现对电网的快速控制，改善电网的静态和动态特性。储能装置具有转换效率高且动作快速的特点，能够与系统独立进行有功、无功的交换。因此，储能装置可以根据系统负荷变化快速调整出力来稳定系统频率及减少不必要的联络线功率流动。研究表明，储能装置的投入可以有效改善系统频率，解决旋转备用不足的问题。

电池储能通过功率变换系统(PCS)控制充/放电过程，具有响应快速、有功无功功率独立控制、可正反向调节和效率高等优势，非常适合于调频调压。由于无功调压基本上不消耗能量，用于调频的储能技术须具有功率密度大、循环寿命长和效率高等特点。从目前的技术水平看，先进的铅酸电池，如纯铅卷绕电池、锂电池、飞轮储能等均具有参与系统调频的潜力。储能参与系统调频已经在一些国家得到了验证和小规模应用，而且正在通过合理的投资回报机制实现商业化。我国也在“三北”地区积极进行了电池储能参与电力辅助服务补偿(市场)机制试点的试点工作，将储能作为独立市场主体或与发电企业联合参与调频、深度调峰和启停调峰等辅助服务。此外，目前有一些研究示范将电池储能与常规调频技术相结合，或者将电池储能与风电的功率调控技术相结合，以弥补常规调频技术和风电自身调频技术的不足，提升调频技术性能和调频容量可信度。

3)提供应急电源，提高供电可靠性

在发生突发事故和电网崩溃时，为防止医院、消防、通信、银行等重要负荷区电力中断，储能设备将充当不间断电源/应急电源，可为电网恢复争取时间，避免损失扩大。

储能的存在对于电网故障时重要负荷的不间断供电，以及故障后电网的恢复均具有重要作用和天然优势。储能系统可以与风电、光伏或天然气发电进行组合，形成微电网或小型供电系统，在电网故障时提高生存能力并减少负荷停电时间。接入电压等级更高的大型储能电站，具有辅助电网黑启动的潜力，可在电网恢复期间作为独立电源为发电厂、变电站提供辅助供电，逐步启动发电机组直至其正常运行。大型储能电站往往由多个储能单元并联组成，独立运行时需要解决多个单元并联稳定运行和均衡工作的问题。

储能装置用于电力调峰时，需要装置具有较大的储能容量。显然，容量越大，制造和控制越困难。如果将储能装置用于系统稳定控制，就有可能采用小容量的储能，通过快速的电能存取实现较大的功率调节，快速地吸收“剩余能量”或补充“功率缺额”，从而提高电力系统的运行稳定性。目前关于储能装置应用的研究包括频率控制、快速功率响应、黑启动等。

将储能电站用于用户侧，可以提高电能质量，增强系统的供电可靠性。从技术上来说，现在已经可以利用储能装置为每一个用户(家用、商用或者工业用户)提供不间断的高质量供电电源，而且可以让用户自主选择何时通过配电回路从电网获取电能或向电网回馈电能。

4)改善电能质量

现代配电系统一方面承载了诸多敏感负荷，如各类精密加工企业、医院和其他重要部门，对电能质量要求越来越高；另一方面，大量可再生能源发电与电力电子负荷等的非线性特性、谐波、启停冲击等给系统带来较大冲击。电池、超级电容器或飞轮等储能器件可以与常规的电能质量治理装置相结合，如动态电压恢复器、STATCOM 、UPFC 等，实现高效的有功功率调节和无功控制，快速平衡系统中因为各种原因产生的不平衡功率，消减电压暂降、电压骤升、电压波动与闪变、谐波等多种电压质量问题。

由于储能的加入给常规电能质量治理装备赋予了持续的有功支撑能力，其将成为储能应用的新方向。对于在配电网中建设的分布式储能系统，可以通过改进 PCS 控制技术，使其具有低次谐波消减、无功补偿等功能，在完成峰谷调节功能的基础上，主动参与配电网电能质量治理，既可以为用户改善用电环境，又可以避免无功补偿和谐波消减等设备的重复投资。

5)满足可再生能源系统的需要

受自然条件限制，可再生能源发电具有很大的不确定性，直接并入电网会对系统造成一定的冲击，增加使系统不稳定的因素。因此，通过研发高效储能装置及其配套设备，与风电、光伏发电机组容量相匹配，支持充放电状态的迅速切换，确保并网系统的安全稳定已成为可再生能源充分利用的关键。储能技术将在平抑、稳定风能发电或太阳能发电的输出功率和提升新能源的利用价值方面发挥重要作用。风力发电、光伏发电等可再生能源发电设备的输出功率会随环境因素变化，储能装置可以及时地进行能量的储存和释放，保证供电的持续性和可靠性。在风力发电中，风速的变化会使原动机输出的机械功率发生变化，从而使发电机的输出功率产生波动而使电能质量下降。应用储能装置是改善发电机输出电压和频率质量的有效途径，同时增加了分布式发电机组与电网并网运行时的可靠性。分布式发电系统可以与电网连接，实现向电网的馈电，并可以提供削峰、紧急功率支持等服务。而一些可再生能源分布式发电系统受环境因素的影响较大，因此无法制定特定的发电计划。如果配置能量储存装置，就可以在特定的时间内提供所需的电能，而不必考虑此时发电单元的发电功率，只需按照预先制定的发电计划进行发电即可。

6）多种应用模式综合

尽管储能在电力系统中有重要作用，但其应用推广和市场开拓仍然需要克服诸多困难，包括技术、经济和体制等各方面，而高性价比是其进入市场的前提。在目前各类电池普遍成本较高的情况下，多种模式的综合应用是可以考虑的思路。对于在用户侧进行削峰填谷建设的储能系统，可以通过接入电网调度平台，或者多个分散的储能系统通过代理以集群方式接入调度平台，提供调频、调压、深度调峰等辅助服务市场。一旦其市场地位确认后，储能系统运营商可以通过约定好的结算方式获得收益。工商业用户建设的削峰填谷储能电站，还可以为重要负荷提高供电可靠性，在电网停电后过渡到孤岛运行，为负荷提供持续供电，减少用户不间断电源（UPS）重复投资。当然，在综合考虑多种应用模式时，如何实现储能系统的优化配置和运行管理、协调应用模式之间的关系以及确定各种应用的计量与结算等，都是储能发展亟需解决的重要问题。

储能技术的发展和应用将贯穿于电力系统发电、输电、配电、用电的各个环节，可以缓解高峰负荷供电需求，提高现有电网设备的利用率和电网的运行效率；可以有效应对电网故障的发生，提高电能质量和用电效率，满足经济社会发展对优质、安全、可靠供电和高效用电的要求；储能系统的规模化应用还将有效延缓和减少电源与电网的过度建设，提高电网的整体资产利用率，彻底改变现有电力系统的建设模式。

参 考 文 献

[1] 王松岑，来小康，程时杰. 大规模储能技术在电力系统中的应用前景分析[J]. 电力系统自动化. 2013, 37(1):3-8, 30.

[2] 徐新桥，杨春和，李银平. 国外压气蓄能发电技术及其在湖北应用的可行性研究[J]. 岩石力学与工程学报, 2006, 25(2): 3987-3992.

[3] 唐西胜. 储能在电力系统中的作用与运营模式[J]. 电力建设, 2016, 37(8): 2-6.

[4] 杨霖霖，廖文俊，苏青，等. 全钒液流电池技术发展现状[J]. 储能科学与技术, 2013, 2(2): 140-145.

第 11 章　智能电网的产业推动——电动汽车与绿色建筑

进入 21 世纪以后，随着信息技术和互联网技术的广泛应用，以及对电力供应的安全性、稳定性愈加关注，有关智能电网建设的理念应运而生。虽然世界各国对于智能电网的定义有所不同，但是从本质上来看，智能电网使现代电网朝着能源利用更清洁、系统运行更安全的方向全面升级，是一种能够接纳更多可再生能源和分布式能源、提高能源使用效率，并且保证安全稳定运行，以及满足用户未来更多高级应用的理想电力网络。

智能电网的建设不仅可以推动可再生能源应用，更能拉动一个庞大的“智能产业链”，它将成为推动未来世界经济发展的一个重要力量。电动汽车和绿色建筑作为“智能产业链”的重要环节，将在智能电网的发展过程中起到重要的推动作用。

11.1　电动汽车的发展需求与电网支持

1. 电动汽车概述

电动汽车作为新能源汽车的代表，是新一代的交通工具，相对以汽油燃烧作为动力的传统汽车而言，它在节能减排、减少人类对传统化石能源的依赖方面具备传统汽车不可比拟的优势。我国《国务院关于印发节能与新能源汽车产业发展规划(2011—2020)的通知》强调要大力发展节能与新能源汽车，实现我国汽车工业跨越式发展。另外，可再生能源系统(如太阳能、风能等)目前正被大量接入电力系统中。由于可再生能源自然的不连续性会引起发电的波动，所以迫切需要其他能源(如电池能量存储系统)进行补偿，以平滑可再生能源的自然可变性，保证电网频率的稳定并抑制由反向功率流引起的电压上升。

V2G 的概念就是针对上述问题提出的，其核心思想就是利用大量电动汽车的储能源作为电网和可再生能源的缓冲，当电网负荷过高时，由电动汽车储能源向电网馈电；而当电网负荷低时，电动汽车存储电网过剩的发电量，避免造成浪费。通过这种方式，电动汽车用户可以在电价低时从电网买电、电网电价高时向电网售电，从而获得一定的收益。

V2G 的概念是由 Lovins 在 1995 年提出的，特拉华大学 Kempton 教授对其进行了进一步发展[1]。目前，PHEV 和纯电动汽车由于具备接入电网进行电能补给的能力而得到了广泛的关注与发展。由于这些汽车上均装有较大容量的电池，可以考虑让它们在停车时为电网提供能量缓冲，因为大多数汽车每天有大约 22h 是处于停止状态的，在这段时间内它们代表了一种闲置资产[2]。而当这些汽车的数量足够大时，其电池的总容量是相当巨大的，因此可以将其作为电网以及可再生能源系统的缓冲。

随着近年来 PHEV 和电动汽车的广泛使用以及电池技术的进步，V2G 越来越受到人们关注。世界各国政府纷纷出台相关政策推动电动汽车产业发展。在美国，美国能源部牵头实施了 EV Project 计划，通过免费为电动汽车用户建设家用充电桩来推广电动汽车的使用。在中国，科学技术部牵头实施了“十城千辆节能与新能源汽车示范推广应用工程”，在部分城市推广新能源汽车在公交车、公务车、社会服务车辆以及出租车中的示范运营。

但是，电动汽车并不能随意地、毫无管理地接入到电网中，这是因为如果电网正处于峰值负荷，大量汽车的充电要求必然会对电网保证负荷供电产生极其严重的影响；而对于汽车，由于日常的行驶需要，在向电网馈电的过程中应兼顾汽车自身的能量存储状态，以避免影响汽车的正常使用。综合上述两方面，非常有必要对电动汽车 V2G 行为进行研究，通过协调汽车与电网间的充电和放电，使得既不会影响电网的运行，也不会限制汽车的正常使用。

目前，已有大量文献对 V2G 的可行性进行了研究。通过对 V2G 的评估可以得出，利用电动汽车电池作为电网储能源是可行的，无论从工程上还是从经济上，V2G 的效益都是引人注目的。从直接效益来看，通过 V2G 可以：①利用电动汽车电池作为电网的缓冲，为电网提供辅助服务，如调峰、无功补偿等；②能为车主提供额外的收入，抵消购买电动汽车的部分花费，有利于清洁汽车的普及；③可以增加电网安全性和可靠性，降低电力系统运营成本。此外，从长远来看，V2G 能减少对新发电基础设施的投资；还可以产生能量存储缓冲，从而为可再生能源提供支持；电动汽车的大量使用可以减少温室气体的排放。

总而言之，将电动汽车与电网智能地结合起来，利用电动汽车的储能系统为电网服务(即 V2G)是可行的。当然，必须对电动汽车的充放电过程进行合理的、智能化的管理，才能使其为电网更好地服务。

2. 电动汽车 V2G 的运行与实现

现有的电动汽车种类繁多、用途各异，采用的供电方式也不尽相同，这就决定了 V2G 具有不同的实现方法。根据应用对象的不同，可以将 V2G 实现方法分成 4 类[3]。

1)集中式的 V2G 实现方法

集中式的 V2G 是指将某一区域内的电动汽车聚集在一起，按照电网的需求对此区域内电动汽车的能量进行统一的调度，并由特定的管理策略来控制每台汽车的充放电过程，例如，修建供 V2G 使用的停车场。从文献来看，按此种方式进行研究的文献较多。

对于集中式的 V2G，可以将智能充电器建在地面上，这样能够节约电动汽车的成本。同时，由于此种方式采用统一的调度和集中的管理，可以实现整体上的最优，例如，通过先进的算法可以计算每台汽车的最优充电策略，保证成本最低及电力利用最优。

2) 自治式 V2G 实现方法

自治式 V2G 的电动汽车经常散落在各处，无法进行集中的管理，因此一般采用车载式的智能充电器，它们可以根据电网发布的有功、无功需求和价格信息，或者根据电网输出接口的电气特征(如电压波动等)，结合汽车自身的状态(如电池 SOC) 自动地实现 V2G 运行。典型的自主分布 V2G 装置结构如图 11.1 所示。

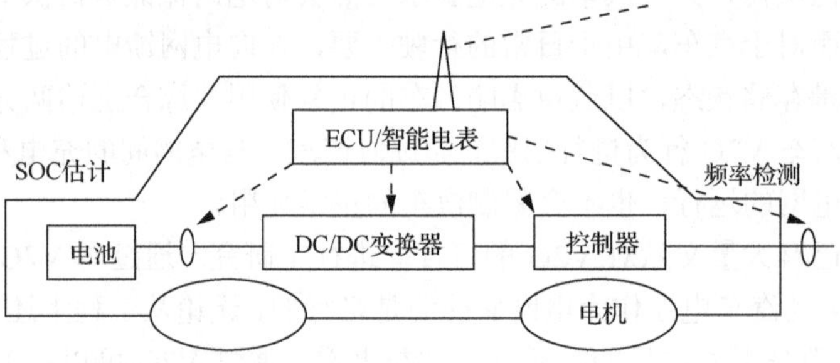

图 11.1　自治式的电动汽车 V2G

自治式 V2G 一般采用车载的智能充电器，充电方便、易于使用、不受地点和空间的限制。但是，每一台电动汽车都作为一个独立的节点分散在各处。由于不受统一的管理，每台电动汽车的充放电具有很大的随机性，是否能保证整体上的最优还需进一步研究。此外，车载充电器还会增加电动汽车的成本。

3) 基于微网的 V2G 实现方法

按照美国电气可靠性技术解决方案联合会的定义，微网是一种由负荷和微型电源共同组成的系统，它可同时提供电能和热量；微网内部电源主要由电力电子器件负责能量的转换，并提供必需的控制；微网相对于外部公共电网表现为单一的受控单元，并可同时满足用户对电能质量和供电安全等的要求。

基于微网的 V2G 实现方法，实际上是将电动汽车的储能设备集成到微网中，它与前面两种实现方法的区别在于，这种 V2G 方法作用的直接对象不是公共电网，而是微网。它直接为微网服务，为微网内的分布电源提供支持，并为相关负载供电。例如，将电动汽车集成到家庭住宅供电网络中，可以包括风能、太阳能等分布式发电，并与外部公共电网相连接。它能利用电动汽车支持可再生能源并向家庭和商业用户供电。

4) 基于更换电池组的 V2G 实现方法

还有一种基于更换电池组的 V2G 实现方法，来源于更换电池组的电动汽车供电模式，如图 11.2 所示。它需要建立专门的电池更换站，在更换站中存有大量的储能电池，因此也可以考虑将这些电池连到电网上，利用电池组实现 V2G。

这种方法的原理类似于集中式的 V2G，但是管理策略上会有所不同，因为电池最终是要用来更换的，所以必须确保一定比例的电池电量是满的。它融合了常规充电与快速充电的优点，在某种意义上极大地弥补了电动汽车续驶里程不足的缺陷，但是它迫切需要统一电池及充电接口等部件的标准。

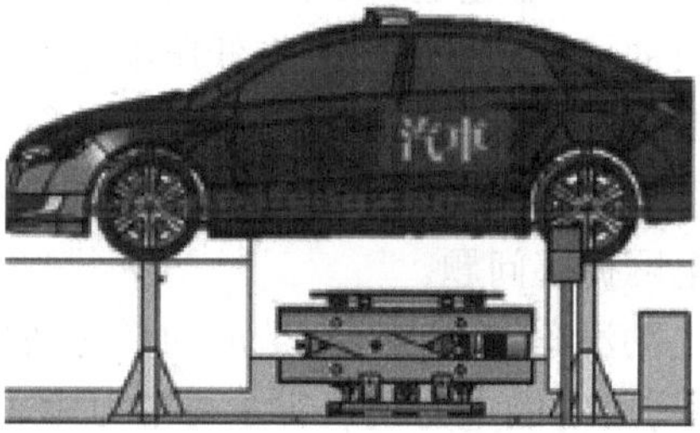

图 11.2　更换电池组的电动汽车供电模式

3. 电动汽车与电网

电动汽车作为分布式微储能单元接入电力网络后，配电网将由一个放射状网络变为一个分布式可控微储能和用户互联的复杂网络，其运行特性会发生改变，影响电网的安全经济运行。大量电动汽车的接入对电力系统的安全与经济运行带来了新的挑战。考虑到电动汽车充电行为的随机性，电动汽车接入会给电力系统的运行与控制带来显著的不确定性。电动汽车广泛采用后对电力系统的影响既有正面的，也有负面的。就正面影响而言，电动汽车会成为电力系统的一种新型、大容量的负荷[4]：对于每个家庭用户，每天采用 10～15A 的电流充电 6～8h 将会是一个很大的负荷；对于供电公司，电动汽车的快速发展和广泛应用意味着销售电量的巨大增加，这可以促进电力工业的发展；对于系统运行，电动汽车相当于一个分布式储能器，可以在负荷高峰时将电能反送回网络。就负面影响而言，大量电动汽车的无序充电行为会给系统带来显著的负面影响，甚至可能影响电力系统的安全与可靠运行。若数以百万计的电动汽车车主下班回家后立即(差不多同时)开始充电肯定会影响局部或者更大范围内电力系统的安全运行。这样，如果不适当控制充电负荷，则可能引起一些时段负荷的明显上升，在晚间负荷高峰时期这会产生更加不利的影响，如需要增加电力网络容量，以及为满足高峰负荷需求而新增发电容量，导致系统投资成本和运行成本增加；此外，也会引起电压控制、电能质量(谐波与次谐波)、供需平衡、继电保护等方面的问题。

1) 电动汽车充放电的影响

(1) 负荷平衡。电动汽车技术逐渐成熟并大范围普及时，其应用可能会导致配电网局部负荷变大，IEA 2009 年预估 2050 年 EV/PHEV 的大规模接入电网，将使全球电力需求量增加 10%；EPRI 也指出，若全美国 60%的汽车替换为电动汽车，美国电力需求将增加 9%，如果不加控制地将大量电动汽车接入电网，配电网可能会过负荷，因此电动汽车接入电网必须考虑对配电网负荷平衡的影响[5]。对于电动汽车充电给电网增加的负荷，可通过高级计量架构等先进的智能技术进行管理。已有文献在考虑电网约束的情况下，提出了在低压配电网约束下规划电动汽车充电的优化方案，并使用 IBM ILOG CPLEX 优化软件包计算了每个电动汽车的个体充电计划，仿真结果表明，使用该方案可以大大减少配电网的过负荷，同时降低了电力成本，避免了配电网拥塞问题。

(2) 电源容量规划。电动汽车接入电网后造成的负荷增长也将增加发电、输电、配电系统的压力，这时电力公司的电力装机容量与电力输送设备也必须随之调整，以应对大量电动汽车在负荷高峰时段充电的情况。因此电动汽车入网也会对现有的电源装机提出更高的要求，对电网现有的承受能力提出新的挑战。

(3) 电能质量。电动汽车的接入使用增加了相应的充电设备，其中也包括大量高度非线性的电力电子装置。当充电机对电动汽车充电时，直流电流在交流三相之间不断地换相时会产生谐波，进而对配电系统的电能质量产生影响，如功率损耗、电压偏差、频率波动等。已有研究结果表明，在较低的电动汽车接入标准下，电动汽车采用常规充电率进行充电会产生低谐波和电压偏差以及较少的损耗，采用快速充电率进行充电会产生很大的电压谐波、损耗和变压器过负荷；在较高的电动汽车接入标准下，电动汽车充电会造成严重的电压谐波、电能损失和变压器过负荷。

(4) 环境影响。电动汽车接入电网充电也会影响电网及城市的环境。已有研究表明，在合理有序的电动汽车充放电策略下，推广应用电动汽车不仅可以增强电网的可靠性，还能够促进可再生能源的应用并减少有害气体的排放。与传统汽车相比，电动汽车将能够减少 77%的 HC、CO、NO_x 和 PM 等大气污染物的排放，以及 40%的 CO_2 的排放，在环境影响上要优于传统汽车[5]。

2) 电动汽车充放电的控制与应用

理想情况下，电力系统的用电量应该和风能、太阳能以及常规电厂发出的电能精确匹配。但由于预测误差和可再生能源发电的间歇性，经常出现电能的供需不平衡，而电动汽车执行适当的充放电策略可以帮助实现上述平衡。未来可结合电力负荷的特点，发挥电动汽车的充放电服务优势，让电动汽车在电网负荷低谷时充电，在合适的时候根据统一管理的需要将电能回馈到电网，实现可移动能量储存单元与配电网的电能双向交换，即 V2G 模式，这对于扩大电力终端用电市场，降低需求侧峰谷差，提高电力供需平衡和电力设备负荷效率，具有重要的意义。

(1) 电动汽车与电网的连接与通信。电动汽车的充放电控制装置既有与电网的交互，又有与车辆的交互，交互的内容包括能量转换信息、客户需求信息、电网状态、车辆信息、计量计费信息等。电动汽车接入电网放电必须满足三个条件：①电动汽车必须能够接入电网；②必须建立和电网之间的通信与控制途径；③电动汽车必须有精确测量电池状态信息的仪表。

电动汽车与电网之间的通信是 V2G 的重要组成，而消息是 V2G 通信接口中的重要一环。借助 V2G 消息，可以实现电动汽车和电网的信息交互，即电动汽车侧的请求和电网侧的响应，包括可用的服务、授权、充放电参数和收费信息、线路锁定、电能传输、电能测量状态、电能传输停止、线路解锁等。

(2) V2G 在电网削峰填谷中的应用。电动汽车的普及程度增加后，对于大部分的电动汽车来说，其具有较长的停车不使用时间，因此 V2G 在电网削峰填谷方面有着很大的利用价值。电动汽车在电网非高峰负载期充电，在高峰负载期放电，可以起到削峰填谷的作用。从负荷平衡角度来看，电动汽车充放电引起的电网负荷变化对发电规划及调度具有重要的影响。但由于每个汽车的回馈能力有限，如何通过特定整合手段对并网电动汽车进行集中调度是非常有必要的。

(3) V2G 在电力系统频率调节中的应用。电网运行管理的一个重要方面就是利用电能储备进行电压和频率调节，从而有效避免功率不平衡或阻塞问题。电动汽车能够接入电网充放电，可用来调整系统中能量的不平衡，保持频率稳定，因此被视为今后电力系统调频的一种灵活的解决方案。电力系统的频率调节有一次调节、二次调节和三次调节之分。电动汽车具体以怎样的形式参与电力系统调频尚没有定论，但电动汽车参与调频的整个过程理论上不应超过 15min。由于三次调节为“人工”调频且一年中只需进行几次，若利用电动汽车的储能对频率进行三次调节，会因所需能量过多使得汽车并网时间过长，所以从技术角度看，应重点关注电动汽车的一次和二次调节作用[4]。

(4) V2G 与间歇式新能源协调运行。电动汽车接入电网时可以作为一个可控的负载和储能装置，使得随机波动的发电单元如风电、太阳能等可再生能源具有更高的功率波动范围，为减少电源波动和负载波动提供电源支撑。电动汽车有序充放电与分布式能源，如风电/光伏的协调互补作用，能够增强电力系统消纳可再生资源的能力，进而提高系统运行的稳定性和经济性。智能电网环境下电动汽车充电设施与可再生能源发电系统在工作机理上具有良好的互补效益，通过智能电网技术实现二者集成应用有助于提高整体系统的综合效益。一般而言，在实现电动汽车与可再生能源协同互补时，跨区域的联合调度由于距离远、建设成本高等缺点，导致可行性比较差。通过微电网接入建立电动汽车充放电设施与可再生能源发电系统的关联关系，是实现电动汽车对可再生能源发电集成利用的最直接的方式。

11.2 绿色建筑的发展需求与电网支持

1. 绿色建筑概述

建筑能耗是社会能耗的占比大户，到2020年预计将占到全国总能耗的35%[6]。因此，以建筑楼宇为代表的终端用能系统被视为降低能耗的重要实施对象，具有巨大的节能减排潜力。充分挖掘以建筑楼宇为代表的用户需求侧节能潜力，对解决人类社会发展过程中日益凸显的能源需求增长与供给紧缺矛盾、能源利用与环境保护矛盾具有重要意义[7]。近年来，随着我国大力倡导节能减排和创建资源节约型社会的努力，建筑节能日益成为节能工作的重点，其中最具有代表性的研究方向即为绿色建筑。

所谓绿色建筑是指：在建筑的全寿命期内，最大限度地节约资源（节能、节地、节水、节材）、保护环境和减少污染，为人们提供健康、适用和高效的使用空间，与自然和谐共生的建筑。绿色建筑技术注重低耗、高效、经济、环保、集成与优化，是人与自然、现在与未来之间的利益共享，是可持续发展的建设手段。绿色建筑强调人与自然的和谐，避免建筑物对生态环境和历史文化环境的破坏，资源可循环利用，室内环境舒适，符合我国政府可持续发展的基本国策，因而受到了各级政府、工程界与房地产业的高度重视。目前采用的绿色建筑节能技术措施主要有屋顶绿化、透水地面、高性能的围护结构、高效的空调系统和设备、全热回收系统、节能照明系统、分项计量、能源再生型电梯、低能耗办公用电设备等[8]。

为了满足我国经济快速和可持续发展的需要，绿色建筑作为低碳城市的主要技术支撑，已逐步成为城市建筑的发展趋势。

2. 绿色建筑用能系统的运行与管理

从电网供电的角度出发，考虑到绿色建筑用能高效和环保的要求，分布式可再生能源接入与综合能源优化利用是其需要重点关注的领域。

1）光伏建筑一体化

我国有丰富的太阳能资源，全年日照时数超过 2200h 的太阳能利用条件较好的地区占国土面积的2/3，故开发利用太阳能是我国实现可持续发展战略的有效措施之一。在技术经济条件适宜的情况下，楼宇建筑用能应优先考虑充分利用太阳能资源。随着世界能源短缺加剧，环境污染日益严重，各国都在寻求可持续发展的能源战略，光伏发电系统拥有极具潜力的发展空间。目前，我国光伏产业正以每年30%的速度增长，开发和利用绿色可再生能源已成为大势所趋，而光伏建筑一体化(BIPV)是光伏产业的重要支撑和发展方向之一。

BIPV提出了“建筑物产生能源”的新概念，即建筑物与光伏发电的集成化，在建筑物的外围护结构表面上布设光伏阵列产生电力。BIPV具有以下一些优点：建筑物能为光伏系统提供足够的面积，不需要另占土地；能省去光伏系统的支撑结构和输电费用；光伏阵列可代替常规建筑材料，节省材料费用；安装与建筑施工结合，节省安装成本；光伏发电分布式接入，避免电力传输和分电损失(约5%～10%)，降低输电/分电的投资和维护成本；使建筑物的外观呈现更有魅力。把太阳能同建筑结合起来，将房屋发展成具有独立电源、自我循环式的新型建筑，是人类进步和社会、科学技术发展的必然。联合国能源机构的调查报告显示，BIPV将成为21世纪最重要的新兴产业之一[9]。

BIPV是光伏系统依赖或依附于建筑结构中的新能源利用形式，其主体是建筑，客体是光伏系统。光伏系统在发展早期主要是用于偏僻无电地区、游牧家庭、航海灯塔、孤岛居民供电。随着常规能源的日益枯竭而引起的发电成本上升和人们环保意识的日益增强，一些国家纷纷开始实施、推广应用于建筑物的光伏发电系统，即BIPV系统。

光伏与建筑的结合有两种方式：一种是建筑与光伏系统相结合；另外一种是建筑与光伏器件相结合。前者是把封装好的光伏组件(平板或曲面板)安装在居民住宅或建筑物的屋顶上，再与逆变器、蓄电池、控制器、负载等装置相联，甚至还可以通过一定的装置与公共电网联接；后者则是将光伏器件与建筑材料集成化。一般的建筑物外围护表面采用涂料、装饰瓷砖或幕墙玻璃，目的是为了保护和装饰建筑物。如果用光伏器件代替部分建材，即用光伏组件来做建筑物的屋顶、外墙和窗户，这样既可用做建材也可用以发电，可谓物尽其美。对于框架结构的建筑物，可把其整个围护结构做成光伏阵列，选择适当光伏组件，既可吸收太阳直射光，也可吸收太阳反射光。

此外，为保证实际负载较少时，太阳能发电不会回流至主电网，需要为光伏发电系统配备可自动控制逆变器并网运行的楼宇微网能源管理系统，以为楼宇供能提供多种低碳解决方案。楼宇微网能源管理系统是针对楼宇设计的一套具备发、输、用三位一体的能源管理系统，通过将可再生能源、冷热电联供(combined cooling，heating and power system，CCHP)、储能系统以及相关技术集成在楼宇供能系统中形成的多能源联合供能系统[10]。其总目标是建立一个全局性的能源管理系统，构成覆盖能源信息采集及能源信息管理两个功能层次的计算机网络系统，实现对发电、输电、用电的自动监测，进而完成能源的优化调度和管理。实现安全、优良供能，提高工作效率，降低能耗，实现多种能源互补、可再生能源的充分消纳利用，从而达到降低产品成本的目的。

2）楼宇分布式能源系统

分布式能源系统是一种新型的供能系统，与传统集中式能源供应系统相比较，它大多建设在用户现场或邻近，利用当地的清洁能源(主要是天然气)、可再生能源或工业余热余压来发电及供热，首先满足当地用户的电、热、冷、蒸汽、生活热水各种负荷的需要。通过冷、热、电多联供技术，利用先进的燃气轮机或燃气内燃机燃烧洁净的天然气发电，再对做功后的余热进一步回收，用来发电、制冷、供暖和生活热水，可实现对能源的梯级利用，能够提高能源利用效率至70%以上。楼宇分布式能源系统作为其重要形式之一，通常是以一个大厦、学校或小区为单位，融合供热(生活热水、取暖)、制冷、发电过程为一整体的多联供能系统，它是建筑负荷的能源中心，具有节能、经济、环保、安全等特点。

应用最为广泛的楼宇式天然气分布式能源系统装机容量小，一般以小型或者微型热电联产机组为主体，联合吸收式空调机组以及余热锅炉，能够安装在建筑物的内部或者很小的空间内直接向建筑物供能。既能节省空间，又能减少能量的运输损耗。主要应用于具有特定功能的建筑物如写字楼、商厦、医院、学校、宾馆及某些综合性建筑。装机容量一般从10kW到10000kW，上海浦东国际机场能源中心是其国内应用的典型代表。楼宇式系统能源利用效率能提高到80%以上，是当今世界高能效、高可靠、低排放的先进能源技术手段，被各国政府、设计师以及投资商所广泛采纳。

3. 绿色建筑与电网

智能楼宇是绿色建筑的实现表征形式，也是智能电网用电环节的重要组成部分，节能减排是智能楼宇的最大特点之一和设计需求。智能楼宇采用先进的计算机控制技术、管理软件、节能系统程序和集成能源管理系统，能有效改善楼宇建筑的能效，提高楼宇建筑用电效率。在我国，由于城市化水平越来越高，建筑用能消耗占我国总能源消耗的比例越来越大。因此，提高楼宇建筑中的电能利用率，合理地利用电能并推进楼宇的智能用电就显得非常重要。

智能楼宇建设的主要目标之一就是实现楼宇建设的科学合理用能，智能楼宇项目将节能方向由传统的建筑材料和设备改造，转向利用通信、控制及信息化技术，对现有楼宇进行综合管理。从管理角度实现节能减排，智能楼宇对各个子系统进行配置，通过计算机网络、综合布线等技术手段，综合管理智能楼宇内的各种用电负荷和系统。智能楼宇系统一般包括楼宇自动化系统、办公自动化系统、通信与网络系统等，以楼宇能源管理系统为核心，统一管理需要用电的设备或系统，并进行集成，通过先进的能效控制方法，在确保用户的舒适性、安全性的条件下实现楼宇用电的智能化、互动化，从而提高楼宇的能效，实现智能楼宇节能减排。

为达到绿色建筑节能减排、智能互动，促使其具备高效的经济用电目标，需要提高电能在终端能源消费中的比例。将电力需求响应技术应用到智能楼宇，通过现有的能源管理系统、智能测量技术、双向通信网络及智能决策控制技术，采取价格和激励等市场机制手段，制定符合智能楼宇用户用电行为及负荷特点的需求响应需求策略，积极响应电网的供电要求，减少电网负荷峰谷差，实现需求侧和电网侧的双向互动。

为实现楼宇建筑用能侧与电网侧的互动响应，需要重点关注以下技术：

(1)分布式能源接入。与以往的供能方式相比，分布式能源接入的优点如下：第一，能源利用率高。例如，冷热电三联供系统可合理利用燃料燃烧后排出的低品位烟气来供热或供冷，按照“温度对口，梯级利用”的原则，最大限度地提高能源综合利用率。第二，环保，同时推动了可再生能源的发展。分布式能源系统的燃料一般是天然气、太阳能和生物质能等，不仅推动了可再生能源的利用，而且实现了节能减排。第三，使电网变得更加安全与可靠。不仅减少了大量的输配电环节，当发生电力短缺的现象时，接入分布式能源的楼宇建筑仍可以保持电能供应。

(2)自愈技术。有自愈能力的现代化电网可以发现并对电网的故障做出快速反应，减少停电时间和经济损失；突出智能电网的自愈功能制止级联事件演变成大的停电事故，实施事件响应的快速仿真决策，主动解列灵活分区的分布协调自适应控制以及在紧急状态下对分布式能源的辅助服务；具有故障定位与隔离(对减少停电时间意义较大)和网络重构，非故障部分迅速恢复供电功能；注重电压与无功控制(VVC)支持电网自愈；当系统拓扑结构发生变化时，继电保护具有再整定功能，实现智能化电力系统更新运行方式后的保护，以达到电网在任一重构时，要求一个新的电网方案和继电保护的配合等。

参考文献

[1] 刘晓飞，张千帆，崔淑梅. 电动汽车 V2G 技术综述[J]. 电工技术学报, 2012, 27(2): 121-127.

[2] Brooks A. Integration of electric drive vehicles with the power grid-a new application for vehicle batteries[C] Battery Conference on Applications and Advances, 2002. the Seventeenth. IEEE, 2002: 239.

[3] 鲍健强，欧万彬，叶瑞克. 电动汽车与智能电网：两大战略性新兴产业的交互——V2G 推进汽车工业和传统电网的低碳化转型研究[J]. 科技管理研究, 2011, 31(22): 24-28.

[4] 赵俊华，文福拴，杨爱民，等. 电动汽车对电力系统的影响及其调度与控制问题[J]. 电力系统自动化, 2011, 35(14): 2-10.

[5] 马玲玲，杨军，付聪，等. 电动汽车充放电对电网影响研究综述[J]. 电力系统保护与控制, 2013, (3): 140-148.

[6] Yu J, Tian L, Xu X, et al. Evaluation on energy and thermal performance for office building envelope in different climate zones of China[J]. Energy & Buildings, 2015, 86: 626-639.

[7] Jin X, Mu Y, Jia H, et al. Optimal day-ahead scheduling of integrated urban energy systems[J]. Applied Energy, 2016, 180:1-13.

[8] 郭甲生. 论绿色建筑与分布式能源[J]. 能源与节能, 2013, 89(2): 65-68.

[9] 邹颖. 绿色建筑并网型光伏发电系统设计研究[J]. 建筑电气, 2013, 32(2): 29-34.

[10] Van Roy J, Leemput N, Geth F, et al. Electric Vehicle Charging in an Office Building Microgrid with Distributed Energy Resources[J]. IEEE Transactions on Sustainable Energy, 2014, 5(4): 1389-1396.

附录A 名词解释

1-Neighbour Knapsack Problem, 1-NKP	1-邻域背包问题
2G/3G/4G (2/3/4 Generation)	第 2/3/4 代
The 3rd Generation Partner Project,3GPP	第三代合作伙伴计划

A

Active Distribution Network, ADN	主动配电网
Active Power Filter, APF	有源电力滤波器
Advanced Asset Management, AAM	高级资产管理
Advanced Distribution Automation, ADA	高级配电自动化
Advanced Distribution Management System, ADMS	高级配电管理系统
Advanced Distribution Operation, ADO	高级配电运行
Advanced Metering Infrastructure, AMI	高级量测体系
Advanced Transmission Operation, ATO	高级输电运行
All Dielectric Self-Supporting Optical Fiber Cable, ADSS	全介质自承式光缆
Alternate Current, AC	交流
Amplitude Shift Keying, ASK	幅移键控
Asymmetric Digital Subscriber Line, ADSL	非对称数字用户线路
Authentication Header, AH	认证报头
Automatic Data Collection System, ADCS	自动数据收集系统
Automatic Generation Control, AGC	自动发电控制
Automatic Mapping, AM	自动成图
Automatic Meter Reading, AMR	自动读表
Automatic Switched Optical Network, ASON	自动交换传送网
Average Service Availability Index, ASAI	平均供电可用率指标

B

Balancing Authority, BA	功率平衡区
Boiler Maximum Continuous Rating, BMCR	锅炉最大连续运行负荷
British thermal unit, Btu	英热单位

续表

Broadband over Power Lines, BPL	电力线宽带
Broadband Power Line Carrier Communication, BPLC	宽带电力线载波通信
Browser/Server, B/S	浏览器/服务器
Building Cooling, Heating and Power, BCHP	楼宇冷热电联供系统
Building Integrated Photo Voltaic, BIPV	光伏建筑一体化
C	
Capability Maturity Model Integration, CMMI	能力成熟度模型集成
Capability Maturity Model, CMM	能力成熟度模型
Certificate Authority, CA	认证中心
Classless Inter Domain Routing, CIDR	无类别域间路由
Client/Server, C/S	客户端/服务器
Combined Cooling Heating and Power, CCHP	冷热电三联供
Combined Heat and Power, CHP	热电联产
Contingency Analysis, CA	预想事故分析
Critical-Peak Pricing, CPP	峰荷定价
Customer Information System, CIS	用户信息系统
Customer Portal, CP	用户门户
Static Voltage Stability Region in Cut-set Power Flow Space, CVSR	割集功率空间上的静态电压稳定安全域
Cyber Security, CS	赛博安全
Cyber-Physical System, CPS	赛博物理系统
D	
Data Analytics	数据分析
Data Over Cable Service Interface Specifications, DOCSIS	有线电缆数据服务接口规范
Demand Response, DR	需求响应
Demand Side Management, DSM	需求侧管理
Denial of Service, DoS	拒绝服务
Descriptive Analytics	描述性分析
Digital Subscriber Line, DSL	数字用户线路
Direct Current, DC	直流
Distributed Energy Resources, DER	分布式电源
Distributed Energy System with Compound Cold, Heat and Power, DES/CCHP	分布式冷热电联供能源系统
Distributed Generation, DG	分布式发电

续表

Distribution Automation, DA	配电自动化
Distribution Fast Simulation and Modeling, DFSM	配电快速仿真与建模
Distribution Management System, DMS	配电管理系统
Distribution Operation Analysis, DOAN	配电运行分析
Distribution Operation Modeling and Analysis, DOMA	配网运行建模与分析
Distribution System Model, DSM	配电系统模型
Distribution System Operator, DSO	配网运营商
Distribution System Power Flow, DSPF	配电系统潮流
DOE International Energy Storage Database, IESDB	美国能源部国际储能数据库
Dynamic Security Assessment, DSA	动态安全评估
Dynamic Voltage Regulator, DVR	动态电压恢复器

E

Electric Power Research Institute, EPRI	美国电科院
Electric Vehicle, EV	电动汽车
Electromagnetic Fields, EMF	电磁场
Encapsulating Security Payload, ESP	封装安全有效载荷
Energy Efficiency, EE	能源效率
Energy Information Administration, EIA	能源信息管理局
Energy Intensity	能源强度
Energy Management System, EMS	能量管理系统
Energy Policy Act, EPACT	能源政策法案
Energy Service Company, ESCO	节能服务公司
Enhanced Mobile Broadband, eMBB	增强移动宽带
Enterprise Resource Planning, ERP	企业资源规划
Enterprise Service Bus, ESB	企业服务总线

F

Facility Management, FM	设施管理
Facility Model, FM	设备模型
Fault Location, Isolation and Service Restoration, FLIR	故障定位、隔离与恢复
Federal Energy Regulatory Commission, FERC	美国联邦能源管理委员会
Field Area Network, FAN	现场网络
File Transfer Protocol, FTP	文件传输协议

续表

Flexible AC Transmission Systems，FACTS	柔性交流输电系统
Frequency Shift Keying, FSK	频移键控

G

Gate Turn-Off Thyristor, GTO	可关断晶闸管
Gateway	网关
General Packet Radio Service, GPRS	通用分组无线业务
Geographic Information System, GIS	地理信息系统
Global Positioning System, GPS	全球定位系统
Global System for Mobile Communications, GSM	全球移动通信系统
Grid Parity	电网平价
Grid Reconfiguration, GR	网络重构

H

High-speed Digital Subscriber Line, HDSL	高速率数字用户线路
Home Area Network, HAN	户内网
Home Energy Management System, HEMS	家庭能源管理系统

I

IEEE Reliability Test System, IEEE RTS	IEEE 可靠性测试系统
In Home Display, IHD	户内显示器
Independent System Operator, ISO	独立系统运行机构
Industrial Control System, ICS	工业控制系统
Information Communications Technology, ICT	信息通信技术
Infrared Data Association, IrDA	红外数据组织
Institute of Electrical and Electronics Engineers, IEEE	国际电气和电子工程师协会
Insulated Gate Bipolar Transistor, IGBT	绝缘栅双极晶体管
Integrated Energy and Communication Systems Architecture，IECSA	集成的能量与通信基础设施
Intelligent Electronic Devices, IED	智能电子设备
Intelligent Load Shedding, ILS	智能甩负荷
Intelligent Network Agent, INA	智能网络代理
Intelligent Universal Transformer, IUT	智能万用变压器
Intelligent Utility Network Maturity Model, IUN/MM	智能电力公司网络成熟度模型
Interacting Multiple Model, IMM	交互式多模型

续表

Interconnected Power Systems	互联电力系统
International Electrotechnical Commission, IEC	国际电工委员会
International Energy Agency, IEA	国际能源署
International Telecommunication Union, ITU	国际电信联盟
Internet Engineering Task Force, IETF	互联网工程任务组
Internet Protocol Security, IPsec	互联网安全协议
Internet Protocol, IP	互联网协议
Interoperability Maturity Model, IMM	互操作性成熟度模型

L

Lawrence Berkeley National Laboratory, LBNL	美国劳伦斯伯克利国家实验室
Load Forecast, LF	负荷预测
Load Model, LM	负荷模型
Local Area Network, LAN	局域网
Low-power and Lossy Networks, LLN	低功率和有损网络

M

Management Information System, MIS	管理信息系统
Manufacturing Message Specification, MMS	制造报文规范
Massive Machine Type Communication, mMTC	大规模物联网
Message Digest, MD	信息摘要
Meter Data Management System, MDMS	量测数据管理系统
Metlakatla Power and Light, MP&L	梅特拉卡特拉电力照明公司
Mixed Integer Non-linear Programming, MINLP	混合整数非线性规划
Mobile Station, MS	移动台
Mobile Work Management, MWM	现场工作管理系统
Monte Carlo Simulation	蒙特卡罗模拟
Multi-level Feeder Reconfiguration, MFR	多重网络重构
Multiple Area Interconnection	多区域互联
Multiple Area System	多区域系统
Multiple Input Multiple Output, MIMO	多入多出
Multi-Protocol Label Switching, MPLS	多协议标签交换
Multi-Service Transport Platform, MSTP	多业务传输平台

续表

N	
Narrowband Power Line Carrier Communication, NPLC	窄带电力线载波通信
National E-Health Transition Authority of Australia, NEHTA	澳大利亚国家 e-健康过渡管理局
National Electric Safety Code, NESC	国家电力安全法
National Energy Technology Laboratory, NETL	美国国家能源技术实验室
National Institute of Standards and Technology, NIST	美国国家标准与技术研究院
National Science and Technology Council, NSTC	美国国家科学与技术委员会
Neighborhood Area Network, NAN	邻域网络
Network Address Translation, NAT	网络地址转换
Network Management System, NMS	网络管理系统
North American Electric Reliability Council, NERC	北美电力可靠性委员会
Not Line of Sight, NLOS	非视距
O	
Open System Interconnection, OSI	开放式系统互联
Operational Technology, OT	运营技术
Optical Fiber Composite Overhead Ground Wire, OPGW	光纤复合架空地线
Optical Transmission Network, OTN	光传输网
Orthogonal Frequency Division Multiplexing, OFDM	正交频分复用技术
Outage Management System, OMS	停运管理系统
P	
Pacific Gas and Electric Company, PG&E	太平洋煤气电气公司
Pacific Northwest National Laboratory, PNNL	美国西北太平洋国家实验室
Packet Transport Network, PTN	分组传输网
Passive Optical Network, PON	无源光网络
Path Maximum Transmission Unit Discovery, PMTUD	路径最大传输单元发现
Personal Digital Assistant, PDA	个人数字助理
Phase Meter Unit, PMU	相量测单元
Phase Shift Keying, PSK	相移键控
Photo Voltaic, PV	太阳能光伏发电

续表

Plant Information System, PI	PI 数据库
Plug-in Electric Vehicles, PEV	插电式电动汽车
Plug-in Hybrid Electric Vehicle, PHEV	插电式混合动力汽车
Point-to-Multipoint, P2M	点到多点
Point-to-Point, P2P	端到端
Power Conversion System, PCS	功率变换系统
Power Electronics Transformer, PET	电力电子变压器
Power Line Carrier, PLC	电力线载波
Power System Stabilizer, PSS	电力系统稳定器
Power to Gas, P2G	电制气
Power-line Intelligent Metering Evolution, PRIME	电力线智能计量演进
Practical Dynamic Security Region, PDSR	实用动态安全域
Predicted Mean Vote, PMV	预测平均评价
Predictive Analytics	预测性分析
Premises Network, PN	驻地网络
Prescriptive Analytics	规范性分析
Primary Distribution System	一次配电系统
Programmable Communicating Thermostat, PCT	具备通信功能的可编程温控系统
Prospective Greedy Algorithm, PGA	前瞻贪婪算法
Public Key Infrastructure, PKI	公钥基础设施
Pulse-Width Modulation, PWM	脉宽调制

Q

Quality of Service, QoS	服务质量

R

Radio Frequency Identification, RFID	无线射频
Real-Time Pricing, RTP	实时定价
Regional Transmission Organization, RTO	区域输电组织
Relay Protection Re-coordination, RPR	继电保护再整定
Reliability Coordinator, RC	可靠性协调组织
Remote Terminal Unit, RTU	远程终端单元
Renewable Energy Source, RES	可再生能源
Research and Development, R&D	研发

续表

Resilience	韧性
Resource Reservation Protocol, RSVP	资源预留协议
Return on Investment, ROI	投资回报率
Rocky Mountain Institute, RMI	美国落基山研究院
Router	路由器

S

Safety	人身与设备安全
Scheduling	计划安排
Secure Hash Algorithm, SHA	安全哈希算法
Security	安全性
Service Data Objects, SDO	服务数据对象
Situation Awareness, SA	态势感知
Smart Concentrator and Router, SCAR	智能采集路由器
Smart Grid Architecture Model, SGAM	智能电网结构模型
Smart Grid Cybersecurity Committee, SGCC	智能电网赛博安全委员会
Smart Grid Interoperability Panel，SGIP	智能电网互操作性小组
Smart Grid Task Force, SGTF	智能电网任务工作组
Smart Grid with Intelligent Periphery, Smart GRIP	智能 GRIP
Smart Metering Infrastructure, SMI	智能量测基础设施
Sport Utility Vehicle, SUV	运动型多功能汽车
Spot Networks，SN	点状网络
Standalone Photovoltaic and Energy Storage System, SPV&ESS	离网光伏与储能系统
State Estimation, SE	状态估计
State of Charge, SOC	荷电状态
Static Synchronous Compensator, STATCOM	静止同步补偿器
Static Synchronous Series Compensator, SSSC	静止同步串联补偿器
Static Var Compensator, SVC	静止无功功率补偿器
Static Var Generator, SVG	静止无功功率发生器
Supervisory Control and Data Acquisition, SCADA	数据采集与监视系统
Synthetic Natural Gas, SNG	合成甲烷
System Average Interruption Frequency Index, SAIFI	系统平均停电频率指标

续表

T	
Thyristor Controlled Phase Angle Regulator, TCPAR	晶闸管可控移相器
Thyristor Controlled Reactor, TCR	晶闸管控制电抗器
Thyristor Controlled Series Compensator, TCSC	晶闸管可控串联补偿器
Thyristor Switched Capacitor, TSC	晶闸管投切电容器
Thyristor Switched Reactor, TSR	晶闸管投切电抗器
Time Division Multiple Address, TDMA	时分多址
Time Division Multiplexing, TDM	时分复用
Time to Live, TTL	生存时间
Time-of-Use, TOU	分时定价
Topology Model, TM	拓扑模型
Transformer Load Management, TLM	变压器负荷管理
Transmission Control Protocol, TCP	传输控制协议
Transmission Fast Simulation and Modeling, TFSM	输电快速仿真与建模
Trouble Call Management System, TCM	故障抢修管理系统
U	
U.S. Department of Energy Microgrid Exchange Group, U.S. DOE MEG	美国能源部微网交流组织
Ultra High Voltage Alternate Current, UHVAC	特高压直流
Ultra High Voltage Direct Current, UHVDC	特高压直流
Ultra-reliable and Low Latency Communication, URLLC	超高可靠超低时延通信
Ultra Wide Band, UWB	超宽段
Under Frequency Governor Control, UFGC	低频调速控制
Under Frequency Load Shedding, UFLS	低频减载
Unified Power Flow Controller, UPFC	统一潮流控制器
Uninterruptable Power System，UPS	不间断电源
V	
Validation, Estimation and Editing, VEE	(数据)验证、评估和编辑
Vehicle-to-Grid, V2G	电动汽车入网技术
Very High Speed Digital Subscriber Line, VDSL	超高速数字用户线路
Virtual Private Network, VPN	虚拟专用网络
Volt Var Control, VVC	电压/无功控制
Voltage Source Converter, VSC	电压源换流器

续表

W	
Wavelength Division Multiplexing, WDM	波分复用
Wholesale Market	趸售市场
Wide Area Measurement System, WAMS	广域量测系统
Wide Area Network, WAN	广域网络
Wide Area Situation Awareness, WASA	广域态势感知
Wide-Area Protection, WAP	广域保护
Wind and Photo Voltaic Power, W&PVP	风能和太阳能发电
Wireless Fidelity, WiFi	无线保真
Wireless Local Area Networks, WLAN	无线局域网
Wireless Metropolitan Area Network, WMAN	无线城域网
Wireless Personal Area Network, WPAN	无线个人局域网
Wireless Sensor Networks, WSN	无线传感网
Wireless Wide Area Networks, WWAN	无线广域网
Work Management System, WMS	工作管理系统
World Alliance for Decentralized Energy, WADE	国际分布式能源联盟
Worldwide Interoperability for Microwave Access, WiMAX	全球互通微波存取

附录B　电力系统评估的推荐参数

表 B.1　发电设备的成本参数

机组种类	投建区域机组类型	单价/(元/W)	寿命/年	运维比例/%
风机系统	西部地区	4.8	15～25	1.3
	中东部地区	5		
光伏系统	西部地区	5	25	0.5
	中东部地区	5.5		
燃煤火电机组	超临界机组	3.885	30	2
	超超临界机组	3.839		

表 B.2　燃煤火电机组的技术参数和经济参数

机组参数 \ 机组类型			机组容量/MW		
			1000(燃煤)	600(燃煤)	390(燃气)
技术参数	最小出力/MW		500	300	19.5
	最大出力/MW		1000	600	390
	爬坡速率/(MW/h)		1000	600	390
	最小连续运行时间/h		16	16	6
	最小连续停机时间/h		8	8	3
	机组冷却时间/h		6	6	2
经济参数	发电成本函数 $f(P)=aP^2+bP+c$ (P 为机组有功出力)	a	$2.5p_c/150000$	$7p_c/125000$	$304p_g/533$
		b	$47.2p_c/200$	$5401p_c/25000$	$-36420p_g/533$
		c	$91p_c/3$	$13224p_c/625$	$16212000p_g/533$

注：p_c是燃煤价格，p_g是燃气价格。

表 B.3　各电压等级直流输电系统的成本参数　　单位：元/kW

电压等级/kV	输电距离/km						
	1400	1500	1600	1800	2200	2500	3000
±1000	2933	2999	3066	3200	3335	3472	4030
±800	2676	2744	2813	2952	3093	3236	3828
±660	2648	2725	2803	2960	3120	3282	3955
±500	2445	2519	2594	2747	2904	3066	3761

注：直流输电系统的寿命建议取 35 年，运维比例为 2%。

表 B.4　各电压等级直流系统经济输电距离

电压等级/kV	容量/MW	经济距离/km	线损率/%	线损率百公里变化率/%
±1000	9000	2500～4500	6.54～10.58	0.20
±800	7200	1400～2500	5.98～9.50	0.32
±660	3960	1000～1400	5.85～7.58	0.43
±500	3000	<1000	4.49～7.48	0.60

表 B.5　电力系统过网费的建议值　　单位：元/(kW · h)

电力系统	电能流经全部输配电系统	电能仅流经城市配电系统	电能仅流经中低压配电系统
过网费	0.195	0.117	0.039

表 B.6　近八年环渤海动力煤价格

年份	2010	2011	2012	2013	2014	2015	2016	2017
环渤海动力煤/(元/t)	759	818	704	590	524	427	459	586
折算为标煤/(元/t)	966	1041	896	751	667	543	584	746

表 B.7　煤炭燃烧的环境成本建议值

排放项	CO_2	SO_2	NO_x	烟尘	粉煤灰	炉渣	脱硫石膏	化学需氧量	CO
产生量/kg	2540	23.85	15.56	290.91	290.08	22.61	58.56	0.028	0.26
治理比例/%	0	91	79	99.83	0	0	0	0	0
排放量/kg	2540	2.16	3.26	0.51	290.08	22.61	58.56	0.028	0.26
排污成本/(元/kg)	0.045	1.47	1.47	0.64	0.03	0.025	0.025	1.4	0.084
治理量/kg	0	21.69	12.3	290.4	0	0	0	0	0
治理成本/(元/kg)	0.28	1.326	8.82	<0.02	—	—	—	—	—
单项合计/元	114.3	31.9	113.2	6.1	8.7	0.6	1.5	0.04	0.02

注：单项合计=产生量×治理比例×治理成本+产生量×(1–治理比例)×排污成本。

表 B.8　二氧化碳排放价格

预测机构	应用情景	2017 年	2020 年	2030 年	2035 年	2040 年	2050 年
IEA	新政策情景/(美元/t)	—	10	24	30	—	—
	450 情景/(美元/t)	—	10	65	95	—	—
国家发展和改革委员会能源研究所	既定政策/(元/t)	30	50	100	—	100	100
	低于 2℃/(元/t)	30	50	100	—	200	200

注：①新政策情景指各国已经公开承诺碳减排目标的未来情景；②450 情景指控制 CO_2 浓度在 450×10^{-6} 的发展情景；③既定政策情景的碳排放强度下降路径基于中国政府对《巴黎协定》承诺的国家自主贡献；④低于 2℃情景根据政府间气候变化专门委员会(IPCC)第五次评估报告数据库中升温幅度低于 2℃的机率大于 66% 的情景确定的中国可能的碳排放路径。

表 B.9 可靠性价值统计数据

指标 \ 国家	中国/元	美国/美元
度电产值(2017年)	13.02	4.82
单位缺供电量的停电损失(2006年)	—	低情景 28 基准情景 100 高情景 171

附录 C　智能电网指标简介

本附录将简要地介绍美国能源部发布的 Smart Grid System Report 报告中所阐述的 21 项智能电网指标的基本概念。

指标#1：由实时定价、峰荷定价和分时定价系统服务的用户与总负荷的比例

历史上电力公司是基于固定费率制确定电价的，不受用能时间、实时变化的电力公司供能成本或电力需求的影响。虽然对于用户来说，固定费率制便于理解与沟通，但它必然导致在供电成本达到最高点的峰荷时期能源的过度消费。近年来许多研究表明了固定费率制的不足，并量化了基于每天不同时间或功率成本而变化的动态定价的效益。其中，美国一项研究对从分时定价(TOU)到峰荷定价(CPP)的大量定价政策进行了调查分析，发现这些定价策略能平均使每户每月节约 3.94～8.02 美元的电费——依赖于所实现的定价机制。

下面介绍三种主要的定价或费率类型，即分时定价、峰荷定价和实时定价，如图 C.1 所示。在分时定价的费率中，峰荷时刻和非峰荷时刻的电价是不同的，峰荷时刻电价更高。分时定价需要使用智能电网技术——基于高级量测体系(AMI)的间隔用电量量测，同时分时定价可以看作向更加动态的实时定价(RTP)制过渡的中间过程。一些分时定价费率，包括峰荷费率，把较高的峰荷电价局限于全年小部分时间(如在全年 8760h 里占 100h)内，同时设定的电价比正常负荷水平下的电价高许多。电力公司可能会提醒用户“峰荷时期即将到来”，也可能不提醒。在实时定价系统中，电价能够根据当天(实时)的或提前一天的电力公司的电能成本，按 1h 甚至更短的时间间隔变化。全天电价都在变动，峰荷时电价最高。实时定价费率是三种定价体系中最动态的，从而可对峰荷时段功耗和能量成本做出动态响应。

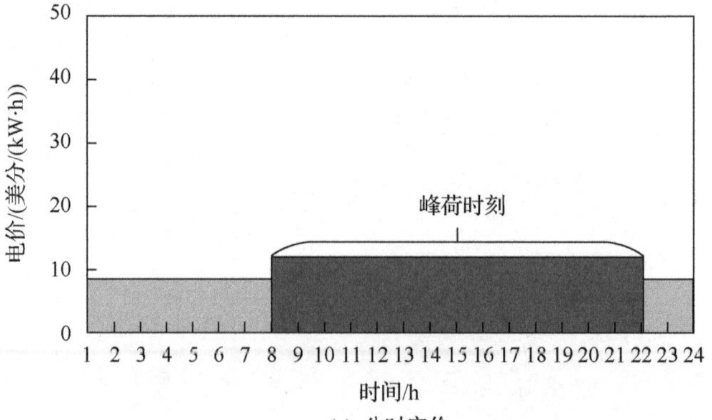

(a) 分时定价

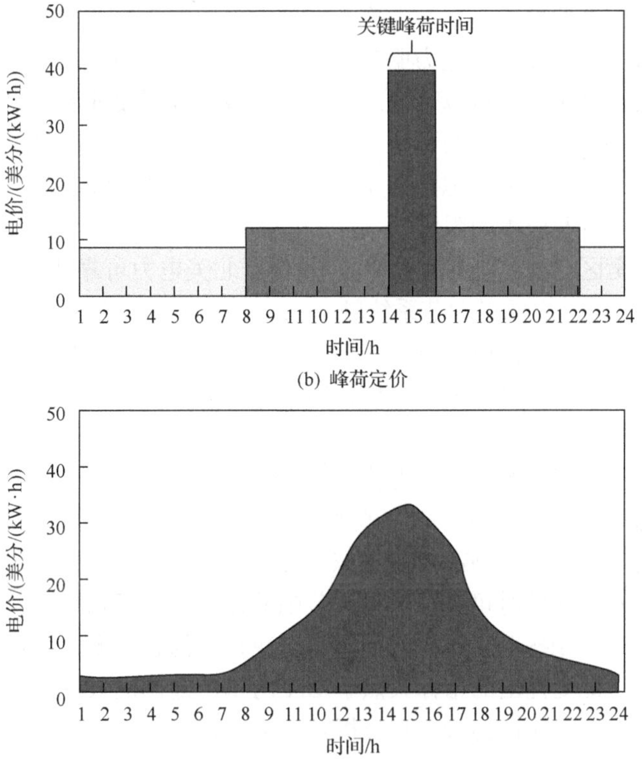

(b) 峰荷定价

(c) 实时定价

图C.1　动态定价或费率举例

指标#2：实时系统运行时的数据共享

一个称作“智能”的电网，在输电网运行时使用的信息技术会和在配电网运行中使用的信息技术一样多。实质上，任何智能电网的命脉都是用以驱动应用的数据和信息，而这些应用反过来使要开发的新的和改进的运营策略成为可能。电力系统任一层，从用户计量到配电、输电、发电和市场运营，所收集到的数据都可能与其他层运行的改善相关。所以以适时的方式与那些需要使用或有权了解数据的参与者共享数据，并达到实时是智能电网的基本要素。

首先要定义一个用以提高实时数据共享层次的指标，这里的实时是指运行更新的时间尺度在亚秒到几分钟范围内变化。该指标着重于在大型输电网运营条件下的数据共享，而不是在一个电力公司内的数据共享，或为结合需求响应，或为运行分布式发电和储能设备。

在配电系统层次上，共享信息包括：允许消费者从智能电表获得消费数据，并把它们用于需求管理和能量管理等目的，类似地，也包括来自电力公司运行的、与消费者或配电层次上其他第三方(如需求响应聚合和分布式发电或储能装置)的行动相关联的其他信息。然而事实上这类设备中的信息共享壁垒更多的是程序方面和合同方面的。此外，电力服务提供商在其业务范畴内，从维持系统的稳定性和可靠性的角度出发，可以合理地确定哪些数据是需要或者可以共享的，同时在法定限度内将输电网运行与趸售电力市场活动分离开。也就是说，在电力公司内的“知情权”是隐式的，电力公司内的数据共享主要受设备与传感器网络和数据库连接时的难度及成本的限制。

功率平衡区(BA，前身为控制区)是根据北美电力可靠性委员会(NERC)功能模型定义的实体，它可以调节系统频率，或根据现场测量数据和外部数据(来自相邻实体和适当的可靠性协调组织(RC)的数据)执行其他协调活动。BA 必须维护电网物理意义上的完整性，尽可能地按照统一协议时间表进行发电、输入和输出的调度。RC 需要协调 BA 的动作以维持整个系统的可靠性。输电网已经越来越多地被用来进行大规模远距离的电力传输，但是一些事情(无论其物理设计，还是管理系统的构建问题)似乎并非为支持此事而构建的。1996 年美国西部互联电网出现过两次大范围停电事故，2003 年美国东部互联电网也出现过停电事故，这些事故表明一个区域发生问题时可能会导致大范围的停电，而且相邻运营商无法弄清事故的发展状况或限制扰动所带来的损害。解决这个问题需要大力提高电网广域可靠性协调能力。此处提出的指标聚焦于 BA 与 RC 之间的共享数据量上。共享数据量可以表明其对可靠性的看法和分析是否全面。

对 2003 年美加“8·14 大停电”的调查表明，BA 不仅要与 RC 共享数据，也需要提高其自身的态势感知能力。BA 现在已经可以就电网资产状况与它的相邻 BA 相互分享一些 SCADA 的信息。但是测定数据的共享量非常困难并且十分耗时。

如果把那些旨在提供区域(region)性视图，而与 RC 共享的数据返还到 BA，那么它将是数据共享的另一种模式，获得更好的效果。更适时的区域性综合模型和数据交换将使 BA 能进行更准确的分析。用于该题目的一个指标应包括从 RC 到 BA 数据的反向共享(或通过处理电网物理拓扑中的数据来进行状态估计)，即在 BA 和 RC 间的完整双向数据流动。

相量数据，即从 PMU 获得的同步相量测量值，包括高时间分辨率的(通常每秒进行 30 次采样)电压和电流波形，并使用基于卫星的全球定位系统进行时间同步和标记。相量数据能够作为 SCADA 数据的补充。相量数据的应用现状是不需要像 SCADA 那样进行设备的全面覆盖的。相反，数据可从一个相对稀疏的 PMU 网络中获得，并用来进行态势感知、稳定性和可靠性事故的提前预警，以及提供整个电网的事故再现分析。为了提高态势感知能力，这些信息必须能够共享。

最终，基于广阔的数据共享的更综合的可靠性分析可以改善广域控制方案和校正性动作方案，能够根据电网状态进行动态调整。这是实现电网自愈功能的开始，而自愈长期以来一直是智能电网在输电网级别上的关键目标。

指标#3：标准的分布式电源连接政策

电力公司用户的备用电源的不断发展引发了对于这些电源并网过程的标准化的各种各样的努力。卡内基梅隆电力工业中心的报告指出，现在美国大约有 1200 万台备用发电机，具有 200GW 的发电能力，同时正以每年 5GW 的速率增长。就长期而言，推进这些资源整合并有效利用它们可以节约大量成本。分布式电源可用来缓解峰荷时期的用电情况，提供紧急情况下需要的系统支持，并降低电力公司供电的成本。

分布式电源并网的成本、时间滞后问题以及繁重的审查过程时常被认为是阻碍进一步采用分布式能源的主要壁垒。美国联邦政府试图解决这一问题，已经发出逐步强化的意见，并最终形成《2005 年国家能源政策法案》(The Energy Policy Act of 2005，EPACT 2005)。该法案要求所有州属的和非州属的电力公司都要考虑采用基于 IEEE 1547—2003 标准的互联标准。该标准出版于 2003 年，对分布式发电互连技术方面提出了严格的标准，以限制这些电源对电网产生的负面影响。美国联邦能源管理委员会(FERC)于 2006 颁布 FERC 命令，强调了一些并网许可方面的问题。它命令拥有输电资产的所有公共电力公司都要为小型发电机(20MW 以下的)提供标准连接协议。这将为众多使用分布式发电的用户提供较短的许可过程，然而如何定义和实施这些规则的决定权属于每个州和电力公司。

指标#4：智能电网投资回收的监管

2005 年通过的 EPACT 2005 的第 1252 条列出了鼓励智能电网创新发展的政策与目标，包括为用户提供时变费率、能够发送和接收实时价格信号的能力。虽然联邦能源政策法案概述了先进智能电网概念的发展目标，但它没有涉及智能电网技术投资问题，也没有建立或勾勒出鼓励投资的监管框架。

2007 年通过的《2007 能源独立和安全法案》批准并鼓励电力公司投资智能电网。该法案第 1306 条授权美国能源部部长制订智能电网投资的匹配补助金计划，计划为电力公司的智能电网投资报销高达 20%的费用。第 1306 条还简要说明了什么是合格的投资和报销申请的流程。第 1307 条鼓励各州要求电力公司相比于传统电网技术优先考虑智能电网的投资。第 1307 条还鼓励各州考虑管制要求，其中包括报销投资智能电网时淘汰陈旧设备所花费的净资本费用。2009 年的《美国经济复苏与再投资法案》拨付资金来支持《2007 能源独立和安全法案》

的项目。

建设智能电网的主要目标应包括环境、能源效率和国家安全方面，但如果电力公司无法向监管机构汇报利好的业务情况，目标会越来越难以达成。智能电网的投资往往是资本密集型，成本高，且会涉及电力公司服务区域内的多个辖区。投资智能电网能够大幅提升运营效率(如降低抄表成本、减少去现场的次数、增强计费精度、改善现金流、改善与停电相关的信息、提高对断电的响应能力)，但是这些好处可能难以量化和建立业务案例。在用户代表中关于智能电网的收益是否大于成本存在着相当大的争论。

面对巨大的花费，电力公司必须确保对投资回收的监管切实可行。同时，虽然投资的前期成本很容易计算，但后期收益很难在当前的监管估值模型中体现出来。

目前，电力公司是在费率厘定的框架下通过资本项目与电能输送获得回报的。这就是说，峰荷的提高驱动追加投资项目，从而提高投资回报率基数。而电能消耗越多，电力公司收益就会越多。这两个因素都与鼓励投资智能电网的目标相悖。因此当前的监管框架无法实现诸如提高能源效率、减少需求、增加需求响应、发展分布式发电和优化资产这些目标。

指标#5：负荷参与情况

该指标衡量采用可中断电价、直接负荷控制和用户负载控制等服务机制的负荷比例。这些特性是实现智能电网负荷参与方面的计量和建模以及让其作为实际系统进行响应的关键。

在 2007 年 9 月美国能源部向国会递交的报告中，对需求响应的定义是：在正常用电模式下，终端用户的用电情况能够随着电价的变化而变化，或当电力零售市场电价过高或系统可靠性受到损害时，能够促使用户减少使用电能。

从 SCADA 的角度着眼，需求响应通常被看作系统的附加容量，并以兆瓦为单位进行讨论。

图 C.2 给出了美国能源部 2008 年所发布的各种类型用户的历史负荷和预测负荷数据。从历史数据上看，从 1997 年开始，居民和商业用电量就已超过工业用电量，预测数据显示，在 2012 年左右商业用电量将与居民用电量重合。

根据 2008 年 FERC 的调查，只有约 8%的用户采用时变费率或参与到某种形式的需求响应计划中。与之类似的情况是，提供常见的需求响应计划的电力公司也很少。最常见的基于激励的需求响应计划包括直接负荷控制和采用可中断/压缩电力供应的费率制。

最近 FERC 颁布了一项关于趸售竞争的法规制定提案公告，其中提出了如下四点基于激励的需求响应的新建议。

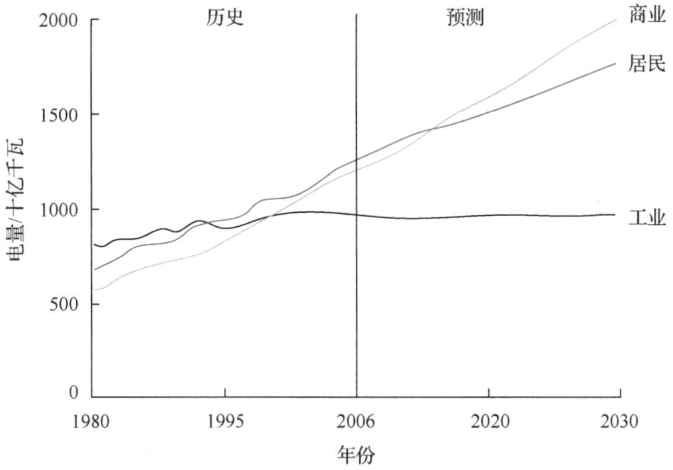

图C.2　行业年电量销售量

(1) 当需求响应资源符合技术要求时，允许它们提供如附加备用和校正RTO/ISO市场中的发电不平衡等服务。

(2) 在紧急情况下，当用电量比日前市场中的购买量少时，免除额外的费用。

(3) 允许整合零售用户需求响应的机构代表它们的零售用户向有组织的市场报价。

(4) 当需求量接近供应量时，允许修改市场权力规则。

指标#6：微网供电的负荷

2005年美国能源部提出了一个关于微网发展的三阶段实施方案。在第一阶段，通过试点案例考察微网减少供电成本的能力，同时开发微网从中央电网自动连接/断开的技术。第二阶段，试点案例需要深层次地考察微网的安全性和故障恢复能力。第三阶段将考察微网向中央电网输送功率的能力。各个阶段都要面对来自监管方面的挑战。第一阶段需要大力加强微网在零售市场中的竞争能力，同时因为投资的关系，要向电力公司提供合理的补偿和服务。第二阶段将侧重于安全投资方面的成本回收，而第三阶段强调向终端用户公开成本，包括实时收益和环境收益。

指标#7：分布式发电和储能设备并网情况

该指标衡量分布式发电和储能设备并网的数量与种类。相比于目前电网中占绝大多数的大型集中式发电系统，分布式发电系统是非典型系统。分布式发电系统的标志是规模较小的局部发电系统(10MV·A或以下)及配电系统，其安装和维护成本一般较低。

此类系统包括如接入配电级别的风力发电机、微型水力发电装置、太阳能电池板，以及柴油发电机等装置，这些分布式发电的输出功率一般供给当地或邻近地区，有时也能按确定的上网电价将过剩电量出售给电网。该指标也适用于电池和飞轮等储能装置，这些装置能在非峰荷时段储存所发的电能或购买的电能，然后在峰荷时段出售或使用电能。

指标#8：电动汽车和插电式混合动力汽车的市场渗透率

该指标考察电动汽车(EV)的普及程度和插电式混合动力汽车(PHEV)进入轻型车市场的情况。轻型车包括汽车、面包车、皮卡和运动型多功能汽车(SUV)，车辆的总重量在 8500lb(1lb=0.453592kg)以下。PHEV 是混合动力汽车，车内配有蓄电池，当电池需要充电时，可以插入壁装电源插座进行充电，也可以发动车里的内燃机。

智能电网采用实时定价体系和双向计量技术来支持电动汽车和插电式混合动力汽车的发展。采用实时定价体系后，用户在非峰荷时段进行充电时的成本会降低。双向计量技术将使用户能在非峰荷时段购买电能，并在峰荷时段以较高的价格将未用的储存电能出售给电力公司。采用这两项技术能够提升用户关于电动汽车和插电式混合动力汽车技术的投资回报率，并加速技术的市场渗透。然而与充、放电循环的电池性能相关的技术挑战需要进一步的调查和改进。

指标#9：电网响应的、非发电的需求侧设备情况

该指标衡量需求侧可以对智能电网的动态需求做出响应的设备的市场渗透率。这类产品已在市场中出现，并在继续改进，它们可以直接监视智能电网，或者可以接收智能电网传送过来的建议。然后该类设备针对需求做出有用的动态响应，或者通过自动响应，或者将有用的信息传送给会做出恰当的响应的用户。该指标仅包括电网的如下两种响应特性：其一是在初始设备上即可实现的；其二是仅通过现有设备的简单的改造就可实现的，不需要技术娴熟的人工干预。此指标还没有涉及高级电表(具体内容将在指标#12 中介绍)、通信网关(如家庭管理系统、楼宇自控系统等)、产能或储能设备，以及安装时需要独特工程的终端设备。同时除了那些具有初始设备或者经简单改造的现有设备提供的动态电网响应特性的例子，此指标不涉及很多工业和商业的设备，也不包括许多智能设备功能，如以保护生态文明为目标(如占用传感器、尘埃传感器)或者非能源目的(如娱乐、人身安全、健康方面的)设备。

关于电网响应装置的例子包括：可通信的恒温器、可响应需求的电器和空调设备、用户能量监测器、响应亮度照明控制、可控墙壁开关等。这类设备还包括开关、可控的电源插座和其他一些不同种类的控制器，这些控制器可用来改造现有设备或使其能对智能电网的状况做出响应。例如，一台新型智能冰箱上可以安装一个与设备能量管理系统相协调的装置，以便它能够基于电价在用户指定的范围内进行温度调节。一种新型智能电涌保护器或电源板可以代表插到它上面的所有电器与能量管理系统进行通信。洗衣房的能量球(energy“orb”)可以提供业主有关电价惩罚和在电价低的时段使用设备等方面的建议。设备连接到互联网的用户将可以远程接收设备状态和电价的更新情况，并能通过E-mail或其他消息服务得知维护事宜。

指标#10：输电与配电可靠性

这里简要介绍输电与配电的可靠性价值指标。就价值指标而言，很难确定哪个智能电网特性能够增强或降低该指标的值，然而，如输电与配电自动化这样的特性，其目的就在于提高输配网的可靠性。

智能电网技术可以通过需求响应与可控负荷技术解决输电阻塞问题。输电系统内的智能电网相关技术——分布式控制与诊断工具有助于实现电能供应与需求的动态平衡，从而使系统能对供需不平衡做出响应，并在这种不平衡发生时限制其传播蔓延。这些控制与工具可以减少过负荷造成的停电以及电力扰动的发生，同时也能减少如2000年加利福尼亚州能源危机时出现的计划性轮流限电与大规模停电的发生。智能电网技术还可以快速诊断天气原因造成输配电设施的物理损坏而导致的停电，并且指挥抢修队快速进行修复。

指标#11：输电与配电自动化

IEEE将输配电自动化定义为：能够使电力公司实时地远程监视、协调与操作输电和配电元件的系统。此项指标包括彼此独立但布置在同一区域内的输配电元件之间的协调。这一宽泛的定义包含了大量的技术集合，其中包括SCADA技术、远程传感器和监视器、嵌入式智能开关和控制器、数字继电器，以及许多用于输配电基础设施的其他技术。这些设备的通用操作方案通过与其他设备的通信与协调来收集电网的实时信息，并对信息进行就地处理，如果有需求立即执行校正动作，之后将结果反馈给调度员或其他系统。这些设备提供多种功能，包括：故障定位、故障隔离、馈线重构、故障恢复、设备远程监视、馈线负荷平衡、电压无功控制、系统远程测量以及其他可选功能等。如果操作得当，输配电自动化系统可以通过提高系统响应能力与系统效率使得电网运行更为可靠，成本效益更高。

指标#12：高级量测体系

FERC所给出的高级量测体系(AMI)定义为：AMI是一种记录用户每小时或在更短时间间隔内的电能消费和其他可能参数的量测系统，它可以通过通信网络每天或者更频繁地将量测信息传输至数据收集中心。AMI需要具有如下功能。

(1)为每个用户提供带时标的间隔数据，最低限度是1h，通常是15或30min。

(2)可选择性地远程开/闭电表。

(3)远程升级电表固件的能力。

(4)向用户屋内或周边设备发送信息以支持需求响应的能力。

(5)主动告知停电与恢复供电信息(有望节约大量成本并提高用户服务的效益)。

(6)按需求远程招读电表的能力。

(7)具有标记电压越限的能力。

(8)以抄表同样间隔读取电压的能力。

(9)检测篡改标识的能力。

(10)存储若干天电表读数的内存空间(7～45天，根据电力公司需求而定)。

(11)支持一定形式的预付费计量。

(12)每日电表度数读取，通常在午夜进行。

(13)具有数据仓库系统——为了存储大量从 AMI 和量测数据管理系统(MDMS)得到的数据，其越来越必不可少。

(14)把 MDM 紧密集成到整体的运营管理系统中——可以连接到会计、计费、报告、停电管理以及其他运行系统。

(15)将 AMI 和智能电网扩展到作为户内网(HAN)一部分的多个家用电器的能力。

指标#13：广域量测系统

广域量测系统(WAMS)用来开发基于量测的信息，并将其集成到电网管理环节中。基础设施总体上包括测量设备、运行支持与数据应用。WAMS 测量设备通常每秒传输 30 次或更多的采样数据，它是为了增强传统 SCADA 的功能而诞生的，相较之下，SCADA 的刷新率更低一些，如 4 秒/次。目前 WAMS 作为 SCADA 的互补系统使用，增强调度人员实时态势感知能力，这对于电网安全可靠运行非常有必要。未来 WAMS 技术将会逐渐被纳入电网的实际控制系统之中。

WAMS 技术采用了高精度时间同步测量技术。举例来说，相量测单元(PMU)——这类设备使用全球定位系统(GPS)得到的准确时间信号来计算电网中不同位置的相角差。使用这类设备的另一个好处是可以将数据联系起来构成整个电力系统运行时的广域视图。

过去二十年间，WAMS 一直在发展，已经具备了以下功能。

(1)系统性能的实时观察。

(2)系统问题的早期发现。

(3)输电容量的实时确定。

(4)系统行为，特别是大扰动的分析。

(5)基于以下目的的特殊测试与测量：①系统动态性能的特别调查；②规划模型的验证和优化；③主要控制系统的调试或重新认证；④测量设备的校准和改进。

(6)规划、运行以及控制过程的优化提升，这些对输电资产的最佳利用至关重要。

WAMS收集的信息经常用于大停电之后的调查。扰动监视功能的特点是大信号与相对较短的事件记录。此外，实际扰动的前兆通常只能从WAMS数据中发现，因为只有WAMS提供长时间的小信号高带宽记录。通过复杂的处理(如关联分析多次记录)和对相电压与相电流的直接监视，WAMS可以对即将发生的故障进行提早警报。

智能电子设备(IED)，如数字故障记录器和微机保护继电器，提供了额外的有价值的数据来源，这些数据对确定精确详尽的事故发生顺序很有价值，特别是在事故发展迅速的连锁停电阶段。

数字故障记录器与保护继电器是安装在变电站的高速仪器，用于测量故障。其中保护继电器处理故障信息，并通过跳开断路器来使资产免受损坏。通过捕捉故障波形，可以计算出有关故障性质和位置的细节信息，从而确认保护继电器与断路器是否做出了恰当的响应。这些设备收集高速数据，(通常)同步至某个精确的时间标准。当大系统扰动发生时，它们是调查过程中极为重要的数据来源，特别是在确定事故发生时间和确认继电器与断路器动作原因上。

指标#14：容量系数

容量系数指的是某段时间间隔内通过电力系统中的某个设备生产或者传输的电能与该设备设计或铭牌容量所允许的生产或传输的功率的比值。大体上，容量系数容易理解，且用于衡量许多种类的输配电设备，包括发电机、变压器以及输配电线路。直观上看，容量系数为零，意味着设备在该时间段内没有使用；100%意味着设备在该段时间内平均在额定容量下运行，容量系数超过100%说明设备过载，这种情况通常是不可持续或者危险的。所以容量系数使用起来十分方便，并且可作为衡量智能电网健康程度与进展的指标。

一些管理容量系数的传统方法包括：如果输电线路容量不足，就需要建造新的线路，或者进行线路升级以增加输电走廊的设计容量；如果电力负荷增长，就需要建造新的集中式发电厂；如果用户在家中安装了按需式电热水器，那么用户和其电力公司必须考虑是否需要更换家中的配电变压器。这些方法在管理容量系数与运行裕量上确实很有效。

智能电网中有一个理念是电力系统应该有能力延缓或者取消基础设施的安装，即利用现有的设备来发、输更多的电能。智能控制器可以允许现有电网设施在其运行边界附近也能安全运行。智能电网应当识别与减轻电网的紧张状况，可以对电网设施的过负荷状态做出动态响应。智能电网的一些发展机会直接影响容量系数，因而至少可以通过容量系数以集成的方式来监测这些发展机会。

美国最近对分布式电源的接受程度为此项指标提供了另一个很好的例子。可再生能源发电是间歇性的，如风能。将日益增加的风机加入容量系数指标里将会减少全国发电机视在的总容量系数。因为可再生能源通常远离负荷较重的人口稠密区，日益增长的多变的可再生能源发电出力可能导致现有输电容量系数的波动，就像(由于发电计划安排波动导致的)输电潮流上下变化一样。成功实现近负荷侧的分布式电源(也许还包括可再生能源发电)的安装，原则上可以减少远距离输电的需要。分布式储能可达到类似的效果。另外，人们也可以看到这项指标对于调查和讨论可再生能源发电渗透率的影响是多么的重要，即使指标的趋势可能同时会受到可再生能源属性优劣的影响。

消费趋势也会影响容量系数。对于即插负荷电子技术和插电式混合动力汽车替代消耗化石燃料的可能性的渴望，为配电系统内容量系数的管理带来了新挑战和(或许)新的机遇。

智能电网应该通过对负荷的削峰填谷来更好地利用其基础设施的可用容量。负荷的日峰谷差与季节性峰谷差都很大，对电网基础设施造成很大压力，使其不能满足成本与能效要求。例如，导体上的损耗正比于导体电流的平方，峰荷电流将造成较大的线损。为了满足偶尔的峰荷需求需要调度低效率、污染性严重的发电机。所以，不仅平均容量系数需要测量与报告，峰时容量系数也需要。年峰值与平均日峰值的测量也在感兴趣范围内。

指标#15：发电、输电、配电效率

发电、输电、配电是电力系统的骨干。在过去的几十年，电网中这些部分的效率已得到较好的改善，但是以传统方式提高效率的收益已经开始减少了。借助先进的、信息化的控制方案，智能电网具备了提高发电、输电、配电系统效率的能力。这些控制方案使得电网更强健，运行问题更少，发电机可在更高效率下运行，同时减少了整个系统的损失。

发电、输电、配电的效率由美国能源部的能源信息管理局(EIA)负责计量。EIA收集全美发电、输电、配电的信息。发电效率用热耗(或者发出的电能与所需燃料的能量的比值)来测度。输电与配电效率通过线路传输电能的成本来测度。不过也有其他考虑，如电能质量与电力可靠性在评估整个系统的性能时也很重要。

指标#16：动态线路定容(容量评估)

动态线路定容，也称为实时输电线路定容，是一种提高输电系统容量与可靠性的行之有效的工具。安装现代动态线路定容系统的成本仅是安装其他传统输电线路增容措施成本的一小部分。

输电线路最大传输容量的主要限制因素之一是温度。当输电线路电流增加时，导体温度升高并开始延展变形，导致线路松弛下垂。线路与其他障碍物之间的允

许距离由国家电力安全法(NESC)规定。

输电线路跨度内的下垂总量主要取决于导体材质特性与施工状况。线路下垂可以在合理的工程精度下被计算出来，越老的线路下垂量越难以预测。输电线路所有者通常使用调查技术来验证其线路的下垂情况。

标准的做法是应用固定的定容，通常利用一组关于输电线路的保守假设(如环境高温、高太阳辐射与低风速)确定该容量。与此相反，动态线路定容利用实际的天气与负荷状况，而非固定的、保守的假设条件。通过向线路动态定容系统输入实时信息，线路的正常、紧急与暂态定容可以不断更新，这样可以在95%～99%的时间里得到更不保守且更大的线路定容。特别有趣的是，考虑到风的冷却效果，动态线路定容可能会提高风电的传输能力。

指标#17：客户对电能质量问题的投诉

下面分析客户对于电能质量问题的投诉。电能质量是一个简单而又主观的术语，是在任何电力系统里都会大量出现的问题。电能质量事件的定义差别很大，取决于其所服务的用户。用户受到电能质量事件的影响程度因其需求而变化。居民用户更多的是受持续停电影响，而商业与工业用户则更多的是受电压下降和瞬时停电影响。根据IEEE1159—1995标准的定义，电压凹陷是指工频条件下电压有效值减小到10%至90%之间，且持续工频的0.5个周波到1min。其中，持续时间0.5至30周波称瞬时凹陷；持续时间30周波(含30周波)至3s称暂时凹陷；持续时间3s(含3s)至1min称短时凹陷。

智能电网系统有为不同电能质量等级提供几种定价水平的能力，以期给客户更多的选择。目前，电力公司对于停电的基本目标是3到4个9。3个9代表可靠性为99.9%，相应每年的停电时间是8.76h，而4个9代表每年仅停电1h。优质供电的可靠性是6到9个9(99.9999%～99.9999999%)，相应的允许停电时间每年只有31～0.3s。

对于那些对供电敏感的用户而言，相较于停电带来的收入损失，在优质供电上的额外花费会是一笔非常值得的投资。智能电网将利用高级控制技术快速诊断电能质量事件并找出解决办法，同时减少天气事件、开关浪涌、线路故障和谐波源对电能质量的扰动次数。智能电网也会通过限制容许用户负荷所产生电流谐波等级的办法来节制用户的电子负荷。

指标#18：赛博安全

电网的复杂性和互联的特性具有一个重大缺陷，即在适当的情况下，在一个地区发生的问题可能级联失控，影响大的地理区域。经济和技术的发展使得电力系统更加依靠信息系统和外围的通信网络。通信系统互联的特性使其支持区域与区际的电网控制，并且在采用新一代控制系统的同时继续支持老旧系统，这进一步加重了这些系统安全方面的挑战。此外，随着大量廉价微控制器的安装与智能电网的实施，安装在变电站的、配电网内的，甚至在用户住所的现场装置的智能性和处理能力呈现增长趋势。这提高了控制能力，在为获得较好的经济性而大大增加了灵活性和功能性的同时，引发了以前从未有过的新的赛博脆弱性。

为了评估智能电网固有的赛博安全问题，理解其构成组件及相关系统的脆弱性是十分必要的，尤其是那些被用来控制或影响整个系统行为的元件。需要从实验室、测试系统以及实际系统等方面进行评估，以探索和了解各种网络攻击场景的影响、现有安全措施的弹性及拟议措施的鲁棒性。

指标#19：开放式结构/标准

智能电网愿景的实现取决于智能设备和系统的易于集成，这将使它们能够合作和协调以实现地方、区域和国家的能源目标。鉴于这些组件的丰富性，信息技术整合方法必须可扩展，并且一个地区内的连接协议，如将建筑能源集成至电力系统的做法，必须能够获得普遍的支持。尽管随着技术解决方案的推进，这种做法将会发生变化，但商业上可行的方法将考虑支持传统系统和引入新技术的接口定义的稳定性水平。“开放式”这个词表示所有有兴趣的团体都可以无障碍地使用那些使系统集成变得容易的规范、方法或资源。此领域的相关概念，包括使用网络标准的电力系统所占的百分比、具有点对点互操作性认证产品的数量，以及通用通信基础设施部署的水平。虽然所提出的指标是相关的，但是若想对这些概念进行量化却是困难的。

目前很难直接量化系统的开放性和标准采用的规格，这些指标中的任何一个可以精确地反映推动智能电网实现进程的猜想都是值得怀疑的。一种具有前景的方法是利用卡内基梅隆软件工程学院所给出的概念与软件能力成熟度模型(CMM)。

广泛采用公开可用的标准和架构方法是技术与商业实践成熟的表现。智能电网中有不同的利益相关者，智能电网的实施是一种由许多团体组成的相对不成熟的运动，每个团体都有其自身传统的商业实践与标准。互联网方法和技术方法的大量渗透可能会促使各种方法趋同，但这需要时间来开发和实现。软件的开发经历了类似的情况；在不同的团体中，开发软件有许多方法、语言以及流程，取得的进展程度也不同。卡内基梅隆软件工程学院采用了鼓励持续过程改进的文化，而非选择一个“赢家”。其结果就是卡内基梅隆软件工程学院的CMM，以及之后的能力成熟度模型集成(CMMI)。

CMM 要求各个组织者指定如何开发与管理软件，而非指定一套标准或特定的开发方法，之后提供一套计量软件开发自律成熟度水平的尺度。澳大利亚国家e-健康过渡管理局(NEHTA)已经使这些概念更进一步，与美国在智能电网系统集成与互操作性上所面对的情况类似。正如电力一样，健康产业也有很多利益相关者，包括政府机构、医院、公共与私人实践、保险公司、医药用品、服务供应商，以及最重要的患者。作为一个解决自动化系统(链接与健康相关的业务流程的复杂网络)互操作性的步骤，NEHTA 将 CMMI 扩展，建立了 e-健康的互操作性成熟度模型——交互式多模型(IMM)。IMM 是一种参考模型，它可以表达在提供更好的互操作性结果的路径方面 e-健康组织的能力等级。每个能力等级代表一个程序进步，称为组织成熟度级别。因此，每个成熟度级别都需要达到上一个成熟度级别的水平，并且逐渐增加新能力、带来新收益。其中共有五个成熟度级别，分别是初始级、管理级、定义级、测量级与优化级。图 C.3 解释了这些级别的含义。

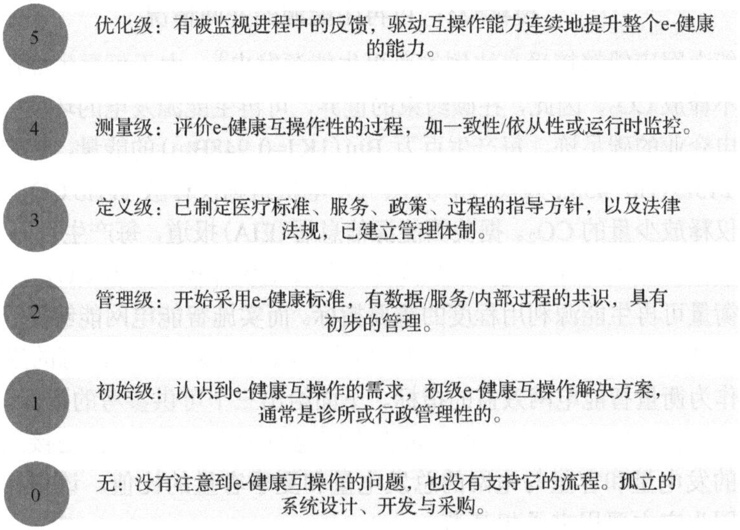

图 C.3　互操作成熟度模型

请注意，对电力供应商的采访有助于描述本报告中的智能电网部署状态，它是通常用来衡量电力企业智能性的类似方法(被称为智能电力公司网络成熟度模型 IUN/MM)的一种升级。

指标#20：智能电网创业公司中的风险投资

要实现目前电网向智能电网的转变，需要大量的投资。从历史的角度看，电力服务提供商在采用新的潜在技术方面是偏保守的。在考虑投资智能电网技术时，电力服务提供商往往面临高额的投资成本、技术发展的新阶段和行业标准缺乏等方面的挑战。

风险投资在开创生物技术企业、信息技术市场与通信工业中扮演了重要的角色。由于太阳能、风能和储能的价格显著下降，一些区域已经达到了太阳能光伏组件加电池储能系统能达到与电网平价的时间点，许多地区该时间点即将来临，致使风险投资开始转向智能电网与需求响应技术。对智能电网的风险投资的大小是智能电网发展情况好坏的一个标志。

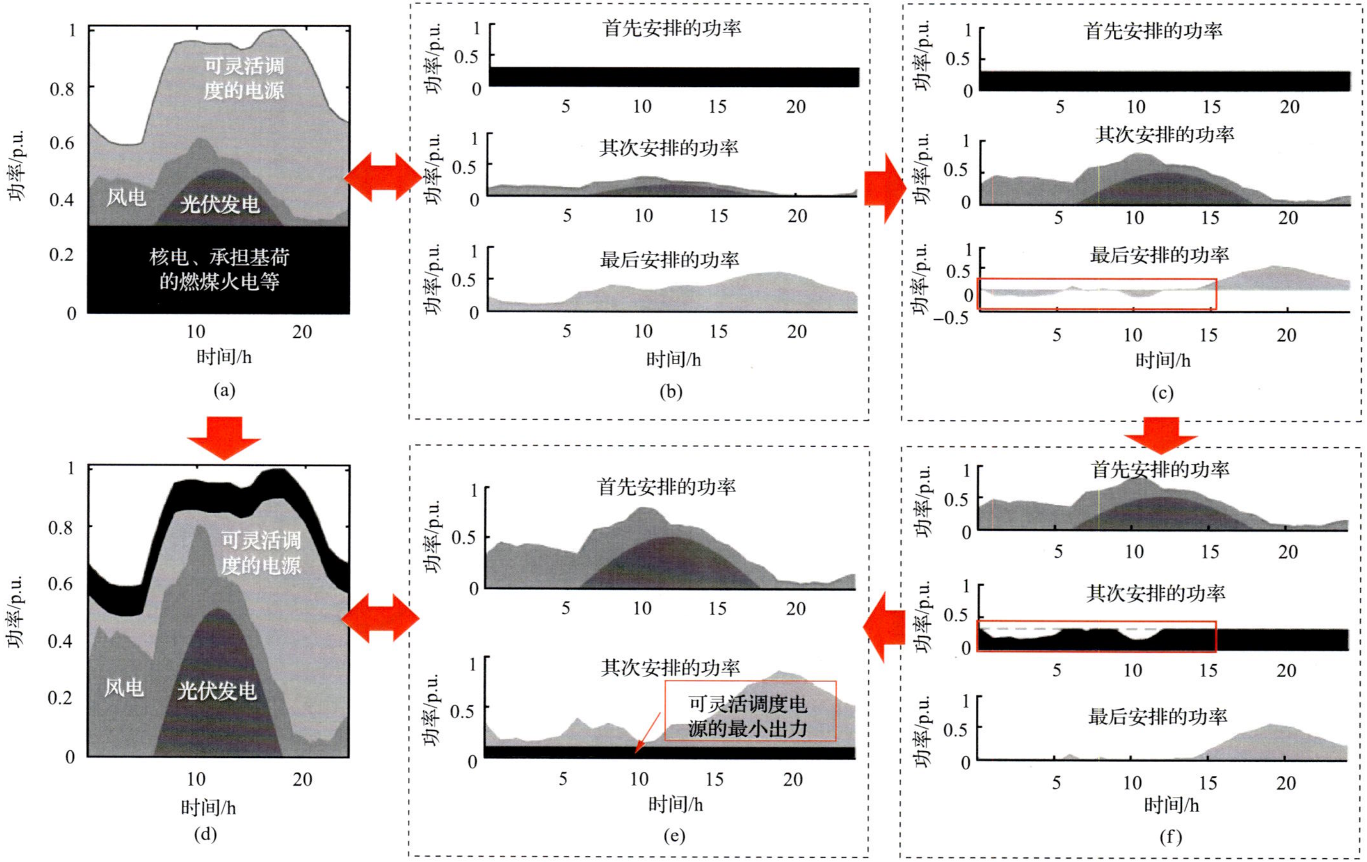

图 3.2　高比例可再生能源情景下的供需平衡示意图

(a)、(d)与(b)、(c)、(e)和(f)的纵坐标是相对应的

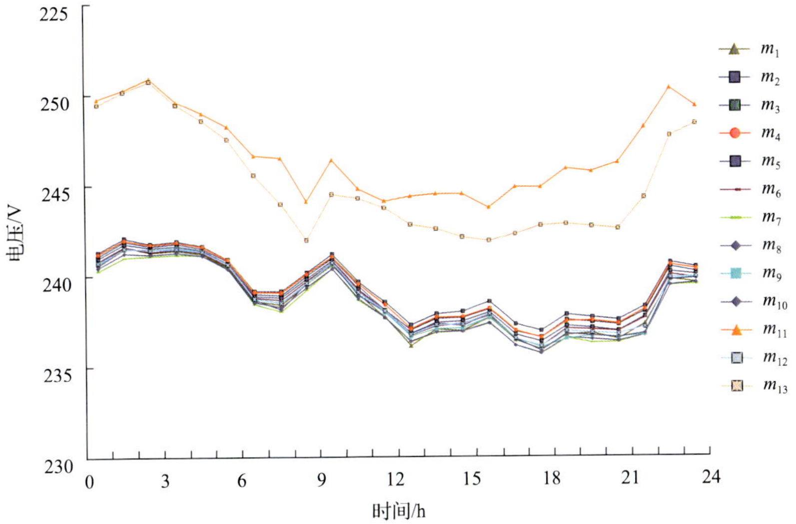

图 4.6　各电表的电压曲线

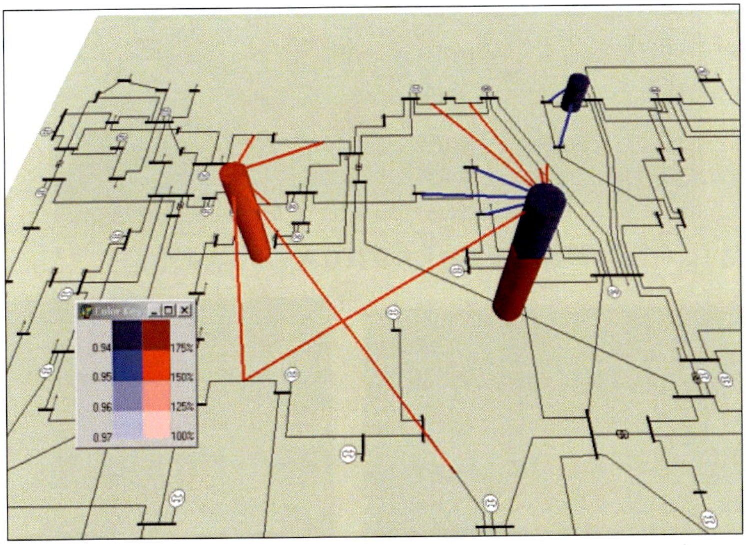

图 8.5　故障分析结果三维可视化结果[4]